新觀念 Microsoft

Visual

# C#

程式設計範例教本 | 第六版

新觀念 Microsoft

Visual

# C#

程式設計範例教本 | 第六版

新觀念Microsoft
Visual
# C#
程式設計範例教本 | 第六版

新觀念 Microsoft

Visual

# C#

程式設計範例教本 | 第六版

最適合新手
的入門教學！

新觀念 Microsoft

# Visual

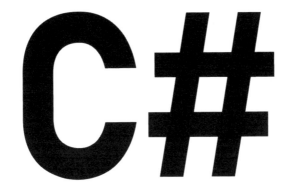

程式設計範例教本 | 第六版

感謝您購買旗標書，
記得到旗標網站
www.flag.com.tw
更多的加值內容等著您…

● FB 官方粉絲專頁：旗標知識講堂

● 旗標「線上購買」專區：您不用出門就可選購旗標書！

● 如您對本書內容有不明瞭或建議改進之處，請連上旗標
　網站，點選首頁的 聯絡我們 專區。

　若需線上即時詢問問題，可點選旗標官方粉絲專頁留言詢
　問，小編客服隨時待命，盡速回覆。

　若是寄信聯絡旗標客服 emaill，我們收到您的訊息後，將由
　專業客服人員為您解答。

　我們所提供的售後服務範圍僅限於書籍本身或內容表達
　不清楚的地方，至於軟硬體的問題，請直接連絡廠商。

學生團體　　訂購專線：(02)2396-3257 轉 362
　　　　　　傳真專線：(02)2321-2545

經銷商　　　服務專線：(02)2396-3257 轉 331
　　　　　　將派專人拜訪
　　　　　　傳真專線：(02)2321-2545

作　　者／陳會安

發 行 所／旗標科技股份有限公司

　　　　　台北市杭州南路一段 15-1 號 19 樓

電　　話／(02)2396-3257(代表號)

傳　　真／(02)2321-2545

劃撥帳號／1332727-9

帳　　戶／旗標科技股份有限公司

監　　督／陳彥發

執行企劃／王菀柔

執行編輯／王菀柔

美術編輯／蔡錦欣

封面設計／蔡錦欣

校　　對／王菀柔

新台幣售價：680 元

西元 2024 年 1 月 初版

行政院新聞局核准登記-局版台業字第 4512 號

ISBN　978-986-312-782-6

版權所有‧翻印必究

國家圖書館出版品預行編目資料

新觀念 Microsoft Visual C# 程式設計範例教本 第六版
陳會安 著. -- 初版. -- 臺北市：旗標科技股份有限公司，
2024.01 面；　公分

ISBN 978-986-312-782-6 (平裝)

1. CST: C#(電腦程式語言)

312.32C　　　　　　　　　　　　　　112022848

## ■ 基 礎 程 式 語 言

**新觀念**
**Microsoft Visual C#**
**程式設計範例教本 第六版**

學習程式設計的第一本書，
可作為入門程式語言課程，
或物件導向和 Windows 視
窗程式設計的教材。

**最新 Java 程式語言**
**修訂第七版**

配合 Java 版本歷經多次
改版，增加了新的題材與
語法，刪除過時的內容，
務求讓內容更簡明易懂、
更符合初學者的需求。

## ■ 後 端 網 頁 設 計

**ASP.NET 4.6 網頁製作**
**徹底研究 - 使用 C#**

針對 C# 規劃的 ASP.NET
書籍，適合自學及大專院校
的網頁設計、伺服端網頁
設計和 Web 應用程式開發
等課程教材。

**新觀念 PHP8+**
**MySQL+AJAX**
**網頁程式範例教本 第六版**

本書定位上是一本入門的
學習教材，從頭解說 PHP
語法與網路應用運作流
程，提供基礎背景知識。

## ■ 進 階 學 習 與 工 具 書

**新觀念資料庫系統理論與**
**設計實務 第六版**

本書是邁向資料庫專業的
敲門磚，可提供非本科系
的讀者，一個進修資料庫
系統理論的管道。

**新觀念UML系統分析與**
**設計實務 第二版**

從需求分析開始，一步
步實作物件導向分析與
設計的實務教材。

**Unity 遊戲設計：程式基礎、**
**操作祕訣、製作流程、關卡設**
**計全攻略**

全書以淺顯的文字與圖片前
後對照，清楚展示遊戲開發的
過程，切合遊戲製作的需求。

# 序

PREFACE

　　微軟 C# 語言是支援 .NET 平台的程式語言,我們可以將它視為是一種 C/
C++ 語言的進化版本,一種真正由微軟公司獨立開發的物件導向程式語言。C# 語
言是一種相當新的程式語言,這是一種強調簡單、現代化和支援物件導向特點的程
式語言,屬於微軟 .NET 平台的語言,支援結構化、物件基礎和物件導向程式設
計。

　　本書內容在規劃上是學習程式設計的第一本書,可以作為大專院校、科技大學
和技術學院第一門程式語言課程,或入門物件導向程式設計和 Windows 視窗程式
設計的教材。因為筆者相信建立正確的程式設計觀念重於程式語法的說明,所以在
規劃上著重於程式邏輯訓練、結構化和物件導向程式設計的觀念建立,在第 1 章
使用 fChart 流程圖直譯器,以流程圖訓練你的程式邏輯,並且在之後章節新增更
多流程圖專案(新增支援函數和陣列的流程圖),除了書附流程圖專案外,筆者已
經在工具之中的「fChart 分類專案範例」目錄提供分類 150 個 fChart 流程圖專
案,可以讓讀者進一步了解程式執行流程後,再來撰寫和學習 C# 程式碼。

　　為了避免太早說明抽象的物件導向程式設計觀念,造成讀者學習上的困擾,在
第 2~8 章都是直接使用物件基礎程式設計方式來建立 Windows 應用程式,使用
Window 圖形介面的視窗應用程式範例來解說結構化程式設計,希望讓讀者在熟悉
物件基礎程式設計,也就是了解如何使用各種控制項物件後,才逐步進入物件導向
程式設計,所以到第 9~12 章才詳細說明 C# 語言的物件導向程式設計。

　　在物件導向程式設計部分,筆者除了詳細說明物件導向的類別、繼承、介面和
多型等重要的物件導向程式設計觀念外,更輔以大量圖表和使用 NClass 工具繪製
的 UML 類別圖來解說,透過 UML 類別圖的對應,希望讀者一看到 UML 類別
圖,就能夠寫出類別程式碼。

對於初學程式設計的讀者來說，從現成範例學習程式設計是最有效率和實用的程式學習方法，所以本書不僅提供眾多範例，而且程式範例將逐漸長大和整合成完整的應用實例，以便讀者能夠建立多文件和多視窗的 Windows 應用程式，活用物件導向程式設計來建立真正可用的 Windows 應用程式。

　　不只如此，在本書最後更說明 ChatGPT API 和 C# 網路程式設計，詳細說明如何建立 C# 程式來串接生成式 AI 的 ChatGPT API，和如何使用 Visual Studio Community 進行網路應用程式的開發。對於初學者學習程式設計的需求，本書導入 fChart 程式語言教學工具，和個人學習評量的題庫系統，如下所示：

● **fChart 程式語言教學工具**：提供流程圖直譯器，可以使用直譯方式執行本書的流程圖，可以訓練讀者程式邏輯，幫助讀者了解流程控制的執行過程，內建程式碼編輯器可以快速測試 C# 程式碼，和 NClass 類別圖繪圖工具，其網址如下：

  ● **fChart 工具**：https://fchart.github.io

  ● **fChart 分類 150 個流程圖**：https://github.com/fchart/fChartExamples2

● **osQuest 學習評量測驗系統**：這是一套選擇題的個人題庫系統，提供獨家學習模式，可以從測驗中學習，幫助讀者學習程式設計觀念，並且自我評量學習成果。

# 如何閱讀本書

本書結構的前四篇是 Visual C# 程式設計，循序漸進由程式邏輯和 C# 語言開始，在了解流程圖、演算法、結構化程式設計和程式開發步驟後，首先使用 Visual Studio Community 建立主控台應用程式來說明基本語法，然後才真正進入 Visual C# 專案的基礎 Windows 視窗應用程式、物件導向程式設計和進階的 Windows 視窗程式設計。

讀者只需啟動 Visual Studio Community 從書附檔案的「程式範例」資料夾開啟各章節的專案，在一步一步參閱書中說明步驟來新增控制項和撰寫程式碼後，在書附檔案「完成檔」資料夾可以看到最後建立的 Visual C# 應用程式，讓讀者可以自行比較操作結果和輸入的程式碼是否正確。

## 第 1 篇：C# 語言與主控台應用程式

本書第 1 章是 C# 語言基礎、流程圖、演算法、結構化程式設計和程式開發步驟，並且使用 fChart 流程圖直譯器以流程圖來訓練你的程式邏輯。在第 2 章使用 2 個範例說明如何建立主控台和 Windows 應用程式。事實上，Windows 視窗程式設計在其他程式語言屬於進階主題，Visual C# 專案可以輕鬆建立視窗應用程式是因為 Visual Studio Community 整合開發環境的強大功能，可以在不用自行撰寫任何程式碼的情況下，就輕鬆建立 Windows 應用程式。

第 3 章是 C# 語言的變數、資料型別和運算子，筆者是使用主控台應用程式範例來說明此部分的基礎語法。

## 第 2 篇：Windows 視窗程式設計 - 基礎篇

第 4 章是以輸出和輸入角度來說明視窗表單的輸出與輸入介面，即文字方塊、標籤和按鈕控制項，第 5~6 章使用 Windows 視窗應用程式範例說明 C# 語言的流程控制，即條件和迴圈，第 7 章是 C# 函數和 .NET 類別函數庫，第 8 章是基本資料結構的字串與陣列，說明程式資料的常用儲存方式，並且說明陣列排序與搜尋。

## 第 3 篇：主控台應用程式設計 - C# 物件導向

第 9 章是物件導向程式設計的基本觀念、類別和物件、建構子和類別成員的存取，第 10 章說明繼承和類別架構、介面與多重繼承，並且說明抽象、巢狀和密封類別，第 11 章是方法過載、運算子過載和多型，第 12 章說明例外處理、委派和多執行緒程式設計。

## 第 4 篇：Windows 視窗程式設計 - 進階篇

第 13~14 章說明 Windows 視窗程式設計的事件處理、功能表和多表單視窗應用程式的建立，可以輕鬆擴大讀者程式設計的視野，在第 15 章是 System.IO 命名空間的檔案與資料夾處理。

## 第 5 篇：ChatGPT 協同開發和 ChatGPT API

第 16 章說明如何活用 ChatGPT 進行 C# 協同開發後，詳細說明 C# 網路程式設計和 JSON 資料處理，最後說明如何建立 C# 程式來串接 ChatGPT API。

附錄 A 是 .NET 類別函式庫、集合類別與泛型程式設計，在附錄 B 說明 Visual Studio Community 的安裝、介面與偵錯，和 ChatGPT 註冊與使用，附錄 C 是 NClass 類別圖工具的使用。

編著本書雖力求完美，但學識與經驗不足，謬誤難免，尚祈讀者不吝指正。

陳會安於台北 hueyan@ms2.hinet.net
2023.10.30

# 書附檔案說明

為了方便讀者實際操作本書內容，筆者將本書使用到的軟體和程式範例都收錄在一起，並壓縮成一個壓縮檔，**請先連結到以下網址下載檔案，並使用解壓縮軟體將檔案解壓縮到您的電腦裡。**

本書書附檔案下載連結如下，請注意此連結有大小寫之分：

## https://www.flag.com.tw/bk/st/F4714

在資料夾下的檔案和資料夾說明，如下表所示：

| 資料夾 | 說明 |
|---|---|
| 程式範例 | 本書各章節程式範例的 Visual Studio Community 專案資料夾，可以直接由 Visual Studio Community 開啟專案的程式範例，這是半成品 |
| 完成檔 | 可以看到最後建立的 Visual C# 應用程式，讓讀者能夠自行比較操作結果和輸入的程式碼是否正確 |
| osQuest 學習評量測驗系統 | 這是一套選擇題的個人題庫系統，提供獨家學習模式，可以從測驗中學習，幫助讀者學習程式設計觀念，並且自我評量學習成果 |
| fChart 程式語言教學工具 | 提供流程圖直譯器，可以使用直譯方式執行本書的流程圖，可以訓練讀者程式邏輯，幫助讀者了解流程控制的執行過程，內建程式碼編輯器可以快速測試 C# 程式碼，和 NClass 類別圖繪圖工具 |
| 教學影片 | fChart 的教學影片檔（.avi） |
| 電子書 | 將「.NET 類別函式庫與集合物件」、「Visual Studio 下載安裝、專案管理建置與註冊使用 ChatGPT」、「NClass 類別圖工具的使用」收錄在附錄 A～附錄 C 的 PDF 電子檔中，供您參考，請用 PDF 瀏覽軟體來開啟 |

- fChart 工具：https://fchart.github.io
- fChart 分類 150 個流程圖：https://github.com/fchart/fChartExamples2

# 目　錄

## 第 4 篇　Windows 視窗程式設計 - 進階篇

# 附錄

**第 1 篇**
**使用 Visual Studio 開發 C# 應用程式**

# 01

# 程式邏輯、程式設計
# 與 C# 的基礎

本章學習目標

# 1-1 微軟 C# 語言與 Visual Studio

C# 語言是微軟公司開發支援 .NET 平台的程式語言，我們可以將 C# 視為是 C/C++ 語言的進化版本，一種真正的物件導向程式語言。

## 1-1-1 C# 語言的基礎

C# 語言 (其發音是 See-Sharp) 是微軟公司 Anders Hejlsberg 領導小組開發的程式語言，Anders Hejlsberg 擁有豐富的程式語言和平台的開發經驗，曾經開發著名的 Visual J++、Borland Delphi 和 Turbo Pascal 等。

C# 語言是在 2000 年 6 月正式推出的一種程式語言，這是一種強調簡單、現代化和物件導向特點的程式語言，屬於微軟 .NET 平台的程式語言，完整支援結構化、物件基礎和物件導向程式設計。基本上，C# 語言的程式與物件導向的語法都是源於 C++ 語言，同時參考其他多種程式語言的語法，最著名的就是 Delphi 和 Java。

對比 C++ 和 Java 等物件導向語言，C# 語言是一種比較簡單的程式語言，因為刪除 C++ 和 Java 語言的複雜語法和一些常造成程式設計困擾的缺點，例如：指標、含括 (Include)、巨集、範本 (Templates)、多重繼承和虛擬繼承等，再加上大部分語法源自 C/C++ 語言，和 Java 語言也十分相似，所以，讀者只需熟悉上述語言，就會覺的 C# 語言非常熟悉且容易入門。

C# 語言也是一種非常現代化的程式語言，因為 C# 語言支援現代程式語言的例外處理 (Exception Handling)、垃圾收集 (Garbage Collection)、擴充資料型別和程式碼安全。而且 C# 語言是真正的物件導向程式語言，完全支援封裝、繼承和多型的物件導向程式語言特性。

## 1-1-2 .NET、.NET Core 與 .NET Framework

.NET 是微軟公司所開發的程式開發平台，其名稱依開發時序分別稱為 .NET Framework、.NET Core 和 .NET 開發平台，如下所示：

- .NET Framework：.NET Framework 是針對 Windows 作業系統的程式開發平台，支援開發 Windows 應用程式和 ASP.NET 的 Web 應用程式，可以建立在 Windows 作業系統上執行的應用程式 (僅限 Windows 作業系統)，其最後的版本是 4.8 版。

- .NET Core：.NET Core 是跨平台的程式開發平台，可以支援在多種不同作業系統上執行，包含 Windows、Linux 和 macOS 作業系統，開發者只需編寫一次程式碼，就跨不同作業系統來執行你開發的應用程式，簡單的說，.NET Core 就是重新改寫跨平台且開源的 .NET Framework，其最後的版本是 3.1 版。

- .NET：在 .NET Core 3.1 之後的版本已經刪除 Core，名稱剩下 .NET，.NET Core 3.1 的下一個版本是 .NET 5，微軟的規劃會在每年 11 月釋出新版本，在本書截稿前的版本是 .NET 7 (因為 .NET 偶數版才是長期支援的版本，所以在本書是用 .NET 6)。

基本上，在本書是使用 .NET 平台開發在 Windows 作業系統執行的兩種應用程式：主控台和 Windows 應用程式，而 .NET 平台就是 CLR (Common Language Runtime) 和 .NET 類別函式庫組成的微軟程式開發平台，可以讓我們使用 .NET 支援的程式語言，例如：C#、Visual Basic、C++ 和 F# 等來建立 .NET 應用程式。

當 C# 和 Visual Basic 等程式檔案使用 .NET 編譯器編譯時，並不是編譯成電腦 CPU 可執行的機器語言，而是編譯成一種中間程式語言稱為「MSIL」(Microsoft Intermediate Language)。等到真正執行程式時，CLR 是使用「JIT」(Just In Time) 編譯器將 MSIL 轉換成機器語言來執行，其架構如下圖所示：

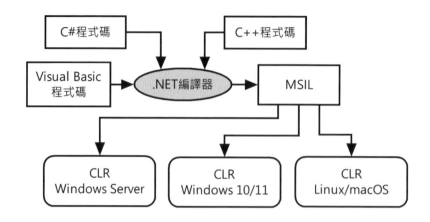

上述圖例不論是使用 C#、Visual Basic 或 C++ 語言建立的原始程式碼，在編譯成 MSIL 後，就可以在不同 Windows 作業系統、Linux 和 macOS 使用 CLR 的 JIT 編譯器來執行。所以，在作業系統只需安裝 CLR，我們撰寫的程式碼就能跨作業系統來執行。

.NET 類別函式庫 (.NET Class Library) 是一個龐大的類別庫，只需支援 .NET 的程式語言，都可以使用類別函式庫提供的類別與方法，其詳細說明請參閱＜附錄 A：.NET 類別函式庫與集合物件＞。

## 1-1-3　微軟 Visual Studio

程式語言的「開發環境」(Development Environment) 是一組工具程式用來建立、編譯和維護程式語言建立的應用程式。目前的高階程式語言大都擁有整合開發環境，稱為「IDE」(Integrated Development Environment)，能夠讓我們在同一工具程式來編輯、編譯和執行特定語言的應用程式。

Visual Studio 是支援 .NET 平台的整合開發環境，可以使用 C#、Visual Basic、C++ 和 F# 等語言，建立 .NET 平台的 Windows、ASP.NET、主控台、Web Services 和雲端運算等各種不同的應用程式，如下圖所示：

```
┌─────────────────────────────────────────────┐
│            Visual Studio Community            │
└─────────────────────────────────────────────┘
┌──────────────┐┌─────────┐┌─────────┐┌─────┐┌─────────┐
│ Windows Forms ││ ASP.NET ││ ADO.NET ││ XML ││ .NET 語言 │
└──────────────┘└─────────┘└─────────┘└─────┘└─────────┘
┌─────────────────────────────────────────────┐
│          .NET/.NET Core/.Net Framework        │
└─────────────────────────────────────────────┘
┌─────────────────────────────────────────────┐
│                Windows作業系統                 │
└─────────────────────────────────────────────┘
```

上述圖例在 Windows 作業系統安裝 Visual Studio 後，就可以使用 .NET 語言建立 Windows Forms、ASP.NET、ADO.NET 和 XML 應用程式。在本書是使用 Visual Studio Community 版來建立 C# 應用程式。

# 1-2 程式邏輯、演算法與流程圖

程式設計簡單的說就是程式邏輯的呈現，可以將程式的輸入資料依據程式邏輯的條件、迴圈和運算，經過逐步的資料轉換，最後轉換成程式所需的輸出結果。

換句話說，程式設計最重要的工作是將解決問題的動作和順序詳細的描述出來，稱為演算法。因為演算法是程式執行的流程與動作，我們可以使用文字描述，或使用圖形化的流程圖 (Flow Chart) 來表示。

## 1-2-1 程式邏輯的基礎

基本上，我們使用 C# 語言的目的是撰寫程式碼建立應用程式，所以需要使用電腦的程式邏輯 (Program Logic) 來撰寫程式碼，如此電腦才能執行程式碼來解決我們的問題。

讀者可能會問撰寫程式碼執行程式設計 (Programming) 很困難嗎？事實上，如果你可以一步一步詳細列出活動流程、導引問路人到達目的地、走迷宮、從電話簿中找到電話號碼或從地圖上找出最短路徑，就表示你一定可以撰寫程式碼。

請注意！電腦一點都不聰明，不要被名稱所誤導，因為電腦真正的名稱應該是「計算機」(Computer)，一台計算能力很好的機器，沒有思考能力，更不會舉一反三，我們需要告訴電腦非常詳細的步驟和資訊，絕對不能有模稜兩可的內容，這就是電腦使用的程式邏輯。

例如：開車從高速公路北上到台北市大安森林公園，然後分別使用人類的邏輯和電腦的程式邏輯來寫出執行的步驟。

## 人類的邏輯

對於人類來說，我們只需檢視地圖，即可輕鬆寫下開車從高速公路北上到台北市大安森林公園的步驟，如下所示：

```
Step 1：中山高速公路向北開。
Step 2：下圓山交流道 (建國高架橋)。
Step 3：下建國高架橋 (仁愛路)。
Step 4：直行建國南路，在紅綠燈右轉仁愛路。
Step 5：左轉新生南路。
```

上述步驟告訴人類的話 (使用人類的邏輯)，這些資訊已經足以讓我們開車到達目的地。

## 電腦的程式邏輯

如果將上述步驟告訴電腦，電腦一定完全沒有頭緒，不知道如何開車到達目的地，因為電腦一點都不聰明，這些步驟的描述太不明確，我們需要提供更

多資訊給電腦 (請改用電腦的程式邏輯來思考)，才能讓電腦開車到達目的地，如下所示：

● 從哪裡開始開車 (起點)？中山高速公路需向北開幾公里到達圓山交流道？

● 如何分辨已經到了圓山交流道？如何從交流道下來？

● 在建國高架橋上開幾公里可以到達仁愛路出口？如何下去？

● 直行建國南路幾公里可以看到紅綠燈？左轉或右轉？

● 開多少公里可以看到新生南路？如何左轉？接著需要如何開？如何停車？

　　總而言之，當我們撰寫程式碼時，需要告訴電腦非常詳細的動作和順序，如同教導一位小孩做一件從來沒有作過的事，例如：綁鞋帶、去超商買東西或使用自動販賣機。因為程式設計是在解決問題，你需要將解決問題的詳細步驟一一寫下來，包含動作和順序 (這就是設計演算法)，然後將演算法轉換成程式碼，以本書為例就是撰寫 C# 程式碼。

## 1-2-2　演算法

　　如同建設公司興建大樓有建築師繪製的藍圖，廚師烹調有食譜，設計師進行服裝設計有設計圖，程式設計也一樣有藍圖，那就是演算法。

### 認識演算法

　　「演算法」(Algorithms) 簡單的說就是一張食譜 (Recipe)，這是一組一步接著一步 (Step-by-step) 的詳細過程，包含動作和順序，可以將食材烹調成美味的食物 (再次強調！程式的動作和順序一樣重要，就算你找出了解決問題所需的動作，如果順序有誤，一樣無法解決問題)，例如：製作蛋糕的食譜就是一個演算法，如下圖所示：

演算法　＝　一張食譜　＝　一組指令步驟

在電腦科學的演算法是用來描述解決問題的過程，也就是完成一個任務所需的具體步驟和方法，這個步驟是有限的；可行的，而且沒有模稜兩可的情況。

實務上，不只電腦程式，日常生活中所面臨的任何問題或做任何事，為了解決問題或完成某件事所採取的步驟和方法，就是演算法，其基本定義如下所示：

---

演算法是完成目標工作的一組指令，這組指令的步驟是有限的。除此之外，演算法還必須滿足一些條件，如下所示：

- **輸入（Input）**：沒有或有數個外界的輸入資料。
- **輸出（Output）**：至少有一個輸出結果。
- **明確性（Definiteness）**：每一個指令步驟都十分明確，沒有模稜兩可。
- **有限性（Finiteness）**：這組指令一定會結束。
- **有效性（Effectiveness）**：每一個步驟都可行，可以追蹤其結果。

---

根據上述演算法設計的程式一定會結束，不過，並非所有程式都滿足這項特性。例如：早期電腦的 MS-DOS 作業系統除非系統當機，否則永遠執行一個等待迴圈，等待使用者輸入 DOS 指令。

## 演算法的表達方法

因為演算法的表達方法是在描述解決問題的步驟，所以並沒有固定方法，常用的表達方法，如下所示：

● **文字描述**：直接使用一般語言的文字描述來說明執行步驟。

● **虛擬碼 (Pseudo Code)**：一種趨近程式語言的描述方法，並沒有固定語法，每一行約可轉換成一行程式碼，如下所示：

```
/* 計算1加到10 */
Let counter = 1
Let sum = 0
while counter <= 10
   sum = sum + counter
   Add 1 to counter
Output the sum    /* 顯示結果 */
```

● **流程圖** (Flow Chart)：使用標準圖示符號來描述執行過程，以各種不同形狀的圖示表示不同的操作，箭頭線標示流程執行的方向。

因為一張圖常常勝過千言萬語的描述，圖形比文字更直覺和容易理解，所以對於初學者來說，流程圖是一種最適合描述演算法的工具，事實上，繪出流程圖本身就是一種很好的程式邏輯訓練。

## 1-2-3 流程圖

不同於文字描述或虛擬碼是使用文字內容來表達演算法，流程圖是使用簡單的圖示符號來描述解決問題的步驟，包含動作和順序。

## 流程圖的基礎

對於程式語言來說，流程圖是使用簡單的圖示符號來表示程式邏輯步驟的執行過程，能夠提供程式設計者一種跨程式語言的共通語言，作為與客戶溝通的工具和專案文件，事實上，如果我們可以畫出流程圖的程式執行過程，就一定可以轉換成特定程式語言的程式碼，以本書為例就是撰寫成 C# 程式碼，如下圖所示：

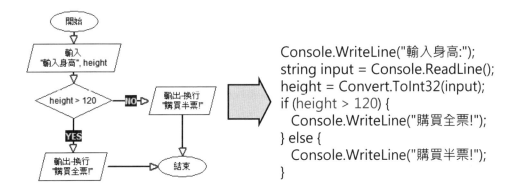

```
Console.WriteLine("輸入身高:");
string input = Console.ReadLine();
height = Convert.ToInt32(input);
if (height > 120) {
    Console.WriteLine("購買全票!");
} else {
    Console.WriteLine("購買半票!");
}
```

上述圖例就是從左邊流程圖轉換寫出右邊的 C# 程式碼，就算你是一位完全沒有寫過程式碼的初學者，也一樣可以使用流程圖來描述執行過程，以不同形狀的圖示符號表示操作，在之間使用箭頭線標示流程的執行順序和方向，筆者稱為圖形版程式 (對比程式語言的文字版程式)。

在本書提供 fChart 流程圖直譯器的工具程式來幫助你建立圖形版程式,你不只可以自行編輯繪製流程圖,還可以執行流程圖來驗證演算法的正確性,完全不用涉及程式語言的語法,就可以輕鬆開始寫程式。

## 流程圖的符號圖示

目前演算法使用的流程圖是由 Herman Goldstine 和 John von Neumann 開發與製定,常用流程圖符號圖示的說明,如下表所示:

| 流程圖的符號圖示 | 說明 |
|---|---|
| ▭ | 長方形的**動作符號**(或稱為處理符號)表示處理過程的動作或執行的操作 |
| ⬭ | 橢圓形的**起止符號**代表程式的開始與終止 |
| ◇ | 菱形的**決策符號**建立條件判斷 |
| ⇄ | 箭頭連接線的**流程符號**是連接圖示的執行順序 |
| ○ | 圓形的**連接符號**可以連接多個來源的箭頭線 |
| ▱ | **輸入/輸出符號**(或稱為資料符號)表示程式的輸入與輸出 |

# 1-3  程式設計的基本步驟

程式設計是將需要解決的問題轉換成程式碼,程式碼不只能夠在電腦上正確的執行,而且可以驗證程式執行的正確性。基本上,程式設計的過程主要分成五個階段,如下圖所示:

需求 ➡ 設計 ➡ 分析 ➡ 撰寫程式碼 ➡ 驗證

## 需求 (Requirements)

程式設計的需求是在了解問題本身，以確切獲得程式需要輸入的資料和其預期產生的結果，即程式的輸入和輸出，如下圖所示：

上述圖例顯示程式輸入資料後，執行程式可以輸出執行結果。例如：計算從 1 加到 100 的總和，程式輸入資料是相加範圍 1 和 100，執行程式能夠輸出計算結果 5050。

## 設計 (Design)

在了解程式設計的需求後，我們可以開始找尋解決問題的方法和策略，簡單的說，設計階段是在找出解決問題的步驟，如下圖所示：

上述圖例的資料需要經過處理才能將資料轉換成有用的資訊，也就是輸出結果。例如：1 加到 100 是 1+2+3+4+…+100 的結果，程式可以使用數學運算的加法來解決問題，或第 6 章的迴圈結構來執行計算。

再看一個例子，如果需要將華氏溫度轉換成攝氏溫度，輸入資料是華氏溫度，溫度轉換是一個數學公式，在經過數學運算後，就可以得到攝氏溫度，也就是我們所需的資訊。

為了將需求定義的程式輸入轉換成輸出結果，程式需要執行資料運算或比較等操作，即動作，請將詳細執行的動作寫下來，接著使用循序、選擇和重複結構來連接執行這些動作的順序，這就是在設計解決問題的步驟 (即順序)，也就是第 1-2-2 節的演算法。

## 分析 (Analysis)

在解決需求時只有一種解決方法嗎？例如：如果有 100 個變數，我們可以宣告 100 個變數儲存資料，或使用第 8 章的陣列 (一種資料結構) 來儲存。分析階段是將所有可能解決問題的演算法都寫下來，然後分析比較哪一種方法比較好，選擇最好的演算法來撰寫程式。

如果不能分辨出哪一種方法比較好，請直接選擇一種方法繼續下一個階段，因為在撰寫程式碼時，如果發現其實另一種方法比較好，我們可以馬上改為另一種方法來撰寫程式碼。

## 撰寫程式碼 (Coding)

現在我們可以開始使用程式語言撰寫程式碼，以本書為例是使用 C# 語言。在實際撰寫程式時，可能發現另一種方法比較好，因為設計歸設計，有時在實際撰寫程式時才會發現其優劣，如果是良好的設計方法，就算改為其他方法也不會太困難。

不過設計者有時很難下一個決定，就是考量繼續此方法，或改為其他方法來重新開始。此時需視情況而定。不過每次撰寫程式碼最好只使用一種方法，而不要同時使用多種方法。因為當發現問題需要重新開始時，由於已經擁有撰寫一種方法的經驗，第 2 次將會更加容易。

## 驗證 (Verification)

驗證是證明程式執行的結果符合需求的輸出資料，在這個階段可以再細分成三個子階段，如下所示：

● **證明**：執行程式時需要證明它的執行結果是正確的，程式符合所有輸入資料的組合，程式規格也都符合演算法的需求。

● **測試**：程式需要測試各種可能情況、條件和輸入資料，以測試程式執行無誤。如果有錯誤產生，就需要除錯來解決問題。

● **除錯**：如果程式無法輸出正確結果，除錯是在找出錯誤的地方。我們不但需要找出錯誤，還需要決定找出更正錯誤的方法。

上述五個階段是設計程式和開發應用程式經歷的階段，不論大型應用程式或一個小程式，都可以套用相同流程。首先針對問題定義需求，接著找尋各種解決方法後，在撰寫程式碼的過程中找出最佳的解決方法，最後經過重複驗證，就可以建立出能夠正確執行的電腦程式。

# 1-4 結構化程式設計

結構化程式設計是一種軟體開發方法，一種用來組織和撰寫程式碼的技術，可以幫助我們建立良好品質的程式碼。

## 1-4-1 結構化程式設計

「結構化程式設計」(Structured Programming) 是使用由上而下設計方法 (Top-down Design) 找出解決問題的程式開發方法，在進行程式設計時，首先將程式分解成數個主功能，然後一一從各個主功能出發，找出下一層的子功能，如同拼圖時，我們會先分成數個大區域來進行拼圖。

當找出子功能後，每一個子功能都是由 1 至多個控制結構組成的程式碼，這些控制結構只有單一進入點和離開點，我們可以使用三種流程控制結構：循序結構 (Sequential)、選擇結構 (Selection) 和重複結構 (Iteration) 來組合建立程式碼 (如同三種積木)，如下圖所示：

基本上，每一個子功能的程式碼就是由上述三種流程控制結構來連接程式碼，也就是從一個控制結構的離開點，連接至另一個控制結構的進入點，結合多個不同的流程控制結構來撰寫程式碼。如同小朋友在玩堆積木遊戲，三種控制結構是積木方塊，進入點和離開點是積木方塊上的連接點，透過這些連接點組合出成品。例如：一個循序結構連接 1 個選擇結構的程式碼，如下圖所示：

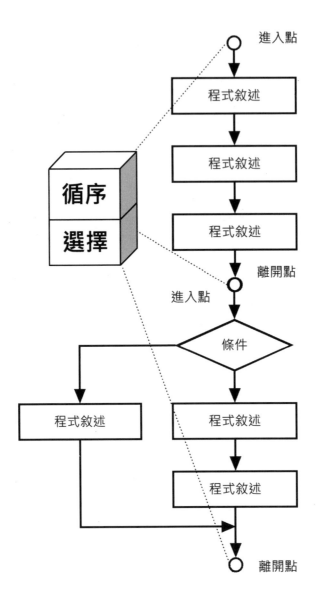

我們除了可以使用進入點和離開點連接積木外，還可以使用巢狀結構連接流程控制結構，如同積木是一個盒子，能夠在盒子中放入其他積木的小盒子 (例如：巢狀迴圈)，如下圖所示：

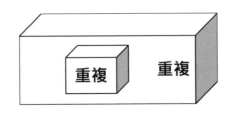

基本上，結構化程式設計的主要觀念有三項，如下所示：

● 由上而下設計方法 (前述)。

● 流程控制結構 (第 1-4-2 節、第 5 章和第 6 章)。

● 模組 (即第 7 章的函數)。

## 1-4-2　流程控制結構

程式語言撰寫的程式碼大部分都是一個指令接著一個指令循序的執行，但是對於複雜工作，為了達成預期的執行結果，我們需要使用「流程控制結構」(Control Structures) 來改變執行順序。

### 循序結構 (Sequential)

循序結構是程式預設的執行方式，也就是一個敘述接著一個敘述依序的執行 (在流程圖上方和下方的連接符號是控制結構的單一進入點和離開點，循序結構只有一種積木)，如下圖所示：

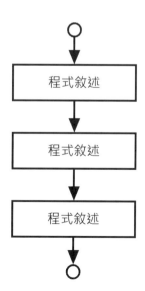

## 選擇結構 (Selection)

選擇結構是一種條件判斷的選擇題，分為是否選的單選、二選一或多選一共三種。程式執行順序是依照關係或比較運算式的條件，決定執行哪一個區塊的程式碼 (在流程圖上方和下方的連接符號是控制結構的單一進入點和離開點，從左至右依序為單選、二選一或多選一三種積木)，如下圖所示：

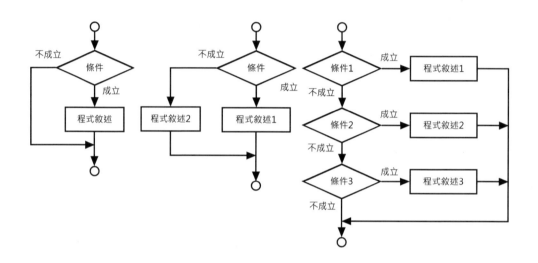

選擇結構如同從公司走路回家，因為回家的路不只一條，當走到十字路口時，可以決定向左、向右或直走，雖然最終都可以到家，但是經過的路徑並不相同，也稱為「決策判斷敘述」(Decision Making Statements)。

## 重複結構 (Iteration)

重複結構就是迴圈控制，可以重複執行一個程式區塊的程式碼，提供結束條件來結束迴圈的執行，依結束條件測試位置分為兩種：前測式重複結構 (下圖左) 和後測式重複結構 (下圖右)，如下圖所示：

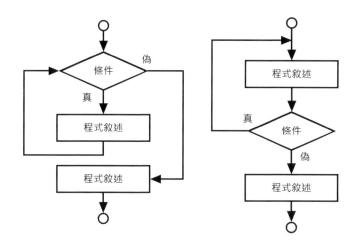

重複結構有如搭乘環狀的捷運系統回家，因為捷運系統一直環繞著軌道行走，上車後可依不同情況來決定蹺幾圈才下車，上車是進入迴圈；下車是離開迴圈回家。

現在，我們可以知道循序結構擁有 1 種積木；選擇結構共有 3 種積木；重複結構有 2 種積木，事實上，結構化程式設計就是這 6 種積木的排列組合，如同使用六種樂高積木建構出模型玩具。

# 1-5　fChart 程式設計教學工具

fChart 程式設計教學工具是一套支援流程圖直譯器的輕量級整合開發環境，我們不只可以編輯繪製流程圖，更可以使用動畫顯示流程圖的執行過程來訓練讀者的程式邏輯，同時支援程式碼編輯器來編輯 C、C# 和 Visual Basic 等程式語言的程式碼，和 NClass 的 UML 類別圖工具。

## 1-5-1　fChart 的安裝與啟動

fChart 程式設計教學工具並沒有安裝程式，請將程式檔案複製或解壓縮至指定資料夾，例如：「\fChart6.10」資料夾，就可以在 Windows 作業系統執行 fChart 工具。

## 啟動 fChart 工具

請開啟「\fChart6.10」資料夾，按二下 **RunfChart.exe**，按是鈕，以系統管理員身份執行 fChart 流程圖直譯器，如下圖所示：

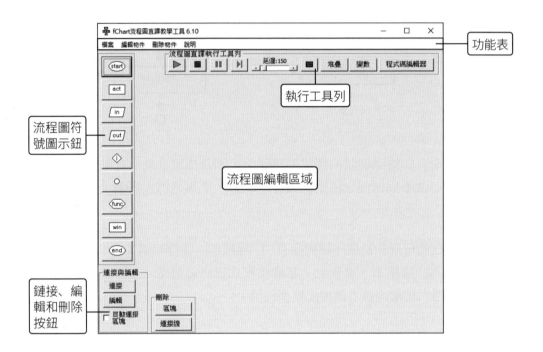

上述圖例是 fChart 流程圖直譯器的執行畫面，在上方功能表下方是執行工具列，可以執行我們編輯繪出的流程圖，左邊是建立流程圖符號圖示的按鈕，下方是連接、編輯和刪除圖示符號的按鈕，中間部分是流程圖編輯區域。

## 結束 fChart

結束 fChart 請執行「檔案/結束」命令，或按視窗右上角 **X** 鈕關閉 fChart。

## 1-5-2 建立第一個 fChart 流程圖

在啟動 fChart 後，我們就可以馬上開始繪製流程圖，fChart 提供相當容易的使用介面來建立流程圖。例如：建立第 1 個 fChart 流程圖來顯示一段文字內容，其步驟如下所示：

**Step 1** 請啟動 fChart 執行「檔案/新增流程圖專案」命令，可以看到新增的流程圖專案，預設建立開始和結束 2 個符號。

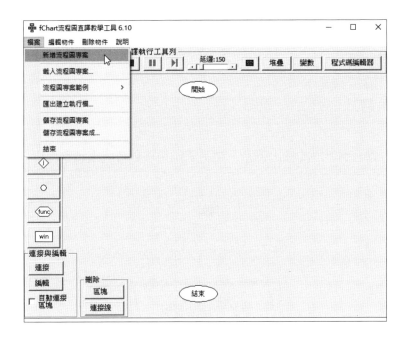

**Step 2** 在左邊垂直工具列選第 4 個輸出符號 out 後，拖拉至插入位置，點一下，即可開啟「輸出」對話方塊。

**Step 3** 在**訊息文字**欄輸入欲輸出的文字內容**我的第 1 個流程圖**，如果有輸出變數值，請在**變數名稱**欄位輸入或選擇變數，按**確定**鈕。

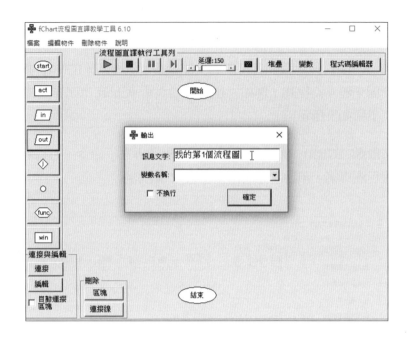

**Step 4** 可以看到新增的輸出符號，點選就能夠移動符號來調整位置。

**Step 5** 接著就可以連接流程圖符號，請先點選開始符號，然後點選輸出符號，即可在沒有符號區域，執行**右鍵快顯功能表**的**連接區塊**命令。

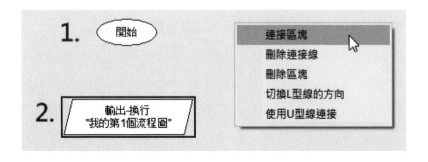

**Step 6** 可以建立從開始至輸出符號之間的連接線，箭頭是執行方向，然後，請點選輸出符號，再點選結束符號，在沒有符號區域，執行**右**鍵快顯功能表的**連接區塊**命令。

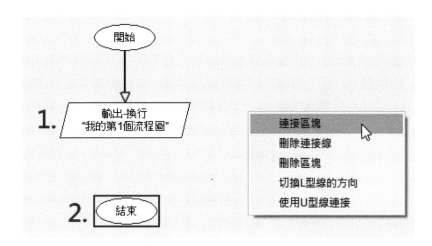

**Step 7** 可以新增輸出至結束符號之間的連接線，箭頭是執行方向，在拖拉調整符號位置，即可完成第 1 個流程圖，如下圖所示：

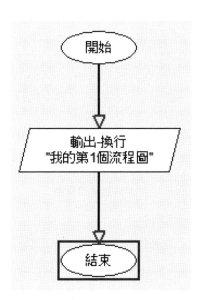

**Step 8** 請執行「檔案/儲存流程圖專案」命令儲存流程圖專案，可以看到「另存新檔」對話方塊。

**Step 9** 請切換路徑和輸入檔案名稱 **FirstProgram.fpp** 後，按**存檔**鈕儲存流程圖專案，其副檔名是.fpp。

　　對於書附 fChart 流程圖專案，請執行「檔案/載入流程圖專案」命令，在開啟「開啟舊檔」對話方塊載入位在各章節目錄下的流程圖專案，或是位在「\fChart6.10\fChart 分類專案範例」目錄下的分類流程圖專案。

## 1-5-3　fChart 的基本使用

　　fChart 工具支援第 1-2-2 節的流程圖符號，在新增或開啟流程圖專案後，可以在編輯區域新增、編輯和連接流程圖符號，或刪除連接線與流程圖符號。

### 流程圖符號的對話方塊

　　在 fChart 工具左邊工具列點選欲新增的流程圖符號，然後移動符號圖示至編輯區域的欲插入位置，點選即可開啟編輯符號的對話方塊來編輯符號內容，各種符號對話方塊的說明，如下所示：

● **輸出符號：**在**訊息文字**欄輸入欲輸出的文字內容；**變數名稱**欄位輸入或選擇輸出的變數值，例如：運算結果，如果勾選**不換行**，輸出的文字內容就不會換行，如下圖所示：

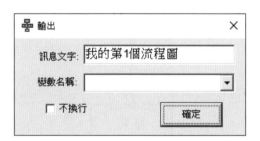

● **輸入符號：**在**提示文字**欄輸入提示文字內容；**變數名稱**欄位輸入或選擇輸入的變數名稱，可以讓使用者輸入的資料儲存至下方的變數，如下圖所示：

● **動作符號**：在**定義變數**標籤可以輸入欲建立的變數名稱 (或選擇存在的變數) 和變數值 (可以指定成其他變數名稱的變數值，或完整的運算式)，**算術運算子**標籤是建立數學的算術運算式 (只支援 2 個運算元，在中間可以選擇使用的算術運算子)，**字串運算子**標籤是建立字串運算式，如下圖所示：

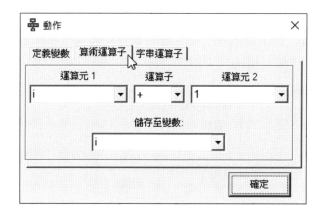

● **決策符號**：輸入條件運算式，在中間選擇使用的關係運算子，支援邏輯運算子 AND 和 OR 來連接 2 個條件運算式，如下圖所示：

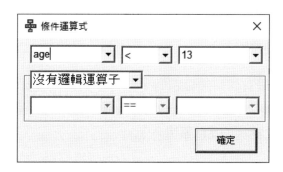

## 編輯流程圖符號

對流程圖編輯區域建立的流程圖符號，只需雙擊符號圖示，就可以開啟此符號的編輯對話方塊，然後重新編輯流程圖符號。

## 連接兩個流程圖符號

在 fChart 連接 2 個流程圖符號，請在欲連接的 2 個符號各點選一下 (順序是先按開始的符號，然後是結束的符號) 後，按左下方「連接與編輯」框的**連接**鈕，或在沒有符號區域，執行**右鍵**快顯功能表的**連接區塊**命令 (最後 1 個命令是建立 U 型線)，可以建立 2 個符號之間的連接線，箭頭是執行方向，並且自動依位置轉換成 90 度連接線。

如果在左下方「連接與編輯」框勾選**自動連接區塊**，在新增符號圖示後，就會自動建立符號之間的連接線，如下圖所示：

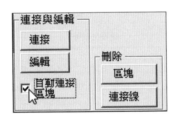

## 刪除連接線與流程圖符號

刪除連接線請分別點選連接線兩端的流程圖符號 (順序沒有關係)，然後按左下方「刪除」框的**連接線**鈕刪除之間的連接線，或在沒有符號區域，執行**右鍵**快顯功能表的**刪除連接線**命令。

當流程圖符號沒有任何連接線時，就可以刪除流程圖符號，請按一下欲刪除符號後，按左下方「刪除」框的**區塊**鈕刪除流程圖符號，或在沒有符號區域，執行**右鍵**快顯功能表的**刪除區塊**命令。

## 1-5-4　執行 fChart 流程圖的圖形版程式

當在 fChart 建立流程圖專案後，我們就可以馬上執行圖形版程式，在上方執行工具列按鈕可以控制流程圖程式的執行，調整執行速度和顯示相關的輔助資訊視窗，如下圖所示：

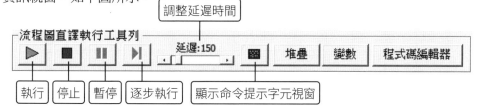

上述工具列按鈕從左至右的說明，如下所示：

● **執行**：按下按鈕開始執行流程圖，使用中間延遲時間調整間隔的延遲時間來一步一步執行流程圖，如果流程圖需要輸入資料，就會開啟「命令提示字元」視窗讓使用者輸入資料（在輸入資料後，請按 Enter 鍵）例如：加法.fpp，如下圖所示：

● **停止**：按此按鈕停止流程圖的執行。

● **暫停**：當執行流程圖時，按此按鈕暫停流程圖的執行。

● **逐步執行**：當將延遲時間的捲動軸調整至最大時，就是切換至逐步執行模式，此時按**執行**鈕執行流程圖，就是一次一步來逐步執行流程圖，請重複按此按鈕來執行流程圖的下一步。

● **調整延遲時間**：使用捲動軸調整執行每一步驟的延遲時間，如果調整至最大，就是切換成逐步執行模式。

● **顯示命令提示字元視窗**：按下此按鈕可以顯示「命令提示字元」視窗的執行結果。

● **顯示堆疊視窗：**按此按鈕可以顯示「堆疊」視窗，如果是函數呼叫，就是在此視窗顯示保留的區域變數值。

● **顯示變數視窗：**按下此按鈕可以顯示「變數」視窗，其內容是執行過程之中建立的變數值，例如：加法.fpp，如下圖所示：

| 變數 | | | | | | x |
|---|---|---|---|---|---|---|
| | RETURN | PARAM | a | b | r | RET-OS |
| 目前變數值: | | PARAM | 25 | 34 | 59 | |
| 之前變數值: | | PAR-OS | | | | |

● **程式碼編輯器：**啟動 fChartCodeEditor 的程式碼編輯器，可以使用功能表命令來插入程式碼片段來快速建立 C# 程式碼。

# 1-6　使用 fChart 流程圖進行邏輯訓練

在這一節筆者準備實際使用 fChart 流程圖來實作結構化程式設計的六種程式結構，即一種循序結構、三種選擇結構和二種重複結構，共 6 種組成程式所需的積木。

換言之，我們準備使用 fChart 建立 6 種結構的圖形版程式 (一種可執行的 fChart 流程圖)，在說明演算法步驟後，配合教學影片的實作步驟，讀者可以實際建立和執行流程圖來追蹤程式執行，以便了解電腦程式的程式邏輯。

## 1-6-1　循序結構

循序結構就是指定變數值、算術運算式、字串運算或、輸入和輸出，也就是使用輸入、輸出和動作符號來建立一個符號接著一個符號依序執行的流程圖。

### fChart 流程圖專案：加法.fpp

請建立 fChart 流程圖輸入 2 個變數 a 和 b 的值，可以計算 a+b 的相加值，其步驟如下所示：

```
Step 1：輸入變數 a。
Step 2：輸入變數 b。
Step 3：計算 r = a + b。
Step 4：輸出計算結果 r。
```

請啟動 fChart 建立計算 2 個數字相加的流程圖，教學影片是：**01_fChart 變數與運算子 (循序結構).avi**，其建立的 fChart 流程圖，如下圖所示：

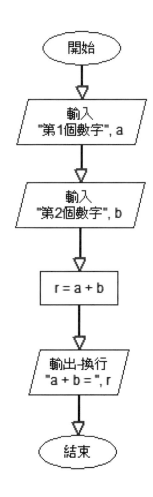

上述流程圖的執行過程是從起始符號開始，依序執行 2 個輸入符號輸入 2 個變數，然後是加法算術運算式，接著輸出運算結果，最後執行至結束符號結束程式的執行，所以稱為循序結構。

## 1-6-2 選擇結構 - 單選條件

　　單選條件是使用決策符號的條件運算式來判斷是否需要執行額外程式碼，如同在一條主路徑的執行流程，多出的一條旁支路徑。

### fChart 流程圖專案：購物折扣.fpp

　　請建立 fChart 流程圖輸入網購金額 amount，如果金額超過 1000 元，可以打八折，其步驟如下所示：

```
Step 1：輸入金額 amount。
Step 2：判斷是否超過 1000 元，超過：
        (a) amount * 0.8 打八折。
        (b) 顯示打折後的金額。
```

　　請啟動 fChart 建立計算購物折扣的流程圖，教學影片是：**02_fChart 是否選 (選擇結構).avi**，其建立的 fChart 流程圖，如下圖所示：

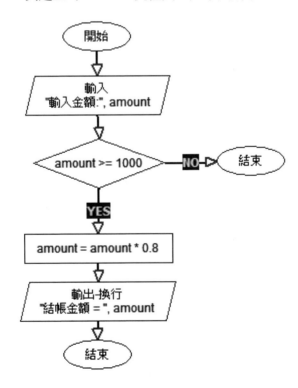

　　因為單選條件是主路徑中的旁支，在主路徑應該是輸入和輸出結帳金額，當金額超過才計算折扣，否則直接顯示輸入金額。所以，請修改**購物折扣.fpp** 流程圖，如果金額沒有超過 1000 元，就顯示輸入的原始金額，而不是直接結束程式 (NO 條件是 U 型線)，如下圖所示：

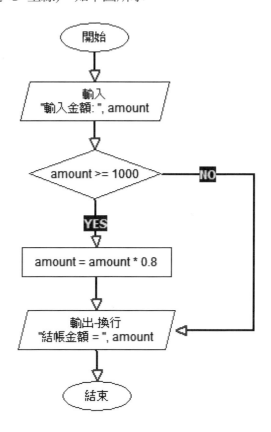

　　上述流程圖的執行過程是從起始符號開始，在輸入金額後，如果金額超過 1000 元，就使用算術運算式計算折扣後金額，不論是否有折扣，都會輸出結帳金額，所以單選條件是額外路徑的旁支。

## 1-6-3　選擇結構 - 二選一條件

　　二選一條件是使用決策符號的條件運算式判斷屬於二個互斥集合的哪一個，如同有兩條路徑，我們只能依條件走其中一條，請注意！兩條路徑也一定只會走其中一條路徑。

## fChart 流程圖專案：判斷成績.fpp

建立 fChart 流程圖輸入成績 score，如果超過 60 分，顯示及格；否則顯示不及格，其步驟如下所示：

```
Step 1：輸入成績 score。
Step 2：判斷是否超過 60 分：
        (a) 超過，顯示及格。
        (b) 沒有超過，顯示不及格。
```

請啟動 fChart 建立判斷成績是否及格的流程圖，教學影片是：**03_fChart 二選一 (選擇結構).avi**，其建立的 fChart 流程圖，如下圖所示：

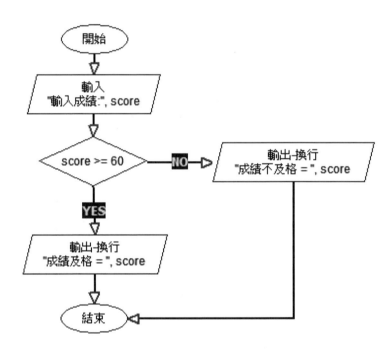

上述流程圖的執行過程是從起始符號開始，在輸入成績後，如果成績大於等於 60 分，就輸出及格；否則輸出不及格，因為成績不是及格；就是不及格，所以二選一條件的 2 條路徑只會走其中一條路徑。

## 1-6-4　選擇結構 - 多選一條件

多選一條件是使用決策符號的條件運算式來判斷多個互斥的集合，如同有多條路徑，但是，我們只能依條件走其中一條路徑，請注意！雖然有多條路徑，我們仍然只能走其中一條路徑。

### fChart 流程圖專案：年齡判斷.fpp

建立 fChart 流程圖輸入年齡 age，如果小於 13 歲顯示兒童，小於 20 歲是青少年，大於等於 20 歲是成年人，其步驟如下所示：

```
Step 1：輸入年齡 age。
Step 2：判斷年齡 < 13：
    1)：成立，顯示兒童。
    2)：不成立，判斷 < 20：
        (a) 成立，顯示青少年。
        (b) 不成立，顯示成年人。
```

請啟動 fChart 建立年齡判斷的流程圖，可以判斷輸入的年齡是兒童、青少年和成年人，教學影片是：**04_fChart 多選一 (選擇結構).avi**，其建立的 fChart 流程圖，如下圖所示：

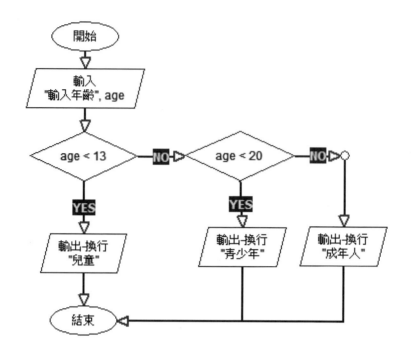

上述流程圖的執行過程是從起始符號開始，在輸入年齡後，如果年齡小於 13，就輸出兒童，大於 13；小於 20 輸出青少年，否則顯示成年人，因為年齡有三個範圍，即 3 條路徑，所以多選一條件的 3 條路徑只會走其中一條路徑。

## 1-6-5 重複結構 - 前測式迴圈

重複結構就是一直在繞圈圈的迴圈，當走路時看到有興趣商品 (也可能是美女或俊男)，就會重複蹺幾圈來一看再看。前測式迴圈是使用決策符號的條件運算式在迴圈開頭判斷是否執行下一次迴圈，通常，我們需要使用計數器變數 (或稱控制變數) 來記錄迴圈執行的次數。

## fChart 流程圖專案：1 加至 10.fpp

建立 fChart 流程圖計算 1 加至 10，然後輸出加總結果，其步驟如下所示：

```
Step 1：初始計數器變數 i = 1。
Step 2：使用迴圈計算從 1 至 10：
    1)：不成立，結束迴圈至 Step 3。
    2)：成立，計算 sum = sum + i。
    3)：將計數變數 i 加 1 後，繼續迴圈 Step 2。
Step 3：輸出總和 sum。
```

請啟動 fChart 建立 1 加到 10 的流程圖，變數 i 是計數器變數，教學影片是：**05_fChart 前測式迴圈 (重複結構).avi**，其建立的 fChart 流程圖，如下圖所示：

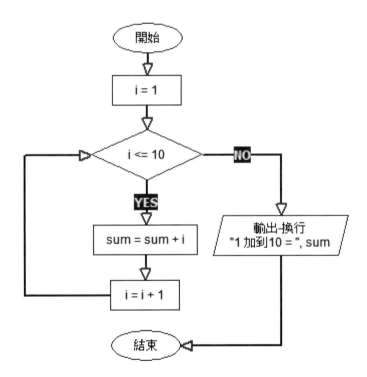

上述 fChart 流程圖的變數 i 是計數器變數 (此變數控制迴圈的執行次數)，其初值是 1，決策符號的條件判斷是否小於等於 10，條件成立就繼續執行迴圈 (小於等於 10)，然後將計數器變數 i 加一，直到條件不成立為止 (大於 10)，所以程式會執行 1、2、3、…、9、10 共 10 次迴圈，可以計算 1 加至 10 的總和。

## 1-6-6 重複結構 - 後測式迴圈

後測式迴圈是使用決策符號的條件運算式在迴圈結尾判斷是否執行下一次迴圈，因為是執行完第一次迴圈後才判斷是否繼續執行下一次迴圈，所以，後測式迴圈至少會執行一次。

### fChart 流程圖專案：顯示 5 次大家好.fpp

建立 fChart 流程圖顯示 5 次「大家好！」的字串，其步驟如下所示：

Step 1：初始計數器變數 a 的值為 1。
Step 2：輸出大家好!和變數 a 的值。
Step 3：判斷是否超過 5 次：
　　　　(a)沒有，計算 a = a + 1 後，跳至 Step 2。
　　　　(b)超過，結束迴圈執行。

請啟動 fChart 建立顯示 5 次大家好！的流程圖，教學影片是：**06_fChart 後測式迴圈 (重複結構).avi**，其建立的 fChart 流程圖，如下圖所示：

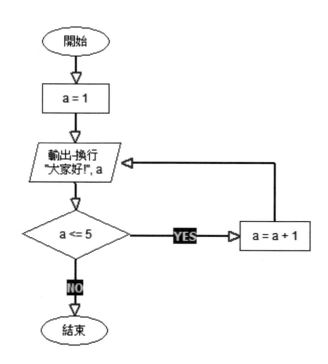

上述 fChart 流程圖會多輸出 1 次大家好！請試著修改流程圖，可以正確顯示 5 次大家好 (提示：修改決策符號的條件)。事實上，這個 fChart 流程圖轉換成 C# 程式碼需要使用跳出迴的 break 程式敘述。後測式迴圈流程圖的正確畫法，如下圖所示：

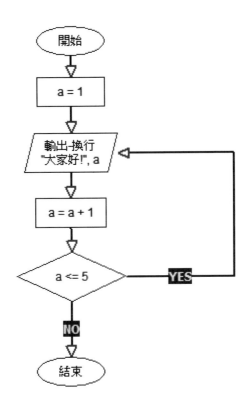

上述 fChart 流程圖 a = a + 1 運算式的位置是在決策符號前。變數 a 是計數器變數，其初值是 1，在輸出字串和將計數器變數 a 加一後 (至少執行 1 次)，才使用決策符號的條件判斷是否小於等於 5，條件成立就繼續執行迴圈 (小於等於 5)，直到條件不成立為止 (大於 5)，所以程式會執行 1、2、3、4、5 共 5 次迴圈，可以輸出顯示 5 次字串內容。

當使用 fChart 完成程式邏輯訓練後，就可以真正從第 3 章開始學習 C# 語法，將本節的 fChart 流程圖改寫成對應的 C# 程式碼。

**選擇題**

(　　) 1.　請問下列關於微軟 .NET、.NET Core 與 .NET Framework 的說明是不正確的？

A. 目前最新 .NET 平台的名稱是 .NET Core

B. 微軟 .NET Framework 是 .NET 之前的版本

C. 微軟 .NET Core 是 .NET Framework 的下一個版本

D. 微軟 .NET Framework 的最後一版是 4.8 版

(　　) 2.　請指出下列哪一個並不屬於程式設計的驗證階段？

A. 除錯　　　　　　　B. 設計

C. 證明　　　　　　　D. 測試

(　　) 3.　請指出下列哪一個程式邏輯的說明是不正確的？

A. 程式邏輯不能只有模稜兩可的內容

B. 程式邏輯和人類使用的邏輯是相同的

C. 程式邏輯是一種教導小孩做一件他從沒有作過的事的邏輯

D. 程式邏輯需要寫出詳細的步驟和資訊

(　　) 4.　請問下列哪一種是 Visual Studio 整合開發環境可以建立的應用程式？

A. Windows Forms　　B. ASP.NET

C. ADO.NET　　　　　D. 全部皆是

(　　) 5.　請問下列哪一個關於 fChart 工具的說明是不正確的？

A. 可以編輯繪製流程圖　　B. 可以用來訓練程式邏輯

C. 只可以執行流程圖　　　D. 一套 VB 開發的程式

## 簡答題

1. 請問什麼是微軟的 C# 語言、.NET 平台的版本演進和 Visual Studio？

2. 請比較程式邏輯和人類邏輯的差異為何？

3. 請簡單說明什麼是演算法？何謂流程圖？

4. 請說明程式設計的基本步驟？

5. 請說明什麼是由上而下設計方法？何謂結構化程式設計？

6. 請舉例說明三種流程控制結構？

## 實作題

1. 請試著繪出擁有多個控制結構所連接成的流程圖，第 1 個是循序結構連接選擇結構，再連接一個重複結構，最後連接一個循序結構，可以建立出符合結構化程式設計的程式結構。

2. 請使用 fChart 工具繪出除法的流程圖，在輸入 2 個運算元後，顯示除法的計算結果。

3. 請使用 fChart 工具繪出流程圖來判斷哪一個數字大，流程圖在輸入 2 個數字後，使用決策符號判斷輸入的哪一個數字大，顯示比較大的數字。

4. 請使用 fChart 工具繪出流程圖來計算年齡，其演算法步驟依序是：(1) 輸入出生的年份，(2) 將今年年份減去出生年份，(3) 顯示計算結果的年齡。

5. 請試著使用 fChart 工具繪出計算 (1 + 2 +...+ N)/2 值的流程圖。

# MEMO

# 02

# 建立 C# 應用程式

# 2-1 認識 C# 應用程式

　　微軟 Visual Studio Community 是官方 C# 語言的整合開發環境，在本書主要說明如何建立在 Windows 作業系統執行的兩種應用程式：主控台應用程式和 Windows 應用程式。

　　基本上，在第 1-3 節的程式設計基本步驟中，以 C# 語言來說，第 1 章的 fChart 工具可以進行需求、設計和分析階段，最後 2 個階段：撰寫程式和驗證階段就是使用 Visual Studio Community 來完成。

## 認識主控台應用程式

　　主控台應用程式就是早期 BASICA、GWBASIC 或 QuickBasic 在 MS-DOS 作業系統以文字模式執行的應用程式。在 Windows 作業系統是在下方工具列搜尋欄位輸入 cmd，執行**命令提示字元**命令，可以開啟「命令提示字元」視窗，主控台應用程式就是在此介面執行的應用程式，如下圖所示：

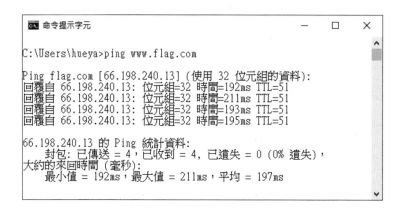

　　上述圖例是 ping.exe 網路工具程式的執行結果，可以測試 www.flag.com 主機是否能夠透過 IP 位址將資料送達，這是一種主控台應用程式，因為輸出是單純文字內容，並沒有任何圖形使用介面。

　　在 Windows 作業系統的主控台應用程式通常是為了測試程式碼執行或除錯，會在作業系統的背景執行，並不需要使用介面。本書的主控台應用程式主要是說明 C# 語言的基本語法和物件導向程式設計語法，例如：在第 3 章使用主控台應用程式說明程式語言的變數、資料型別和運算子，第三篇說明物件導向程式設計，和在最後說明網路程式設計。

## 認識 Windows 應用程式

Windows 應用程式即本書第二篇 Windows 視窗程式設計所建立的應用程式，即所謂的「視窗應用程式」，這是一種在 Windows 作業系統下執行的圖形使用介面 GUI (Graphic User-interface) 應用程式，使用視窗、功能表、對話方塊和按鈕等控制項組成的應用程式。例如：Office 軟體、記事本、小畫家或 Visual Studio 都是一種 Windows 應用程式。

## 2-2　建立第一個主控台應用程式

我們準備使用 2 個實例來完整說明使用 Visual Studio Community 建立 C# 應用程式，在第 2-2-2 節是建立主控台應用程式；第 2-3-2 節是建立 Windows 應用程式。

## 2-2-1　建立主控台應用程式的基本步驟

在 Visual Studio Community 建立主控台應用程式的基本步驟，如下所示：

**Step 1** **新增專案**：Visual Studio Community 是使用專案來管理 C# 應用程式，建立 C# 應用程式的第一步就是建立主控台應用程式的 Visual C# 專案。

**Step 2** **撰寫程式碼**：在 Program.cs 程式檔撰寫 C# 程式碼。

**Step 3** **編譯與執行**：在 Visual Studio Community 編譯與執行 Visual C# 專案的應用程式，如果編譯有錯誤，請找出錯誤後，重複上述步驟來更改程式碼，直到 C# 程式可以正確的執行。

## 2-2-2 建立第一個主控台應用程式

　　Visual Studio Community 是使用專案來管理應用程式開發，在本書每一章的範例專案是位在「程式範例」資料夾，各章名的子目錄下，例如：第 2 章是位在「程式範例\Ch02」資料夾，完成的範例專案是位在「完成檔」資料夾。

　　我們準備建立第 1 個主控台應用程式來顯示一段文字內容 (fChart 流程圖：Ch2_2_2.fpp)，其流程圖如下圖所示：

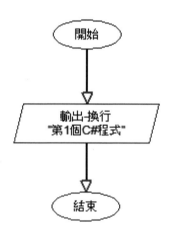

**步驟一：新增主控台應用程式專案**

　　在 Visual Studio Community 整合開發環境只需新增專案，就可以編輯、編譯和執行 C# 主控台應用程式，其步驟如下所示：

**Step 1** 請執行「開始/Visual Studio 2022」命令啟動 Visual Studio Community，可以看到開始視窗，在右邊「開始使用」框選**建立新的專案**來新增專案。

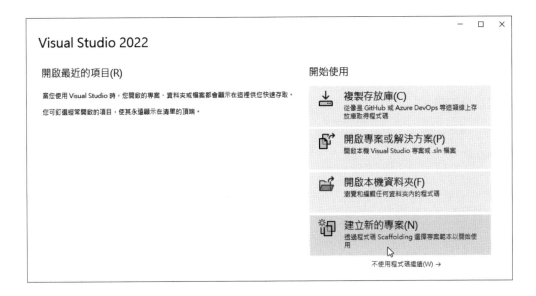

**Step 2** 選在下方有 C#、Linux、macOS、Windows 和主控台的**主控台應用程式**專案類型，按**下一步**鈕設定新專案。

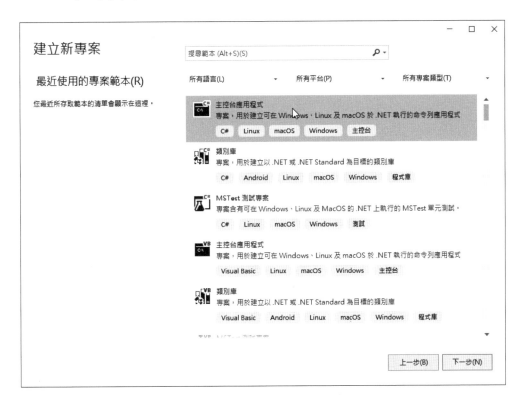

**Step 3** 在**專案名稱**欄輸入專案名稱 **Ch2_2_2** 後，按位置欄後的**瀏覽**鈕，選擇儲存位置為「程式範例\Ch02」目錄，按**下一步**鈕。

**Step 4** 選擇使用的 .NET 平台版本，並不用更改，按**建立**鈕建立 **Ch2_2_2** 專案。

**Step 5** 可以看到 **Ch2_2_2** 專案的 Program.cs 類別檔，在左邊是 Program. cs 程式碼編輯視窗的範本程式碼。

### 步驟二：編輯程式碼檔案

在成功建立 Ch2_2_2 專案後，因為從 .NET 6 平台開始，主控台應用程式的 C# 範本程式會自動產生上層 Program 類別宣告和 Main() 主程式，我們只需撰寫位在 Main() 主程式的 C# 程式碼，其進一步說明請參閱第 2-5-1 節。請繼續上面步驟來輸入 C# 程式碼，如下所示：

**Step 1** 如果沒有看到程式碼編輯視窗，請在右邊「方案總管」視窗雙擊 **Program.cs** 檔案顯示程式碼編輯視窗後，就可以開始輸入 C# 程式碼，如下圖所示：

在上述編輯視窗上方是開啟的檔案標籤 **Program.cs\***，在檔名後的「\*」號表示檔案有更改但尚未儲存。從流程圖可以看出是輸出一段文字內容，請在編輯視窗輸入 C# 程式碼，如下所示：

```
01: Console.WriteLine("第1個C#程式!");
02: Console.Read();
```

上述第 1 列是輸入 Console.WriteLine() 方法來顯示參數的字串 (輸出)，在第 2 列的方法是讀取一個字元，其目的是為了避免馬上關閉「命令提示字元」視窗，可以讓我們看到執行結果輸出的字串內容。

如果輸入的 C# 程式碼有語法錯誤，在程式碼下方會顯示紅色鋸齒線來標示可能有錯誤，例如：Read() 方法輸入成 Readln，如下圖所示：

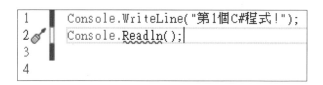

**Step 2** 在輸入正確的 C# 程式碼後，請執行「檔案/儲存 Program.cs」命令儲存程式檔案，或執行「檔案/全部儲存」命令儲存整個專案。

### 步驟三：編譯和執行主控台應用程式

在輸入 C# 程式碼後，就可以使用偵錯模式來建置和編譯專案的程式檔案。請繼續上面的步驟，如下所示：

**Step 1** 請執行「偵錯/開始偵錯」命令或按 F5 鍵，即可編譯和建置專案，在完成後如果沒有錯誤，可以看到執行結果的「命令提示字元」視窗。

上述圖例的執行結果顯示"第 1 個 C# 程式！"訊息文字，請按 Enter 鍵結束程式執行返回 Visual Studio Community 整合開發環境。

如果專案曾經建置成功過，但修改程式重新建置和編譯過程發生錯誤，就會看到一個訊息視窗，指出建置過程有錯誤，請按**否**鈕。

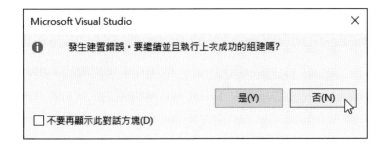

我們可以在 Visual Studio 下方的「錯誤清單」視窗，看到編譯錯誤的訊息列，如下圖所示：

上述圖例顯示錯誤描述、檔案和所在行列的錯誤訊息，請在編輯視窗更改錯誤的程式碼後，重複上述步驟來編譯和執行 C# 程式。

請注意！Visual Studio Community 預設不會在偵錯停止時自動關閉命令提示字元視窗。請執行「工具/選項」命令，在左邊選**偵錯**後，在右邊勾選**偵錯停止時，自動關閉主控台**，按確定鈕更改此設定，如下圖所示：

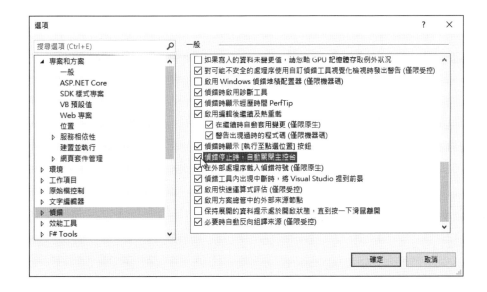

# 2-3　建立第一個 Windows 應用程式

在第 2-2-2 節我們已經成功建立 C# 的主控台應用程式,接著在第 2-3-2 節就是建立 GUI 圖形使用介面的 Windows 應用程式。

## 2-3-1　建立 Windows 應用程式的基本步驟

Windows 應用程式不同於主控台應用程式的執行流程,主控台應用程式的執行進入點就是主程式的第 1 列程式碼,依序執行到最後一列,最後結束執行。Windows 應用程式的執行需視使用者的操作而定,也就是依觸發的事件來執行適當的處理,稱為事件驅動程式設計 (Event-driven Programming)。

例如:當啟動**記事本**後,在「字型」對話方塊按**確定鈕**或執行「檔案/結束」命令結束程式,都會觸發不同的 Click 事件,程式依事件來執行對應的事件處理程序,以便進行處理,例如:設定屬性或結束程式,關於事件的進一步說明請參閱<第 13 章:視窗應用程式的事件處理>。

在 Visual Studio Community 建立 Windows 應用程式的基本步驟,如下所示:

**Step 1**　**新增專案**:Visual Studio Community 是使用專案來管理 C# 應用程式,第一步就是建立 Windows 應用程式的 Visual C# 專案。

**Step 2**　**建立表單介面**:在建立專案後,預設新增 Form1.cs 表單類別檔,請依照規劃的介面,從「工具箱」視窗拖拉所需控制項到表單,就可以建立表單使用介面。

**Step 3**　**設定控制項屬性**:在表單新增控制項後,可以在「屬性」視窗調整表單或控制項大小、字型、色彩和外觀等屬性值。

**Step 4**　**撰寫程式碼**:依照控制項觸發的事件,建立指定事件處理程序。

**Step 5** **編譯與執行**：在 Visual Studio Community 編譯與執行 Visual C# 專案的應用程式，如果編譯有錯誤，請找出錯誤後，重複上述步驟來更改程式碼，直到程式可以正確的執行。

## 2-3-2 建立第一個 Windows 應用程式

我們準備建立一個登入表單的 Windows 應用程式，可以在 TextBox 控制項輸入姓名，按下按鈕，即可變更 Label 標籤控制項的色彩，和在 Label 控制項顯示歡迎登入的訊息文字，其步驟如下所示：

### 步驟一：新增 Windows Forms 應用程式專案

Visual Studio Community 是使用專案來管理應用程式開發，本書每一章的範例專案是位在「程式範例」資料夾，各章名的子目錄，例如：第 2 章是位在「程式範例\Ch02」資料夾，完成的範例專案是位在「完成檔」資料夾。其新增步驟如下所示：

**Step 1** 請執行「開始/Visual Studio 2022」命令啟動 Visual Studio Community，可以看到開始視窗，在右邊「開始使用」框選**建立新的專案**來新增專案。

**Step 2** 選在下方有 C#、Windows 和桌面的 **Windows Forms 應用程式**專案
類型 (可在右上方選**桌面**類型來篩選)，按**下一步**鈕設定新專案。

**Step 3** 在**專案名稱**欄輸入專案名稱 **Ch2_3_2**，按位置欄後的**瀏覽**鈕，選擇儲
存位置為「程式範例\Ch02」目錄，按**下一步**鈕。

**Step 4** 選使用的 .NET 平台版本,並不用更改,**按建立鈕建立 Ch2_3_2 專案。**

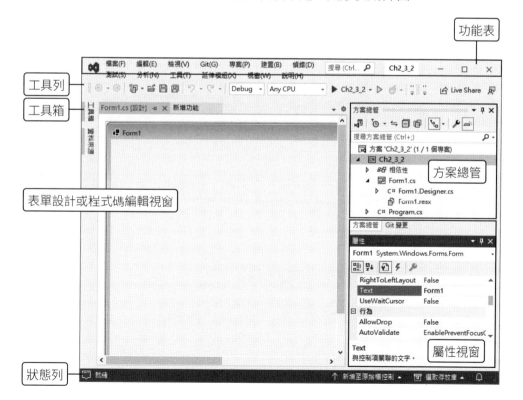

**Step 5** 可以看到 **Ch2_3_2** 專案擁有 Form1.cs 表單類別檔案,在左邊是表單設計編輯視窗,能夠新增控制項來建立圖形使用介面。

上述 Visual Studio Community 已經執行「檢視/工具箱」和「檢視/屬性視窗」命令來開啟左邊的工具箱垂直標籤和右下角的屬性視窗。

### 步驟二：在表單新增 Label 控制項

Visual Studio Community 的表單設計工具提供強大的編輯功能，我們只需在「工具箱」視窗選取控制項，就可以在表單新增 GUI 元件和編排使用介面的控制項。請繼續上面的步驟，如下所示：

**Step 1** 首先點選 Form1 表單，從右下角向左上方拖拉縮小表單尺寸後，點選左邊**工具箱**標籤，可以開啟「工具箱」視窗顯示控制項清單，請在**通用控制項**區段選 **Label** 標籤控制項。

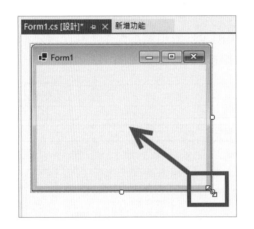

**Step 2** 請表單範圍外點選一下隱藏「工具箱」視窗後，在表單設計視窗的表單中移動至插入位置後，再點選一下，即可新增預設名為 label1 的標籤控制項，如下圖所示：

### 步驟三：設定 Label 控制項的屬性

在表單新增控制項後，我們可以在「屬性」視窗設定控制項屬性。請繼續上面步驟，如下所示：

**Step 1** 選 **label1** 控制項，可以看到左上角的定位點 (按住能夠拖拉調整位置)，和在右下方「屬性」視窗顯示 **label1** 控制項的屬性清單，請捲動視窗找到 **Text** 屬性，點選後輸入**歡迎：**，如下圖所示：

**Step 2** 請往回捲動找到 **Font** 屬性，點選欄位值後，按欄位後游標所在圖示按鈕，如下圖所示：

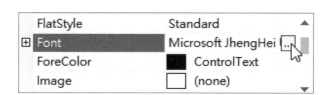

**Step 3** 在「字型」對話方塊的字型選**微軟正黑體**，樣式選**粗體**，在**大小**欄選 **18**，按**確定**鈕放大字型，如下圖所示：

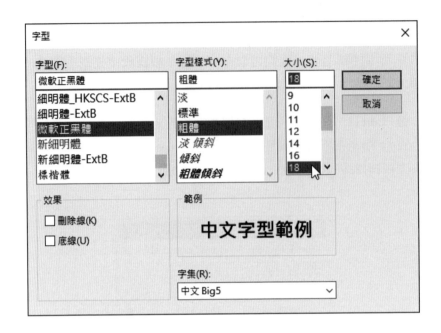

**Step 4** 可以看到 label1 顯示放大的文字內容，如下圖所示：

## 步驟四：建立 TextBox 和 Button 控制項

接著，請重複步驟二和三依序新增 TextBox 和 Button 按鈕控制項，和設定相關屬性。請繼續上面步驟，如下所示：

**Step 1** 點選左邊**工具箱**標籤開啟「工具箱」視窗，在**通用控制項**區段選 **TextBox** 文字方塊控制項，如下圖所示：

**Step 2** 在表單範圍移動十字形游標,在插入位置左上角點選一下,即可拖拉出控制項大小,可以新增名為 textBox1 的文字方塊控制項,如下圖所示:

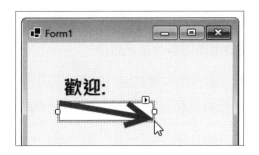

**Step 3** 在**通用控制項**區段選 **Button** 按鈕控制項後,在表單插入位置的左上角點選一下,即可拖拉出控制項大小來新增名為 button1 的按鈕控制項,如下圖所示:

**Step 4** 選 **button1** 控制項後，在「屬性」視窗捲動到 **Text** 屬性，輸入按鈕標題文字**登入**，可以看到我們建立的表單介面，如下圖所示：

**步驟五：在 Button 控制項新增事件處理程序**

現在，我們已經在 Form1 表單新增 label1、textBox1 和 button1 三個控制項，然後可以新增按鈕控制項的事件處理程序。請繼續上面步驟，如下所示：

**Step 1** 在表單上雙擊 **button1** 按鈕控制項，可以建立預設 Click 事件處理程序，並且自動切換到程式碼編輯視窗，讓我們輸入事件處理程序的 C# 程式碼，如下圖所示：

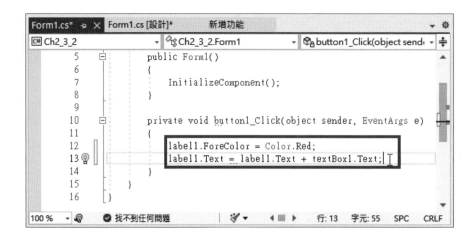

　　請在上述圖例的 button1_Click() 事件處理程序直接輸入處理此事件的程式碼，如下所示：

```
01: private void button1_Click(object sender, EventArgs e)
02: {
03:    label1.ForeColor = Color.Red;
04:    label1.Text = label1.Text + textBox1.Text;
05: }
```

　　上述程式碼的第 3~4 列是更改標籤控制項的 ForeColor 前景色彩和文字方塊的 Text 屬性，也就是更改控制項的文字色彩和內容，「＋」號可以連接 2 個控制項的 Text 屬性。

**Step 2**　在輸入 C# 程式碼後，請執行「檔案/儲存 Form1.cs」命令儲存程式檔案，或執行「檔案/全部儲存」命令儲存整個專案。

### 步驟六：編譯與執行 Windows 應用程式

　　在完成表單設計和輸入程式碼後，可以編譯專案的程式檔案，請繼續上面步驟，如下所示：

**Step 1**　請執行「偵錯/開始偵錯」命令或按 F5 鍵，在編譯和建置專案完成後，如果沒有錯誤，可以看到執行結果的 Windows 應用程式視窗。

 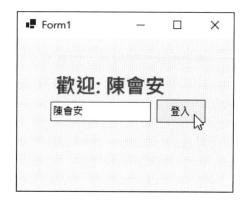

　　請在欄位輸入姓名後，按**登入**鈕，就可以看到變更 label1 標籤控制項的前景色彩，和將 label1 控制項內容的最後加上 textBox1 控制項的內容。按視窗右上角 **X** 鈕，可以結束 Windows 應用程式的執行。

## 2-4 開啟存在的 Visual C# 專案

對於書附 Visual C# 範例專案，我們只需啟動 Visual Studio Community 就可以開啟專案，如果已經開啟專案，也可以隨時開啟其他 Visual C# 專案。

### Visual C# 專案的目錄結構

因為在第 2-2-2 和2-3-2 節新增 Visual C# 專案時，並沒有勾選**解決方案名稱**欄位下方的**將解決方案和專案置於相同目錄中**，所以，在儲存位置就會建立與專案同名的「Ch2_2_2」子目錄，如下圖所示：

上述圖例是解決方案的目錄，「Ch2_2_2」子目錄才是專案目錄，因為在同一解決方案可以新增多個專案 (即執行「檔案/新增/專案」命令)，其目的是為了方便在同一解決方案下來管理多個專案。

如果解決方案只有一個專案，我們可以勾選**將解決方案和專案置於相同目錄中**，如此就不會建立專案子目錄，解決方案檔案與專案檔案是位在同一目錄，例如：Ch2_4 專案，如下圖所示：

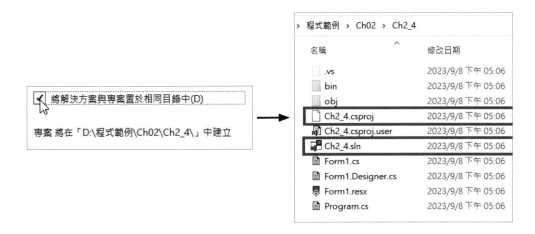

## 開啟 Visual C# 專案

在 Visual Studio Community 的解決方案能夠同時建立多個專案，目前我們建立的解決方案都只有一個專案，可以直接將解決方案視同專案來處理。在 Visual Studio Community 開啟專案的步驟，如下所示：

**Step 1** 請啟動 Visual Studio Community，在開始視窗點選**開啟專案或解決方案**，或在開發介面執行「檔案/開啟」下的「專案/方案」命令，可以看到「開啟專案/解決方案」對話方塊。

**Step 2** 請切換到方案路徑，以此例是「程式範例\Ch02\Ch2_2_2」，選 **Ch2_2_2.sln** 解決方案檔，按**開啟**鈕開啟專案。

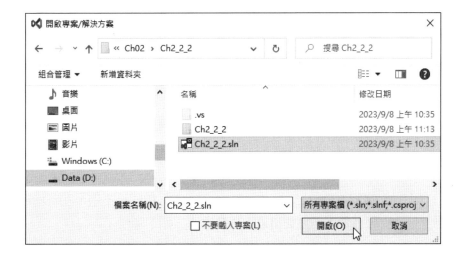

如果是開啟「程式範例\Ch02\Ch2_4」目錄的專案，因為此專案目錄擁有同名 Ch2_4.sln 方案檔和 Ch2_4.csproj 專案檔，任選一個檔案都可以開啟 Visual C# 專案。

## 關閉 Visual C# 專案

在 Visual Studio Community 執行「檔案/關閉方案」命令就可以關閉專案，或直接開啟其他專案，就會自動關閉目前開啟的專案。

# 2-5　C# 應用程式結構

C# 語言是一種物件導向程式語言，其應用程式的基本結構就是一個類別 (Classes)。

## 2-5-1　C# 程式的基本結構

C# 應用程式的程式碼是儲存在副檔名.cs 的類別檔案，類別 (Class) 是一張藍圖用來建立物件 (Object)，這是物件導向程式設計的重要觀念，因為物件導向程式設計在第 9 章說明，在此之前讀者可以將類別視為是一種 C# 應用程式的標準結構。

## 主控台應用程式的類別檔

主控台應用程式是一個擁有主程式 Main() 的類別檔，預設名稱為 Program.cs，因為 .NET 6 之後會自動產生 Program 類別和 Main() 主程式，所以在第 2-2-2 節只需輸入 Main() 主程式中的程式碼，如下所示：

```
Console.WriteLine("第1個C#程式!");
Console.Read();
```

Visual C# 專案：Ch2_5_1 和 Ch2_2_2 完全相同，不過，在新增專案的「其他資訊」步驟有勾選**不要使用最上層陳述式**，如下圖所示：

此時完整的 Program.cs 類別檔就有 Program 類別和 Main() 主程式，如下圖所示：

上述程式碼使用 class 關鍵字宣告名為 Program 的類別，內含主程式 Main() 函數，主控台應用程式就是在此主程式撰寫所需的程式碼。關於類別檔案結構的說明，請參閱本節後的 Form1.cs 類別檔。

## Windows 應用程式的類別檔

Windows 應用程式除了 Program.cs 類別檔外，還有圖形使用介面的表單類別檔，預設名稱是 Form1.cs，這是一個 Form 類別。

在 Visual Studio Community 新增 C# 專案的 Windows 應用程式後，預設建立的檔案名稱是 Form1.cs 的類別檔，例如：Ch2_3_2 專案，如下圖所示：

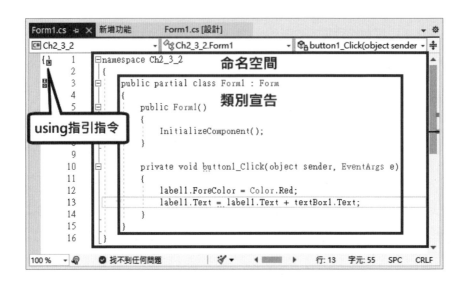

上述圖例的 C# 程式碼結構分成三大部分，如下所示：

## using 指引指令

在類別檔的程式碼開頭是一些 using 指引指令，請點選編輯區域左上角圖示，可以看到應用程式匯入使用的 .NET 類別，以此例是 System 命名空間，詳細說明請參閱附錄 A，如下圖所示：

### 命名空間：namespace 關鍵字

在之後使用 namespace 關鍵字和大括號來自行建立命名空間，如下所示：

```
namespace Ch2_3_2 { … }
```

上述程式碼的大括號中是群組的類別，因為自行建立命名空間並非絕對必要，.NET 預設就會自動提供命名空間，所以本書並不準備多作說明。

### 類別宣告：class 關鍵字

最後使用 class 關鍵字宣告的是表單 Form 類別，如下所示：

```
public partial class Form1 : Form
{
    public Form1() { … }
    private void button1_Click(object sender, EventArgs e)
    { … }
}
```

上述程式碼宣告的類別名稱是 Form1，使用「:」符號繼承之後的 Form 類別，繼承也是物件導向程式設計的觀念，在第 10 章有詳細說明。事實上，此類別宣告只是一個部分類別 (Partial Class)，在 Form1.cs 類別檔只有 Form1 類別的部分內容，擁有控制項的事件處理程序，並不包含建立表單控制項本身的程式碼。

Visual Studio Community 表單設計視窗自動產生的表單程式碼是位在 Form1.Designer.cs 類別檔，其架構如下所示：

```
partial class Form1 { … }
```

上述程式碼是另一個部分類別宣告，程式內容是建立控制項圖形介面的程式碼。也就是說，我們需要整合 Form1.cs 和 Form1.Designer.cs 兩個類別檔才是完整 Form1 類別程式碼，關於繼承和部分類別的進一步說明請參閱第 9~10 章。

不論是主控台應用程式或 Windows 應用程式都會建立 Program.cs 類別檔，這是一個擁有主程式 Main() 函數的 Program 類別宣告，例如：Windows 應用程式的 Program.cs，如下圖所示：

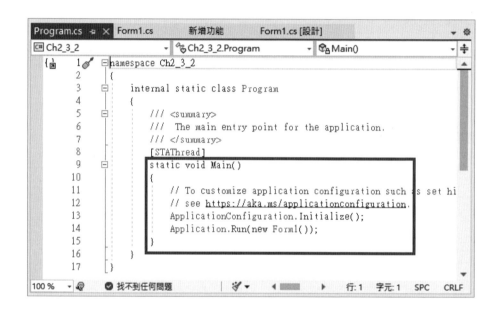

上述 Program.cs 類別檔自動建立 Main() 函數的程式碼，其內容就是初始和執行 Form1.cs 類別檔，即表單使用介面的 C# 程式碼。

## 2-5-2 C# 語言的基本輸出與輸入

主控台應用程式和 Windows 應用程式最明顯的差異，就是使用介面的基本輸出與輸入，一個是在命令提示字元輸出和輸入的文字內容；另一個是使用表單控制項。

## 主控台應用程式的輸出和輸入

主控台應用程式的輸出與輸入是使用 System.Console 類別的方法,屬於主控台應用程式的標準輸入和輸出,因為類別宣告已經使用 using 指引指令匯入 System 命名空間,所以 C# 程式碼可以省略 System。

### 輸出和輸入的相關方法

C# 主控台應用程式輸出和輸入的相關方法,其簡單說明如下表所示:

| 方法 | 說明 |
|------|------|
| Console.Write(string) | 將參數 string 字串送到標準輸出,也就是「命令提示字元」視窗來顯示 |
| Console.WriteLine(string) | 如同 Write() 方法,只在最後加上換行符號 |
| int Console.Read() | 從標準輸入讀取一個字元直到使用者按下 Enter 鍵,傳回值是整數 |
| string Console.ReadLine() | 類似 Read() 方法,只是從標準輸入讀取整個字串 |

在「程式範例\Ch02\Ch2_5_2」的 Visual C# 專案測試 Read() 和 ReadLine() 方法,可以看到 ReadLine() 方法下方顯示鋸齒線,這是因為變數 str 可能沒有輸入字串而讀不到值,請注意!這並非程式錯誤 (不是紅色),而是在執行時有可能產生此種例外情況的警告,如下圖所示:

上述程式碼並沒有編譯錯誤 (我們可以使用第 3-4-2 節的 null 合併運算子，或第 12-2 節的例外處理來避免此警告鋸齒線)，其執行結果如下圖所示：

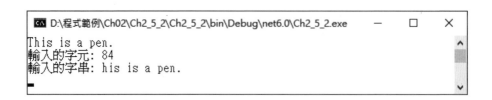

上述「命令提示字元」視窗的第 1 列是使用者輸入的字串，可以顯示 Read() 和 ReadLine() 方法讀取的字元，Read() 方法讀取第 1 個字元 T，傳回整數值 84，接著 ReadLine() 讀取剩下字元，即"his is a pen."字串。

### Write() 和 WriteLine() 方法的格式化輸出

請注意！ReadLine() 方法讀取的是字串，如果需要輸入整數或浮點數，我們需要使用 Convert 類別的 ToInt32() 方法轉換字串成為整數；ToDouble() 方法是轉換成浮點數，如下所示：

```
string amount = "";
Console.Write("請輸入帳戶餘額=>");
amount = Console.ReadLine();
double balance = Convert.ToDouble(amount);
```

上述程式碼讀取變數 amount 的字串值後，呼叫 Convert.ToDouble() 方法轉換成浮點數，就可以使用 System.Console 類別的 Write() 和 WriteLine() 方法來格式化資料輸出變數值，如下所示：

```
Console.WriteLine("姓名: {0} 的帳戶餘額是 {1:C}",
                  name, balance);
```

上述 WriteLine() 方法使用「,」逗號分隔多個參數，第 1 個參數是格式字串，內含{0}、{1:C}標示顯示位置來格式化輸出資料，以此例第 2 個參數 name 是填入{0}位置，第 3 個參數 balance 是{1:C}，括號中的數字是從 0 開始依序的增加。

在括號中「:」符號後是格式字元符號,可以指定輸出格式,其說明如下表所示:

| 格式字元符號 | 說明 |
|---|---|
| C | 使用貨幣格式顯示數值資料,例如:$2500.50 |
| Dn | 使用十進位來顯示數值資料,以後的 n 是位數 |
| E | 使用科學符號顯示數值資料 |
| Fn | 使用指定小數部分的位數為 n 來顯示數值資料 |
| G | 使用一般格式來顯示數值資料 |
| N | 使用千分位來顯示數值資料,例如: 123, 456, 000.0 |
| X | 使用十六進位來顯示數值資料 |

在「程式範例\Ch02\Ch2_5_2a」的 Visual C# 專案是測試 WriteLine() 方法,可以格式化輸出輸入的帳戶餘額,其執行結果如下圖所示:

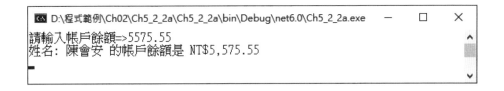

## Windows 應用程式的輸出與輸入

Windows 應用程式的輸出與輸入是控制項物件,在第 2-3-2 節的程式範例是使用文字方塊和標籤控制項來輸入和輸出執行結果。因為 Windows 應用程式的基本輸出與輸入是本書討論的重點,詳細說明請參閱<第 4 章:視窗應用程式的基本輸出入>。

# 2-6 C# 語言的寫作風格

C# 語言的寫作風格就是撰寫 C# 程式碼的規則,因為良好撰寫風格,可以讓程式更容易了解和維護。例如:程式碼縮排能夠反應程式碼的邏輯和迴圈架構,註解文字讓程式更容易明白。

請注意！程式撰寫風格並非一成不變，程式設計者或開發小組可以自己定義所需的程式撰寫風格。

## 程式敘述

C# 程式碼是由程式敘述 (Statements) 組成，數個程式敘述組合成程式區塊，每一個區塊擁有數列程式敘述或註解文字，一列程式敘述是一個運算式、變數和關鍵字 (Keywords) 組成的程式碼，如下所示：

```
int balance = 1000;
interest = balance * rate;
;
```

上述 C# 程式碼的第 1 列是變數宣告，第 2 列是指定敘述的運算式，最後只有「;」符號，因為並沒有程式敘述，所以這是一列空程式敘述 (Null Statement)。

C# 語言的「;」符號代表程式敘述的結束，我們可以使用「;」符號在同一列程式碼撰寫多個程式敘述，如下所示：

```
double interest; double rate = .04;
```

上述程式碼在同一列 C# 程式碼列擁有 2 個程式敘述。

## 程式區塊

程式區塊 (Blocks) 是由多個程式敘述組成，即位在大括號之間的程式碼，如下所示：

```
static void Main(string[] args)
{
    Console.WriteLine("第1個C#程式!");
    Console.Read();
}
```

上述主程式 Main() 程式碼使用大括號括起的就是程式區塊,在第 5~7 章說明的條件、迴圈敘述和函數都擁有程式區塊。

因為 C# 語言是一種「自由格式」(Free-format) 的程式語言,我們可以將多個程式敘述寫在同一列,甚至能夠將整個程式區塊置於同一列,程式設計者可以自由編排程式碼 (不建議這種寫法),如下所示:

```
static void Main(string[] args) { … }
```

## 程式註解

程式註解 (Comments) 是程式十分重要的部分,良好註解不但能夠容易了解程式目的,在維護上也可以提供更多資訊。C# 程式註解是以「//」符號開始的列,或程式列之後在「//」符號後的文字內容,如下所示:

```
// 顯示歡迎訊息
Console.WriteLine("大家好!");   // 輸出訊息文字
```

上述 Console.WriteLine() 方法可以輸出字串內容。程式註解也可以是使用「/*」和「*/」符號括起的文字內容,如下所示:

```
/* 顯示不同尺寸
   的歡迎訊息 */
```

上述註解文字是位在「/*」和「*/」符號中的文字內容,所以文字內容可以跨過多行。

## 太長的程式碼

C# 語言的程式碼列如果太長,基於程式編排的需求,太長程式碼並不容易閱讀,我們可以分成兩列來編排。因為 C# 語言屬於自由格式編排的語言,如果程式碼需要分成兩列,直接分割即可,如下所示:

```
Console.WriteLine("大家好!這是比較長的程式碼, " +
                "所以需要分為兩列.");
```

上述程式碼有 2 個字串，所以使用字串連接運算字「+」連接 2 個字串(此運算子的說明請參閱第 3 章)。不過，我們並不能在程式碼直接分割字串，即從 2 個「"」符號之中來分割，如下所示：

```
Console.WriteLine("大家好!這是比較長的程式碼,
                所以需要分為兩列.");
```

上述程式碼分成 2 列是直接分割字串，所以執行時就會產生錯誤。

## 程式碼縮排

在撰寫程式時記得使用縮排編排程式碼，適當縮排程式碼，可以讓程式更加容易閱讀，因為能夠反應出程式碼的邏輯和迴圈結構，例如：迴圈區塊的程式碼縮幾格編排，如下所示：

```
for ( i = 0; i <= 10; i++ )
{
    Console.WriteLine(i);
    total = total + i;
}
```

上述迴圈程式區塊的程式敘述可以使用空白字元或 Tab 鍵來向內縮排，表示屬於此程式區塊，能夠清楚分辨哪些程式碼屬於同一程式區塊。

# 學習評量

**選擇題**

( ) 1.　請問 C# 語言程式區塊 (Blocks) 的程式碼是位在下列哪一個符號之間？

　　A.「( )」　　　　B.「{ }」

　　C.「[ ]」　　　　D.「/ /」

( ) 2.　請問下列哪一個關於 Windows 應用程式輸出與輸入的說明是不正確的？

　　A. 輸出與輸入是控制項物件　　　B. 文字方塊是輸入控制項

　　C. 按鈕是輸出控制項　　　　　　D. 標籤是輸出控制項

( ) 3.　請問下列哪一個是 Visual Studio C# 專案檔的副檔名？

　　A. cs　　　　　B. csproj　　　　C. sln　　　　D. obj

( ) 4.　請問下列哪一個是 Visual Studio C# 方案檔的副檔名？

　　A. cs　　　　　B. csproj　　　　C. sln　　　　D. obj

( ) 5.　請指出下列哪一個關於 C# 應用程式的說明是不正確的？

　　A. 在命令提示字元視窗執行的是主控台應用程式

　　B. 記事本是 Windows 應用程式

　　C. 微軟 Visual Studio 是主控台應用程式

　　D. 小畫家是 Windows 應用程式

**簡答題**

1. 請說明 Visual C# 應用程式主要有哪兩種？

2. 請分別說明主控台和 Windows 應用程式開發的基本步驟？

3. 請簡單說明 Visual C# 的基本輸入與輸出？

4. 請以使用介面來說明主控台應用程式和 Windows 應用程式之間的差異？

5. 請簡單說明 Visual C# 的 Windows 應用程式結構？完整程式分成哪兩種檔案？

**實作題**

1. 請建立 Visual C# 主控台應用程式，在「命令提示字元」視窗顯示下列資料，如下所示：

   - 顯示讀者姓名和生日的文字內容。

   - 以星號字元來模擬顯示大寫「T」字母。

   - 以「#」號字元來模擬顯示大寫「H」字母。

2. 請建立 Visual C# 的 Windows 應用程式，在表單新增 3 個按鈕 button1~3，按下按鈕能夠改變標題文字 (Text 屬性值) 為1~14 之間的數字，讀者可以自行指定各按鈕的數字，然後請朋友猜猜看每一個按鈕是比 7 大；還是比 7 小。

# 03 變數、資料型別與運算子

# 3-1 變數與資料型別的基礎

程式語言的「變數」(Variables) 是用來儲存程式執行時所需的暫存資料，我們可以將變數視為是一個擁有名稱的盒子，如下圖所示：

上述圖例是方形和圓柱形的兩個盒子，盒子名稱分別是變數名稱「name」和「height」，在盒子中儲存的資料為「"C# 程式"」和「100」，這就稱為「字面值」(Literals) 或稱為「常數值」(Constants)，也就是數值、字元或字串等常數值，如下所示：

```
100
15.3
"C#程式"
```

上述字面值的前 2 個是數值，最後一個是使用「"」括起的字串字面值。現在回到盒子本身，盒子形狀和尺寸決定儲存的資料，對比程式語言來說，形狀和尺寸就是變數的「資料型別」(Data Types)。

資料型別能夠決定變數儲存什麼值？可以是數值、字元或字串等資料，當變數指定資料型別後，就表示只能儲存指定型別的資料，如同圓形盒子放不進相同直徑的方形物品，我們只能放進方形盒子中。

以此例，方形盒子是 C# 語言的 string 字串資料型別，圓柱形盒子是 int 整數資料型別，詳細 C# 資料型別說明請參閱＜第 3-3 節：資料型別＞。

# 3-2 變數的命名與宣告

高階程式語言的程式是由資料和指令所組成，可以讓我們撰寫指令來處理資料，以便從程式的輸入資料轉換成輸出資料的執行結果，如下所示：

● **資料 (Data)**：「變數」(Variables) 和「資料型別」(Data Types)。

● **指令 (Instructions)**：運算子、第 5 和 6 章「流程控制」(Control Structures) 和第 7 章「函數」(Functions)。

在本章的程式範例因為尚未說明視窗介面的輸出與輸入 (請參考第 4 章)，所以是使用 C# 主控台應用程式，這些程式範例將在之後的適當章節改寫成為 Windows 應用程式。

## 3-2-1 C# 語言的命名規則

一般來說，在程式碼中除了程式語言的「關鍵字」(Keywords，或稱保留字) 外，大部分都是程式設計者自訂的元素名稱，稱為「識別字」(Identifier)，例如：變數、程序、函數和物件名稱等。

### 命名規則

程式設計者在替元素命名時，需要遵循程式語言的語法。而且元素命名十分重要，因為好名稱如同程式註解，可以讓程式更容易了解。C# 語言的基本命名原則，如下所示：

● 名稱不可以使用 C# 語言的關鍵字或系統的物件名稱。C# 語言關鍵字列表請參閱下列網址，如下所示：

```
https://learn.microsoft.com/zh-tw/dotnet/csharp/language-reference/
keywords/
```

● 必須使用英文字母或底線「_」開頭，如果使用底線開頭，在之後至少需要一個英文字母或數字。

● 在名稱中間不能有句點「.」或空白，只能使用英文字母、數字和底線。

● 區分英文大小寫，hello、Hello 和 HELLO 代表不同的名稱。

● 在宣告的有效範圍內需唯一，有效範圍請參閱第 7 章的函數。

　　C# 語言的一些元素名稱的命名範例，如下表所示：

| 範例 | 說明 |
|------|------|
| Abc、foot_123、size1、_123、_abc | 合法名稱 |
| _、123abc、check#time、double | 不合法名稱，名稱不能只有底線、使用數字開頭、使用不合法字元「#」和關鍵字 |

## 慣用的命名法

　　如果想維持程式碼的可讀性和一致性，C# 識別字的命名可以使用一些慣用命名原則。例如：CamelCasing 命名法是第 1 個英文字小寫之後為大寫，變數、函數命名能夠使用不同英文字母大小寫組合，如下表所示：

| 識別字種類 | 習慣的命名原則 | 範例 |
|-----------|--------------|------|
| 常數 | 使用英文大寫字母和底線 "_" 符號 | MAX_SIZE、PI |
| 變數 | 使用英文小寫字母開頭，如果是使用 2 個英文字組成，第 2 個之後的英文字以大寫開頭 | size、userName |
| 函數 | 使用英文小寫字母開頭，如果是 2 個英文字組成，其他英文字使用大寫開頭 | pressButton、scrollScreen |

## 3-2-2　變數的宣告

　　程式語言的變數是儲存程式執行期間的一些暫存資料，程式設計者在程式碼可以使用變數名稱來存取指定記憶體位址的資料。簡單的說，變數就是使用有意義的名稱來代表一串數字十分難記的記憶體位址。

## 變數的屬性

變數擁有一些屬性用來描述變數的內含，其說明如下表所示：

| 屬性名稱 | 說明 |
|---|---|
| 名稱（Name） | 變數名稱是一個標籤，可以在程式中識別出這個變數 |
| 位址（Address） | 在記憶體中儲存此變數的記憶體位址 |
| 尺寸（Size） | 變數所佔用的記憶體尺寸，以位元組為單位 |
| 型別（Type） | 變數儲存資料的資料型別 |
| 值（Value） | 變數值，也就是在記憶體位址中儲存的資料 |
| 壽命（Lifetime） | 在執行程式時，變數存在的生存期間，有些變數在整個執行過程中都存在；有些變數在執行期間自動或由程式碼建立 |
| 範圍（Scope） | 在程式碼的哪些程式敘述可以存取此變數 |

上表的變數壽命是指執行程式時，變數實際配置記憶體空間的生存期間。變數範圍是指在原始程式碼有哪些程式敘述可以存取此變數，這些程式敘述就是變數的範圍。

## 變數的宣告

變數在程式碼扮演的角色是儲存程式執行期間的一些暫存資料，在 C# 語言是使用資料型別名稱接著名稱來宣告變數，其語法如下所示：

```
資料型別 變數名稱;
```

上述語法宣告指定資料型別的變數，例如：宣告 double 和 string 型別的變數，如下所示：

```
double amount;
string name;
```

上述程式碼宣告名為 amount 和 name 的變數，其儲存資料的資料型別分別是 double 和 string。我們也可以在同一列程式碼宣告多個變數，在之間使用「,」號分隔，如下所示：

```
int height, weight;
```

上述程式碼宣告 2 個整數 int 資料型別的變數。

---

## 變數的初值

C# 語言的變數在使用前一定需要指定其內容，我們除了可以使用第 3-2-3
節的指定敘述來指定變數值外，也可以在宣告變數時，就指定變數的初值，如
下所示：

```
double amount = 50123.45;
int height = 170, weight = 78;
string name = "陳會安";
```

上述程式碼使用「＝」等號指定變數 amount、height、weight 和 name 的
初值。C# 語言也可以使用 var 關鍵字宣告變數，此時宣告的變數並不用馬上
決定變數的資料型別，如下所示：

```
var len = 150;
var title = "C#程式設計";
```

上述程式碼宣告的變數 len 和 title 沒有指定資料型別，C# 編譯器會依據
其值（初值或指定敘述指定的值）來決定變數最佳的資料型別，不過！變數一旦
決定了型別後，就不能再更改成其他資料型別。以此例變數 len 是整數 int；
title 是字串 string 資料型別。

## Visual C# 專案：Ch3_2_2

在主控台應用程式宣告多個變數和指定變數的初值後，顯示這些變數值，其建立步驟如下所示：

**Step 1**：請開啟「程式範例\Ch03\Ch3_2_2」資料夾的 Visual C# 專案，然後在 Program.cs 程式檔案輸入 C# 程式碼。

### Main() 主程式

```
01: double amount = 50123.45;  // 變數資料型別是double
02: // 變數height和width都是int資料型別
03: int height = 170, weight = 78;
04: // 指定變數的初值
05: var len = 150;
06: var title = "C#程式設計";
07: string name = "陳會安";
08: Console.WriteLine("金額amount: " + amount);
09: Console.WriteLine("身高height: " + height);
10: Console.WriteLine("體重weight: " + weight);
11: Console.WriteLine("長度len: " + len);
12: Console.WriteLine("標題title: " + title);
13: Console.WriteLine("姓名name: " + name);
14: Console.Read();
```

### 程式說明

● 第 1~7 列：宣告變數和指定初值，在第 5~6 列是使用 var 關鍵字宣告變數。

● 第 8~13 列：顯示變數值，使用「+」字串連接運算子連接變數值和字面值字串 (即使用「"」引號括起的字元序列)，詳細說明請參閱第 3-4 節。

● 第 14 列：使用 Console.Read() 讀取一個字元，以便暫停「命令提示字元」視窗，我們需要按 Enter 鍵或其他按鍵才能關閉視窗。

**執行結果**

Step 2：在儲存後，請執行「偵錯/開始偵錯」命令，或按 F5 鍵，可以看到執
行結果的「命令提示字元」視窗。

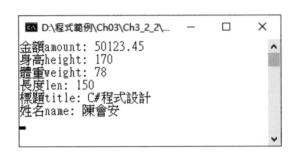

　　上述圖例顯示多個 C# 變數的值，請按 Enter 鍵關閉「命令提示字元」視
窗，即可返回 Visual Studio Community 整合開發環境。

## 3-2-3　指定敘述

　　在 C# 程式宣告變數後，我們可以使用指定敘述來指定或更改變數值 (如
果變數有指定初值就是更改變數值)，使用的也是「=」等號運算子，如下所
示：

```
int a, b, c;
a = 57;
b = 35;
```

　　上述程式碼宣告三角形 3 個邊長的整數變數 a、b 和 c，然後使用指定
敘述指定邊長 a 的值是 57；b 是 35。在指定敘述「=」等號左邊的變數稱為
「左值」(Lvalue)，這是變數的位址 (Address) 屬性，如果變數在等號的右邊
稱為「右值」(Rvalue)，這是變數的值 (Value) 屬性。

　　目前變數 a、b 和 c 的記憶體圖例，如下圖所示：

| | |
|---|---|
| 57 | 1000 (變數a) |
| 35 | 1004 (變數b) |
| 0 | 1008 (變數c) |

記憶體　　　　　　位址 (變數名稱)

上述邊長變數 c 沒有指定值，假設是 0。變數 a 和 b 分別使用指定敘述指定成 57 和 35，在指定敘述等號右邊的 57 和 35 稱為字面值 (Literals)。因為邊長 c 和 b 相同，我們可以將變數 c 指定成字面值 35，如下所示：

```
c = 35;
```

但是，因為變數 c 的值就是變數 b，我們也可以在指定敘述的右邊使用變數 b，指定變數 c 成為變數 b 的值，如下所示：

```
c = b;
```

上述等號左邊的變數 c 是左值 (取得位址)，右邊變數 b 是右值 (取出變數值)，所以指定敘述是將變數 b 的「值」存入變數 c 的記憶體「位址」，即 1008，也就是更改變數 c 的值成為變數 b 的值 35。

---

**■ 說明**

在程式語言指定變數值可以想像變數是一個盒子，c = b；就是從變數 b 的盒子中取出值，然後丟至變數 a 的盒子中來取代原來值。

---

## Visual C# 專案：Ch3_2_3

在目前的電腦桌上有 1 個三角形，三個邊長分別是 57、35 和 35，請建立主控台應用程式宣告 3 個邊長的變數，然後使用指定敘述指定變數值來計算三角形周長 (fChart 流程圖：Ch3_2_3.fpp)，其建立步驟如下所示：

**Step 1**：請開啟「程式範例\Ch03\Ch3_2_3」資料夾的 Visual C# 專案，然後在 Program.cs 程式檔案輸入 C# 程式碼。

## Main() 主程式

```
01: int a, b, c;
02: // 指定變數值
03: a = 57;
04: b = 35;
05: // c = 35;
06: c = b;
07: // 顯示變數值
08: Console.WriteLine("三角形周長: " + (a + b + c));
09: Console.Read();
```

## 程式說明

● 第 1 列：只宣告變數 a、b 和 c，並沒有指定初值。

● 第 3~5 列：使用指定敘述指定變數值是字面值，在第 5 列註解的程式碼是指定變數 c 的值是字面值。

● 第 6 列：將變數 c 指定成其他變數 b 的值。

● 第 8 列：使用加法算術運算變數值總和的周長，然後顯示出來，詳細 C# 運算式的說明請參閱第 3-4 節。

## 執行結果

**Step 2**：在儲存後，請執行「偵錯/開始偵錯」命令，或按 F5 鍵，可以看到執行結果的「命令提示字元」視窗。

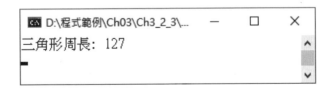

上述圖例顯示三角形周長，使用的是加法運算：57+35+35=127。

## 3-2-4　符號常數的使用

「符號常數」(Symbolic Constants 或 Named Constants) 是在程式碼使用名稱來取代固定數字或字串，與其將符號常數視為變數，不如說是名稱轉換，將一些數值的值使用有意義的名稱來取代。

C# 語言可以使用 const 關鍵字建立符號常數，請注意！符號常數在宣告時一定需要指定常數的資料型別與值，如下所示：

```
const double PI = 3.1415926;
```

上述符號常數值是圓周率 double 型別的值，在建立圓周率的常數後，就可以計算圓面積。

### Visual C# 專案：Ch3_2_4

在目前的電腦桌上有一個圓形，其半徑是 21，請建立主控台應用程式宣告符號常數 PI 後，使用符號常數來計算圓面積 (fChart 流程圖：Ch3_2_4.fpp，請注意！fChart 不支援符號常數)，其建立步驟如下所示：

**Step 1**：請開啟「程式範例\Ch03\Ch3_2_4」資料夾的 Visual C# 專案，然後在 Program.cs 程式檔案輸入 C# 程式碼。

### Main() 主程式

```
01: // 符號常數宣告
02: const double PI = 3.1415926;
03: string userInput = "";
04: Console.Write("請輸入半徑=>");
05: userInput = Console.ReadLine();
06: int r = Convert.ToInt32(userInput);   // 半徑
07: Console.WriteLine("圓半徑: " + r);
08: Console.WriteLine("圓面積: " + (PI * r * r));
09: Console.Read();
```

**程式說明**

● 第 2 列：宣告 PI 符號常數。

● 第 3~6 列：取得使用者輸入的半徑整數值。

● 第 8 列：在運算式使用符號常數來計算圓面積。

**執行結果**

<u>Step 2</u>：在儲存後，請執行「偵錯/開始偵錯」命令，或按 F5 鍵，可以看到執行結果的「命令提示字元」視窗，在輸入半徑 21 後，就能看到計算出的圓面積。

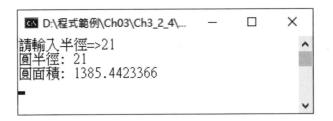

# 3-3　資料型別

　　C# 語言的資料型別是指變數的記憶體位址儲存的資料種類，在 C# 語言的資料型別分為兩種，如下表所示：

| 種類 | 說明 |
|------|------|
| 實值型別（Value Types） | 變數值儲存的是字面值，即位在記憶體儲存的內容。C# 語言提供 byte、sbyte、short、ushort、int、uint、long、ulong、float、double、decimal、bool 和 char 等基本資料型別 |
| 參考型別（Reference Types） | 變數值並不是記憶體內容，而是記憶體位址。例如：object、class、string 和陣列等 |

## 3-3-1　C# 語言的基本資料型別

　　C# 語言是一種強調型別 (Strongly Typed) 的程式語言，所以，C# 變數在使用前，一定需要指定資料型別。C# 語言內建基本資料型別，如下表所示：

| 資料型別 | 說明 | 位元組 | 範圍 |
|---|---|---|---|
| bool | 布林值 | 1/2 | true 或 false |
| byte | 正整數 | 1 | 0 ～ 255 |
| sbyte | 整數 | 1 | -128 ～ 127 |
| char | 字元 | 2 | 0 ～ 65535 |
| short | 短整數 | 2 | -32,768 ～ 32,767 |
| ushort | 正短整數 | 2 | 0 ～ 65,535 |
| int | 整數 | 4 | -2,147,483,648 ～ 2,147,483,647 |
| uint | 正整數 | 4 | 0 ～ 4,294,967,295 |
| long | 長整數 | 8 | -9,223,372,036,854,775,808 ～ 9,223,372,036,854,775,807 |
| ulong | 正長整數 | 8 | 0 ～ 18,446,744,073,709,551,615 |
| float | 單精度的浮點數 | 4 | -3.402823E38 ～ 3.402823E38 |
| double | 雙精度的浮點數 | 8 | -1.79769313486232E308 ～ 1.79769313486232E308 |
| decimal | 數值 | 16 | -79228162514264337593543950335 ～ 79228162514264337593543950335 |
| string | 字串 | 依平台 | Unicode 字元 |
| object | 物件 | 4 | 物件型別變數可以儲存各種資料型別的值 |

　　上表 object 資料型別是一種特殊的資料型別，在 C# 語言支援的所有型別都是直接或間接繼承自 object 型別，所以，我們可以將任何型別的值指定給 object 資料型別宣告的變數。

## 3-3-2 整數資料型別

「整數資料型別」(Integral Types) 是指變數儲存的資料是整數沒有小數點。依整數資料長度的不同 (即佔用的記憶體位元數)，可以分為 byte、sbyte、char、short、ushort、int、uint、long 和 ulong 等整數資料型別，其中 byte、ushort、uint 和 ulong 型別是正整數，其他可以是正整數或負整數，程式設計者能夠依照整數範圍決定宣告的變數型別。

在程式碼如果直接使用「整數字面值」(Integral Literals)，包含 0、正整數和負整數都可以使用十進位和十六進位來表示，其預設型別是 int 或 uint，如果太長是 long 或 ulong 型別。

整數值以「0x」開頭且位數值為 0~9 或 A~F 就是十六進位；「0b」開頭是二進位。一些整數值的範例，其說明如下表所示：

| 整數值 | 十進位值 | 說明 |
|---|---|---|
| 19 | 19 | 十進位整數 |
| 0xFF | 255 | 十六進位整數 |
| 0x3E7 | 999 | 十六進位整數 |
| 0b00111100 | 60 | 二進位整數 |
| 0b01111000 | 120 | 二進位整數 |

如果想指定整數值的資料型別，我們可以在數值的字面值後加上型別字元 (Type Characters)，其說明和範例如下表所示：

| 資料型別 | 字元 | 範例 |
|---|---|---|
| uint | u/U | 246u、246U |
| long | l/L | 350000l、350000L |
| ulong | ul/UL | 15000ul、15000UL |

## 3-3-3 浮點數資料型別

「浮點數資料型別」(Floating Point Types) 的變數值有小數，例如：3.1415 和 102.567 等，依長度不同 (即佔用的記憶體位元數)，可以分為 float、double 和 decimal 三種浮點數的資料型別。

程式設計者可依浮點數值範圍來決定宣告的變數型別。如果在程式碼直接使用「浮點數字面值」(Floating-Point Literals)，預設是 double 型別，可以使用「E」科學符號代表 10 為底的指數。一些浮點數的範例，其說明如下表所示：

| 浮點數值 | 十進位值 | 說明 |
|---|---|---|
| 0.0005 | 0.0005 | 浮點數 |
| .0005 | 0.0005 | 浮點數 |
| 5E-4 | 0.0005 | 使用 E 科學符號的浮點數 |

如果浮點數值需要指定資料型別，同樣可以使用型別字元，指明字面值的資料型別，其說明和範例如下表所示：

| 資料型別 | 字元 | 範例 |
|---|---|---|
| float | f/F | 123.23f、123.23F |
| decimal | m/M | 45356.78901m、45356.78901M |

## 3-3-4 布林資料型別

C# 語言的「布林資料型別」(Boolean Type) 是 bool，bool 資料型別變數的值只有兩個值 true 和 false，對應「真」或「偽」狀態。

請注意！當在 C# 程式碼指定布林變數的值時，請使用 true 和 false 常數值，如下所示：

```
txtOutput.Enabled = false;
e.Cancel = true;
```

不過，在 Visual Studio 的「屬性」視窗顯示的布林屬性欄位值，和在第 5 章關係運算式的執行結果顯示的是大寫字母開頭的 True 和 False。

## 3-3-5 字串資料型別

「字串資料型別」(String Type) 的資料是字串，字串是 0 或多個依序的 Unicode 字元資料型別的字元，這是使用雙引號括起的文字內容，即「字串字面值」(String Literals)，如下所示：

```
string str1 = "C# 程式設計";
string str2 = "Hello World!";
```

## 3-3-6 字元資料型別

「字元資料型別」(Char Type) 是單一 Unicode 內碼的字元。在 C# 程式使用「字元字面值」(Character Literals) 是使用「'」單引號括起的字元，如下所示：

```
char a = 'A';
```

上述變數宣告設定初值為字元 A，請注意！字元值是使用「'」單引號；不是「"」雙引號括起。字元字面值也可以使用「\u」字串開頭，使用 4 位的十六進位數值來表示 Unicode 字元，如下所示：

```
char c = '\u0020';
```

　　上述字元是一個空白字元 (Space)。Escape 逸出字元是一些使用「\」符號開頭的字串，可以顯示一些無法使用鍵盤輸入的特殊字元，如下表所示：

| Escape 逸出字元 | Unicode 內碼 | 說明 |
|---|---|---|
| \b | \u0008 | Backspace，Backspace 鍵 |
| \f | \u000C | FF，Form feed 換頁符號 |
| \n | \u000A | LF，Line feed 換行符號 |
| \r | \u000D | CR，Enter 鍵 |
| \t | \u0009 | Tab 鍵，定位符號 |
| \' | \u0027 | 「'」單引號 |
| \" | \u0022 | 「"」雙引號 |
| \\ | \u005C | 「\」符號 |

　　例如：如果在字串的字面值中需要使用「"」符號，就是使用逸出字元「\"」，如下所示：

```
string str3 = "我的\"C#\"程式";
```

　　上述字串的子字串 **C#** 是使用「\"」括起。

## Visual C# 專案：Ch3_3

　　在主控台應用程式宣告各種資料型別的變數後，測試各種資料型別的字面值，其建立步驟如下所示：

**Step 1**：請開啟「程式範例\Ch03\Ch3_3」資料夾的 Visual C# 專案，然後在 Program.cs 程式檔案輸入 C# 程式碼。

### Main() 主程式

```
01: int int1, int2;              // 整數
02: double dValue;               // 浮點數
03: float fValue;
04: bool isFound = true;         // 布林
05: string str1 = "C#程式設計";   // 字串
06: string str2 = "Hello World!";
```
NEXT

```
07: string str3 = "我的\"C#\"程式";
08: char aChar = 'A';              // 字元
09: // 指定變數值
10: int1 = 192;      // 十進位
11: int2 = 0x3E7;    // 十六進位
12: dValue = 5E-4;   // 科學記法
13: fValue = 45.67F;
14: Console.WriteLine("int1= " + int1);
15: Console.WriteLine("int2= " + int2);
16: Console.WriteLine("dValue = " + dValue);
17: Console.WriteLine("fValue = " + fValue);
18: Console.WriteLine("isFound = " + isFound);
19: Console.WriteLine("str1 + str2 = " + str1 + str2);
20: Console.WriteLine("str3 = " + str3);
21: Console.WriteLine("aChar = " + aChar);
22: Console.Read();
```

**程式説明**

● 第 1~13 列：宣告不同資料型別的變數和指定變數的各種字面值。

**執行結果**

**Step 2**：在儲存後，請執行「偵錯/開始偵錯」命令，或按 [F5] 鍵，可以看到執行結果的「命令提示字元」視窗。

```
int1= 192
int2= 999
dValue = 0.0005
fValue = 45.67
isFound = True
str1 + str2 = C#程式設計Hello World!
str3 = 我的"C#"程式
aChar = A
```

　　上述圖例顯示不同資料型別的變數值，其中十六進位字面值的顯示結果是十進位值。C# 語言支援使用分隔字元「_」來讓字面值擁有更佳的可讀性 (Visual C# 專案：Ch3_3a)，如下所示：

```
var a = 1_234_567;
var b = 0xAB_CD_EF;
```

上述變數 a 和 b 的初值使用分隔字元「_」來分隔太長的字面值，可以增加可讀性，但是並不影響變數值，其值是 1234567 和 ABCDEF。同樣的，二進位初值也可以，如下所示：

```
var c = 0b1000_0100_0101_0110_0111_1011;
```

# 3-4 運算式與運算子

在 C# 指定敘述的等號右邊可以是運算式或條件運算式，這都是使用「運算子」(Operator) 和「運算元」(Operand) 組成的運算式。

C# 語言提供完整算術 (Arithmetic)、關係 (Relational) 和邏輯 (Logical) 等運算子。一些運算式的範例，如下所示：

```
a + b - 1
a >= b
a > b && a > 1
```

上述運算式變數 a、b 和數值 1 都屬於運算元，「+」、「-」、「>=」、「>」和「&&」為運算子。在本節筆者準備說明算術、位元和指定運算子，因為關係和邏輯運算子通常是配合使用在條件和迴圈敘述，所以在第 5 章和條件敘述一併說明。

## 3-4-1 運算子的優先順序

C# 語言支援多種運算子，當在同一運算式使用多種運算子時，為了讓運算式能夠得到相同的運算結果，運算式是以運算子預設的優先順序來進行運算，也就是我們熟知的「先乘除後加減」口訣，如下所示：

```
a + b * 2
```

上述運算式先計算 b*2 後才和 a 相加，這就是運算子的優先順序「*」大於「+」。C# 語言常用運算子預設的優先順序 (愈上面愈優先)，如下表所示：

| 運算子 | 說明 |
|--------|------|
| ()、[]、++、-- 、. 、new 、typeof、sizeof | 括號、陣列元素、遞增、遞減和物件與記憶體的相關運算子 |
| ! 、- 、+ 、~ 、(type) | 邏輯運算子 NOT、負號、正號、1'補數、型別轉換 |
| * 、/ 、% | 算術運算子乘、除法和餘數 |
| + 、- | 算術運算子加和減法 |
| << 、>> | 位元運算子左移、右移 |
| > 、>= 、< 、<= | 關係運算子大於、大於等於、小於和小於等於 |
| == 、!= | 關係運算子等於和不等於 |
| & | 位元運算子 AND |
| ^ | 位元運算子 XOR |
| \| | 位元運算子 OR |
| && | 邏輯運算子 AND |
| \|\| | 邏輯運算子 OR |
| ?: | 條件控制運算子 |
| = 、op= | 指定運算子 |

## 3-4-2 算術、字串連接與 Null 合併運算子

算術運算子就是常用的數學運算子，大部分算術運算子都是「二元運算子」(Binary Operators)，需要 2 個運算元。「+」和「-」運算子也可以是「單元運算子」(Unary Operators) 的正負號，其中「+」運算子還可以是字串連接運算子。

### 算術運算子

算術運算子的說明與範例，如下表所示：

| 運算子 | 說明 | 運算式範例 |
|--------|------|-----------|
| - | 負號 | -7 |
| * | 乘法 | 15 * 6 = 90 |

NEXT

| 運算子 | 說明 | 運算式範例 |
|--------|------|-----------|
| / | 除法 | 7.0 / 2.0 = 3.5、7 / 2 = 3 |
| % | 餘數 | 7 % 2 = 1 |
| + | 加法 | 24 + 13 = 37 |
| - | 減法 | 24 - 13 = 11 |

上表算術運算子的運算式範例是使用字面值，整數除法會自動將所有的小數刪除，所以 7 / 2 = 3。

### 計算數學運算式的值

在程式碼只需使用變數，就可以建立數學運算式，如下所示：

```
f = x*x-2*x+3;
f = (x+y)*(x+y)+5;
```

上述數學運算式的 x 和 y 是變數，只需指定不同的 x 和 y 變數值，就能夠得到不同的運算結果。

### 溫度轉換公式

對於已知的數學公式，例如：華氏 (Fahrenheit) 和攝氏 (Celsius) 溫度的轉換公式，我們可以建立 C# 程式碼來執行溫度轉換。首先是攝氏轉華氏公式，如下所示：

```
f = (9.0 * c) / 5.0 + 32.0;
```

華氏轉攝氏的公式，如下所示：

```
c = (5.0 / 9.0 ) * (f - 32);
```

### BMI 公式

同樣的，我們可以使用 BMI 公式計算讀者身體質量指數 BMI 值，其公式如下所示：

```
bmi = weight / (height * height);
```

上述公式是**體重/身高**$^2$，體重單位是公斤；身高是公尺。現在，我們可以設計 C# 程式來解數學問題，配合附錄 A 的 .NET 類別函式庫的數學函數，不論統計或工程上的數學問題，都可以撰寫 C# 程式碼來解決，將 C# 程式轉變成一台功能強大的工程或商用計算機。

## 字串連接運算子

「+」運算子對於數值資料型別來說是加法，可以計算兩個運算元的總和。如果運算元的其中之一或兩者都是字串資料型別時，「+」運算子是字串連接運算子，能夠連接多個字串變數和變數，其說明與範例如下表所示：

| 運算子 | 說明 | 運算式範例 |
|--------|------|-----------|
| + | 字串連接 | "ab" + "cd"="abcd"<br>"C#程式"+"設計"="C#程式設計" |

## Null 合併運算子

C# 語言的「??」是一個 (Null Coalescing Operator) 的特殊運算子，可以當運算式值是 Null (未知值) 時，提供一個預設值，其語法如下所示：

```
result = 運算式1 ?? 運算式2;
```

上述語法當運算式 1 不為 Null，result 值就是運算式 1 的值，如果是 Null，就是運算式 2 的值。例如：第 2-5-2 節和本節前使用 Console.ReadLine() 方法時，如果使用者沒有輸入資料，值就是 Null，此時，就可以使用 Null 合併運算子來指定預設值，如下所示：

```
userInput = Console.ReadLine() ?? "0";
```

上述 Console.ReadLine() 方法如果是 Null，變數 userInput 的值就是 "0"，可以確保使用者即使沒有輸入資料，也不會導致程式錯誤。

# Visual C# 專案：Ch3_4_2

上數學課時學到了 2 個數學公式，請建立主控台應用程式使用算術運算式來計算數學公式的值 (fChart 流程圖：Ch3_4_2.fpp)，其建立步驟如下所示：

**Step 1**：請開啟「程式範例\Ch03\Ch3_4_2」資料夾的 Visual C# 專案，然後在 Program.cs 程式檔案輸入 C# 程式碼。

## Main() 主程式

```
01: int f, x=10, y=15;
02: Console.WriteLine("x = " + x);
03: Console.WriteLine("y = " + y);
04: f = x * x - 2 * x + 3;
05: Console.WriteLine("x * x - 2 * x + 3 = " + f);
06: f = (x + y) * (x + y) + 5;
07: Console.WriteLine("(x + y) * ( x + y) + 5 = " + f);
08: Console.Read();
```

## 程式說明

● 第 4 列和第 6 列：計算 x 和 y 的數學運算式。

## 執行結果

**Step 2**：在儲存後，請執行「偵錯/開始偵錯」命令，或按 F5 鍵，可以看到執行結果的「命令提示字元」視窗。

```
D:\程式範例\Ch03\Ch3_4_2\...        —    □    ×
x = 10
y = 15
x * x - 2 * x + 3 = 83
(x + y) * ( x + y) + 5 = 630
```

上述圖例可以看到運算式的計算結果，只需更改 x 和 y 的值，就可以得到不同的運算結果。

# Visual C# 專案：Ch3_4_2a

請先詢問 Google 大神或 ChatGPT 找到溫度轉換的數學公式後，就可以建立主控台應用程式來轉換攝氏或華氏溫度 (fChart 流程圖：Ch3_4_2a.fpp)，其建立步驟如下所示：

**Step 1**：請開啟「程式範例\Ch03\Ch3_4_2a」資料夾的 Visual C# 專案，然後在 Program.cs 程式檔案輸入 C# 程式碼。

## Main() 主程式

```
01: string userInput = "";
02: Console.Write("請輸入攝氏溫度=>");
03: userInput = Console.ReadLine() ?? "0";;
04: double cels = Convert.ToDouble(userInput);   // 攝氏
05: double fahr = (9.0 * cels) / 5.0 + 32.0;
06: Console.WriteLine("攝氏48度=華氏" + fahr + "度");
07: Console.Write("請輸入華氏溫度=>");
08: userInput = Console.ReadLine() ?? "0";;
09: fahr = Convert.ToDouble(userInput);   // 華氏
10: cels = (5.0 / 9.0) * (fahr - 32);
11: Console.WriteLine("華氏100度=攝氏" + cels + "度");
12: Console.Read();
```

## 程式說明

● 第 2~4 列和第 7~9 列：分別輸入攝氏和華氏溫度。

● 第 5 列和第 10 列：計算華氏和攝氏的溫度轉換。

## 執行結果

**Step 2**：在儲存後，請執行「偵錯/開始偵錯」命令，或按 F5 鍵，可以看到執行結果的「命令提示字元」視窗，在輸入溫度後，能夠顯示溫度轉換的結果。

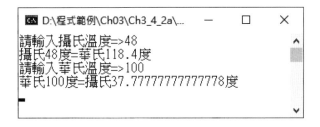

## Visual C# 專案：Ch3_4_2b

最近筆者一直在努力運動，想知道 BMI 值是否已經有下降，請建立主控台應用程式，可以輸入身高和體重來計算 BMI 值 (fChart 流程圖：Ch3_4_2b.fpp)，其建立步驟如下所示：

**Step 1**：請開啟「程式範例\Ch03\Ch3_4_2b」資料夾的 Visual C# 專案，然後在 Program.cs 程式檔案輸入 C# 程式碼。

### Main() 主程式

```
01: string userInput;
02: Console.Write("請輸入身高(cm)=>");
03: userInput = Console.ReadLine() ?? "0";
04: double height = Convert.ToDouble(userInput);  // 身高
05: Console.Write("請輸入體重(kg)=>");
06: userInput = Console.ReadLine() ?? "0";
07: double weight = Convert.ToDouble(userInput);  // 體重
08: height = height / 100.0;
09: double bmi = weight / height / height;
10: Console.WriteLine("BMI值 = " + bmi);
11: Console.Read();
```

### 程式說明

● 第 1~7 列：依序輸入身高和體重。

● 第 8 列：使用除法將單位公分改為公尺。

● 第 9 列：使用身高和體重來計算 BMI 值。

**執行結果**

**Step 2**：在儲存後，請執行「偵錯/開始偵錯」命令，或按 **F5** 鍵，可以看到執行結果的「命令提示字元」視窗，在輸入身高和體重後，能夠顯示計算結果的 BMI 值。

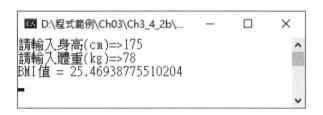

## 3-4-3　遞增和遞減運算字

C# 語言的遞增和遞減運算子 (Increment and Decrement Operators) 是一種置於變數之前或之後的運算式簡化寫法，其說明如下表所示：

| 運算子 | 說明 | 運算式範例 |
|--------|------|-----------|
| ++ | 遞增運算 | x++、++x |
| -- | 遞減運算 | y--、--y |

上表遞增和遞減運算子可以置於變數之前或之後，例如：x = x + 1 運算式相當於是：

```
x++; 或 ++x;
```

例如：y = y - 1 運算式相當於是：

```
y--; 或 --y;
```

上述遞增和遞減運算子在變數之後或之前並不會影響運算結果。如果遞增和遞減運算子是使用在算術或指定運算式，運算子在運算元之前或之後就有很大的不同，其說明如下表所示：

| 運算子位置 | 說明 |
|---|---|
| 運算子在運算元之前（++x、--y） | 先執行運算，才取得運算元的值 |
| 運算子在運算元之後（x++、y--） | 先取得運算元值，才執行運算 |

簡單的說，運算子在前面，變數值是立刻改變；如果在後面，表示在執行運算式後才會改變。例如：運算子位在運算元之後，如下所示：

```
x = 10;
y = x++;
```

上述程式碼的變數 x 初值是 10，x++ 的運算子在後，所以之後才會改變，y 值仍然為 10；x 為 11。例如：運算元位在運算子之後，如下所示：

```
x = 10;
y = --x;
```

上述程式碼的變數 x 初值是 10，--x 的運算子是在前，所以 y 為 9；x 也是 9。

## Visual C# 專案：Ch3_4_3

在主控台應用程式測試遞增和遞減運算子在不同位置的運算結果，其建立步驟如下所示：

**Step 1**：請開啟「程式範例\Ch03\Ch3_4_3」資料夾的 Visual C# 專案，然後在 Program.cs 程式檔案輸入 C# 程式碼。

## Main() 主程式

```
01: int x = 10, y = 10; // 宣告變數
02: x++;    // 遞增
03: Console.WriteLine("遞增運算: x = 10 --> x++ = " + x);
04: y--;    // 遞減
05: Console.WriteLine("遞減運算: y = 10 --> y-- = " + y);
06: // 測試Pre-/Post- 運算子
07: x = 10;
08: y = x++;    // 運算子在後
```

NEXT

3-27

```
09: Console.WriteLine("x = " + x);
10: Console.WriteLine("y = x++ = " + y);
11: x = 10;
12: y = --x;    // 運算子在前
13: Console.WriteLine("x = " + x);
14: Console.WriteLine("y = --x = " + y);
15: Console.Read();
```

**程式說明**

● 第 2~14 列：測試遞增和遞減運算子。

**執行結果**

**Step 2**：在儲存後，請執行「偵錯/開始偵錯」命令，或按 F5 鍵，可以看到執行結果的「命令提示字元」視窗，顯示遞增/遞減運算式的運算結果。

```
📁 D:\程式範例\Ch03\Ch3_4_3\...    —    □    ×
遞增運算: x = 10 --> x++ = 11          ∧
遞減運算: y = 10 --> y-- = 9
x = 11
y = x++ = 10
x = 9
y = --x = 9
                                       ∨
```

## 3-4-4  位元運算子

「位元運算子」(Bitwise Operators) 是針對整數資料型別的每一個位元執行 AND、OR 和 XOR 運算，其說明如下表所示：

| 運算子 | 範例 | 說明 |
|--------|------|------|
| & | op1 & op2 | 位元的 AND 運算，2 個運算元的位元值相同是 1 時為 1，如果有一個為 0，就是 0 |
| \| | op1 \| op2 | 位元的 OR 運算，2 個運算元的位元值只需有一個是 1，就是 1；否則為 0 |
| ^ | op1 ^ op2 | 位元的 XOR 運算，2 個運算元的位元值只需任一個為 1，結果為 1；如果同為 0 或 1 時結果為 0 |

位元運算子結果 (a 和 b 代表二進位中的一個位元) 的真值表，如下表所示：

| a | b | a AND b | a OR b | a XOR b |
|---|---|---------|--------|---------|
| 1 | 1 | 1 | 1 | 0 |
| 1 | 0 | 0 | 1 | 1 |
| 0 | 1 | 0 | 1 | 1 |
| 0 | 0 | 0 | 0 | 0 |

## AND 運算

AND 運算「&」的目的通常是遮掉整數值的一些位元，當使用「位元遮罩」(Mask) 和數值進行 AND 運算後，可以將不需要的位元清成 0，只取出所需的位元。例如：位元遮罩 0x0f 值能夠取得 char 資料型別值中，低階 4 個位元的值，如下所示：

```
         十進位        二進位
         a = 60       00111100
     &)  b = 15       00001111
         ─────────────────────
         12           00001100
```

上述 60 & 15 位元運算式的每一個位元，依照前述真值表，可以得到運算結果 00001100，也就是十進位值 12。

## OR 運算

OR 運算「|」可以將某些位元設為 1。例如：OR 運算式 60 | 3，如下所示：

```
         十進位        二進位
         a = 60       00111100
     |)  c = 3        00000011
         ─────────────────────
         63           00111111
```

上述位元運算式是將最低階的 2 個位元設為 1，可以得到運算結果 00111111，即十進位值 63。

## XOR 運算

XOR 運算「^」是當比較的 2 個位元不同時，就將位元設為 1。例如：XOR 運算式 60 ^ 120，如下所示：

```
            十進位        二進位
        a = 60       00111100
    ^) d =120        01111000
    ─────────────────────────
           68        01000100
```

上述位元運算式可以得到運算結果 01000100，即十進位值 68。

## 位移運算

位移運算是向左移 (Left Shift) 或右移 (Right Shift) 幾個位元的運算，其說明如下表所示：

| 運算子 | 範例 | 說明 |
|--------|------|------|
| << | op1 << op2 | 左移運算，op1 往左位移 op2 位元，然後在最右邊補上 0 |
| >> | op1 >> op2 | 右移運算，op1 往右位移 op2 位元，正整數在左邊補上 0 |

左移運算在每移 1 個位元，就相當於是乘以 2。右移運算在每移 1 個位元，相當於是除以 2。例如：原始十進位值 3 的左移運算，右邊補上 0，如下所示：

```
00000011 << 1 = 00000110 ( 6)
00000011 << 2 = 00001100 (12)
```

上述運算結果的括號就是十進位值。原始十進位值 120 的右移運算，左邊補上 0，如下所示：

```
01111000 >> 1 = 00111100 (60)
01111000 >> 2 = 00011110 (30)
```

## Visual C# 專案：Ch3_4_4

在主控台應用程式宣告變數且指定初值後，測試各種 C# 語言的位元運算子，其建立步驟如下所示：

**Step 1**：請開啟「程式範例\Ch03\Ch3_4_4」資料夾的 Visual C# 專案，然後在 Program.cs 程式檔案輸入 C# 程式碼。

## Main() 主程式

```
01: int a = 0b0011_1100;
02: int b = 0b0000_1111;
03: int c = 0b0000_0011;
04: int d = 0b0111_1000;
05: int f = 0b0000_0011;
06: int g = 0b0111_1000;
07: int r;
08: Console.WriteLine("a的值: " + a);
09: Console.WriteLine("b的值: " + b);
10: Console.WriteLine("c的值: " + c);
11: Console.WriteLine("d的值: " + d);
12: // AND、OR和XOR運算
13: r = a & b;    // AND運算
14: Console.WriteLine("AND運算: a & b = " + r);
15: r = a | c;    // OR運算
16: Console.WriteLine("OR運算:  a | c = " + r);
17: r = a ^ d;    // XOR運算
18: Console.WriteLine("XOR運算: a ^ d = " + r);
19: // 左移與右移位元運算子
20: Console.WriteLine("f的值 = " + f);
21: Console.WriteLine("g的值 = " + g);
22: Console.WriteLine("左移運算: f<<1 = " +(f<<1));
23: Console.WriteLine("左移運算: f<<2 = " +(f<<2));
24: Console.WriteLine("右移運算: g>>1 = " +(g>>1));
25: Console.WriteLine("右移運算: g>>2 = " +(g>>2));
26: Console.Read();
```

**程式說明**

● 第 1~6 列：宣告變數和指定初值，初值是二進位的字面值。

● 第 13~25 列：測試位元運算子的運算。

**執行結果**

**Step 2**：在儲存後，請執行「偵錯/開始偵錯」命令，或按 F5 鍵，可以看到執行結果的「命令提示字元」視窗，顯示各位元運算子的運算結果。

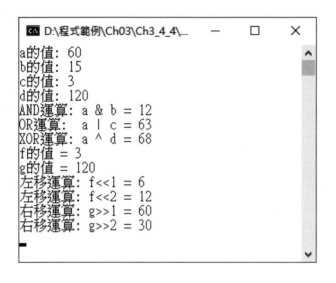

## 3-4-5 指定運算子

　　C# 語言的指定運算子除了使用指定敘述「＝」外，指定運算子還可以配合其他運算子來簡化運算式，建立簡潔的算術、關係、邏輯或位元運算式，其條件如下所示：

● 在指定運算子右邊是二元運算式，擁有 2 個運算元。

● 在指定運算子左邊的變數和第 1 個運算元相同。

　　例如：滿足上述條件的指定運算式，如下所示：

```
x = x + y;
```

　　上述程式碼可以改用「+=」運算子來改寫成「x += y;」。指定敘述的簡化寫法說明，如下表所示：

| 運算子 | 範例 | 相當的運算式 | 說明 |
|---|---|---|---|
| = | x = y | N/A | 指定敘述 |
| += | x+ = y | x = x + y | 加法 |
| -= | x -= y | x = x - y | 減法 |
| *= | x *= y | x = x * y | 乘法 |
| /= | x /= y | x = x / y | 除法 |
| %= | x %= y | x = x % y | 餘數 |
| <<= | x <<= y | x = x << y | 位元左移 y 位元 |
| >>= | x >>= y | x = x >> y | 位元右移 y 位元 |
| &= | x &= y | x = x & y | 位元 AND 運算 |
| \|= | x \|= y | x = x \| y | 位元 OR 運算 |
| ^= | x ^= y | x = x ^ y | 位元 XOR 運算 |

# 3-5　資料型別的轉換

　　「資料型別轉換」(Type Conversions) 是因為在同一運算式可能有多個不同資料型別的變數或字面值。例如：在運算式擁有整數和浮點數的變數或字面值時，就需要執行型別轉換。

　　資料型別轉換是指轉換變數儲存的資料，而不是變數本身的資料型別，因為不同型別佔用的位元組數不同，在進行資料型別轉換時。例如：double 轉換成 float，變數資料就有可能損失資料或精確度。

## 3-5-1　隱含型別轉換

　　「隱含型別轉換」(Implicit Conversions) 並不需要特別語法，在運算式或指定敘述兩端，如果有不同型別的變數或字面值，就會自動轉換成相同資料型別。數值資料型別的隱含型別轉換，如下圖所示：

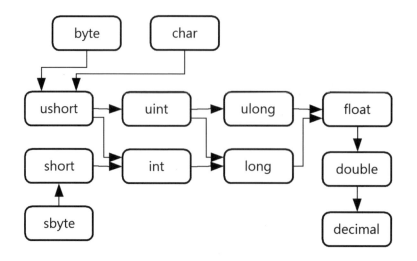

上述圖例的箭頭指明隱含轉換的方向。在指定敘述右邊運算式的結果,也會自動轉換成與左邊變數相同的資料型別,如下所示:

```
int intValue = 456;
long longValue;
longValue = intValue;
```

上述指定敘述右邊的變數是整數;左邊是長整數,此時右邊變數值的 int 型別,就會自動轉換成左邊的 long 型別。

## Visual C# 專案:Ch3_5_1

在主控台應用程式建立算術運算式來測試隱含型別轉換,其建立步驟如下所示:

Step 1:請開啟「程式範例\Ch03\Ch3_5_1」資料夾的 Visual C# 專案,然後在 Program.cs 程式檔案輸入 C# 程式碼。

### Main() 主程式

```
01: float floatValue;
02: int intNum = 125;
03: int intValue = 456;
04: long longValue;
```
NEXT

```
05: // 隱含型別轉換
06: longValue = intValue;
07: Console.WriteLine(intValue + " = " + longValue);
08: floatValue = intNum + 123.45f;
09: Console.WriteLine("intNum + 123.45f = " + floatValue);
10: Console.Read();
```

**程式說明**

● 第 6~7 列：將整數 int 資料轉換型別成長整數 long。

● 第 8~9 列：整數變數 intNum 加上浮點數的字面值，使用隱含型別轉換至 float 浮點數資料型別。

**執行結果**

Step 2：在儲存後，請執行「偵錯/開始偵錯」命令，或按 F5 鍵，可以看到執行結果的「命令提示字元」視窗。

```
D:\程式範例\Ch03\Ch3_5_1\...    —    □    ×
456 = 456
intNum + 123.45f = 248.45
```

## 3-5-2 明顯型別轉換

隱含型別轉換雖然會自動轉換型別，不過其轉換結果有時並非預期的結果，此時可以使用「型別轉換運算子」(Cast Operator) 在運算式以「明顯型別轉換」(Explicit Conversions) 轉換資料型別，其語法如下所示：

(型別名稱) 運算式或變數;

上述語法可以將運算式或變數轉換成前面括號的型別，注意！一定需要括號。

例如：整數和整數的除法 17/7，其結果是整數 2。如果需要精確到小數點，就不能使用隱含型別轉換，我們需要使用明顯轉換將它轉換成浮點數，例如：a=17、b=7，如下所示：

```
r = (float)a / (float)b;
```

上述程式碼將整數變數 a 和 b 都轉換成浮點數 float，我們也可以只轉換其中之一，然後讓隱含型別轉換自動轉換其他運算元，此時 17/7 的結果是2.428571。

## Visual C# 專案：Ch3_5_2

在主控台應用程式建立算術運算式來測試明顯型別轉換，對於不同型別變數，需要自行使用運算子來轉換其型別，其建立步驟如下所示：

**Step 1**：請開啟「程式範例\Ch03\Ch3_5_2」資料夾的 Visual C# 專案。接著在 Program.cs 程式檔案輸入 C# 程式碼。

### Main() 主程式

```
01: int a = 17;
02: int b = 7;
03: float r;
04: // 隱含型別轉換
05: Console.WriteLine("a = {0}  b = {1}", a, b);
06: r = a / b;
07: Console.WriteLine("r = a / b = " + r);
08: // 明顯型別轉換
09: r = (float)a / (float)b;
10: Console.WriteLine("r = (float)a / (float)b = " + r);
11: Console.Read();
```

**程式說明**

● 第 1~3 列：宣告 3 個變數和指定初值。

● 第 6 列：整數的除法。

● 第 9 列：浮點數的除法。

**執行結果**

**Step 2**：在儲存後，請執行「偵錯/開始偵錯」命令，或按 F5 鍵，可以看到執行結果的「命令提示字元」視窗。

```
D:\程式範例\Ch03\Ch3_5_2\...    —    □    ×
a = 17  b = 7
r = a / b = 2
r = (float)a / (float)b = 2.4285715
```

## 3-5-3　字串資料的型別轉換

字串資料型別的轉換是指將其他資料型別轉換成字串，或將字串轉換成其他資料型別，字串資料的型別轉換需要使用 System.Convert 類別的方法，其相關方法的說明，如下表所示：

| 方法 | 說明 |
| --- | --- |
| ToString() | 將其他資料型別轉換成字串 |
| Convert.ToChar(string) | 將參數的字串轉換成 char 字元 |
| Convert.ToInt16(string) | 將參數的字串轉換成 short 短整數 |
| Convert.ToInt32(string) | 將參數的字串轉換成 int 整數 |
| Convert.ToInt64(string) | 將參數的字串轉換成 long 長整數 |
| Convert.ToDecimal(string) | 將參數的字串轉換成 decimal 數值 |
| Convert.ToSingle(string) | 將參數的字串單精度的 float 浮點數 |
| Convert.ToDouble(string) | 將參數的字串雙精度的 double 浮點數 |
| Convert.ToBoolean(string) | 將參數的字串轉換成 bool 布林 |

例如：將整數變數 sum 轉換成字串，字串 str1 和 str2 轉換成整數，如下所示：

```
str = sum.ToString();
a = Convert.ToInt32(str1);
b = Convert.ToInt32(str2);
```

上述程式碼可以取得整數轉換成的字串 str，str1 字串轉換成的整數 a；str2 的 b。Visual C# 專案：Ch3_5_3 就是使用 System.Convert 類別的方法來測試字串資料的型別轉換，其執行結果如下圖所示：

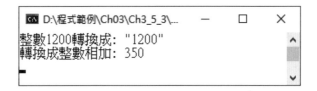

# 學習評量

**選擇題**

( ) 1. 請問執行下列 C# 程式碼後，變數 y 的值為何？

```
int x, y, z;
x = 5;
y = 7;
z = 9;
y = z;
```

        A. 5         B. 7         C. 未知         D. 9

( ) 2. 程式變數指定的數值如果是 decimal，在變數值後需加上下列哪一個型別字元？

        A. M         B. F         C. U         D. L

( ) 3. 請問 C# 語言的位元運算式 3<<2 的運算結果是什麼？

        A. 12         B. 11         C. 10         D. 13

( ) 4. 請問下列哪一個 C# 運算子是 Null 合併運算子？

        A. 「Null」         B. 「??」         C. 「?」         D. 「+」

( ) 5. 請指出下列哪一個關於資料型別轉換的說明是不正確的？

        A. 轉換變數本身的資料型別

        B. 轉換變數儲存的資料

        C. 算術運算式會執行隱含型別轉換

        D. 型別轉換運算子是明顯型別轉換

## 簡答題

1. 請使用圖例說明什麼是程式語言的變數和資料型別？

2. 請簡單說明 C# 語言的命名原則？如何宣告變數？

3. 指定敘述「＝」等號左邊的變數稱為_____(Lvalue)，指的是變數的_____屬性，如果變數在等號的右邊稱為_____(Rvalue)，這是變數的_____屬性。

4. 請問什麼是符號常數？

5. C# 語言的資料型別可以分為_____和_____兩種。資料型別 char 佔用_____位元組；long 資料型別佔用_____位元組。浮點數字面值預設是_____型別。

6. C# 語言的除法運算子是_____；餘數運算子為_____；Null 合併運算子是_____。並且分別舉例說明 AND、OR 和 XOR 位元運算子？

## 實作題

1. 圓周長的公式是 2*PI*r，PI 是圓周率 3.1415，r 是半徑 10、20、50，請建立 Visual C# 主控台應用程式，使用常數定義圓周率，然後計算各種半徑的圓周長。

2. 請建立 Visual C# 主控台應用程式宣告美金匯率的常數為 32.1，然後計算 554 美金換算成新台幣有多少？

3. 在籃子中有 200 個蛋，一打是 12 個，請使用 Visual C# 主控台應用程式計算 200 個蛋是幾打，還剩下幾個蛋。

4. 某人向銀行借了 150 萬，年利率是 4%，如果每年的利息都併入本金，即複利計算，請建立 Visual C# 主控台應用程式計算 10 年後，本金和利息共需還多少錢。

5. 變數 x 是 15，y 是 30，請建立 Visual C# 主控台應用程式計算數學運算式 (x+y) * (x-y) 的值。

# 4-1 物件基礎程式設計

微軟的 C# 語言是一種物件導向程式語言，雖然，讀者目前尚未熟悉第 9~12 章的物件導向程式設計，不過，我們一樣可以使用現有控制項的物件來建立 Windows 應用程式。

## 4-1-1 物件的基本觀念

物件可以視為提供特定功能的元件或黑盒子，我們並不用考慮元件內部詳細的資料或實作的程式碼，只需知道物件提供哪些方法和屬性，以及如何使用它，就可以使用物件來建立應用程式。

事實上，物件導向程式設計的目的是讓設計者自行定義物件或擴充存在物件的功能，不過這些是第 10 章的內容。在此之前筆者著重於如何使用現存的物件，也就是使用物件基礎程式設計來建立視窗應用程式。

### 物件

「物件」（Objects）是物件導向程式的基礎，簡單的說，物件是資料（Data）和包含處理此資料程式碼（稱為「方法」 Method）的綜合體。

「類別」（Class）是定義物件內容的模子，透過模子可以建立屬於同一類別的多個物件，例如：Label 控制項是一個類別，當我們在表單新增多個標籤控制項，就會使用類別建立名為 label1 和 label2 等多個物件。

當程式碼使用類別建立物件後，我們並不用考慮物件內部的處理方式，只需知道它提供的屬性和方法與如何使用它，就可以使用這些物件來建立程式。

事實上，Windows 應用程式的組成元件都是物件，在表單中的控制項，例如：文字方塊、清單方塊、標籤和按鈕等都是一個一個物件。

## 屬性

　　物件的「屬性」（Properties）是物件的性質和狀態，例如：文字方塊控制項提供 MaxLength 屬性可設定輸入字串長度；標籤物件的 BackColor 可以指定背景色彩，如下所示：

```
label1.BackColor;
textBox1.MaxLength;
```

> ■ **説明**
>
> C# 程式碼的物件是使用句點來存取物件屬性值和呼叫物件方法，句點「.」就是物件運算子。

## 方法

　　「方法」（Methods）是物件的處理函數，也就是執行物件提供的功能，例如：TextBox 文字方塊控制項 txtMessage 提供方法來取得焦點（即作用中的控制項），如下所示：

```
txtMessage.Focus();
```

　　上述程式碼呼叫 TextBox 物件的 Focus() 方法，我們並不需要知道文字方塊如何實作程式碼來取得焦點，以便讓使用者輸入文字內容，只需知道物件有提供此方法，和如何呼叫和使用此方法，就可以讓文字方塊取得焦點。

## 事件

　　「事件」（Events）是 C# 類別的一種特殊成員，代表使用者按下滑鼠按鍵或鍵盤按鍵等操作後，所觸發的動作進而造成控制項狀態的改變，當這些改變發生時，就會觸發對應的事件。我們可以針對事件作進一步的處理，也就是執行註冊的事件處理程序。

物件可以建立事件處理程序來處理事件，這種以事件設計程式的方式，稱為「事件驅動程式設計」（Event-driven Programming）。例如：第 2 章 Button 控制項 button1 觸發的 Click 事件，其事件處理程序如下所示：

```
private void button1_Click(object sender, EventArgs e)
{ … }
```

上述事件處理程序擁有 2 個參數（詳細的函數說明請參閱第 7 章），其說明如下所示：

● object 物件：觸發事件的來源物件，也就是哪一個物件產生此事件。

● Eventargs 物件：事件資料物件（Event Data Object），可以提供事件的進一步資訊。

## 4-1-2　物件名稱的命名

當我們使用 Visual Studio Community 將控制項物件新增至表單時，預設使用控制項名稱加上編號作為名稱（即 Name 屬性值），例如：Form1、label1 和 button1 等，因為預設物件名稱缺乏可讀性，無法作為程式註解的用途，筆者建議將物件名稱重新命名成有意義的名稱。

匈牙利命名法是使用名稱前 3 個字元作為控制項代碼，可以讓控制項名稱更加有意義，如下表所示：

| 表單與控制項類 | 字首 | 範例 |
|---|---|---|
| 表單 | frm | frmTest、frmCalculate |
| 按鈕 | btn | btnSave、btnOpen |
| 標籤 | lbl | lblShowMessage |
| 文字方塊 | txt | txtName、txtStudentName |

本書為了方便程式碼說明，程式範例的表單、按鈕和部分標籤控制項仍然是使用預設名稱，並沒有重新命名。

# 4-2 表單控制項

表單（Form）是 Windows 應用程式的基本結構，一種控制項物件的容器。更正確的說，Windows 應用程式的視窗和對話方塊，就是一種表單物件。

## 4-2-1 認識表單

在第 3 章建立的 C# 程式都是主控台應用程式，程式的輸出和輸入都是在「命令提示字元」視窗輸入與顯示的文字內容。從本章開始將進入本書的主題，我們準備開始開發 Windows 視窗應用程式。

視窗應用程式的基本輸出與輸入是 GUI 元件的控制項。首先讓我們看一個 Windows 視窗應用程式，例如：Windows 作業系統的**記事本**，如右圖所示：

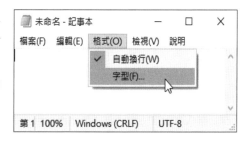

上述圖例是**記事本**的 Windows 應用程式視窗，在上方是功能表，之下是多行文字方塊控制項，執行「格式/字型」命令，可以看到「字型」對話方塊。

上述對話方塊是使用標籤和按鈕等控制項建立的對話方塊。可以很清楚的看出，Windows 應用程式就是由一個一個視窗和對話方塊組成，對應到 Visual C# 就是一個一個表單物件。

我們可以將表單物件視為是一個物件容器，在每一個表單物件都擁有許多控制項，像是在一個大盒子放入其他控制項的小盒子，如右圖所示：

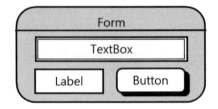

在上述圖例的表單物件新增 3 個控制項：文字方塊（TextBox）、按鈕（Button）和標籤（Label）控制項，這個表單（Form）就是一個 Windows 應用程式。

## 4-2-2　建立表單控制項

在 Visual Studio Community 新增 **Windows Forms 應用程式**專案，可以建立預設名稱為 Form1 的表單控制項。

### Visual C# 專案：Ch4_2_2

我們準備建立一個黃色背景的空視窗，標題文字是**視窗應用程式**，也就是更改表單標題文字，和將背景色彩設為 Yellow 黃色，其建立步驟如下所示：

**Step 1** 請新增「程式範例\Ch04\Ch4_2_2」資料夾的 Visual C# 專案，這是 Windows Forms 應用程式範本的專案，可以看到預設標題和名稱為 Form1（檔案名稱為 Form1.cs）的表單，如下圖所示：

**Step 2** 如果開啟專案時，沒有看到表單 Form1.cs，請在「方案總管」視窗雙擊 **Form1.cs** 檔案來開啟表單設計視窗，如下圖所示：

**Step 3** 請在右下角定位點按住滑鼠左鍵，當游標變成雙箭頭時，往左上方拖拉縮小表單尺寸，如下圖所示：

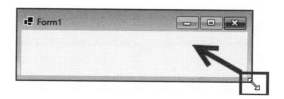

**Step 4** 在調整表單尺寸後，請在「屬性」視窗上方選 **Form1** 表單名稱，然後捲動視窗找到 BackColor 背景色彩屬性，如下圖所示：

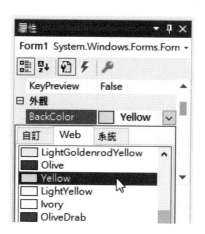

**Step 5** 按 **BackColor** 屬性後的向下箭頭鈕，在下拉式清單的 **Web** 標籤選擇背景色彩 **Yellow**。

**Step 6** 接著在右下方「屬性」視窗捲動找到 Text 屬性，如下圖所示：

**Step 7** 點選 **Text** 屬性後欄位輸入屬性值，以此例是標題名稱**視窗應用程式**。當在「屬性」視窗更改屬性值後，表單設計視窗可以馬上看到更改後的表單內容。

**Step 8** 在儲存後，請執行「偵錯/開始偵錯」命令，或按 F5 鍵，可以看到執行結果的 Windows 應用程式視窗。

　　上述執行結果是一個空視窗，我們只需在表單中新增控制項，再加上所需的事件處理程式碼，就可以完成 Windows 視窗應用程式的建立。結束程式請按右上角 ⊠ 鈕關閉視窗。

## 4-2-3　表單的常用屬性

　　表單控制項物件提供多種屬性，這些屬性都有預設值，在建立表單時，我們只需更改需要更改的屬性，其他屬性使用預設值即可。在本節筆者是使用分類方式整理出表單的常用屬性。

### 外觀

　　外觀分類的屬性是用來設定表單顯示的外觀，包括色彩、字型和框線等，其說明如下表所示：

| 屬性 | 說明 |
|------|------|
| BackColor | 設定表單背景色彩，預設值是 Control |
| BackgroundImage | 選取表單背景的圖片檔案，預設值是無 |
| BackgroundImageLayout | 表單背景的配置方式，預設值是 Title，可以是 None、Center、Stretch 和 Zoom |
| Cursor | 設定滑鼠游標的外觀，預設值是 Default，可以選擇所需的游標樣式 |
| Font | 設定表單顯示文字的字型，選此屬性可以顯示「字型」對話方塊，預設值是新細明體, 9pt。我們也可以展開Font屬性，指定字型的個別屬性，例如：Name、Size、Unit 和 Bold/Italic/Strikeout 等 |
| ForeColor | 設定表單的前景色彩，預設值是 ControlText |
| FormBorderStyle | 設定表單的框線樣式，共有 7 種選擇，None（沒有框線）、FixedSingle（不可調整的單線）、Fixed3D（不可調整的立體線）、FixedDialog（不可調整的對話方塊線）、Sizeable（可調整，此為預設值）、FixedToolWindow（不可調整的工具箱樣式）和 SizeableToolWindow（可調整的工具箱樣式） |
| RightToLeftLayout | 設定控制項配置是否由右至左，預設值是 False |
| Text | 設定表單標題文字，預設值是表單名稱 |

# 配置

配置分類是表單顯示位置和尺寸的相關設定，其說明如下表所示：

| 屬性 | 說明 |
|------|------|
| Location | 設定表單顯示在螢幕上的座標 (X, Y)，預設值是 (0, 0)，如果是控制項就是相對於表單左上角的座標 |
| MaximumSize | 設定當調整表單尺寸時，可以顯示最大範圍的 (Width, Height)，預設值是 (0, 0) |
| MinimumSize | 設定當調整表單尺寸時，可以顯示最小範圍的 (Width, Height)，預設值是 (0, 0) |
| Size | 設定表單尺寸的 (Width, Height)，預設值是 (816, 489) |
| StartPoistion | 表單第一次出現的位置，可以是 Manual（手動）、CenterScreen（螢幕中央）、WindowsDefaultLocation（預設位置，預設值）、WindowsDefaultBounds（預設邊界位置）和 CenterParent（父表單的中央） |
| WindowState | 表單顯示方式是 Normal（正常，預設值）、Minimized（最小化）或 Maximized（最大化） |

# 設計(Design)

設計分類的屬性是關於表單設計階段的相關屬性，其說明如下表所示：

| 屬性 | 說明 |
|------|------|
| (Name) | 表單名稱，預設值是 Form1，如果是控制項，就是控制項名稱 |
| Language | 設定使用的語言，此為 Windows 作業系統在控制台**地區及語言選項**的設定值 |
| Locked | 是否可以移動或調整控制項大小，預設值 False 為不鎖定，表示可以移動或調整；True 為不可以 |

# 視窗樣式

表單如果是一個應用程式視窗時，可以設定視窗樣式的按鈕、圖示和是否顯示在最上層等屬性，其說明如下表所示：

| 屬性 | 說明 |
|------|------|
| ControlBox | 指定表單是否擁有控制功能，即上方標題列的按鈕和功能表，預設值 True 是有；False 為沒有 |
| HelpButton | 表單是否顯示說明按鈕，預設值 False 為不顯示；True 為顯示 |
| Icon | 設定表單縮小時顯示的圖示 |
| MaximizeBox | 是否在標題列顯示最大化按鈕，預設值 True 顯示；False 為不顯示 |
| MinimizeBox | 是否在標題列顯示最小化按鈕，預設值 True 顯示；False 為不顯示 |
| TopMost | 表單是否在最上層，即位在其他表單之上，預設值 False 為不是；True 為是 |

# 4-3 按鈕控制項

「按鈕」（Button）控制項是實際執行功能的使用介面。例如：在輸入資料後，按下按鈕觸發 Click 事件，就可以執行事件處理程序來顯示結果、更改屬性或執行取消等操作，如下圖所示：

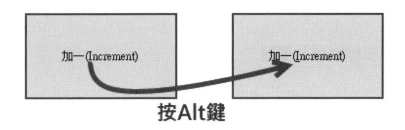

上述圖例是 Button 按鈕控制項，在按鈕中的標題文字是 Text 屬性值。在標題名稱中如果有底線字母（Windows 10 需按下 Alt 鍵才會看到底線），這是快速鍵，表示按下按鈕如同按下 Alt 鍵加上底線的英文字母。

## 新增按鈕的快速鍵

在按鈕控制項新增快速鍵，就是在輸入標題名稱的 Text 屬性時，在英文字母前加上 "&" 符號，表示之後字元成為底線字的快速鍵。一些 "&" 符號的範例，如下表所示：

| 標題名稱字串 | 顯示結果 | 快速鍵 |
|---|---|---|
| (&Search) | (Search) | Alt + S |
| (E&xit) | (Exit) | Alt + X |
| (&Increment) | (Increment) | Alt + I |

## 按鈕控制項的 Click 事件

按鈕控制項預設觸發 Click 事件（詳細的事件說明請參閱第 13 章，在之前的程式範例都是使用 Click 事件），我們可以建立 Click 事件處理程序執行所需的操作。事件處理程序預設的名稱格式，如下所示：

```
ControlName_EventName
```

上述 ControlName 是控制項名稱（第 1 個字母為小寫），在底線後是事件名稱，其意義是「此程序是用來處理控制項 ControlName 產生的 EventName 事件」。例如：button1 控制項建立的 Click 事件處理程序名稱為 button1_Click() 。

## 存取表單與控制項的屬性

我們除了可以在「屬性」視窗更改屬性值外，一樣可以使用程式碼來存取控制項的屬性值，其基本語法如下所示：

```
ControlName.PropertyName
```

上述語法可以存取控制項屬性，ControlName 是控制項的 Name 屬性值，例如：按鈕名稱為 button1，PropertyName 是屬性名稱，如果想更改按鈕控制項的標題名稱，如下所示：

```
button1.Text = "停止計數";
```

上述程式碼更改 Text 屬性值。如果是更改表單物件本身的屬性值，因為 Form1 是 button1 的上一層物件，也就是 Form1.cs 表單自己，在 C# 程式碼可以使用 this 關鍵字來取得 Form1 物件，如下所示：

```
this.Text = "視窗應用程式";
```

上述程式碼更改 Form1 表單物件本身的標題文字。

## 按鈕控制項的常用屬性

按鈕控制項有很多屬性與表單物件相同。一些常用屬性的說明，如下表所示：

| 屬性 | 說明 |
|------|------|
| (Name) | 控制項名稱 |
| Text | 按鈕的標題文字 |
| TextAlign | 標題文字的對齊方式，共有井字形的 9 個位置可供選擇 |
| Image | 指定按鈕圖形，如果同時使用 Text 和 Image 屬性，文字和圖形會重疊，可以調整 ImageAlign 和 TextAlign 屬性來同時顯示圖形與文字 |
| ImageAlign | 圖形按鈕的顯示位置 |
| FaltStyle | 指定按鈕樣式，也就是游標移至按鈕上時顯示的樣式，可以是 Flat（平面按鈕）、Popup（平面按鈕，滑鼠經過時成為立體）、Standard（立體 3D 按鈕，預設值）和 System（使用作業系統的按鈕樣式） |
| Enable | 按鈕是否有作用，預設值 True 有作用；False 沒有作用，沒有作用的按鈕標題文字會成為灰色 |
| Visible | 顯示或隱藏控制項，預設值 True 顯示；False 為隱藏 |

## Visual C# 專案：Ch4_3

我們準備建立簡單的計數器程式，在 Windows 應用程式新增一個按鈕控制項，按下按鈕可以在標題文字顯示計數，每按一次，可以將計數值加 1，其建立步驟如下所示：

**Step 1** 請開啟「程式範例\Ch04\Ch4_3」資料夾的 Visual C# 專案，可以看到表單 Form1（檔案名稱為 Form1.cs），如右圖所示：

上述表單 Form1 的相關屬性值，如右表所示：

| 屬性 | 屬性值 |
|------|--------|
| Text | 0 |
| Size | 200, 150 |

**Step 2** 點選最左邊**工具箱**標籤開啟「工具箱」視窗後，點選標題列上的**小圖釘**圖示來固定顯示「工具箱」視窗，如下圖所示：

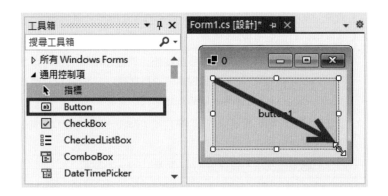

我們可以拖拉四周的定位點來調整控制項的尺寸，當游標成為十字時，可以移動控制項的位置。刪除控制項請執行右鍵快顯功能表的**刪除**命令，或按 Delete 鍵。

**Step 3** 選 **Button** 按鈕控制項，在表單編輯視窗的插入點按一下，即可從左上角至右下角拖拉出按鈕尺寸，放開滑鼠左鍵，可以看到新增預設名為 button1 的按鈕控制項。

Step 4　點選按鈕控制項，在「屬性」視窗找到 Text 屬性，點選欄位後，輸入加一(&Increment)來更改標題文字，如右圖所示：

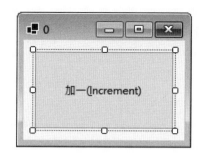

Step 5　請在表單設計視窗雙擊名為**加一**的按鈕控制項，可以建立名為 button1_Click() 的事件處理程序。

**button1_Click()**

```
01: private void button1_Click(object sender, EventArgs e)
02: {
03:     int num = Convert.ToInt16(this.Text);
04:     num = num + 1;
05:     this.Text = num.ToString();
06: }
```

**程式說明**

● 第 3 列：宣告整數變數 num，初值是 this.Text 的視窗標題文字，因為是文字內容的字串，需要呼叫 Convert.ToInt16() 方法轉換成整數。

● 第 4 列：將計數值 num 加 1。

● 第 5 列：更改表單標題文字成為 num 變數值，因為是整數，所以呼叫 ToString() 方法轉換成字串。

**執行結果**

Step 6　在儲存後，請執行「偵錯/開始偵錯」命令，或按 F5 鍵，可以看到執行結果的 Windows 應用程式視窗。

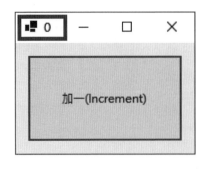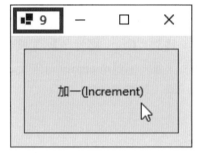

按下按鈕或按 Alt + I 鍵，可以更改視窗上方的標題文字，看到計數值每按一次就加 1。

# 4-4　資料輸出的標籤控制項

「標籤」（Label）控制項是一種資料輸出控制項，可以在表單顯示其他控制項的標題文字、說明文字或輸出執行結果，例如：我們可以按下按鈕控制項後，在標籤顯示執行結果，如下圖所示：

上圖的右邊是按鈕控制項；左邊顯示的版權說明文字就是標籤控制項。

## 標籤控制項的常用屬性

標籤控制項的屬性有很多與表單物件和按鈕控制項相同。一些常用屬性的說明，如下表所示：

| 屬性 | 說明 |
|------|------|
| (Name) | 控制項名稱 |
| Text | 標籤控制項顯示的文字內容 |
| TextAlign | 文字對齊方式，共有井字形的 9 個位置可供選擇 |
| BorderStyle | 框線樣式，可以是 None 沒有框線，FixedSingle 單線和 Fixed3D 立體框線 |
| AutoSize | 是否依據顯示字型來自動調整尺寸，預設值 True 是自動調整，所以我們並不能更改控制項尺寸，如果改為 False 不自動調整，就可以使用四周的定位點調整控制項尺寸 |

## Visual C# 專案：Ch4_4

我們準備修改第 4-3 節專案的計數器，改在 Windows 應用程式的標籤控制項顯示計數值，和新增 2 個按鈕控制項，一個將計數值加 1；一個將計數值歸零，其建立步驟如下所示：

**Step 1** 請開啟「程式範例\Ch04\Ch4_4」資料夾的 Visual C# 專案，可以看到表單 Form1（檔案名稱為 Form1.cs），如右圖所示：

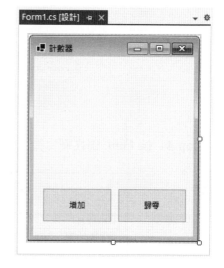

上述表單 Form1 下方已經新增 button1 及 button2 控制項，其相關屬性如下表所示：

| 種類 | 名稱 | Text 屬性值 | Size 屬性值 | Location 屬性值 |
|------|------|------------|------------|----------------|
| 表單 | Form1 | 計數器 | 224, 250 | 預設值 |
| 按鈕 | button1 | 增加 | 90, 40 | 12, 155 |
| 按鈕 | button2 | 歸零 | 90, 40 | 110, 155 |

**Step 2** 請點選最左邊**工具箱**標籤開啟「工具箱」視窗，選 **Label** 標籤控制項後，拖拉或在表單設計視窗插入位置按一下來新增標籤控制項，如下圖所示：

**Step 3** 選 label1 標籤控制項，可以在「屬性」視窗看到標籤控制項的屬性清單，首先修改 **Text** 屬性值為 **0**，然後找到 **Font** 屬性，如下圖所示：

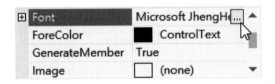

**Step 4** 按 **Font** 屬性欄位後方的按鈕，可以開啟「字型」對話方塊。

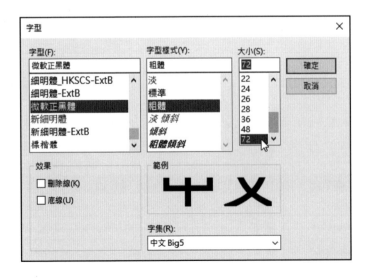

**Step 5** 選微軟正黑體，樣式是**粗體**，在大小欄選 **72** 放大字型，按**確定**鈕完成字型設定，在調整位置後，可以看到建立的使用介面（數字偏左是因為值可能有 2 位數），如右圖所示：

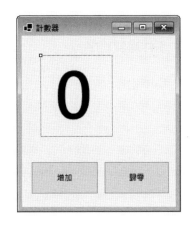

**Step 6** 為了讓物件名稱擁有更佳的可讀性，請將 label1 標籤控制項的 **(Name)** 屬性改為 **lblOutput**，如右圖所示：

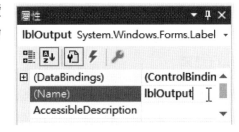

**Step 7** 請雙擊名為**增加**的 button1 按鈕控制項，可以建立button1_Click() 事件處理程序。

**button1_Click()**

```
01: private void button1_Click(object sender, EventArgs e)
02: {
03:     int num = Convert.ToInt16(lblOutput.Text);
04:     num = num + 1;
05:     lblOutput.Text = num.ToString();
06: }
```

**程式說明**

- 第 3~4 列：在取得 lblOutput 標籤控制項的初值後，將值加 1。

- 第 5 列：指定 lblOutput 標籤控制項的 Text 屬性值是 num 的計數值，同樣需要將整數轉換成字串。

**Step 8** 請雙擊名為**歸零**的 button2 按鈕控制項，可以建立 button2_Click() 事件處理程序。

**button2_Click()**

```
01: private void button2_Click(object sender, EventArgs e)
02: {
03:     lblOutput.Text = "0";
04: }
```

**程式説明**

● 第 3 列：指定 lblOutput 標籤控制項的 Text 屬性值是 "0"。

**執行結果**

**Step 9** 在儲存後，請執行「偵錯/開始偵錯」命令，或按 F5 鍵，可以看到執行結果的 Windows 應用程式視窗。

　　按**增加**鈕，可以看到標籤控制項顯示的計數值加 1，按**歸零**鈕可以將計數值歸零。

## 4-5　資料輸入的文字方塊控制項

　　「文字方塊」（TextBox）控制項是讓使用者輸入資料，我們輸入的資料是一個字串，如果需要數值資料，請使用 System.Convert 類別的方法執行型別轉換，將字串轉換成數值。

### 4-5-1　單行文字方塊

　　TextBox 文字方塊控制項提供多種顯示外觀，預設是建立單行文字方塊，如下圖所示：

上述圖例是設定邊界框，標籤控制項是欄位說明文字，之後是單行文字方塊可以輸入尺寸，請注意！這種控制項只能輸入單行文字內容，也就是說，輸入的文字內容並不能換行。

## 文字方塊控制項的常用屬性

文字方塊控制項的屬性有很多與其他控制項相同。一些常用屬性的說明，如下表所示：

| 屬性 | 說明 |
|---|---|
| (Name) | 控制項名稱 |
| Text | 文字方塊控制項輸入的內容，這是一個字串 |
| MaxLength | 設定文字方塊可接受的字元數，預設為 32767 |
| ReadOnly | 文字方塊內容是否可以更改，預設為 False 可以更改；True 不能更改，如為True，其功能如同標籤控制項 |
| PasswordChar | 如果是密碼欄位，可以指定輸入字元是由哪一個符號來取代，例如："*" 星號 |
| MultiLine | 是否是多行文字方塊，輸入資料可以超過一行，預設值 False 單行顯示；True 為多行顯示 |
| ScrollBar | 如果是多行文字方塊，可以設定此屬性來顯示捲動軸，None 預設值是沒有、Horizontal 顯示水平捲動軸、Vertical 為垂直捲動軸和 Both 同時顯示水平和垂直捲動軸 |
| WordWrap | 如果是多行文字方塊，此屬性可以決定是否自動換行，預設值 True 自動換行；False 不自動換行 |
| TextAlign | 文字方塊的對齊方式，可以是 Left (靠左)、Right (靠右) 和 Center (置中) |

# Visual C# 專案：Ch4_5_1

我們準備修改 Visual C# 專案 Ch3_4_2b 的 BMI 計算程式，改為 Windows 應用程式 BMI 計算機，可以在 2 個文字方塊控制項輸入身高和體重後，在標籤控制項顯示計算結果的 BMI 值（fChart 流程圖：Ch4_5_1. fpp），其建立步驟如下所示：

**Step 1** 請開啟「程式範例\Ch04\Ch4_5_1」資料夾的 Visual C# 專案，可以看到表單 Form1（檔案名稱為 Form1.cs），如下圖所示：

上述表單新增 3 個標籤控制項和 1 個按鈕控制項，標籤控制項的 AutoSize 屬性已經改為 False，可以調整標籤控制項的尺寸。其相關屬性值如下表所示：

| 種類 | 名稱 | Text 屬性值 | Size 屬性值 | Location 屬性值 |
|------|------|-----------|-----------|----------------|
| 表單 | Form1 | BMI 計算機 | 300, 150 | 預設值 |
| 按鈕 | btnBMI | 計算 BMI | 70, 52 | 195, 11 |
| 標籤 | lblHeight | 身高(公分)： | 77, 20 | 20, 14 |
| 標籤 | lblWeight | 體重(公斤)： | 77, 20 | 20, 44 |
| 標籤 | lblOutput | <空白> | 245, 25 | 20, 74 |

---

**■ 說明**

請注意！標籤控制項的初值是 label，這是 lblOutput 標籤控制項 Text 屬性的預設值，只需清除 Text 屬性成為空字串，就不會顯示標籤內容。

**Step 2** 請點選最左邊**工具箱**標籤開啟「工具箱」視窗，然後選 **TextBox** 文字方塊控制項，在表單編輯視窗拖拉出文字方塊控制項 textBox1，如下圖所示：

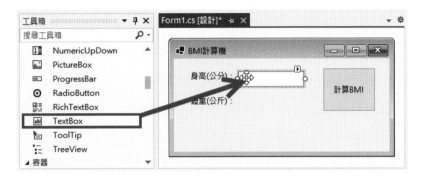

**Step 3** 選 textBox1 文字方塊控制項，在「屬性」視窗將 **(Name)** 屬性值改為 **txtHeight**。

**Step 4** 請重複步驟 2~3 新增第 2 個 TextBox 控制項，名稱是 **txtWeight**，如右圖所示：

**Step 5** 請雙擊 btnBMI 按鈕控制項，可以建立 btnBMI_Click() 事件處理程序。

**btnBMI_Click()**

```
01: private void btnBMI_Click(object sender, EventArgs e)
02: {
03:     double bmi, height, weight;
04:     height = Convert.ToDouble(txtHeight.Text);
05:     weight = Convert.ToDouble(txtWeight.Text);
06:     height /= 100.0;
07:     bmi = weight / (height * height);
08:     lblOutput.Text = "BMI 值=" + bmi.ToString();
09: }
```

**程式說明**

● 第 4~5 列：在使用 Text 屬性取得文字方塊的輸入值（這是字串）後，使用 Convert.ToDouble() 方法轉換成 double 型別。

● 第 6~8 列：在第 6 列轉換成公尺後，第 7 列計算 BMI 值，在第 8 列顯示計算結果，因為是 double 型別，所以使用 ToString() 方法轉換成字串後，指定成為 lblOutput 標籤控制項的 Text 屬性值。

**執行結果**

**Step 6** 在儲存後，請執行「偵錯/開始偵錯」命令，或按 F5 鍵，可以看到執行結果的 Windows 應用程式視窗。

在文字方塊控制項輸入身高和體重後，按**計算 BMI** 鈕，可以在下方看到計算結果的 BMI 值。

## 4-5-2 密碼和多行文字方塊控制項

TextBox 控制項除了預設單行文字方塊外，我們還可以更改屬性來建立密碼和多行文字方塊控制項，如下所示：

● 密碼欄位：輸入資料會顯示替代字元來隱藏原輸入的字元，例如：「*」，如下圖所示：

● 多行文字方塊：可以輸入多行文字
內容，並且提供捲動軸來顯示多行
的文字內容，如右圖所示：

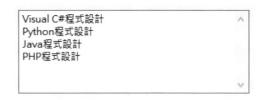

## Visual C# 專案：Ch4_5_2

在 Windows 應用程式建立密碼和多行文字方塊控制項，而程式使用
ReadOnly 屬性的唯讀文字方塊控制項來顯示輸出結果，建立步驟如下所示：

**Step 1** 請開啟「程式範例\Ch04\
Ch4_5_2」資料夾的 Visual
C# 專案，並且開啟表單
Form1（檔案名稱為 Form1.
cs），如右圖所示：

上述圖例由上而下依序是名為 txtPassword、txtMessage 和 txtOutput
的 3 個文字方塊控制項，右上角是 button1 按鈕控制項。

**Step 2** 請依下表屬性清單來更改控制項的相關屬性值，如下表所示：

| 控制項 | 屬性 | 屬性值 |
|---|---|---|
| txtPassword | PasswordChar | * |
| txtPassword | MaxLength | 10 |
| txtMessage | Multiline | True |
| txtMessage | Size | 284, 100 |
| txtMessage | ScrollBar | Vertical |
| txtOutput | ReadOnly | True |

**Step 3**  雙擊標題為**輸入**的 button1 按鈕，可以建立 button1_Click() 事件處理程序。

**button1_Click()**

```
01: private void button1_Click(object sender, EventArgs e)
02: {
03:     txtOutput.Text = txtPassword.Text + "/" +
04:                         txtMessage.Text;
05: }
```

**程式說明**

● 第 3~4 列：將 txtPassword 和 txtMessage 輸入的文字內容輸出到唯讀的 txtOutput 文字方塊控制項來顯示。

**執行結果**

**Step 4**  在儲存後，請執行「偵錯/開始偵錯」命令，或按 F5 鍵，可以看到執行結果的 Windows 應用程式視窗。

在**密碼**欄輸入的資料是以星號取代，如果在下方多行文字方塊輸入文字內容，按**輸入**鈕，可以在最下方文字方塊控制項看到輸入的文字內容，其功能如同標籤控制項。

## 4-5-3　選取文字方塊的內容

多行文字方塊控制項如果是作為文字編輯工具，我們可以選取文中的部分內容和複製出來。文字方塊控制項關於選取文字內容的屬性，其說明如下表：

| 屬性 | 說明 |
|---|---|
| SelectionStart | 選取文字的開始位置，以 0 開始 |
| SelectionLength | 選取文字的長度 |
| SelectedText | 取得文字方塊選取的文字內容 |

文字方塊控制項選取文字內容的相關方法，其說明如下表所示：

| 方法 | 說明 |
|---|---|
| Focus() | 讓控制項取得焦點 |

請注意！因為本節範例是輸出到唯讀文字方塊控制項，所以在設定選取文字範圍的 SelectionStart 和 SelectionLength 屬性後，或顯示 SelectedText 屬性的文字內容，都需要呼叫 Focus() 方法讓原文字方塊取得焦點。

### Visual C# 專案：Ch4_5_3

在 Windows 應用程式建立多行文字方塊控制項，提供 2 個按鈕，可以選取部分文字和顯示選取的內容，其建立步驟如下所示：

**Step 1**　請開啟「程式範例\Ch04\Ch4_5_3」資料夾的 Visual C# 專案，並且開啟表單 Form1（檔案名稱為 Form1.cs），如右圖所示：

上述圖例由上而下是名為 txtMessage 和 txtOutput 的 2 個文字方塊控制項，在中間從左至右是 button1 和 button2 按鈕控制項。

**Step 2** 雙擊標題為**選取 6 個字**的 button1 按鈕，可以建立 button1_Click() 事件處理程序。

### button1_Click()

```
01: private void button1_Click(object sender, EventArgs e)
02: {
03:     txtMessage.SelectionStart = 0;
04:     txtMessage.SelectionLength = 6;
05:     txtMessage.Focus();
06: }
```

### 程式說明

● 第 3~4 列：指定選取範圍的開始和長度。

● 第 5 列：讓 txtMessage 文字方塊控制項取得焦點，如此選取的文字內容才會反白顯示。

**Step 3** 雙擊標題為**顯示**的 button2 按鈕，可以建立 button2_Click() 事件處理程序。

### button2_Click()

```
01: private void button2_Click(object sender, EventArgs e)
02: {
03:     txtOutput.Text = txtMessage.SelectedText + "/" +
04:         txtMessage.SelectionStart + "/" +
05:         txtMessage.SelectionLength;
06:     txtMessage.Focus();
07: }
```

### 程式說明

● 第 3~5 列：顯示選取的文字內容、開始位置和長度。

**執行結果**

<u>Step 4</u>　在儲存後，請執行「偵錯/開始偵錯」命令，或按　F5　鍵，可以看到執行結果的 Windows 應用程式視窗。

　　按**選取 6 個字**鈕，可以反白顯示前 6 個字元。當使用滑鼠選取文字內容後，按**顯示**鈕，可以在下方文字方塊控制項顯示選取的文字內容、起始位置和長度。

# 4-6　訊息方塊

　　訊息方塊是一種對話方塊，在 Windows 應用程式可以使用訊息方塊作為輸出元件，例如：顯示錯誤訊息或輸出執行結果。

　　基本上，C# 的訊息方塊就是新增 MessageBox 物件，MessageBox 訊息方塊可以顯示標題文字、訊息內容、按鈕或圖示。不過，我們只能透過 MessageBox.Show() 方法建立訊息方塊，其基本語法如下所示：

```
MessageBox.Show(訊息文字, [標題文字, 顯示按鈕, 顯示圖示, 預設按鈕])
```

　　上述方法的參數除第 1 個一定需要外，其他都是選項參數，可以不用指定。各參數的說明如下所示：

● 訊息文字：顯示在訊息方塊中的資訊字串，我們至少需要提供此參數值。

● 標題文字：顯示在訊息方塊視窗上方標題列的字串。

● 顯示按鈕：在訊息方塊顯示哪些按鈕，其值是 MessageBoxButtons 常數，其說明如下表所示：

| MessageBoxButtons 常數 | 說明 |
| --- | --- |
| MessageBoxButtons.AbortRetryIgnore | 顯示**中止**、**重試**和**忽略**鈕 |
| MessageBoxButtons.OK | 顯示**確定**鈕 |
| MessageBoxButtons.OKCancel | 顯示**確定**和**取消**鈕 |
| MessageBoxButtons.RetryCancel | 顯示**重試**和**取消**鈕 |
| MessageBoxButtons.YesNo | 顯示**是**和**否**按 |
| MessageBoxButtons.YesNoCancel | 顯示**是**、**否**和**取消**鈕 |

● 顯示圖示：在訊息方塊顯示的圖示，其值是 MessageBoxIcon 常數，其說明如下表所示：

| MessageBoxIcon 常數 | 說明 |
| --- | --- |
| MessageBoxIcon.Asterisk、MessageBoxIcon.Information | 顯示圓形內含小寫字母 i 的訊息圖示 |
| MessageBoxIcon.Error、MessageBoxIcon.Hand、MessageBoxIcon.Stop | 顯示圓形背景紅色內含白色 X 的錯誤訊息圖示 |
| MessageBoxIcon.Exclamation、MessageBoxIcon.Warning | 顯示三角形背景黃色內含驚嘆號的警告圖示 |
| MessageBoxIcon.Question | 顯示圓形內含問號的問題圖示 |
| MessageBoxIcon.None | 沒有顯示圖示 |

● 預設按鈕：指定訊息方塊的預設按鈕，其值是 MessageBoxDefaultButton 常數，其說明如下表所示：

| MessageBoxDefaultButton 常數 | 說明 |
| --- | --- |
| MessageBoxDefaultButton.Button1 | 第 1 個按鈕是預設按鈕 |
| MessageBoxDefaultButton.Button2 | 第 2 個按鈕是預設按鈕 |
| MessageBoxDefaultButton.Button3 | 第 3 個按鈕是預設按鈕 |

例如：我們使用 MessageBox.Show() 方法建立訊息方塊，如下所示：

```
MessageBox.Show(result, "兌換金額",
                MessageBoxButtons.OK,
                MessageBoxIcon.Information);
```

上述程式碼的第 1 個參數是訊息方塊內容的字串變數 result，第 2 個參數是視窗標題文字，顯示**確定**鈕和顯示圓形內含小寫字母 i 的訊息圖示。

MessageBox.Show() 方法如果有傳回值，傳回值就是按下哪一個按鈕，其值是 DialogResult 常數，其說明如下表所示：

| DialogResult 常數 | 說明 |
|---|---|
| DialogResult.OK | 按下**確定**鈕 |
| DialogResult.Cancel | 按下**取消**鈕 |
| DialogResult.Yes | 按下**是**鈕 |
| DialogResult.No | 按下**否**鈕 |
| DialogResult.Abort | 按下**終止**鈕 |
| DialogResult.Retry | 按下**重試**鈕 |
| DialogResult.Ignore | 按下**忽略**鈕 |

在 C# 程式碼只需使用第 5 章條件敘述，就可以判斷使用者是按下了哪一個按鈕，以便執行所需的程式碼。

## Visual C# 專案：Ch4_6

為了準備出國旅遊，我們準備建立 Windows 應用程式的匯率兌換程式，使用符號常數指定匯率，TextBox 控制項輸入金額，可以計算美金和日幣兌換成的新台幣金額，和使用訊息方塊來顯示兌換結果，其建立步驟如下所示：

**Step 1** 請開啟「程式範例\Ch04\Ch4_6」資料夾的 Visual C# 專案，並且開啟表單 Form1（檔案名稱為 Form1.cs），如下圖所示：

上述圖例的 txtAmount 文字方塊控制項輸入金額，2 個按鈕分別是美金兌換成台幣，和日幣兌換成台幣的金額。

<u>**Step 2**</u>　雙擊標題為**美金換台幣**的 button1 按鈕，可以建立 button1_Click() 事件處理程序來計算兌換金額。

**button1_Click()**

```
01: private void button1_Click(object sender, EventArgs e)
02: {
03:     const double RATE = 32.1;
04:     double result, amount;
05:     string str = "可換成台幣 = ";
06:     amount = Convert.ToDouble(txtAmount.Text);
07:     // 計算兌換的新台幣
08:     result = amount * RATE;
09:     str += result;
10:     MessageBox.Show(str, "美金兌換金額:" + amount,
11:         MessageBoxButtons.OK, MessageBoxIcon.Information);
12: }
```

**程式說明**

● 第 5~6 列：使用 Convert.ToDouble() 方法將文字方塊的資料型別轉換成浮點數的美金金額。

● 第 8 列：計算兌換成的新台幣金額。

● 第 10~11 列：使用 MessageBox.Show() 方法顯示訊息方塊來顯示計算結果。

**Step 3** 雙擊標題為**日幣換台幣**的 button2 按鈕，可以建立 button2_Click() 事件處理程序來計算兌換金額。

### button2_Click()

```
01: private void button2_Click(object sender, EventArgs e)
02: {
03:     const double RATE = 0.22;
04:     double result, amount;
05:     string str = "可換成台幣 = ";
06:     amount = Convert.ToDouble(txtAmount.Text);
07:     // 計算兌換的新台幣
08:     result = amount * RATE;
09:     str += result;
10:     MessageBox.Show(str, "日幣兌換金額:" + amount,
11:         MessageBoxButtons.OK, MessageBoxIcon.Information);
12: }
```

### 程式說明

● 第 5~6 列：使用 Convert.ToDouble() 方法將文字方塊的資料型別轉換成浮點數的日幣金額。

● 第 8 列：計算兌換成的新台幣金額。

● 第 10~11 列：使用 MessageBox.Show() 方法顯示訊息方塊來顯示計算結果。

### 執行結果

**Step 4** 在儲存後，請執行「偵錯/開始偵錯」命令，或按 F5 鍵，可以看到執行結果的 Windows 應用程式視窗。

在輸入金額後，按**美金換台幣**鈕，可以看到「美金兌換金額」訊息方塊顯示計算結果美金兌換的新台幣金額。

按**確定**鈕返回應用程式，再按**日幣換台幣**鈕，可以顯示此金額的日幣兌換成的台幣金額。

# 學習評量

## 選擇題

( ) 1. 標籤控制項預設自動調整尺寸，如果需要更改尺寸，請問需要設定下列哪一個屬性？

   A. Text　　　　　B. AutoSize
   C. TextAlign　　　D. Name

( ) 2. 請問下列哪一個控制項是一種視窗應用程式的資料輸入控制項？

   A. 文字方塊　　B. 表單　　C. 標籤　　D. 按鈕

( ) 3. 在多行文字方塊控制項中，請問可以取得選取文字內容的屬性是哪一個？

   A. Text　　　　　　B. SelectedText
   C. SelectionStart　　D. SelectionLength

( ) 4. 請問下列哪一個控制項是視窗應用程式實際執行功能的控制項？

   A. 按鈕　　B. 表單　　C. 標籤　　D. 文字方塊

( ) 5. 請問下列哪一個方法可以取得文字方塊控制項的焦點？

   A. Show()　　　　　B. Display()
   C. OpenDialog()　　D. Focus()

## 簡答題

1. 請簡單說明什麼是物件、屬性、方法和事件？

2. 請使用圖例來說明 Windows 應用程式和表單物件之間的關係？

3. 請說明下列表單或控制項屬性的用途，如下所示：

```
Name、Text、Enable、ForeColor、BackColor、Font、TopMost、Size
```

4. 在 Visual C# 專案 Ch4_5_1 的表單擁有 lblOutput 標籤和 txtInput 文字方塊控制項，請問 _____ 控制項是資料輸入；_____ 控制項是輸出。

5. 請問 TextBox 文字方塊控制項可以建立哪三種資料輸入控制項？

## 實作題

1. 請建立 Visual C# 專案的 Windows 應用程式，在表單新增文字方塊控制項輸入變數 x 和 y 的值，然後計算下列運算式的值，如下所示：

```
x*x+2*x+1
```

```
(x+y)*(x+y) + 20
```

```
x*x*x+3*y+5
```

2. 請建立一個簡易的四則計算機，擁有計算整數相加、減、乘和除的四個按鈕，只需在文字方塊輸入 2 個運算元，按下按鈕，就可以在下方標籤控制項顯示計算結果。

3. 請修改專案 Ch4_6 的 Windows 應用程式，改為將台幣轉換成美金的匯率轉換程式，在文字方塊輸入金額後，按下按鈕，就可以在標籤控制項顯示轉換結果的金額。

4. 請修改第 3 章實作題 4，將它改為 Windows 應用程式，新增表單文字方塊來輸入本金、利率和借了多少年，可以計算本金加利息共需還多少錢。

5. 請修改專案 Ch4_5_1 的 BMI 計算機，改用訊息方塊來顯示計算結果的 BMI 值。

# 05

## 選擇控制項
## 與條件敘述

# 5-1 關係與邏輯運算子

C# 語言的條件運算式（Conditional Expressions）是一種複合運算式，其每一個運算元就是一個關係運算子（Relational Operators）建立的關係運算式。如果我們有多個關係運算式，就需要使用邏輯運算子（Logical Operators）來連接，如下所示：

```
a > b && a > 1
```

上述條件運算式是從左至右進行運算，首先執行 a > b 的運算，然後才是 a > 1，在流程控制敘述中最重要的部分就是條件判斷，因為條件決定條件敘述的執行方向或是否繼續執行迴圈結構。

## 關係運算子

關係運算子（Relational Operators）也稱為比較運算子，在各運算子之間並沒有優先順序的分別，通常都是使用在迴圈和條件判斷作為條件。C# 語言關係運算子的說明與範例，如下表所示：

| 運算子 | 說明 | 運算式範例 | 運算結果 |
|--------|------|-----------|---------|
| == | 等於 | 16 == 13 | False |
| != | 不等於 | 16 != 13 | True |
| < | 小於 | 16 < 13 | False |
| > | 大於 | 16 > 13 | True |
| <= | 小於等於 | 16 <= 13 | False |
| >= | 大於等於 | 16 >= 13 | True |

上表運算式範例是數值比較，16 和 13 是字面值的運算元，也可以使用變數，其運算結果是布林值 True 或 False（這是顯示的布林值；如果在 C# 程式碼指定變數或屬性的布林值請使用 true 和 false）。

## 邏輯運算子

如果迴圈和條件敘述的判斷條件不只一個，我們需要使用邏輯運算子（Logical Operators）連接多個關係運算式來建立複合條件。C# 語言邏輯運算子的說明與範例，如下表所示：

| 運算子 | 範例 | 說明 |
|--------|------|------|
| ! | ! op | NOT 運算，傳回運算元相反的值，True 成 False；False 成 True |
| && | op1 && op2 | AND 運算，連接的 2 個運算元都為 True，運算式為 True |
| ‖ | op1 ‖ op2 | OR 運算，連接的 2 個運算元，任一個為 True，運算式為 True |

邏輯運算子連接的運算元都是上一節的關係運算式。簡單的說，邏輯運算子可以連接關係運算式來建立更複雜的條件。例如：A 和 B 運算式，如下表所示：

| 運算元 | 關係運算式 | 運算結果 |
|--------|-----------|----------|
| A | 15 > 13 | True |
| B | 14 <= 12 | False |

上述表格有 2 個運算元，我們可以使用邏輯運算子將它們連接起來，如下表所示：

| 邏輯運算子 | 完整的運算式 | 運算結果 |
|-----------|-------------|----------|
| ! A | ! (15 > 13) | False |
| ! B | ! (14 <= 12) | True |
| A && B | 15 > 13 && 14 <= 12 | False |
| A ‖ B | 15 > 13 ‖ 14 <= 12 | True |

運算元為 True 或 False 的真值表，如下表所示：

| A | B | !A | !B | A && B | A \|\| B |
|---|---|---|---|---|---|
| True | True | False | False | True | True |
| True | False | False | True | False | True |
| False | True | True | False | False | True |
| False | False | True | True | False | False |

如果關係和邏輯運算式同時包含算術、關係和邏輯運算子，這些運算式的優先順序，如下所示：

```
算術運算子 > 關係運算子 > 邏輯運算子
```

簡單的說，如果有算術運算式，我們需要先運算後，才能和關係運算子進行比較，最後使用邏輯運算子連接起來，如下所示：

| 範例一 | 範例二 |
|---|---|
| 8 ＋ 5 > 10 % 3<br><br>= 13 > 1<br><br>= True | (( 9 % 4 ) > 2) && (8 >= 3)<br><br>= (1 > 2) && (8 >= 3)<br><br>= False && True<br><br>= False |

## Visual C# 專案：Ch5_1

因為計算 BMI 值的身高範圍是大於 50（公分）「且」身高小於等於 200（公分）才符合身高條件；否則不符合，如下所示：

```
身高 > 50 && 身高 <= 200
```

我們準備建立 Windows 應用程式輸入運算元的身高和範圍值後，按下按鈕，可以顯示上述邏輯運算式的運算結果，其建立步驟如下所示：

**Step 1** 請開啟「程式範例\Ch05\Ch5_1」資料夾的 Visual C# 專案，並且開啟表單 Form1（檔案名稱為 Form1.cs），如下圖所示：

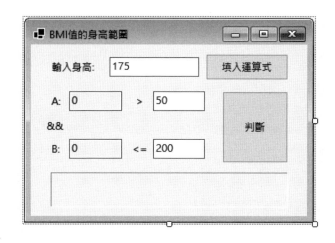

上述表單上方是 txtHeight 文字方塊控制項來輸入身高，按下按鈕，可以填入下方 A && B 運算式，依序是名為 txtX1（唯讀）、txtY1、txtX2（唯讀）和 txtY2 的文字方塊控制項，和 button1 按鈕控制項，下方 lblOutput 標籤控制項輸出執行結果。

**Step 2** 雙擊標題為**填入運算式**的 button1 按鈕，可以建立 button1_Click() 事件處理程序。

**button1_Click()**

```
01: private void button1_Click(object sender, EventArgs e)
02: {
03:     txtX1.Text = txtHeight.Text;
04:     txtX2.Text = txtHeight.Text;
05: }
```

**程式說明**

● 第 3~4 列：將身高輸入到下方唯讀的 txtX1 和 txtX2 文字方塊控制項。

**Step 3**　雙擊標題為**判斷**的 button2 按鈕，可以建立 button2_Click() 事件處理程序。

**button2_Click()**

```
01: private void button2_Click(object sender, EventArgs e)
02: {
03:     int x1, y1, x2, y2;
04:     x1 = Convert.ToInt32(txtX1.Text);
05:     y1 = Convert.ToInt32(txtY1.Text);
06:     x2 = Convert.ToInt32(txtX2.Text);
07:     y2 = Convert.ToInt32(txtY2.Text);
08:     string str = "A &&&& B: " + (x1 > y1 && x2 <= y2) + "\n";
09:     lblOutput.Text = str;
10: }
```

**程式説明**

● 第 4~7 列：使用 Convert.ToInt32() 方法，將文字方塊的資料型別轉換成整數。

● 第 8 列：使用字串儲存邏輯運算子的運算結果，為了能夠正確的顯示「&&」運算子，字串共使用 4 個連續的「&」符號，最後的 "\n" 是換行，可以讓我們在標籤控制項顯示多行的輸出結果。

**執行結果**

**Step 4**　在儲存後，請執行「偵錯/開始偵錯」命令，或按 F5 鍵，可以看到執行結果的 Windows 應用程式視窗。

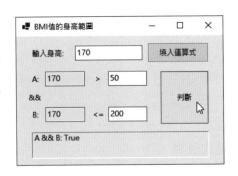

在輸入身高後，請按**填入運算式**鈕，可以看到身高值填入下方邏輯運算式（我們可以自行更改條件範圍），再按**判斷**鈕，可以下方顯示邏輯運算式的執行結果。

## 5-2 簡單條件敘述

　　C# 語言的簡單條件敘述分為單選題和二選一兩種，這是一種是否執行和二擇一的條件敘述。

### 5-2-1 if 單選條件敘述

　　在日常生活中，單選的情況十分常見，我們常會依據氣溫的高低，判斷是否需要加件衣服和戴口罩；如果下雨是否需要拿把雨傘。

　　C# 語言的 if 條件敘述是一種是否執行的單選題，只是決定是否執行程式區塊內的程式碼，如果條件運算式的結果為 True，就執行之後的程式區塊，其基本語法如下所示：

```
if ( 條件運算式 )
{
    程式敘述;
}
```

　　上述「條件運算式」就是第 5-1 節的關係與邏輯運算式。例如：當輸入溫度小於 20 度時，就顯示需加件外套的訊息文字，如下所示：

```
if ( temp < 20 )
{
    lblOutput.Text += "需加件外套\n";
}
```

　　上述 if 條件如果是 True 就執行區塊的程式碼，並輸出需加件外套的訊息文字，若為 False 則不執行程式區塊的程式碼（fChart 流程圖：Ch5_2_1.fpp），如下圖所示：

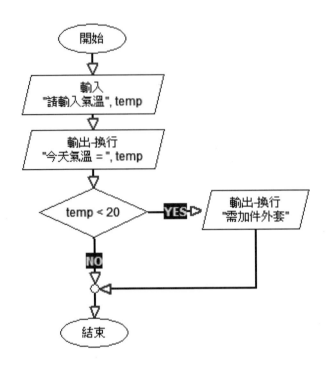

　　上述流程圖的判斷條件是 temp < 20，成立 Yes 就會顯示訊息文字；No 就直接結束執行。請注意！如果 if 條件運算式為 True 時，只會執行一列程式碼，我們可以省略前後的大括號，如下所示：

```
if ( temp < 20 )
    lblOutput.Text += "需加件外套\n";
```

## Visual C# 專案：Ch5_2_1

　　我們準備建立感冒預防器的 Windows 應用程式，在文字方塊輸入今天氣溫後，按**判斷**鈕除了顯示輸入溫度外，如果小於 20 度，就會多顯示加件外套（避免感冒），其建立步驟如下所示：

**Step 1**　請開啟「程式範例\Ch05\Ch5_2_1」資料夾的 Visual C# 專案，並且開啟表單 Form1（檔案名稱為 Form1.cs），如下圖所示：

　　上述表單擁有名為 txtTemp 的文字方塊來輸入整數的溫度，在下方 lblOutput 標籤輸出結果，button1 按鈕控制項可以執行成績判斷。

**Step 2** 雙擊標題為**判斷**的 button1 按鈕，可以建立 button1_Click() 事件處理程序。

**button1_Click()**

```
01: private void button1_Click(object sender, EventArgs e)
02: {
03:     int temp;
04:     temp = Convert.ToInt32(txtTemp.Text);
05:     lblOutput.Text = "今天氣溫: " + temp + "\n";
06:     if (temp < 20)
07:     {
08:         lblOutput.Text += "需加件外套\n";
09:     }
10: }
```

**程式說明**

● 第 6~9 列：if 條件判斷輸入值是否小於 20，如果條件成立，在第 8 列顯示額外的訊息文字。

**執行結果**

**Step 3** 在儲存後，請執行「偵錯/開始偵錯」命令，或按 `F5` 鍵，可以看到執行結果的 Windows 應用程式視窗。

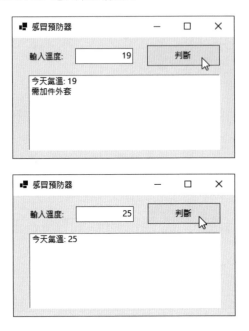

在輸入溫度後按**判斷**鈕，如果值大於等於 20，就顯示輸入的溫度，如果值小於 20，就多顯示 "需加件外套" 訊息文字。

更進一步，我們可以活用邏輯運算子，當氣溫在 20~22 度之間時，顯示「加一件簿外套!」訊息文字，如下所示：

```
if ( temp >= 20 && temp <=22 )
{
    lblOutput.Text += "加一件簿外套!";
}
```

上述 if 條件使用 && 邏輯運算子連接 2 個條件，輸入氣溫需要在 20~22 度之間，條件才會成立（Visual C# 專案：Ch5_2_1a；fChart 流程圖 Ch5_2_1a.fpp），如下圖所示：

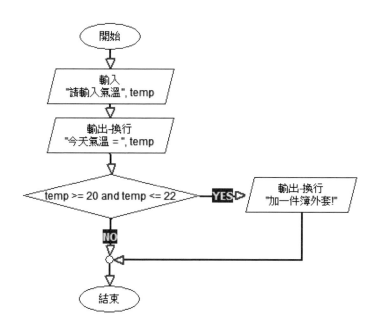

## 5-2-2 if/else 二選一條件敘述

日常生活的二選一條件敘述是一種二分法，可以將一個集合分成二種互斥的群組；超過 60 分屬於成績及格群組；反之為不及格群組，身高超過 120 公分是購買全票的群組；反之是購買半票的群組。

在第 5-2-1 節的 if 條件敘述是選擇執行或不執行程式區塊的單選題。如果條件是擁有排它情況的 2 種情況，只能二選一，我們可以加上 else 關鍵字。如果 if 條件為 True，就執行 else 之前的程式區塊；False 則執行 else 之後的程式區塊，其基本語法如下所示：

```
if ( 條件運算式 )
{
    程式敘述 1;
}
else
{
    程式敘述 2;
}
```

例如：使用 if/else 二選一條件敘述，以成績是否超過 60 分來判斷是否及格，及格顯示藍色字；不及格顯示紅色字，如下所示：

```
if ( score >= 60 )
{
    lblOutput.ForeColor = Color.Blue;
    lblOutput.Text = "成績及格!";
}
else
{
    lblOutput.ForeColor = Color.Red;
    lblOutput.Text = "成績不及格!";
}
```

上述程式碼因為成績有排它性，不是超過 60 分，就是不到 60 分，所以可以依據排它條件來顯示不同的文字內容（fChart 流程圖 Ch5_2_2.fpp），如下圖所示：

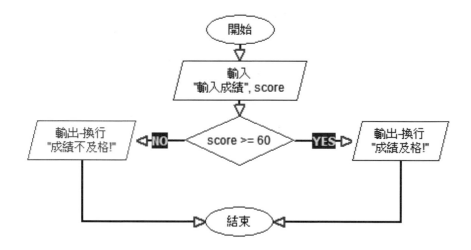

## Visual C# 專案：Ch5_2_2

我們準備建立成績判斷的 Windows 應用程式，只需輸入學生成績，按**判斷**鈕，可以顯示成績是否及格，及格是藍色字；不及格是紅色字，其建立步驟如下所示：

**Step 1** 請開啟「程式範例\Ch05\Ch5_2_2」資料夾的 Visual C# 專案，並且開啟表單 Form1（檔案名稱為 Form1.cs），如下圖所示：

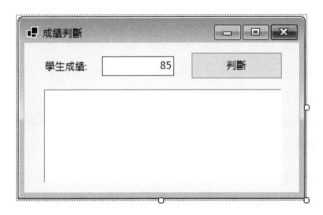

上述表單擁有名為 txtScore 文字方塊輸入成績，使用 lblOutput 標籤輸出結果，button1 按鈕控制項可以執行輸出。

**Step 2** 雙擊標題為**判斷**的 button1 按鈕，可以建立 button1_Click() 事件處理程序。

### button1_Click()

```
01: private void button1_Click(object sender, EventArgs e)
02: {
03:     int score;
04:     score = Convert.ToInt32(txtScore.Text);
05:     if (score >= 60)
06:     {
07:         lblOutput.ForeColor = Color.Blue;
08:         lblOutput.Text = "成績及格!";
09:     }
10:     else
```

NEXT

```
11:     {
12:          lblOutput.ForeColor = Color.Red;
13:          lblOutput.Text = "成績不及格!";
14:     }
15: }
```

## 程式說明

● 第 4 列：取得輸入的成績值。

● 第 5~14 列：if/else 條件判斷成績，使用不同色彩顯示成績及格或不及格。

## 執行結果

**Step 3**　在儲存後，請執行「偵錯/開始偵錯」命令，或按 F5 鍵，可以看到執行結果的 Windows 應用程式視窗。

　　在文字方塊輸入成績，按**判斷**鈕，可以顯示成績是否及格。請比較第 5-2-1 節和 5-2-2 節的範例，讀者可以看出 if/else 條件敘述是一種二選一條件，一個 if/else 條件可以使用 2 個互補的 if 條件來取代，如下所示：

```
if ( score >= 60 )
{
    lblOutput.ForeColor = Color.Blue;
    lblOutput.Text = "成績及格!";
}
if ( score < 60 )
{
```

NEXT

```
    lblOutput.ForeColor = Color.Red;
    lblOutput.Text = "成績不及格!";
}
```

上述 2 個 if 條件敘述的條件運算式是互補條件，所以 2 個 if 條件的判斷功能和本節 if/else 完全相同。

## 5-2-3　條件運算子「?:」

C# 語言的條件運算子「?:」可以在指定敘述以條件來指定變數值，其基本語法如下所示：

```
變數 = (條件運算式) ? 變數 1 : 變數 2;
```

上述指定敘述的「=」號右邊是 C# 語言的條件運算子，如同 if/else 條件，使用「?」符號代替 if；「:」符號代替 else，若條件成立，傳回值是變數 1，也就是將變數值指定成變數 1；否則傳回變數 2，將變數值指定成變數 2。

例如：12 小時與 24 小時制的時間轉換條件運算式，如下所示：

```
hour = (hour >= 12) ? hour-12 : hour;
```

上述指定敘述的「=」號右邊是條件運算式，如果條件為 True，hour 變數值為 hour - 12；False 就是 hour。

### Visual C# 專案：Ch5_2_3

我們準備建立 24 小時制轉換成 12 小時制的 Windows 應用程式，只需輸入小時，如果是 24 小時制，就會轉換成 12 小時制，建立步驟如下所示：

**Step 1**　請開啟「程式範例\Ch05\Ch5_2_3」資料夾的 Visual C# 專案，並且開啟表單 Form1（檔案名稱為 Form1.cs），如下圖所示：

上述表單擁有名為 txtHour 文字方塊可以輸入 24 小時制的時數，
lblOutput 輸出結果，button1 按鈕控制項執行轉換。

**Step 2** 雙擊標題為**轉換**的 button1 按鈕，可以建立 button1_Click() 事件處
理程序。

### button1_Click()

```
01: private void button1_Click(object sender, EventArgs e)
02: {
03:     int hour;
04:     hour = Convert.ToInt32(txtHour.Text);
05:     if (hour > 0 && hour <= 24)
06:     {
07:         hour = (hour >= 12) ? hour - 12 : hour;
08:         lblOutput.Text = hour.ToString();
09:     }
10:     else
11:         MessageBox.Show("輸入的小時超過範圍", "錯誤!");
12: }
```

### 程式說明

● 第 5~11 列：if/else 條件判斷輸入小時是否超過範圍，如果超過，在第 11
列顯示訊息方塊的錯誤訊息。第 7 列使用條件運算子將 24 小時制轉換成
12 小時制。

**執行結果**

**Step 3** 在儲存後,請執行「偵錯/開始偵錯」命令,或按 `F5` 鍵,可以看到執行結果的 Windows 應用程式視窗。

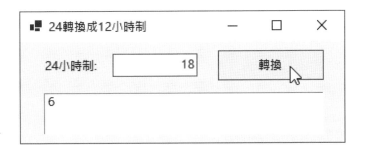

　　在文字方塊輸入小時數,按**轉換**鈕可以在下方看到輸出結果,如果小時數超過範圍就會顯示錯誤訊息視窗。

# 5-3 選擇控制項

　　在 C# 語言建立的 Windows 應用程式可以使用多種選擇控制項來配合條件敘述,以便建立選擇功能的使用介面,如下所示:

● **核取方塊**:這是一個開關,可以建立複選功能的使用介面。

● **選項按鈕**:在一組選項按鈕中選取一個選項,這是一種單選題。

● **群組方塊**:群組方塊不是選擇控制項,其目的是用來群組編排表單的控制項,如果有多組選項按鈕,就需要使用群組方塊來分組。

## 5-3-1 核取方塊控制項

　　**核取方塊**是一個開關,可以讓使用者選擇是否開啟功能或設定某些參數。當表單同時擁有多個核取方塊控制項時,因為每一個控制項都是獨立選項,換句話說,核取方塊是一種複選的控制項,如右圖所示:

☑ 去冰 $0

☑ 加糖 $5

☑ 加珍珠 $10

上述圖例的核取方塊有 2 個狀態，一種是**核取**；另一種是**未核取**，如果是核取的核取方塊，小方塊會顯示勾號。當使用者勾選核取方塊後，在 C# 程式可以使用 if 條件檢查核取方塊的 Checked 屬性，以判斷使用者是否勾選此核取方塊，如下所示：

```
if ( chkSugar.Checked )
{
    sales += 5 * quantity;
}
```

## 核取方塊控制項的常用屬性

| 屬性 | 說明 |
|------|------|
| Appearance | 核取方塊的外觀，可以是 Normal 正常或 Button 按鈕外觀 |
| Checked | 是否已經核取，預設 False 為沒有核取；True 為核取 |
| ThreeState | 是否啟用第三種狀態 (Indeterminate)，預設為 False 不啟用；True 為啟用 |
| CheckedState | 核取方塊目前的狀態共有三種狀態：Checked 是核取、Indeterminate 是忽略的灰色勾號和 Unchecked 沒有核取 |
| CheckAlign | 指定核取方塊的對齊方式，共有井字形的 9 個位置可供選擇 |

## Visual C# 專案：Ch5_3_1

我們準備建立手搖飲珍珠奶茶點餐單的 Windows 應用程式，使用核取方塊選擇飲料是否去冰、加糖和加珍珠，在選擇和輸入數量後計算購買珍珠奶茶的總價，其建立步驟如下所示：

**Step 1** 請開啟「程式範例\Ch05\Ch5_3_1」資料夾的 Visual C# 專案，可以看到表單 Form1（檔案名稱為 Form1.cs），如右圖所示：

上述表單已經新增 2 個核取方塊（chkSugar 和 chkPearl），在右上方是名為 txtQuantity 的文字方塊控制項，下方是名為 lblOutput 標籤輸出結果，button1 按鈕控制項來結帳。

**Step 2** 在「工具箱」視窗選 **CheckBox** 控制項，然後在表單設計視窗指定位置，點選一下插入核取方塊控制項 checkBox1。

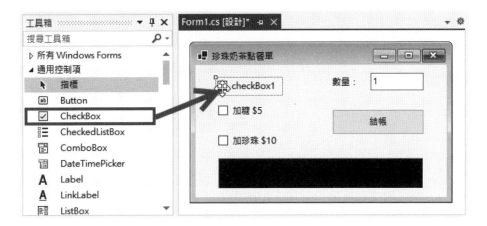

**Step 3** 在「屬性」視窗找到 **Text** 屬性輸入**去冰 $0**，(**Name**)屬性改為 **chkIce**。

**Step 4** 雙擊標題為**結帳**的 button1 按鈕，可以建立 button1_Click() 事件處理程序。

**button1_Click()**

```
01: private void button1_Click(object sender, EventArgs e)
02: {
03:     int sales = 0;
04:     int quantity;
05:     quantity = Convert.ToInt32(txtQuantity.Text);
06:     sales += 30 * quantity;
07:     if (chkIce.Checked)
08:     {
09:         sales += 0 * quantity;
10:     }
11:     if (chkSugar.Checked)
```
NEXT

```
12:    {
13:        sales += 5 * quantity;
14:    }
15:    if (chkPearl.Checked)
16:    {
17:        sales += 10 * quantity;
18:    }
19:    lblOutput.Text = "NT$ " + sales;
20: }
```

## 程式說明

● 第 5~6 列：在取得 TextBox 控制項輸入的數量後，計算奶茶的基本金額，
  每杯 30 元。

● 第 7~18 列：使用 3 個 if 條件檢查 Checked 屬性，來判斷是否核取此核
  取方塊，如果有核取，就加上加價乘以數量的總價。

● 第 19 列：在標籤控制項顯示總價的金額。

## 執行結果

**Step 5**　在儲存後，請執行「偵錯/開始偵錯」命令，或按　F5　鍵，可以看到執
　　　　　　行結果的 Windows 應用程式視窗。

請勾選核取方塊和輸入數量後，按**結帳**鈕，可以在下方顯示所需的總價。

## 5-3-2　選項按鈕控制項

**選項按鈕**是二選一或多選一的選擇題,使用者只可以在一組選項按鈕中選取一個選項,這是一種單選題,如下圖所示:

○ 三分熟　　○ 五分熟　　◉ 七分熟　　○ 全熟

上圖選項按鈕的各選項是互斥的,只能選取其中一個選項。如果選取,在小圓圈中會顯示實心圓,沒有選取是空心。當使用者選取選項按鈕後,C# 程式一樣是檢查 Checked 屬性,可以判斷是否已選取該選項按鈕,如下所示:

```
if ( rdbRare.Checked )
{
    lblOutput.Text = "三分熟";
}
```

### 選項按鈕控制項的常用屬性

| 屬性 | 說明 |
|------|------|
| Appearance | 選項按鈕的外觀,可以是 Normal 正常或 Button 按鈕外觀 |
| Checked | 是否已經選取,預設 False 為沒有選取;True 為選取 |
| CheckAlign | 指定選項按鈕的對齊方式,共有井字形的 9 個位置可供選擇 |

### Visual C# 專案:Ch5_3_2

我們準備建立選擇牛排要幾分熟的 Windows 應用程式,這是使用選項按鈕來進行選擇,再用 Label 控制項顯示使用者的選擇,其建立步驟如下所示:

**Step 1** 請開啟「程式範例\Ch05\Ch5_3_2」資料夾的 Visual C# 專案,可以看到表單 Form1(檔案名稱為 Form1.cs),如下圖所示:

　　上述表單上方有 3 個選項按鈕控制項,從左到右依序為 rdbMedium、rdbMedWell 和 rdbWellDone,button1 按鈕控制項執行選擇,可以在 lblOutput 標籤控制項顯示選擇。

**Step 2**　在「工具箱」視窗選 **RadioButton** 控制項,然後在表單設計視窗指定位置,點選一下來插入控制項 radioButton1。

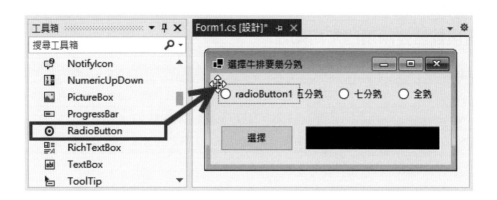

**Step 3**　在「屬性」視窗找到 **Text** 屬性輸入**三分熟**,**(Name)**屬性改為 **rdbRare**。

**Step 4**　雙擊標題為**選擇**的 button1 按鈕,可以建立 button1_Click() 事件處理程序。

## button1_Click()

```
01: private void button1_Click(object sender, EventArgs e)
02: {
03:     if (rdbRare.Checked)
04:     {
05:         lblOutput.Text = "三分熟";
06:     }
07:     if (rdbMedium.Checked)
08:     {
09:         lblOutput.Text = "五分熟";
10:     }
11:     if (rdbMedWell.Checked)
12:     {
13:         lblOutput.Text = "七分熟";
14:     }
15:     if (rdbWellDone.Checked)
16:     {
17:         lblOutput.Text = "全熟";
18:     }
19: }
```

### 程式説明

● 第 3~18 列：使用 4 個 if 條件檢查 Checked 屬性來判斷是否選取，如果
選取，就在標籤控制項顯示選擇幾分熟的牛排。

### 執行結果

Step 5　在儲存後，請執行「偵錯/
開始偵錯」命令，或按 F5
鍵，可以看到執行結果的
Windows 應用程式視窗。

選取選項按鈕後，按**選擇**鈕可以顯示需要幾分熟的牛排。

## 5-3-3 群組方塊控制項

「群組方塊」（GroupBox）是一種容器控制項，我們可以在此控制項中新增其他控制項來編排屬於同一群組的控制項。在功能上除了美化編排外，還可以組織表單眾多不同種類的控制項，如右圖所示：

上述群組方塊的方框左上方是標題名稱，在其中可以新增其他控制項。例如：使用群組方塊在同一表單建立多組不同的選項按鈕。

## 群組方塊控制項的常用屬性

| 屬性 | 說明 |
|------|------|
| Text | 群組標題名稱，這是位在方框左上角的名稱，如果沒有指定此屬性（設為空白的空字串），就只顯示方框 |

## Visual C# 專案：Ch5_3_3

我們準備建立早餐店點餐單的 Windows 應用程式，只需點選主餐、薯條和飲料，就可以計算早餐的消費金額，其建立步驟如下所示：

**Step 1** 請開啟「程式範例\Ch05\Ch5_3_3」資料夾的 Visual C# 專案，可以看到表單 Form1（檔案名稱為 Form1.cs），已經新增 2 個群組方塊，如右圖所示：

在「主餐」群組方塊有指定 Text 屬性值，包含由上而下的 4 個核取方塊控制項，如下表所示：

| (Name) 屬性值 | Text 屬性值 | Checked 屬性值 |
|---|---|---|
| chkBurger | 漢堡 $35 | True |
| chkSandwich | 三明治 $30 | False |
| chkBurgerWithEgg | 漢堡加蛋 $40 | False |
| chkEggCake | 蛋餅 $25 | False |

在「薯條」群組方塊沒有指定 Text 屬性值，在標題名稱的位置是一個核取方塊，包含從左到右的 2 個選項按鈕，如下表所示：

| 種類 | (Name) 屬性值 | Text 屬性值 | Checked 屬性值 |
|---|---|---|---|
| 核取方塊 | chkFries | 薯條 | False |
| 選項按鈕 | rdbSmall | 小薯 $25 | True |
| 選項按鈕 | rdbLarge | 大薯 $35 | False |

「飲料」部分尚未建立群組，其上方是一個核取方塊；下方由上而下是 3 個選項按鈕，如下表所示：

| 種類 | (Name) 屬性值 | Text 屬性值 | Checked 屬性值 |
|---|---|---|---|
| 核取方塊 | chkDrink | 飲料 $20 | False |
| 選項按鈕 | rdbMilkTea | 奶茶 ＋$5 | True |
| 選項按鈕 | rdbCoffee | 咖啡 ＋$10 | False |
| 選項按鈕 | rdbBlackTea | 紅茶 | False |

在最下方 lblOutput 標籤輸出點餐總金額，button1 按鈕控制項執行點餐金額的計算。

**Step 2** 在「工具箱」視窗的**容器**區段選 **GroupBox** 控制項，然後在表單設計視窗插入位置，點選一下即可調整控制項的尺寸，如下圖所示：

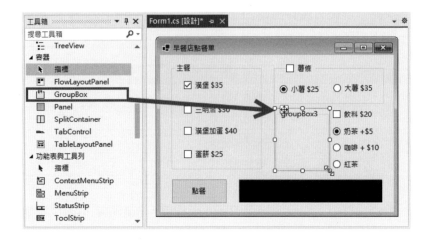

**Step 3** 在「屬性」視窗清除 **Text** 屬性值,如此左上角就不會顯示群組的標題名稱。

**Step 4** 將原來屬於「飲料」部分的選項按鈕都拖拉至群組方塊中,核取方塊移至左上方的標題位置,在調整控制項的尺寸和位置後,就可以建立「飲料」群組方塊,如右圖所示:

**Step 5** 雙擊標題為**點餐**的 button1 按鈕,可以建立 button1_Click() 事件處理程序。

**button1_Click()**

```
01: private void button1_Click(object sender, EventArgs e)
02: {
03:     int totalAmount = 0;
04:     int friesPrice;
05:     // 大薯/小薯
06:     if (rdbSmall.Checked)
07:         friesPrice = 25;
08:     else
09:         friesPrice = 35;
10:     // 計算總額                                    NEXT
```

```
11:     if (chkBurger.Checked) totalAmount += 35;
12:     if (chkSandwich.Checked) totalAmount += 30;
13:     if (chkBurgerWithEgg.Checked) totalAmount += 40;
14:     if (chkEggCake.Checked) totalAmount += 25;
15:     if (chkFries.Checked) totalAmount += friesPrice;
16:     if (chkDrink.Checked)
17:     {
18:         totalAmount += 20;
19:         // 是否是奶茶
20:         if (rdbMilkTea.Checked) totalAmount += 5;
21:         // 是否是咖啡
22:         if (rdbCoffee.Checked) totalAmount += 10;
23:     }
24:     lblOutput.Text = "NT $ " + totalAmount;
25: }
```

## 程式說明

● 第 6~9 列：if/else 條件檢查選擇小薯或大薯，以便取得薯條的價格。

● 第 11~15 列：使用 if 條件依序檢查核取方塊勾選的餐點，並且累加金額，第 15 列是薯條，如果勾選，就加上前面取得的薯條價格。

● 第 16~23 列：使用巢狀 if 條件來累加飲料價格，除了基本價格 20 元外，在第 20 列的 if 條件檢查是否勾選奶茶，如果是，就加 5 元，也就是說勾選奶茶需額外加 5 元，第 21 列的 if 條件檢查是否選咖啡，如果是，就加 10 元。

> ■ **說 明**
>
> 巢狀 if 條件就是在 if 條件敘述中擁有其他 if 條件，以此例的 if 條件中有 2 個內層 if 條件，在執行時，只有符合外層 if 條件後，才會檢查內層 if 條件，在第 5-4 節有進一步的說明。

**執行結果**

**Step 6**  在儲存後，請執行「偵錯/開始偵錯」命令，或按 `F5` 鍵，可以看到執行結果的 Windows 應用程式視窗。

　　點選餐點後，按**點餐**鈕，即可顯示點餐的總金額。

# 5-4  巢狀條件敘述

　　在 if 條件敘述之中如果擁有其他 if 條件敘述，此種程式結構稱為「巢狀條件敘述」，如下所示：

```
if (guess == target)
    lblOutput.Text = "猜中數字!";
else
{
    if (guess > target)
        lblOutput.Text = "數字太大!";
    else
        lblOutput.Text = "數字太小!";
}
```

　　上述 if/else 條件敘述的第 2 個程式區塊擁有另一個 if/else 條件敘述
（fChart 流程圖：Ch5_4.fpp），如下圖所示：

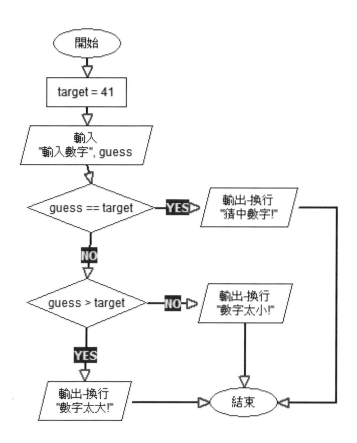

## Visual C# 專案：Ch5_4

　　請建立猜數字遊戲的 Windows 應用程式，輸入猜測數字後，使用巢狀條
件敘述來判斷此數字是太大、太小或猜中數字，其建立步驟如下所示：

**Step 1**　請開啟「程式範例\Ch05\Ch5_4」資料夾的 Visual C# 專案，可以看
　　　　　到表單 Form1（檔案名稱為 Form1.cs），如下圖所示：

　　上述表單擁有名為 txtGuess 文字方塊來輸入猜測數字,之後 lblTimes 標籤控制項顯示猜測次數,下方 lblOutput 標籤控制項輸出判斷結果,button1 按鈕控制項執行猜測數字的判斷。

**Step 2** 雙擊標題為**猜測**的 button1 按鈕,可以建立 button1_Click() 事件處理程序。

**button1_Click()**

```
01: private void button1_Click(object sender, EventArgs e)
02: {
03:     int target = 41;
04:     int guess, times;
05:     guess = Convert.ToInt32(txtGuess.Text);
06:     if (guess == target)
07:         lblOutput.Text = "猜中數字!";
08:     else
09:     {
10:         if (guess > target)
11:             lblOutput.Text = "數字太大!";
12:         else
13:             lblOutput.Text = "數字太小!";
14:     }
15:     times = Convert.ToInt32(lblTimes.Text) + 1;
16:     lblTimes.Text = times.ToString();
17: }
```

**程式說明**

● 第 3~4 列：宣告變數 guess、times 和指定猜測數字 target 的變數值。

● 第 5 列：取得使用者輸入的猜測數字。

● 第 6~14 列：第一層的 if/else 條件判斷是否猜中數字。

● 第 10~13 列：第二層 if/else 條件判斷數字是太大或太小。

● 第 15~16 列：顯示猜測次數，即將 lblTimes 標籤控制項顯示的值加一。

**執行結果**

**Step 3** 在儲存後，請執行「偵錯/開始偵錯」命令，或按 F5 鍵，可以看到執行結果的 Windows 應用程式視窗。

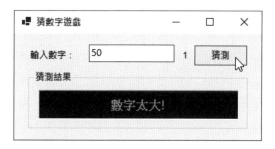

　　請輸入猜測的數字後，按下**猜測**鈕，可以在下方標籤顯示結果是猜中、太大或太小，請重複操作可以看到按鈕前的次數增加，這就是一個簡單的猜數字遊戲。

# 5-5 多選一條件敘述

回家的方式通常都有多種選擇，不會是二選一，因為條件有多種，我們需要使用多選一條件敘述。在 C# 語言的多條件敘述有兩種寫法：一是擴充傳統 if/else 條件；另一種是 switch 多選一條件敘述。

## 5-5-1 if/else/if 多選一條件敘述

基本上，if/else/if 多選一條件敘述就是 if/else 條件的擴充，只是重複使用 if/else 條件來建立多選一條件敘述。例如：四則運算的 if/else/if 條件敘述，如下所示：

```
if ( op == 1 )
    result = opd1 + opd2;    // 加
else if ( op == 2 )
    result = opd1 - opd2;    // 減
else if ( op == 3 )
    result = opd1 * opd2;    // 乘
else if ( op == 4 )
    result = opd1 / opd2;    // 除
else
    MessageBox.Show("錯誤: 沒有選擇運算子!", "錯誤!");
```

上述程式碼依照選項按鈕選擇四則運算子，可以計算變數 opd1 和 opd2 的值。首先判斷是否為加法，如果是，計算結果，若不是，則往下判斷是不是減法，然後繼續判斷，直到都沒有符合條件，就顯示錯誤訊息視窗（fChart 流程圖：Ch5_5_1.fpp），如下圖所示：

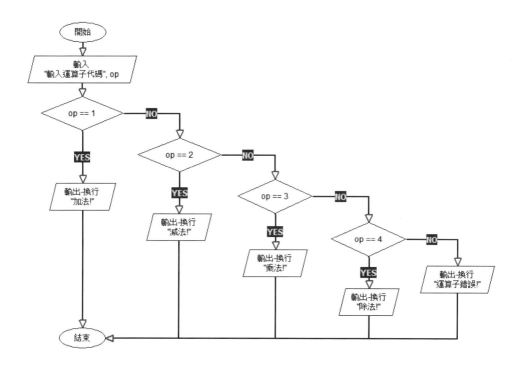

## Visual C# 專案：Ch5_5_1

　　請建立四則計算機的 Windows 應用程式，在輸入 2 個運算元後，在選項按鈕選擇運算子，即可在標籤控制項顯示計算結果，其建立步驟如下所示：

**Step 1** 請 開 啟「 程 式 範 例 \
Ch05\Ch5_5_1」資料
夾的 Visual C# 專案，
並且開啟表單 Form1
（檔案名稱為 Form1.
cs），如右圖所示：

上述表單的第一列和第三列分別是 txtOpd1 和 txtOpd2 文字方塊，用來輸入 2 個運算元，中間使用水平 4 個選項按鈕控制項選擇運算子（由左至右依序是 rdbAdd、rdbSubtract、rdbMulitply 和 rdbDivide），button1 按鈕控制項執行四則計算，在下方 lblOutput 標籤控制項顯示計算結果。

**Step 2** 雙擊標題為**計算**的 button1 按鈕，可以建立 button1_Click() 事件處理程序。

**button1_Click()**

```
01: private void button1_Click(object sender, EventArgs e)
02: {
03:     int opd1, opd2, op = 1;
04:     double result = 0.0;
05:     opd1 = Convert.ToInt32(txtOpd1.Text);
06:     opd2 = Convert.ToInt32(txtOpd2.Text);
07:     // 取得運算子
08:     if (rdbAdd.Checked) op = 1;
09:     if (rdbSubtract.Checked) op = 2;
10:     if (rdbMultiply.Checked) op = 3;
11:     if (rdbDivide.Checked) op = 4;
12:     if (op == 1)
13:         result = opd1 + opd2;    // 加
14:     else if (op == 2)
15:         result = opd1 - opd2;    // 減
16:     else if (op == 3)
17:         result = opd1 * opd2;    // 乘
18:     else if (op == 4)
19:         result = opd1 / opd2;    // 除
20:     else
21:         MessageBox.Show("錯誤: 沒有選擇運算子!", "錯誤!");
22:     lblOutput.Text = result.ToString();
23: }
```

**程式說明**

● 第 5~6 列：取得 2 個文字方塊控制項的運算元。

● 第 8~11 列：取得使用者選擇的運算子種類。

● 第 12~21 列：使用 if/else if 多條件敘述來計算四則運算式的值。

● 第 22 列：在標籤控制項顯示計算結果。

**執行結果**

**Step 3** 在儲存後，請執行「偵錯/開始偵錯」命令，或按 F5 鍵，可以看到執行結果的 Windows 應用程式視窗。

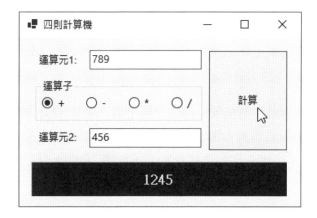

　　在文字方塊輸入 2 個運算元且選擇運算子後，**按計算鈕**，可以在下方顯示計算結果。

## 5-5-2　switch 多選一條件敘述

　　當 if/else/if 多選一條件敘述有 4、5 個或更多條件時，if/else/if 條件會太複雜且很難閱讀，如果多條件都是「==」等於條件，我們可以改用 C# 語言的 switch 多選一條件敘述來簡化 if/else/if 多選一條件敘述。

　　C# 語言的 switch 多條件敘述比較簡潔，可以依照符合條件來執行不同程式區塊的程式碼，其基本語法如下所示：

```
switch (運算式)
{
    case 值 1:
        程式區塊 1;
        break;
    case 值 2:
        程式區塊 2;
        break;
    ......
    default
        程式區塊 N;
        break;
}
```

上述 switch 條件只擁有一個運算式，每一個 case 條件的比較相當於是「==」運算子，如果符合，就執行 break 關鍵字前的程式碼，每一個條件都需要使用 break 關鍵字跳出條件敘述。

最後 default 關鍵字是例外條件，可有可無，如果 case 條件都沒有符合，就是執行 default 程式區塊。例如：我們準備票選常用的程式語言，依序是 C#、C、C++ 語言，其代碼分別是 1、2、3，使用 switch 條件敘述來判斷是票選哪一種程式語言，如下所示：

```
switch (lang) {
    case 1:
        lblCS.Text = (Convert.ToInt16(lblCS.Text)+1).ToString();
        str = "C#語言一票";
        break;
    case 2:
        lblC.Text = (Convert.ToInt16(lblC.Text)+1).ToString();
        str = "C語言一票";
        break;
    case 3:
        lblCP.Text = (Convert.ToInt16(lblCP.Text)+1).ToString();
        str = "C++語言一票";
        break;
```

NEXT

```
    default:
        lblOT.Text = (Convert.ToInt16(lblOT.Text)+1).ToString();
        str = "其他語言一票";
        break;
}
```

上述程式碼比較程式語言代碼 1、2 和 3，default 是其他語言，可以增加指定程式語言的票數（fChart 流程圖：Ch5_5_2.fpp），如下圖所示：

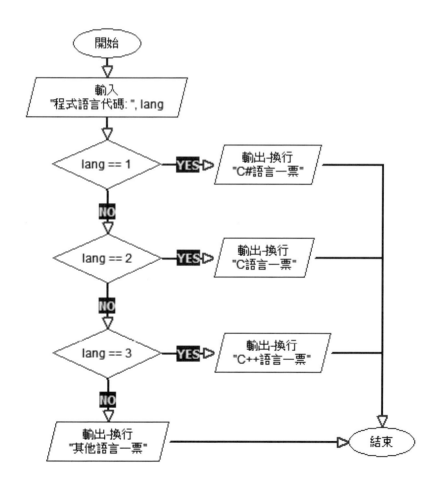

## Visual C# 專案：Ch5_5_2

請建立常用程式語言票選的 Windows 應用程式，程式是使用 switch 條件敘述判斷使用者投了哪一種程式語言一票，其建立步驟如下所示：

**Step 1** 請開啟「程式範例\Ch05\Ch5_5_2」資料夾的 Visual C# 專案，並且開啟表單 Form1（檔案名稱為 Form1.cs），如右圖所示：

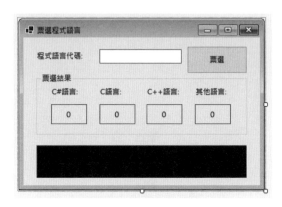

上述表單上方是 txtLang 文字方塊輸入程式語言代碼，下方群組方塊水平排列 4 個標籤控制項來顯示票數（從左至右依序是 lblCS、lblC、lblCP、lblOT），在下方 lblOutput 標籤控制項顯示投了哪一種程式語言一票，button1 按鈕控制項執行投票。

**Step 2** 雙擊標題為**票選**的 button1 按鈕，可以建立 button1_Click() 事件處理程序。

### button1_Click()

```
01: private void button1_Click(object sender, EventArgs e)
02: {
03:     int lang;
04:     string str;
05:     lang = Convert.ToInt16(txtLang.Text);
06:     switch (lang)
07:     {
08:         case 1:
09:             lblCS.Text=(Convert.ToInt16(lblCS.Text)+1).ToString();
10:             str = "C#語言一票";
11:             break;
```

NEXT

```
12:        case 2:
13:            lblC.Text=(Convert.ToInt16(lblC.Text)+1).ToString();
14:            str = "C語言一票";
15:            break;
16:        case 3:
17:            lblCP.Text=(Convert.ToInt16(lblCP.Text)+1).ToString();
18:            str = "C++語言一票";
19:            break;
20:        default:
21:            lblOT.Text=(Convert.ToInt16(lblOT.Text)+1).ToString();
22:            str = "其他語言一票";
23:            break;
24:    }
25:    lblOutput.Text = str;
26: }
```

### 程式說明

● 第 6~24 列：使用 switch 條件判斷是票選哪一種程式語言，票數計算是將
  對應標籤控制項的字串轉換成整數後，加 1，再轉換成字串，即可顯示此程
  式語言的票數加 1。

### 執行結果

**Step 3**　在儲存後，請執行「偵錯/
開始偵錯」命令，或按 F5
鍵，可以看到執行結果的
Windows 應用程式視窗。

　　在文字方塊輸入程式語言代碼後，按**票選**鈕可以在下方對應標籤控制項顯
示票數加 1，最下方顯示你是投哪一種程式語言一票。

# 學習評量

**選擇題**

( ) 1. 如果要建立條件敘述判斷性別，請問下列哪一種是最佳的條件敘述？

    A. 「if/else/if」        B. 「if/else」

    C. 「switch」          D. 「if」

( ) 2. 如果表單需要建立複選的輸入介面，我們可以使用下列哪一種控制項？

    A. 文字方塊    B. 核取方塊    C. 選項按鈕    D. 群組方塊

( ) 3. 如果 C# 程式需要條件敘述，而且只有在變數 s 等於 6 時執行，其寫法為何？

    A. 「if s = 6 then」    B. 「if s == 6 then」

    C. 「if s == 6」        D. 「if (s == 6)」

( ) 4. 請問下列哪一個關係運算式的運算結果是布林值 true？

    A. 「16 = 13」        B. 「16 < 13」

    C. 「16 > 13」        D. 「16 <= 13」

( ) 5. 在 C# 語言的條件運算子 ?: 相當於是下列哪一種條件敘述？

    A. 「switch」         B. 「if/else/if」

    C. 「if/else」         D. 「if」

**簡答題**

1. 請簡單說明什麼是關係和邏輯運算子？如果條件運算式同時包含算術、關係和邏輯運算子，我們需如何進行運算？

2. C# 關係運算式：66 < 33 的值為 ＿＿＿＿＿；77 != 68 的值為 ＿＿＿＿＿＿。

3. C# 關係運算式：!(14 <= 12)的值為 ＿＿＿＿＿＿，25 > 23 && 14 <= 12 的值為 ＿＿＿＿＿＿＿、25 > 23 || 14 <= 12 的值為 ＿＿＿＿＿＿。

4. 如果年齡大於等於 20，在 lblOutput 標籤控制項顯示 "購買普通票"；如果小於 20 顯示 "購買優待票"，如果使用 if/else 條件，其程式碼如下：

```
if ( _____ )
{
        _____ = "購買普通票";
}
____
{
        _____ = "購買優待票";
}
```

5. 如果便利商店的每小時薪水超過 120 元就是高時薪，請寫出條件敘述，當超過時，顯示 "高時薪" 訊息文字，否則顯示"低時薪"。

6. 在 C# 建立的 Windows 應用程式中，我們可以分別使用 ＿＿＿＿＿＿ 和 ＿＿＿＿＿＿ 控制項配合條件敘述來建立單選和複選的使用介面。

**實作題**

1. 目前商店正在周年慶折扣，消費者消費滿 1000 元有 75 折折扣，請建立 C# 應用程式輸入消費金額，可以顯示付款金額。

2. 請修改 Ch5_5_1 的 Visual C# 專案，將 if/else/if 條件敘述的程式碼改為 switch 條件敘述。

3. 請建立 C# 應用程式使用多選一條件敘述來檢查動物園的門票，120 公分下免費，120~150 公分半價，150 公分以上為全票，請使用 if/else/if 條件來撰寫此程式。

4. 請建立 C# 應用程式計算網路購物的運費，基本物流處理費 299，1~5 公斤，每公斤 30 元，超過 5 公斤，每一公斤為 20 元，在文字方塊輸入購物重量後，計算和顯示購物所需的運費 + 物流處理費？

5. 請建立 C# 應用程式計算計程車的車資，只需在文字方塊輸入里程數後，就可以計算車資，里程數在 1500 公尺內是 90 元，每多跑 500 公尺加 8 元，不足 500 公尺以 500 公尺計。

# 06 迴圈結構

　　基本上，第 5 章的條件敘述是讓程式走不同的路，但是，回家的路還有另一種情況是繞圈圈，例如：為了達到今天的運動量，在圓環繞了 3 圈才回家；為了看帥哥、正妹或偶像，不知不覺多繞了幾圈。在日常生活中，我們常需要重複執行相同的工作，在程式語言就是使用「迴圈」（Loop），如下所示：

```
在畢業前 → 不停的寫作業
在學期結束前 → 不停的寫 C# 程式
重複說 5 次 "大家好!"
從 1 加到 100 的總和
```

　　上述 4 個描述都是在重複執行待定的工作，前 2 個描述的執行次數未定，因為畢業或學期結束前，到底會有幾個作業，或需寫幾個 C# 程式，可能真的要到畢業後，或學期結束才會知道，我們並沒有辦法明確知道迴圈會執行多少次。

　　這種重複工作的情況是由條件來決定迴圈是否繼續執行，而其稱為「條件迴圈」，重複執行寫作業或寫 C# 程式，需視是否畢業，或學期結束的條件而定，在 C# 語言是使用 while 或 do/while 條件迴圈來處理這種情況的重複執行程式碼。最後 2 個描述很明確知道需執行 5 次來說 "大家好!"，從 1 加到 100，就是重複執行 100 次加法運算，這些明確知道執行次數的工作，我們是使用 for 迴圈來處理重複執行程式碼。

　　舉例來說，當進行多項的加法運算式時，若沒有使用 for 迴圈，我們就需要寫出冗長的運算式，如下所示：

```
1 + 2 + 3 + ... + 98 + 99 + 100
```

　　上述加法運算式可是一個非常長的運算式，等到學會了 for 迴圈，我們只需幾列程式碼就可以輕鬆計算出 1 加到 100 的總和。所以：

　　**「迴圈的目的是簡化程式碼，可以將重複的複雜工作簡化成迴圈敘述，讓我們不用寫出冗長的重複程式碼或運算式，就可以完成所需工作。」**

# 6-2 計數迴圈

　　C# 語言的 for 計數迴圈可以自行維護計數器變數，在程式中只需指定範圍和增量，就可以重複執行固定次數位在程式區塊中的程式碼。

## 6-2-1 遞增的 for 迴圈

　　C# 語言的 for 迴圈稱為「計數迴圈」（Counting Loop），這是一種簡化的 while 迴圈（詳見第 6-3-1 節的說明），可以讓我們重複執行固定次數的程式區塊。

　　在 for 迴圈預設擁有一個計數器，計數器每次會增加或減少一個值，直到 for 迴圈的結束條件成立為止，其基本語法如下所示：

```
for ( 初值 ; 結束條件 ; 變數更新 )
{
    程式敍述;
}
```

　　上述迴圈執行的次數是從括號的初值開始，執行變數更新到結束條件（此為關係/條件運算式）為止。for 迴圈可以使用變數控制迴圈的執行，從最小值執行到最大值，例如：計算 1 加到 10 總和的 for 迴圈，如下所示：

```
int i, sum = 0;
for ( i = 1 ; i <= 10 ; i++ )
{
    sum += i;
}
```

　　上述程式碼是從 1 加到 10 來計算總和，變數 i 值依序為 1、2、3、4、…… 和 10，總共執行 10 次迴圈（fChart 流程圖：Ch6_2_1.fpp），如下圖所示：

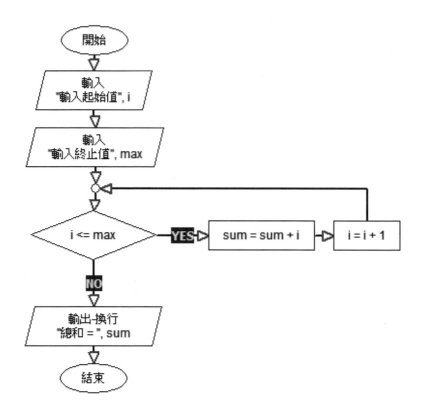

## Visual C# 專案：Ch6_2_1

請建立計算總和的 Windows 應用程式，只需在文字方塊輸入起始和終止值，就可以計算從起始值加到終止值的總和，其建立步驟如下所示：

**Step 1** 請開啟「程式範例\Ch06\Ch6_2_1」資料夾的 Visual C# 專案，並且開啟表單 Form1（檔案名稱為 Form1.cs），如右圖所示：

上述表單擁有名為 txtStart 和 txtMax 文字方塊，可以輸入起始值和迴圈終止值（即最大值），lblOutput 標籤輸出結果，使用 button1 按鈕控制項執行總和計算。

**Step 2** 雙擊標題為**計算總和**的 button1 按鈕,可以建立 button1_Click() 事件處理程序。

**button1_Click()**

```
01: private void button1_Click(object sender, EventArgs e)
02: {
03:     int start, max, i, sum = 0;
04:     start = Convert.ToInt32(txtStart.Text);
05:     max = Convert.ToInt32(txtMax.Text);
06:     for (i = start; i <= max; i++)
07:     {
08:         sum += i;
09:     }
10:     lblOutput.Text = "從" + start + "加到" + max
11:                     + "=" + sum;
12: }
```

**程式說明**

● 第 4~5 列:取得迴圈的起始值與終止值。

● 第 6~9 列:使用 for 迴圈計算起始值加到終止值的總和。

**執行結果**

**Step 3** 在儲存後,請執行「偵錯/ 開始偵錯」命令,或按 F5 鍵,可以看到執行結果的 Windows 應用程式視窗。

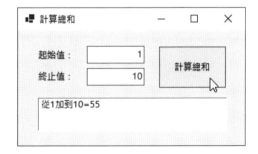

在文字方塊輸入起始值和終止值,按**計算總和**鈕,可以在下方標籤顯示計算結果的總和。

## 6-2-2　遞減的 for 迴圈 – 使用增量

C# 語言的 for 迴圈可以自訂迴圈的增量,也就是每執行一次迴圈後,計算器變數增加多少,例如:增加 -2、-1、1、2 或 3 等。如果增量是負值,例如:-1,表示每次將計數器減掉此增量值,建立的是遞減的 for 計數迴圈,如下所示:

```
for ( i = 100; i >= 1; i -- )
{
    sum += i;
}
```

上述 for 迴圈的範圍是倒過來從 100 加到 1,變數 i 值依序 100、99、98、97、…、3、2、1 共執行 100 次迴圈(fChart 流程圖:Ch6_2_2. fpp),流程圖和上一節圖例相似,只是條件改為 i >= 1,每次的增加量改為-1。

### Visual C# 專案:Ch6_2_2

請建立測試 for 迴圈增量的 Windows 應用程式,可以自行輸入增量值,以便計算 1 到 100 或 100 到 1 中,間隔增量值的數值總和,其建立步驟如下所示:

**Step 1** 請開啟「程式範例\Ch06\Ch6_2_2」資料夾的 Visual C# 專案,並且開啟表單 Form1(檔案名稱為 Form1.cs),如右圖所示:

上述表單有名為 txtStep 的文字方塊輸入增量,txtOutput 唯讀多行文字方塊輸出計算結果,使用 button1 按鈕控制項執行總和計算。

**Step 2** 雙擊標題為**計算總和**的 button1 按鈕，可以建立 button1_Click() 事件處理程序。

## btton1_Click()

```
01: private void button1_Click(object sender, EventArgs e)
02: {
03:     int i, sum = 0, step;
04:     step = Convert.ToInt32(txtStep.Text);
05:     txtOutput.Text = "";
06:     if ( step < 0 )
07:     {
08:         for ( i = 100; i >= 1; i += step )
09:         {
10:             sum += i;
11:             txtOutput.Text += i + "+";
12:         }
13:         txtOutput.Text += " = " + sum;
14:     }
15:     else
16:     {
17:         for ( i = 1; i <= 100; i += step )
18:         {
19:             sum += i;
20:             txtOutput.Text += i + "+";
21:         }
22:         txtOutput.Text += " = " + sum;
23:     }
24: }
```

## 程式說明

● 第 6~23 列：if/else 條件判斷輸入增量是否小於 0，以便決定使用 1 到 100 的遞增 for 迴圈，或 100 到 1 的遞減 for 迴圈。

● 第 8~12 列：100 到 1 的遞減 for 迴圈。

● 第 17~21 列：1 到 100 的遞增 for 迴圈。

**執行結果**

**Step 3** 請執行「偵錯/開始偵錯」命令，或按 F5 鍵，可以看到執行結果的 Windows 應用程式視窗。

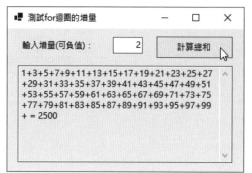 

在文字方塊輸入增量，可以是負值（值需小於 100），**按計算總和鈕**，可以在下方多行文字方塊看到運算式和其總和。

請注意！在 for 迴圈指定增量時，雖然範圍同樣是 1 到 100（負值是 100 到 1），但是輸入 2 和 -2 增量值的計算結果是不同的，讀者可自行測試不同 for 迴圈的增量值，即可檢視下方運算式來比較其差異。

# 6-3 條件迴圈

　　條件迴圈不同於 for 迴圈，而是使用條件來判斷是否需要再執行下一次迴圈，當條件成立，就重複執行程式區塊的程式碼，而不成立時，結束迴圈，其執行次數需視條件而定，並沒有非常明確的迴圈執行次數。

　　基本上，C# 條件迴圈結構以條件測試的位置不同，分成兩種條件迴圈，如下所示：

● **前測式重複結構**：在迴圈開始使用 while 測試迴圈條件，結束條件就是第 5-2 節的關係運算式，其基本語法如下所示：

```
while ( 結束條件 )
{
    程式敘述;
}
```

● **後測式重複結構**：在迴圈結尾使用 while 測試迴圈條件，因為是在結尾測試條件，所以迴圈至少會執行一次 ( 反過來說，若為前測試重複結構，可能一剛執行就達到條件而停止迴圈 )，其基本語法如下所示：

```
do
{
    程式敘述;
} while ( 結束條件 );
```

　　請注意！在 while 和 do/while 迴圈的程式區塊一定有程式碼可以逐漸讓迴圈到達結束條件，否則迴圈永遠不會結束，造成「無窮迴圈」（Endless Loops）的問題，無窮迴圈是指迴圈不會結束，而是無止境的一直重複執行迴圈的程式區塊。

## 6-3-1 前測式 while 迴圈

C# 語言的 while 迴圈敘述不同於 for 迴圈需要自己處理計數器的增減，while 迴圈是在進入程式區塊的開頭檢查結束條件，當條件為 True 才允許進入迴圈執行。例如：使用 while 迴圈計算每月存 3000 元購買 iPhone，可以計算出需要花幾個月才存夠錢來購買 25000 元的 iPhone，如下所示：

```
int total = 0;
int month = 0;
while ( total < 25000 )
{
    total = total + 3000;
    month = month + 1;
}
```

上述 while 迴圈條件是存到欲購買 iPhone 的金額，計數器變數 total 的每次增量是每月存下的金額 3000 元，變數 month 是計算需存幾個月，條件成立為尚未存夠金額，就進入迴圈執行程式區塊，迴圈每次增加計數為 3000 元，結束條件是 total > 25000，即已經存到足夠的金額才停止執行（fChart 流程圖：Ch6_3_1.fpp），如下圖所示：

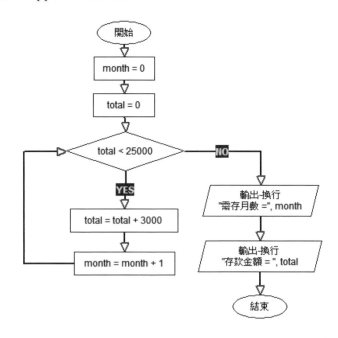

# Visual C# 專案：Ch6_3_1

　　請建立規劃存錢購物的 Windows 應用程式，在文字方塊輸入購物金額，和每月準備存款的金額，就可以使用 while 迴圈計算需幾個月可以存到足夠的金額，其建立步驟如下所示：

**Step 1**　請開啟「程式範例\Ch06\Ch6_3_1」資料夾的 Visual C# 專案，並且開啟表單 Form1（檔案名稱為 Form1.cs），如右圖所示：

　　上述表單有名為 txtPrice 和 txtAmount 文字方塊，可以輸入欲購買商品的價格和每月準備存下的金額，然後在 txtOutput 唯讀多行文字方塊輸出計算結果，使用 button1 按鈕控制項執行計算。

**Step 2**　雙擊標題為**所需月份**的 button1 按鈕，可以建立 button1_Click() 事件處理程序。

**button1_Click()**

```
01: private void button1_Click(object sender, EventArgs e)
02: {
03:     int total = 0;
04:     int month = 0;
05:     int price = Convert.ToInt32(txtPrice.Text);
06:     int amount = Convert.ToInt32(txtAmount.Text);
07:     while (total < price)
08:     {
09:         total = total + amount;
10:         month = month + 1;
11:     }
```

NEXT

```
12:        txtOutput.Text = "需存月數 = " + month + "\r\n" +
13:                         "存款金額 = " + total;
14: }
```

**程式說明**

● 第 5~6 列：取得購物金額和每月存下的金額。

● 第 7~13 列：使用 while 迴圈計算需幾個月可以存下購物金額，在第 12~13 列顯示需存多少個月，為了在唯讀多行文字方塊中換行，要加上 "\r\n" 字串。

**執行結果**

**Step 3** 請執行「偵錯/開始偵錯」命令，或按 F5 鍵，可以看到執行結果的 Windows 應用程式視窗。

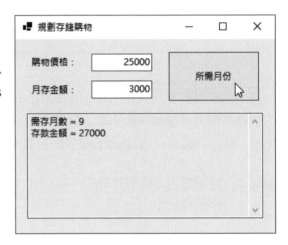

　　在文字方塊輸入購物價格與月存金額後，**按所需月份鈕**，可以在下方多行文字方塊顯示需存款幾個月，和最後存下的金額。

## 6-3-2　後測式 do/while 迴圈

　　C# 語言 do/while 迴圈和 while 迴圈的差異是在迴圈結尾檢查結束條件，所以，do/while 迴圈的程式區塊至少會執行「一」次。例如：使用 do/while 迴圈顯示攝氏 30~100 度與華氏溫度的對照表，間隔溫度 10 度，如下所示：

```
c = 30;
do
{
    f = (9.0 * c) / 5.0 + 32.0;
    txtOutput.Text += c + "\t" + f + "\r\n";
    c += 10;
} while ( c <= 100 );
```

上述 do/while 迴圈計算從攝氏 30 度到 100 度，間隔 10 度的華氏溫度，變數 c 是計數器變數，如果符合 c <= 100 的條件，就繼續執行迴圈的程式區塊，迴圈每次增加計數是 10 度，結束條件是 c > 100（fChart 流程圖：Ch6_3_2.fpp），如下圖所示：

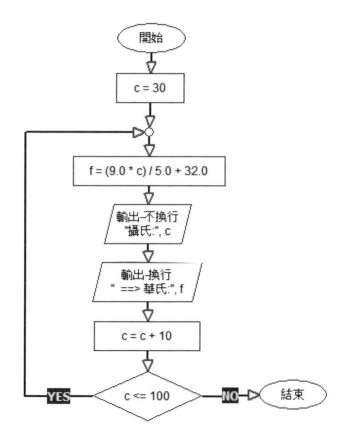

# Visual C# 專案：Ch6_3_2

請建立攝氏與華氏溫度對照表的 Windows 應用程式，只需在文字方塊輸入溫度範圍後，就可以使用 do/while 迴圈顯示溫度對照表，間隔溫度是 10 度，其建立步驟如下所示：

**Step 1** 請開啟「程式範例\Ch06\Ch6_3_2」資料夾的 Visual C# 專案，並且開啟表單 Form1（檔案名稱為 Form1.cs），如下圖所示：

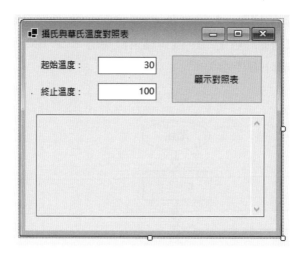

上述表單擁有名為 txtBegin 和 txtEnd 文字方塊，可以輸入起始和終止溫度的範圍，txtOutput 唯讀多行文字方塊輸出溫度對照表，使用 button1 按鈕控制項執行溫度轉換的計算。

**Step 2** 雙擊標題為**顯示對照表**的 button1 按鈕，可以建立 button1_Click()事件處理程序。

### button1_Click()

```
01: private void button1_Click(object sender, EventArgs e)
02: {
03:     int c, end;
04:     double f;
05:     c = Convert.ToInt32(txtBegin.Text);
06:     end = Convert.ToInt32(txtEnd.Text);
```
NEXT

```
07:        txtOutput.Text = "攝氏\t 華氏\r\n";
08:        do
09:        {
10:            f = (9.0 * c) / 5.0 + 32.0;
11:            txtOutput.Text += c + "\t" + f + "\r\n";
12:            c += 10;
13:        } while (c <= end);
14: }
```

## 程式說明

● 第 5~6 列：取得溫度的範圍。

● 第 8~13 列：使用 do/while 迴圈建立攝氏與華氏溫度的對照表，在第 11
  列顯示轉換的溫度，並且加上 "\r\n" 字串來換行。

## 執行結果

**Step 3**　請執行「偵錯/開始偵錯」命令，或按 F5 鍵，可以看到執行結果的
　　　　Windows 應用程式視窗。

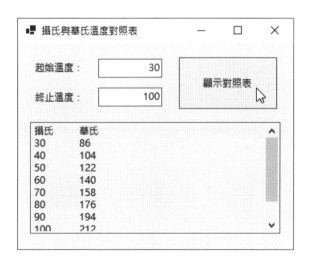

　　在文字方塊輸入起始與結束溫度後，**按顯示對照表鈕**，可以在下方多行文字
方塊顯示溫度轉換的對照表。

# 6-4 巢狀迴圈

巢狀迴圈是在迴圈之中擁有其他迴圈，例如：在 for 迴圈內部還有 for 和 while 迴圈。同樣的，while 迴圈中也可以有 for 和 do/while 迴圈。

## 6-4-1 for 巢狀迴圈

for 巢狀迴圈是在 for 迴圈中，擁有其他 for 迴圈，例如：二層 for 巢狀迴圈，如下所示：

```
// 第一層
for ( i = 1; i <= 9 ; i++ )
{
    // 第二層
    for ( j = 1; j <= 9 ; j++ )
    {
        ...
    }
    ...
}
```

上述程式碼有兩層 for 迴圈（以此類推還可以重複建立更多層巢狀迴圈），在第 1 層的 for 迴圈執行 9 次，第二層 for 迴圈如果都執行 9 次，兩層迴圈共可執行 9*9 = 81 次，如下表所示：

| 第一層的 i 值 | 第二層的 j 值 | | | | | | | | | 離開迴圈的 i 值 |
|---|---|---|---|---|---|---|---|---|---|---|
| 1 | 1 | 2 | 3 | 4 | 5 | 6 | 7 | 8 | 9 | 1 |
| 2 | 1 | 2 | 3 | 4 | 5 | 6 | 7 | 8 | 9 | 2 |
| 3 | 1 | 2 | 3 | 4 | 5 | 6 | 7 | 8 | 9 | 3 |
| ............................... | | | | | | | | | | |
| 9 | 1 | 2 | 3 | 4 | 5 | 6 | 7 | 8 | 9 | 9 |

上述表格的每 1 列代表第 1 層迴圈執行 1 次，共 9 次。在第 1 次執行迴圈時，變數 i 為 1，第二層迴圈的每個儲存格代表執行 1 次迴圈，j 的值為 1~9，共執行 9 次。

在離開第二層迴圈後變數 i 仍然為 1，如此重複執行第一層迴圈，i 的值為 2~10，每次 j 都執行 9 次，所以共執行 81 次。

## Visual C# 專案：Ch6_4_1

請建立繪製數字三角形的 Windows 應用程式，可以在每 1 列顯示不同數字來繪出文字三角形、倒三角形和正三角形圖形，其建立步驟如下所示：

**Step 1** 請開啟「程式範例\Ch06\
Ch6_4_1」資料夾的 Visual
C# 專案，並且開啟表單
Form1（檔案名稱為 Form1.
cs），如右圖所示：

上述表單的上方是唯讀 txtOutput 多行文字方塊顯示三角形圖形。下方從左至右是 button1、button2 和 button3 按鈕控制項，可以顯示不同形狀的三角形。

---

◼ **説 明**

在 Windows 作業系統的字型分為「比例字型」和「固定寬度字型」兩種，為了讓顯示文字圖形，數字和空白字元需等寬，請更改文字方塊的字型為固定寬度的 Courier New 字型。

---

**Step 2** 在表單設計視窗選 txtOutput 多行文字方塊,然後在「屬性」視窗展開 Font 屬性,將 Name 的字型改為 Courier New,如右圖所示:

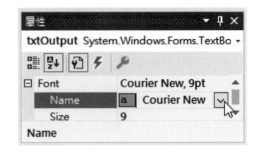

**Step 3** 雙擊標題為**三角形**的 button1 按鈕,可以建立 button1_Click() 事件處理程序顯示三角形(fChart 流程圖:Ch6_4_1.fpp)。

**button1_Click()**

```
01: private void button1_Click(object sender, EventArgs e)
02: {
03:     int i, j;
04:     string output = "";
05:     // 第一層
06:     for ( i = 1; i <= 9 ; i++ )
07:     {
08:         // 第二層
09:         for (j = 1; j <= i; j++)
10:             output += j;
11:         output += "\r\n";
12:     }
13:     txtOutput.Text = output;
14: }
```

**程式說明**

● 第 6~12 列:第一層 for 迴圈決定顯示幾列,以此例是 9 列。

● 第 9~10 列:在第二層 for 迴圈,可以顯示第一層迴圈計數變數的次數,在每一列遞增多顯示 1 個數字。

**Step 4**　雙擊標題為**倒三角形**的 button2 按鈕，可以建立 button2_Click() 事
件處理程序顯示倒三角形（fChart 流程圖：Ch6_4_1a.fpp）。

**button2_Click()**

```
01: private void button2_Click(object sender, EventArgs e)
02: {
03:     int i, j;
04:     string output = "";
05:     // 第一層
06:     for (i = 9; i >= 1; i--)
07:     {
08:         // 第二層
09:         for (j = 1; j <= i; j++)
10:             output += j;
11:         output += "\r\n";
12:     }
13:     txtOutput.Text = output;
14: }
```

**程式說明**

● 第 6~12 列：第一層 for 迴圈決定顯示幾列，以此例是 9 列，不過，因為
是倒三角形，所以是從 9 到 1 的遞減 for 迴圈。

● 第 9~10 列：在第二層 for 迴圈，可以顯示第一層迴圈計數變數的次數，數
字是每一列遞減。

**Step 5**　雙擊標題為**正三角形**的 button3 按鈕，可以建立 button3_Click() 事
件處理程序顯示正三角形（fChart 流程圖：Ch6_4_1b.fpp）。

**button3_Click()**

```
01: private void button3_Click(object sender, EventArgs e)
02: {
03:     int i, j, k, numOfStars = 1;
04:     string output = "";
05:     // 第一層
```
NEXT

```
06:     for ( i = 9; i >= 1; i-- )
07:     {
08:         // 第二層
09:         for ( j = 1; j <= i; j++ )
10:             // 是否顯示
11:             if ( j == i )
12:             {
13:                 output += " ";
14:                 // 第三層
15:                 for ( k = 1; k <= numOfStars; k++ )
16:                     output += "*"; // 顯示
17:             }
18:             else
19:                 output += " ";   // 顯示空白字元
20:         numOfStars += 2; // 每次左右增加二個字元
21:         output += "\r\n";
22:     }
23:     txtOutput.Text = output;
24: }
```

**程式說明**

● 第 6~22 列：三層巢狀迴圈的第一層 for 迴圈決定顯示幾列，以此例是 9
  列（i = 9），如同倒三角形是從 9 到 1。

● 第 9~19 列：在第二層 for 迴圈使用 if 條件在到達 i 的位置時，才顯示變
  數 numOfStars 個星號，否則顯示空白。

● 第 15~16 列：第三層 for 迴圈是用來顯示該列的星號，其他是空白字元，
  每次在顯示完一列後，第 20 列增加顯示的星號數，即在左右各加 1，共增
  加 2 個星號。

**執行結果**

**Step 6**  在儲存後，請執行「偵錯/開始偵錯」命令，或按  F5  鍵，可以看到執
         行結果的 Windows 應用程式視窗。

按三**角形**鈕，可以看到使用數字組成的三角形圖形，如下圖所示：

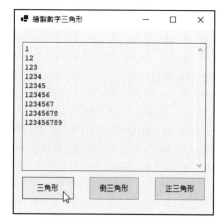

按**倒**三**角形**鈕，可以顯示數字繪出的倒三角形，如下圖所示：

按**正**三**角形**鈕可以顯示星號繪出的正三角形，如下圖所示：

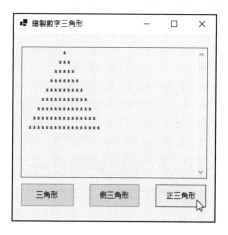

## 6-4-2　混合的巢狀迴圈

C# 語言的巢狀迴圈可以混合 for、while 和 do/while 迴圈結構,例如:在 for 迴圈內擁有 do/while 迴圈,如下所示:

```
// 第一層
for ( i = 1; i <= 9 ; i++ )
{
    // 第二層
    j = 1;
    do
    {
       ...
       j++;
    } while ( j <= 9 );
    ...
}
```

### Visual C# 專案:Ch6_4_2

請建立顯示九九乘法表的 Windows 應用程式,可以使用巢狀迴圈在多行文字方塊,顯示表格排列的九九乘法表,其建立步驟如下所示:

Step 1　請開啟「程式範例\Ch06\ Ch6_4_2」資料夾的 Visual C# 專案,並且開啟表單 Form1(檔案名稱為 Form1.cs),如右圖所示:

在上述表單上方是唯讀 txtOutput 多行文字方塊輸出執行結果,其字型是 Courier New,button1 按鈕控制項是顯示九九乘法表。

**Step 2** 因為九九乘法表顯示範圍很
大，為了在多行文字方塊能夠
整齊編排，多行文字方塊不能
自動換行，而且需要顯示水平
捲動軸，請選 **txtOutput** 文字
方塊控制項，將 **WordWrap** 屬
性設為 **False**，如右圖所示：

**Step 3** 接著在 **txtOutput** 文字方塊控
制項，將 **ScrollBars** 屬性設為
**Both**，以便顯示水平和垂直的
捲動軸。

**Step 4** 雙擊標題為**顯示九九乘法表**的 button1 按鈕，可以建立 button1_
Click() 事件處理程序（fChart 流程圖：Ch6_4_2.fpp）。

button1_Click()

```
01: private void button1_Click(object sender, EventArgs e)
02: {
03:     int i, j, result;
04:     string output = "";
05:     // 第一層
06:     for ( i = 1; i <= 9; i++ )
07:     {
08:         j = 1;
09:         do  // 第二層
10:         {
11:             result = i * j;
12:             output += i + "*" + j + "=" + result + "\t";
13:             j++;
14:         } while ( j <= 9 );
15:         output += "\r\n";
16:     }
17:     txtOutput.Text = output;
18: }
```

**程式說明**

● 第 6~16 列：第一層 for 迴圈。

● 第 8~14 列：第二層 do/while 迴圈，在第 8 列初始計數器變數。在第 11~12 列使用第一層的 i 和第二層的 j 顯示和計算九九乘法表。

**執行結果**

**Step 5** 在儲存後，請執行「偵錯/開始偵錯」命令，或按 `F5` 鍵，可以看到執行結果的 Windows 應用程式視窗。

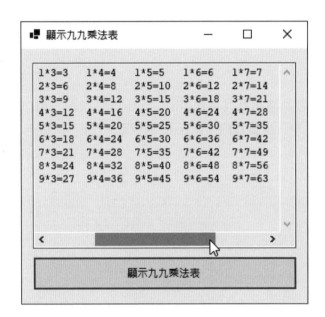

按**顯示九九乘法表**鈕，可以在上方顯示九九乘法表，因為表格很大，請使用水平捲動軸來檢視。

## 6-5　跳出與繼續迴圈

　　C# 語言的 for、while 或 do/while 迴圈會依據條件來重複執行一定次數的迴圈，如果需要馬上中斷迴圈的執行，即跳出迴圈，可以使用 break 關鍵字來跳出迴圈，或使用 continue 關鍵字馬上執行下一次迴圈。

## 6-5-1　break 跳出迴圈

　　迴圈如果尚未到達結束條件，我們可以使用 break 關鍵字強迫馬上跳出迴圈。例如：使用 break 關鍵字結束 for 迴圈的執行，如下所示：

```
for (i = 1; i <= 100; i++) {
   total += i;
   if ( i == j ) {
      break;
   }
}
```

　　上述 for 迴圈會執行 100 次，我們可以使用 if 條件判斷是否執行 break，當迴圈執行到 break 關鍵字，就馬上中斷 for 迴圈的執行，換句話說，就是不會執行到 100 次。

### Visual C# 專案：Ch6_5_1

　　請建立換零錢機的 Windows 應用程式，只需輸入金額和選擇想兌換的硬幣種類，例如：50、20、10、5 和 1 元硬幣，就可以計算出可兌換成幾個 50 硬幣或幾個 20 元硬幣等。

　　因為硬幣有 5 種，程式最多執行 5 次迴圈來計算各種硬幣的兌換量，因為不見得會兌換到所有種類的硬幣，所以當兌換金額是 0 時，就需要跳出迴圈來中止執行，並不保證每一次都一定會執行完 5 次迴圈，建立步驟如下所示：

請開啟「程式範例\Ch06\Ch6_5_1」資料夾的 Visual C# 專案，並且開啟表單 Form1（檔案名稱為 Form1.cs），如下圖所示：

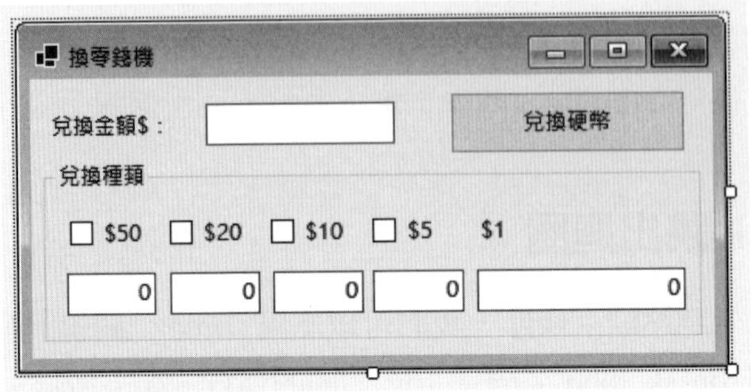

在上述表單左上方是名為 txtAmount 文字方塊輸入兌換金額，右上方 button1 按鈕控制項執行兌換。在下方群組方塊控制項，從左至右的控制項，如下表所示：

| 種類 | (Name) 屬性值 | Text 屬性值 |
|------|---------------|-------------|
| 核取方塊 | chk50 | $50 |
| 核取方塊 | chk20 | $20 |
| 核取方塊 | chk10 | $10 |
| 核取方塊 | chk5 | $5 |
| 文字方塊 | txt50 | 0 |
| 文字方塊 | txt20 | 0 |
| 文字方塊 | txt10 | 0 |
| 文字方塊 | txt5 | 0 |
| 文字方塊 | txt1 | 0 |

**Step 2** 雙擊標題為**兌換硬幣**的 button1 按鈕，可以建立 button1_Click() 事件處理程序。

**button1_Click()**

```
01: private void button1_Click(object sender, EventArgs e)
02: {
03:     int i, amount, change = 0, coins;            NEXT
```

```
04:        bool doit;   // 是否兌換此錢幣
05:        amount = Convert.ToInt32(txtAmount.Text);
06:        txt50.Text = "0";   // 清除文字方塊控制項
07:        txt20.Text = "0";
08:        txt10.Text = "0";
09:        txt5.Text = "0";
10:        txt1.Text = "0";
11:        for (i = 1; i <= 5; i++)   // 兌換迴圈
12:        {
13:            doit = false;
14:            switch (i)   // 是否選此錢幣
15:            {
16:                case 1: if (chk50.Checked) doit = true;
17:                    change = 50;    // 取得金額
18:                    break;
19:                case 2: if (chk20.Checked) doit = true;
20:                    change = 20;
21:                    break;
22:                case 3: if (chk10.Checked) doit = true;
23:                    change = 10;
24:                    break;
25:                case 4: if (chk5.Checked) doit = true;
26:                    change = 5;
27:                    break;
28:                case 5: doit = true;
29:                    change = 1;
30:                    break;
31:            }
32:            if (doit)
33:            {
34:                if (i == 5)
35:                    coins = amount;   // 1 元
36:                else
37:                {
38:                    coins = 0;        // 不是 1 元
39:                    // 計算錢幣數
40:                    while ((amount - change) >= 0)
41:                    {
42:                        coins += 1;
43:                        amount = amount - change;
```

NEXT

```
44:            }
45:         }
46:         // 顯示兌換錢幣數
47:         switch (i)
48:         {
49:             case 1: txt50.Text = coins.ToString();
50:                 break;
51:             case 2: txt20.Text = coins.ToString();
52:                 break;
53:             case 3: txt10.Text = coins.ToString();
54:                 break;
55:             case 4: txt5.Text = coins.ToString();
56:                 break;
57:             case 5: txt1.Text = coins.ToString();
58:                 break;
59:         }
60:     }
61:     // 檢查是否已經兌完
62:     if (amount <= 0) break;   // 離開迴圈
63:  }
64: }
```

## 程式說明

● 第 6~10 列：清除文字方塊控制項的值為 "0"。

● 第 11~63 列：使用 for 迴圈執行硬幣兌換，總共 5 次，依序計算可以兌換
成多少個 50、20、10、5 和 1 元硬幣。

● 第 14~31 列：使用 switch 條件敘述判斷使用者是否勾選核取方塊，也就是
需要兌換哪幾種硬幣和取得硬幣的面額。

● 第 34~45 列：if 條件判斷是否是最後一次迴圈的 1 元硬幣，因為 1 元就
不需計算；如果不是，在第 40~44 列使用 while 迴圈計算最大可能的兌換
數量。

● 第 47~59 列：使用 switch 條件更新對應文字方塊控制項的 Text 屬性。

● 第 62 列：if 條件判斷是否已經兌換完畢，如果已經兌換完，就跳出 for 迴圈。

**執行結果**

**Step 3** 在儲存後，請執行「偵錯/開始偵錯」命令，或按 `F5` 鍵，可以看到執行結果的 Windows 應用程式視窗。

　　在上方輸入兌換金額和勾選硬幣種類後，**按兌換硬幣**鈕，可以在下方看到各種硬幣的兌換數量。

## 6-5-2　continue 繼續迴圈

　　在迴圈的執行過程中，我們可以使用 continue 關鍵字來馬上繼續下一次迴圈的執行，它並不會執行程式區塊位在 continue 關鍵字後的程式碼。如果 continue 關鍵字是使用在 for 迴圈，一樣會自動更新計數器變數。例如：使用 continue 關鍵字馬上繼續下一次 while 迴圈的執行，如下所示：

```
while (i < 100) {
    i += 1;
    if (i % 2 == 1) {
        continue;
    }
    total += i;
}
```

　　上述 while 迴圈使用 if 條件判斷是否執行 continue 關鍵字，如果是奇數，就馬上執行下一次迴圈，所以可以計算所有偶數的總和。

## Visual C# 專案：Ch6_5_2

　　請建立計算偶數總和的 Windows 應用程式，只需輸入最大值，就可以計算從 1 至此最大值的偶數和，其建立步驟如下所示：

**Step 1** 請開啟「程式範例\Ch06\Ch6_5_2」資料夾的 Visual C# 專案，並且開啟表單 Form1（檔案名稱為 Form1.cs），如下圖所示：

　　上述表單擁有名為 txtMax 文字方塊來輸入最大值，下方 txtOutput 多行文字方塊輸出結果，button1 按鈕控制項執行偶數和的計算。

**Step 2** 雙擊標題為**偶數和**的 button1 按鈕，可以建立 button1_Click() 事件處理程序（fChart 流程圖：Ch6_5_2.fpp）。

**button1_Click()**

```
01: private void button1_Click(object sender, EventArgs e)
02: {
03:     int total = 0; // 初始值
04:     int max, i = 0;
05:     max = Convert.ToInt32(txtMax.Text);
06:     while (i < max)
07:     {
08:         i += 1;
09:         if (i % 2 == 1)
10:         {
11:             continue; // 繼續迴圈
```
NEXT

```
12:          }
13:          total += i;
14:          txtOutput.Text += i + "+";
15:      }
16:      txtOutput.Text += " = " + total;
17: }
```

**程式説明**

● 第 5 列：取得最大值。

● 第 6~15 列：while 迴圈計算 1 加至最大值，在第 9~12 列的 if 條件判斷
  是否是奇數，如果是，執行第 11 列 continue 繼續下一次迴圈，也就是跳
  過奇數不進行加總。

**執行結果**

**Step 3** 在儲存後，請執行「偵錯/開始偵錯」命令，或按 F5 鍵，可以看到執
行結果的 Windows 應用程式視窗。

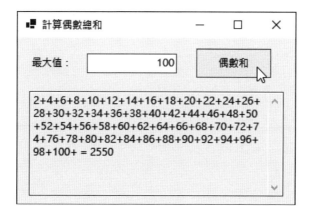

在文字方塊輸入最大值後，按**偶數和**鈕，可以在下方看到計算結果。

**選擇題**

( ) 1. 請問下列哪一種組合是 C# 語言的巢狀迴圈？

    A. 在 for 迴圈內擁有 for 迴圈

    B. 在 for 迴圈內擁有 while 迴圈

    C. 在 while 迴圈內擁有 for 和 do/while 迴圈

    D. 全部皆是

( ) 2. 請問 for ( i = 1 ; i <= 10 ; i += 2) sum += i ; 迴圈計算結果的 sum 值為何？

    A. 10        B. 35

    C. 25        D. 55

( ) 3. 請問下列哪一個 C# 語言的 for 迴圈敘述是正確的？

    A. 「for (s = 1 ; s <= 5 ; s++)」

    B. 「for (s = 1 ; s <= 5)」

    C. 「for (s = 1 ; s++)」

    D. 「for s = 1 to 5」

( ) 4. 請問下列的哪一個程式敘述可以馬上繼續 while 迴圈的執行？

    A. exit        B. break

    C. continue    D. loop

( 　　) 5. 請問下列的哪一個 C# 關鍵字可以中斷迴圈的執行？

      A. exit            B. continue

      C. break          D. loop

## 簡答題

1. 請簡單說明什麼是計數迴圈？while 和 do/while 迴圈的主要差異為何？

2. 請寫出下列程式碼輸出到多行文字方塊 txtOutput 的結果為何，如下所示：

```
int n = 1;
while ( n <= 64 )
{
    n = 2*n;
    txtOutput.Text += n + "\r\n";
}
```

3. 請寫出下列程式碼輸出到多行文字方塊 txtOutput 的結果為何，如下所示：

```
int i, sum = 0;
for ( i = 0 ; i <= 10; i++ )
{
   if ((i % 2) != 0 )
   {
      sum += i;
      txtOutput.Text += i + "\r\n";
   }
   else
      sum = sum -1;
}
txtOutput.Text += sum + "\r\n";
```

4. 在 C# 語言的迴圈可以使用 _____ 關鍵字來馬上執行下一次迴圈；_____ 關鍵字可以跳出迴圈。

5. for( i = 1 ; i <= 15 ; i += 3) 迴圈共會執行 _____ 次。

## 實作題

1. 請建立 C# 應用程式使用 for 或 do/while 迴圈計算下列數學運算式的值，n 值可以使用文字方塊輸入，如下所示：

```
1+1/2+1/3+1/4~+1/n     n=67
```

```
1*1+2*2+3*3~+n*n        n=34
```

2. 在 C# 應用程式建立從 1 到 100 的迴圈，但只顯示 55~67 之間的奇數，並且計算其總和。

3. 請建立 C# 應用程式計算一根繩子長 5 公尺，每次將它對折，請算出需要折多少次，其長度才會小於 20 公分。

4. 信用卡的循環利息是年息 12%，假設信用卡是以月息計算且只計算未還款的利息。請建立 C# 應用程式計算消費 1 萬元，從第 2 月開始以每月固定金額方式還款，在輸入每月還款金額後，例如：每月還 2000 元，計算每月還款金額加利息，顯示共需幾月才能還完，總共還款的金額。

5. 請建立 C# 應用程式輸入正整數後，可以顯示其所有因數的清單，例如：輸入 12 顯示 1、2、3、4、6、12。

# 07

## 函數

# 7-1　模組化程式設計

　　目前的軟體系統或應用程式都需要大量人員來參與分析、設計與開發，因此將一個大型應用程式的功能分割成各個獨立子功能，將成為非常重要的工作，這就是**模組化**，模組化的最基本單位就是**函數**（或稱為「函式」）。

## 7-1-1　認識函數

　　「函數」（Functions）是將程式中常用的共同程式碼獨立成程式區塊，以便能夠重複呼叫這些函數的程式碼。一般來說，函數都有傳回值，如果函數沒有傳回值，則稱為「程序」（Procedures）。

### 函數的結構

　　不論是日常生活，或實際撰寫程式碼時，有些工作可能會重複出現，而且這些工作不是單一程式敘述，而是完整的工作單元，例如：我們常常在自動販賣機購買茶飲，此工作的完整步驟，如下所示：

```
將硬幣投入投幣口
按下按鈕，選擇購買的茶飲
在下方取出購買的茶飲
```

　　上述步驟如果只有一次到無所謂，但若是幫 3 位同學購買果汁、茶飲和汽水三種飲料，這些步驟就需重複 3 次，如下所示：

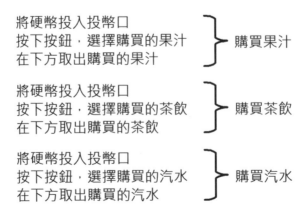

　　相信在幫同學買飲料時，你絕對不會照著上方三個步驟一一唸出，而是自然的簡化它，直接說：

```
購買果汁
購買茶飲
購買汽水
```

　　上述簡化的工作描述就是函數的原型，因為我們會很自然的將一些工作整合成更明確且簡單的描述「購買??」。程式語言也是使用相同觀念，可以將整個自動販賣機購買飲料的步驟使用一個整合名稱來代表，即**購買()** 函數，如下所示：

```
購買 (果汁)
購買 (茶飲)
購買 (汽水)
```

　　上述程式碼是函數呼叫，在括號中是傳入購買函數的資料，即引數（Arguments），以便 3 個操作步驟知道購買哪一種飲料，執行此函數的結果是拿到飲料，這就是函數的傳回值。

### 函數是一個黑盒子

　　函數的結構是一個程式區塊，執行函數稱為「函數呼叫」（Functions Call）。在呼叫函數時，我們並不需要了解函數內部實際的程式碼，也不需要知道其細節。函數如同是一個「黑盒子」，只要告訴我們如何使用這個黑盒子的「使用介面」（Interface），如下圖所示：

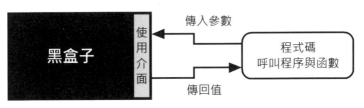

　　上述圖例可以看出程式碼只需知道呼叫程序/函數時，需要傳入函數所需的參數和取得傳回值，這就是程序/函數和外部溝通的使用介面，實際的程式碼內容是隱藏在這個使用介面之後，程序/函數實際內容的程式碼撰寫稱為「實作」（Implementation）。

程序/函數的「語法」（Syntax）是說明程序/函數需要傳入何種資料型別的「參數」（Parameters）和傳回值。「語意」（Semantic）是指程序/函數可以做什麼事？在撰寫程序/函數時，我們需要了解語法規則，使用程序/函數時需要了解語意規則，才能夠正確的呼叫程序/函數。

## 7-1-2 模組的基礎

模組化是將大型功能切割成無數子功能，我們最常使用的是第 1 章的由上而下設計方法。由上而下的設計方法在面對問題時，先考慮將整個解決問題的方法分解成數個大「模組」（Modules），然後針對每一個大模組，一一分割成數個小模組，如此一直細分，最後等這些細分小問題的小模組都完成後，再將它們組合起來，一層一層向上組合完成整個軟體系統或應用程式的設計。例如：玩拼圖遊戲一定會先將整個拼圖粗分為數個區域，等每一個區域都拼好後，整張拼圖也就完成了。

對應到程式設計，模組化程式設計是將大程式切割成一個個小程式。以 C# 語言來說，模組化的基本單位是函數，因為模組可大可小，可能只有一個函數，也可能是整個子功能多個函數的工具箱。不過，每一個函數都可以解決一個小問題，等到所以小問題都解決了，使用函數堆積成的程式也就開發完成。

# 7-2　建立 C# 函數

對於 Windows 應用程式來說，我們主要是使用 C# 函數來建立控制項的事件處理程序和自訂功能的函數，其說明如下所示：

● 事件處理程序：此為處理指定事件的程序（沒有傳回值的函數），在本章前的 Windows 應用程式已經使用 Click 事件處理程序，進一步說明請參閱＜第 13 章：視窗應用程式的事件處理＞。

● 自訂功能的函數：將程式區塊使用一個函數名稱來代替，我們就可以在程式碼呼叫函數來執行特定功能。

## 7-2-1 建立與呼叫函數

C# 函數是一個可重複執行的程式區塊，在 C# 語言屬於類別的成員，稱為「方法」（Methods）。

### 建立 C# 函數

C# 函數是使用函數名稱（或稱方法名稱）和括號包圍的程式區塊所組成，其基本語法如下所示：

```
修飾子 void 函數名稱()
{
    程式敘述;
}
```

上述函數宣告的最前面是「修飾子」（Modifiers），可以宣告函數的存取範圍，其說明如下所示：

● public：指出函數可以在整個 Visual C# 專案的任何地方進行呼叫，甚至是其他類別，在第 9 章有進一步說明。

● private：指出函數只能在宣告的同一類別內進行呼叫。

因為函數沒有傳回值，所以之後是 void，在函數名稱後的括號可以定義傳入的參數列，如果函數沒有參數，就是一個空括號。例如：我們準備修改 Ch6_4_1 專案，將**三角形**鈕繪出的字元三角形抽出成名為 triangle() 的 C# 函數，如下所示：

```
public void triangle()
{
    int i, j;
    string output = "";
    // 第一層
    for (i = 1; i <= 9; i++)
    {
        // 第二層
        for (j = 1; j <= i; j++)
            output += j;
            output += "\r\n";
    }
    txtOutput.Text = output;
}
```

　　上述函數傳回值的資料型別是 void，沒有傳回值，函數名稱是 triangle，在「{」和「}」括號內是函數的程式區塊，函數的程式碼是從「{」開始執行到「}」括號結束為止。

## 呼叫 C# 函數

　　C# 語言的函數呼叫需要使用函數名稱，其基本語法如下所示：

```
函數名稱();
```

　　因為 triangle() 函數沒有傳回值和參數列，所以呼叫函數只需使用函數名稱和空括號，並不需要引數，如下所示：

```
triangle();
```

## Visual C# 專案：Ch7_2_1

　　請修改 Ch6_4_1 專案，將原來位在 button1_Click() 事件處理的程式碼抽出成 triangle() 函數，然後修改事件處理程序改為呼叫 triangle() 函數，其建立步驟如下所示：

**Step 1** 請開啟「程式範例\Ch07\Ch7_2_1」資料夾的 Visual C# 專案,並且開啟表單 Form1(檔案名稱為 Form1.cs),這是修改 Ch6_4_1 專案的表單,只保留標題為**三角形**的 button1 按鈕,如下圖所示:

**Step 2** 請在 Form1 表單上,按滑鼠**右**鍵來開啟快顯功能表,如下圖所示:

**Step 3** 執行**檢視程式碼**命令或「檢視/程式碼」命令(也可按 F7 鍵),可以看到程式碼編輯視窗。

**Step 4** 請在程式碼編輯視窗 class Form1 類別宣告的程式區塊最後,輸入 triangle() 函數,其程式碼就是原來 button1_Click() 事件處理程序的內容(fChart 流程圖:triangle.fpp)。

## triangle() 函數

```
01: public void triangle()
02: {
03:     int i, j;
04:     string output = "";
05:     // 第一層
06:     for (i = 1; i <= 9; i++)
07:     {
08:         // 第二層
09:         for (j = 1; j <= i; j++)
10:             output += j;
11:         output += "\r\n";
12:     }
13:     txtOutput.Text = output;
14: }
```

## 程式說明

● 第 1~14 列：triangle() 函數的程式區塊，在第 6~12 列使用巢狀 for 迴圈來顯示數字三角形。

**Step 5**　接著修改 button1_Click() 事件處理程序，改為呼叫 triangle() 函數（fChart 流程圖：Ch7_2_1.fpp）。

## button1_Click()

```
01: private void button1_Click(object sender, EventArgs e)
02: {
03:     traingle();
04: }
```

## 程式說明

● 第 3 列：呼叫 triangle() 函數。

## 執行結果

**Step 6** 在儲存後，請執行「偵錯/開始偵錯」命令，或按 F5 鍵，可以看到執行結果的 Windows 應用程式視窗。

　　按**三角形**鈕，可以在標籤控制項顯示數字三角形。事實上，如果函數沒有傳入參數，C# 函數和一般程式區塊並沒有什麼不同，我們只是使用函數名稱來代表一個程式區塊。

## 函數的執行過程

　　C# 程式如何執行函數，以本節範例為例是在 button1_Click() 事件處理程序的第 3 列呼叫 triangle() 函數，此時程式碼執行順序就跳到 triangle() 函數的第 1 列，在執行完第 14 列後返回呼叫點，如下圖所示：

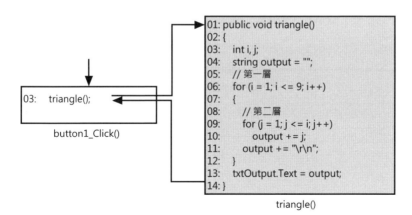

　　然後繼續執行返回呼叫點 button1_Click() 事件處理程序之後的程式碼，因為已經沒有程式碼了，所以就完成程式的執行。

## 7-2-2 函數的參數列與傳回值

C# 函數除了將重複程式碼抽出成程式區塊外,我們還可以在函數新增參數列,在呼叫時傳入參數值,或使用傳回值來傳回執行結果。

### 函數的參數列

函數如果擁有參數列,在呼叫時可以指定不同的參數值(引數),在同一函數就可以產生不同的執行結果,其基本語法如下所示:

```
[public | private] void 函數名稱(參數 1, 參數 2, …)
{
    程式敘述;
}
```

上述函數括號內的參數稱為「形式參數」(Formal Parameters)或「虛擬參數」(Dummy Parameters),如果不只一個,請使用逗號分隔。形式參數是識別字,其角色如同變數,需要指定資料型別,而且可以在函數的程式區塊中使用。

例如:我們準備修改 Ch4_5_1 專案的 BMI 計算機,將顯示 BMI 值的程式碼抽出成 printBMI() 函數,擁有 1 個參數 bmi,如下所示:

```
void printBMI(double bmi)
{
    lblOutput.Text = "BMI 值=" + bmi.ToString();
}
```

## 函數的傳回值

C# 函數開頭宣告的傳回值型別如果不是 void，而是其他資料型別時，表示函數擁有傳回值，其基本語法如下所示：

```
[public | private] 傳回值型別 函數名稱(參數 1, 參數 2, …)
{
    程式敘述;
    return 值 | 運算式;
}
```

上述函數需要使用 return 關鍵字傳回一個值或運算式的運算結果，函數就是執行到 return 關鍵字為止。例如：修改 Ch4_5_1 專案的 BMI 計算機，將計算 BMI 值的程式碼抽出成 calBMI() 函數，擁有 2 個參數 height 和 weight，如下所示：

```
double calBMI(double height, double weight)
{
    double bmi;
    bmi = weight / (height * height);
    return bmi;
}
```

上述函數使用參數的身高（公尺）和體重（公斤）來計算 BMI 值，最後使用 return 關鍵字傳回 BMI 值。

## 呼叫擁有參數和傳回值的函數

函數如果擁有參數，在呼叫時需要指定參數列對應的參數值，稱為引數（Arguments），其基本語法如下所示：

```
函數名稱( 引數列 );
```

上述函數呼叫的引數稱為「實際參數」（Actual Parameters），需要和形式參數定義的資料型別相同，每一個形式參數都需對應相同型別的實際參數。例如：擁有 1 個參數的 printBMI() 函數呼叫，如下所示：

```
printBMI(bmi);
```

上述函數呼叫傳入 BMI 值的引數，可以在標籤控制項顯示 BMI 值。函數如果擁有傳回值，在呼叫時需要使用指定敘述來取得傳回值，如下所示：

```
bmi = calBMI(height, weight);
```

上述程式碼呼叫 calBMI() 函數計算 BMI 值，變數 bmi 可以取得函數的傳回值。

## Visual C# 專案：Ch7_2_2

請修改 Ch4_5_1 專案的 BMI 計算機，將原來位在 btnBMI_Click() 事件處理的程式碼抽出成 calBMI() 函數計算 BMI 值；printBMI() 函數顯示 BMI 值，然後修改事件處理程序改為呼叫以上 2 個函數，其建立步驟如下所示：

**Step 1** 請開啟「程式範例\Ch07\Ch7_2_2」資料夾的 Visual C# 專案，並且開啟表單 Form1（檔案名稱為 Form1.cs），這是和 Ch4_5_1 專案完全相同的表單，如下圖所示：

**Step 2** 雙擊標題為**計算 BMI** 的 btnBMI 按鈕，可以進入程式碼編輯標籤，請修改成 calBMI() 和 printBMI() 函數的程式碼（fChart 流程圖：calBMI.fpp 和 printBMI.fpp）。

> ### ■ 説 明
>
> fChart 流程圖專案的名稱就是函數名稱,參數最多可有 2 個,其名稱分別為
> PARAM 和 PARAM1,可以指定 RETURN 來傳回函數的計算結果。

### calBMI() 和 printBMI() 函數

```
01: double calBMI(double height, double weight)
02: {
03:     double bmi;
04:     bmi = weight / (height * height);
05:     return bmi;
06: }
07:
08: void printBMI(double bmi)
09: {
10:     lblOutput.Text = "BMI 值=" + bmi.ToString();
11: }
```

### 程式説明

● 第 1~6 列:calBMI() 函數使用傳入的 2 個參數來計算 BMI 值。

● 第 8~11 列:printBMI() 函數顯示傳入參數的 BMI 值。

**Step 3** 請修改 btnBMI_Click() 事件處理程序,改為呼叫 calBMI() 和
printBMI() 函數(fChart 流程圖:Ch7_2_2.fpp)。

### btnBMI_**Click()**

```
01: private void btnBMI_Click(object sender, EventArgs e)
02: {
03:     double bmi, height, weight;
04:     height = Convert.ToDouble(txtHeight.Text);
05:     weight = Convert.ToDouble(txtWeight.Text);
06:     height /= 100.0;
07:     bmi = calBMI(height, weight);
08:     printBMI(bmi);
09: }
```

**程式説明**

● 第 7~8 列：首先呼叫 calBMI() 函數計算 BMI 值，然後在第 8 列呼叫
printBMI() 函數顯示 BMI 值。

**執行結果**

**Step 4** 在儲存後，請執行「偵錯/
開始偵錯」命令，或按 F5
鍵，可以看到執行結果的
Windows 應用程式視窗。

輸入身高和體重後，按**計算 BMI** 鈕，可以在下方顯示計算結果的 BMI 值。

# 函數的執行過程

C# 程式執行函數的過程，以本節範例為例是在 btnBMI_Click() 事件處理
程序的第 7 列呼叫 calBMI() 函數，此時程式碼執行順序就跳到 calBMI() 函
數的第 1 列，接著在執行完第 5 列後，使用 return 關鍵字返回呼叫點和回傳
值，如下圖所示：

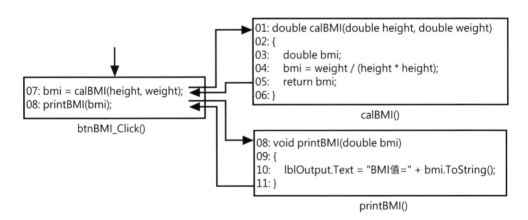

然後繼續執行程式，在第 8 列呼叫 printBMI() 函數，程式碼跳到此函數的第 8 列，在執行完返回呼叫點的 btnBMI_Click() 事件處理程序，即完成程式執行。很明顯的！函數只是更改程式碼的執行順序，在呼叫點跳到函數來執行，在執行完後，回到程式呼叫點繼續執行其他程式碼。

## 7-2-3 函數的參數傳遞方式

函數的參數傳遞方式會影響傳入函數的參數值是否能夠變更，C# 函數支援三種參數傳遞方式，其說明如下表所示：

| 呼叫方式 | 關鍵字 | 說明 |
|---------|--------|------|
| 傳值呼叫 | N/A | 將變數值傳入函數，並不會更改原變數值 |
| 傳址呼叫 | ref | 將變數實際儲存的記憶體位址傳入，所以在函數變更參數值，也會同時更改變數值 |
| 傳出呼叫 | out | 傳出呼叫的參數也可以更改參數值，其和傳址呼叫的差異在於傳入參數不需指定初值，而傳址呼叫的參數一定需要指定初值 |

C# 函數預設使用傳值呼叫（Call by Value），所以並不需要特別宣告，如下所示：

```
void byVal(int c) { … }
```

上述函數是使用傳值參數的 byVal() 函數。傳址呼叫的 byRef() 函數在宣告時，參數需要指名使用 ref 關鍵字，如下所示：

```
void byRef(ref int c) { … }
```

上述函數是傳址呼叫（Call by Reference）函數，所以參數使用 ref 來宣告。在呼叫傳址函數時，其引數前也需要 ref 關鍵字，如下所示：

```
byRef(ref value);
```

傳出呼叫的 byOut() 函數在宣告時，參數需要特別指名 out 關鍵字，如下所示：

```
void byOut(out int c) { … }
```

上述函數是傳出呼叫（Call by Output）函數，所以參數使用 out 來宣告。在呼叫傳址函數時，引數前也需要 out 關鍵字，如下所示：

```
int d;
byOut(out d);
```

上述變數 d 需要先宣告後，才能作為函數的 out 傳出參數。C# 語言支援 Out 變數（Out Variables），可以直接在傳出呼叫的函數參數宣告變數（Visual C# 專案：Ch7_2_3a），如下所示：

```
byOut(out int d);
```

## Visual C# 專案：Ch7_2_3

請建立測試函數參數傳遞的 Windows 應用程式，我們準備建立 byVal() 傳值、byRef() 傳址和 byOut() 傳出共三個函數，然後分別將參數值加 1，按下按鈕測試呼叫 byVal()、byRef() 和 byOut() 後參數值的變化，其建立步驟如下所示：

**Step 1** 　請開啟「程式範例\Ch07\
Ch7_2_3」資料夾的 Visual
C# 專案，並且開啟表單
Form1（檔案名稱為 Form1.
cs），如右圖所示：

上述表單擁有名為 txtOutput 唯讀多行文字方塊控制項來輸出結果，button1 按鈕控制項執行測試。

Step 2 　雙擊標題為**測試函數參數傳遞**的 button1 按鈕，可以建立 button1_ Click() 事件處理程序，和輸入 byOut()、byRef() 和 byVal() 函數。

## byOut()、byRef()、byVal() 和 button1_Click()

```
01: public void byVal(int c, ref string output)
02: {
03:    c = c + 1;
04:    output += "在 byVal 函數為: " + c + "\r\n";
05: }
06:
07: public void byRef(ref int c, ref string output)
08: {
09:    c = c + 1;
10:    output += "在 byRef 函數為: " + c + "\r\n";
11: }
12:
13: public void byOut(out int c, ref string output)
14: {
15:    c = 10;
16:    output += "在 byOut 函數為: " + c + "\r\n";
17: }
18:
19: private void button1_Click(object sender, EventArgs e)
20: {
21:     string output;
22:     int c = 1;   // 宣告測試變數
23:     int d;
24:     output = "變數 c 的初始值為: " + c + "\r\n";
25:     output += "呼叫 byVal 前為: " + c + "\r\n";
26:     byVal(c, ref output);      // 呼叫傳值函數
27:     output += "呼叫 byVal 後/呼叫 byRef 前為: " + c + "\r\n";
28:     byRef(ref c, ref output);   // 呼叫傳址函數
29:     output += "呼叫 byRef 後為: " + c + "\r\n";
30:     byOut(out d, ref output);   // 呼叫傳出函數
31:     output += "呼叫 byOut 後為: " + d + "\r\n";
32:     txtOutput.Text = output;
33: }
```

**程式說明**

- 第 1~5 列：byVal() 函數擁有一個傳值參數 c 和傳址的字串參數 output，在第 3 列將變數 c 加 1。

- 第 7~11 列：byRef() 函數擁有一個傳址參數 c，在第 9 列將參數值 c 加 1。

- 第 13~17 列：byOut() 函數擁有一個傳出參數 c，在第 15 列將參數值 c 指定成 10。

- 第 22~23 列：宣告測試變數 c 和 d，並且初始變數 c 的值為 1，變數 d 沒有指定初始值。

- 第 26 列：使用變數 c 為引數呼叫 byVal() 函數。

- 第 28 列：使用變數 c 為引數呼叫 byRef() 函數。

- 第 30 列：使用變數 d 為引數呼叫 byOut() 函數。

**執行結果**

**Step 3** 在儲存後，請執行「偵錯/開始偵錯」命令，或按 F5 鍵，可以看到執行結果的 Windows 應用程式視窗。

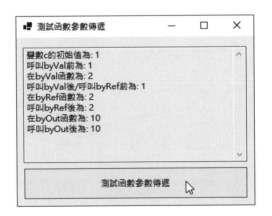

按**測試函數參數傳遞**鈕，可以看到變數 c 的初始值為 1，因為 byVal() 為傳值呼叫，在使用變數 c 為參數呼叫 byVal() 後，可以看到呼叫後的變數 c 值仍為 1。

　　當呼叫 byRef() 後，因為是傳址呼叫，所以變數值和在 byRef() 內的參數值都加 1，成為 2。最後呼叫 byOut() 後，因為是傳出呼叫，雖然變數 d 尚未指定值，但是仍然可以作為參數來呼叫 byOut()，如同傳址呼叫，參數 d 的值和在 byOut() 內也都更改成 10。

## 7-2-4　具名參數與選擇性參數

　　「具名參數」（Named Parameters）可以替函數呼叫的參數取一個名稱，如此在傳遞參數時可以使用參數名稱來傳遞，而不需依據函數宣告的參數順序，例如：將 3 個參數加總的 sum() 函數，如下所示：

```
public int sum(int a, int b, int c)
{
    return a + b + c;
}
```

　　上述函數共有 3 個參數，如果使用具名參數，就可以先傳 b，再傳 c，最後傳入 a，這是使用「：」號指定參數值，如下所示：

```
result = sum(b: 2, c: 3, a: 1);
```

　　「選擇性參數」（Optional Parameters）是用來指定預設參數值，如果函數呼叫時沒有指定參數值，就使用預設參數值。例如：計算盒子體積的 volume() 函數，參數是用「=」號指定預設值，如下所示：

```
public int volume(int length, int width = 2, int height = 3)
{
    return length * width * height;
}
```

　　上述 volume() 函數如果呼叫時沒有指定寬和高的參數，其預設值就是 2 和 3，只有 length 長度是一定需要指定的參數，其函數呼叫如下所示：

```
txtOutput.Text += "盒子體積: " + volume(l, w, h) + "\r\n";
txtOutput.Text += "盒子體積: " + volume(l, w) + "\r\n";
txtOutput.Text += "盒子體積: " + volume(l) + "\r\n";
```

上述函數呼叫分別指定長、寬和高，以及只有長和寬，最後是只有長的參數，其他沒有指定的參數就使用預設參數值。

## Visual C# 專案：Ch7_2_4

請建立測試具名與選擇性參數的 Windows 應用程式，我們準備建立 sum() 和 volume() 二個函數，volume() 函數的參數有預設值，然後使用具名參數呼叫 sum() 函數，和選擇性參數呼叫 volume() 函數，其建立步驟如下所示：

**Step 1**　請開啟「程式範例\Ch07\ Ch7_2_4」資料夾的 Visual C# 專案，並且開啟表單 Form1（檔案名稱為 Form1.cs），如右圖所示：

上述表單擁有名為 txtOutput 唯讀多行文字方塊控制項來輸出結果，button1 按鈕控制項執行測試。

**Step 2**　雙擊標題為**測試具名與選擇性參數**的 button1 按鈕，可以建立 button1_Click() 事件處理程序，和輸入 sum() 和 volume() 二個函數。

**sum()、volume() 和 button1_Click()**

```
01: public int sum(int a, int b, int c)
02: {
03:     return a + b + c;
04: }
05:
06: public int volume(int length, int width = 2, int height = 3)
07: {
08:     return length * width * height;
09: }
10:
```
NEXT

```
11: private void button1_Click(object sender, EventArgs e)
12: {
13:     int l = 10, w = 5, h = 15, result;
14:     result = sum(b: 2, c: 3, a: 1);
15:     txtOutput.Text = "參數的總和: " + result + "\r\n";
16:     txtOutput.Text += "盒子體積: " + volume(l, w, h) + "\r\n";
17:     txtOutput.Text += "盒子體積: " + volume(l, w) + "\r\n";
18:     txtOutput.Text += "盒子體積: " + volume(l) + "\r\n";
19: }
```

### 程式説明

● 第 1~4 列：sum() 函數擁有 3 個參數，可以傳回參數相加的總和。

● 第 6~9 列：volume() 函數擁有 2 個預設參數值，可以計算盒子的體積。

● 第 14 列：使用具名參數呼叫 sum() 函數。

● 第 16~18 列：分別指定 3、2 和 1 個參數值來呼叫 volume() 函數，沒有
  指定就使用預設參數值。

### 執行結果

**Step 3**　在儲存後，請執行「偵錯/開始偵錯」命令，或按 F5 鍵，可以看到執
　　　　　行結果的 Windows 應用程式視窗。

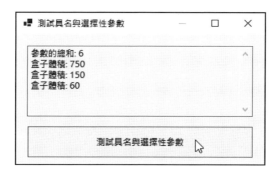

　　　按下**測試具名與選擇性參數**鈕，可以看到參數值的總和與不同選擇參數的體
積。

## 7-2-5　區域函數

C# 語言支援「區域函數」（Local Function），可以在函數之中擁有其他函數，例如：在 Main() 主程式函數之中擁有 Add() 區域函數（Visual C# 專案：Ch7_2_5），如下所示：

```
static void Main(string[] args)
{
    int a = 40;
    int b = 60;
    int Add(int x, int y)
    {
        Console.WriteLine("a= " + a);
        Console.WriteLine("b= " + b);
        return x + y;
    }
    Console.WriteLine(Add(3, 4));
    Console.Read();
}
```

上述 Add() 區域函數可以存取在 Main() 函數宣告的變數 a 和 b，其執行結果如下圖所示：

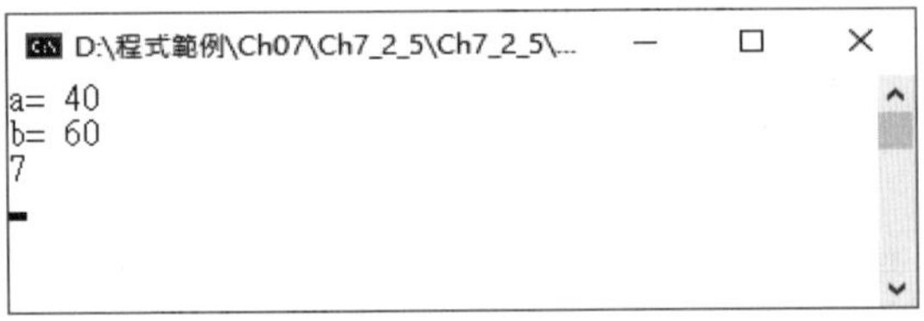

# 7-3 變數的範圍

因為同一 C# 類別可以有多個函數,所以其宣告的變數將擁有不同的有效範圍,也就是在程式區塊的哪些程式碼可以存取這些變數值。

## 7-3-1 變數範圍

「變數範圍」(Scope)是當程式執行時,變數可以讓函數內或其他程式區塊存取其值的範圍,簡單的說,就是 C# 程式碼可以存取此變數值的範圍,其說明如下所示:

● **區域變數範圍**(Local Scope):在函數內宣告的變數,只能在函數中使用,稱為區域變數。

● **全域變數範圍**(Global Scope):如果變數是在函數外宣告,則同一類別中的每一個函數都可以存取此變數值,稱為全域變數。

### Visual C# 專案:Ch7_3_1

請建立測試變數範圍的 Windows 應用程式,我們準備宣告全域和區域變數 a、b,funcA() 和 funcB() 函數都是將變數 a 設為 3,變數 b 設為 4,按下按鈕可以測試函數的變數範圍,其建立步驟如下所示:

**Step 1** 請開啟「程式範例\Ch07\Ch7_3_1」資料夾的 Visual C# 專案,並且開啟表單 Form1(檔案名稱為 Form1.cs),如下圖所示:

上述表單擁有名為 txtOutput 唯讀多行文字方塊控制項來輸出結果，
button1 按鈕控制項執行測試。

**Step 2** 雙擊標題為**測試變數範圍**的 button1 按鈕，可以建立 button1_
Click() 事件處理程序，和輸入 funcA() 和 funcB() 函數。

**funcA()、funcB() 和 button1_Click()**

```
01: // 宣告全域變數
02: int a = 1;
03: int b = 2;
04:
05: public void funcA()
06: {
07:     // 宣告區域變數
08:     int a, b;
09:     a = 3;   // 設定區域變數
10:     b = 4;
11: }
12:
13: public void funcB()
14: {
15:     a = 3;   // 設定全域變數
16:     b = 4;
17: }
18:
19: private void button1_Click(object sender, EventArgs e)
20: {
21:     string output = "";
22:     output += "宣告全域變數a, b\r\n";
23:     output += "funcA()宣告區域變數a, b\r\n";
24:     output += "funcB()沒有宣告區域變數, ";
25:     output += "只有區塊變數b\r\n";
26:     output += "初始值a/b: " + a + "/" + b + "\r\n";
27:     funcA();   // 呼叫 funcA()
28:     output += "呼叫 funcA()後: " + a + "/" + b + "\r\n";
29:     funcB();   // 呼叫 funcB()
30:     output += "呼叫 funcB()後: " + a + "/" + b + "\r\n";
31:     txtOutput.Text = output;
32: }
```

**程式說明**

- 第 2~3 列:宣告位在同一類別,但在其他函數外的全域變數 a 和 b。

- 第 5~11 列:funcA() 函數是在第 8 列宣告區域變數 a 和 b,第 9~10 列
分別將變數 a 指定為 3;變數 b 指定為 4。

- 第 13~17 列:funcB() 函數並沒有宣告區域變數,在第 15~16 列指定的是
全域變數值。

- 第 27 列和第 29 列:分別呼叫 funcA() 和 funcB() 函數。

**執行結果**

**Step 3**　在儲存後,請執行「偵錯/開始偵錯」命令,或按 `F5` 鍵,可以看到執
行結果的 Windows 應用程式視窗。

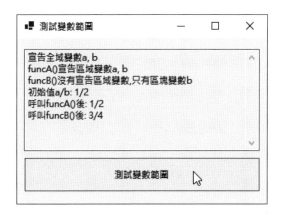

　　按**測試變數範圍**鈕可以看到全域變數 a 和 b 值的變化,其初值分別是 1
和 2,在呼叫 funcA() 函數後,因為 funcA() 函數有宣告同名的區域變數,所
以更改的是區域變數值,並不是全域變數值。

　　在 funcB() 函數沒有宣告區域變數,所以指定敘述是更改全域變數 a 和 b
的值,可以看到最後的變數值已經改為 3 和 4。

## 7-3-2 全域變數的應用

基本上，C# 語言的全域變數可以儲存跨函數之間的共享資料，或在重複執行函數時保留一些所需的資料。

例如：在票選系統選取選項按鈕後，**按投票**鈕參與票選，為了記錄各票選項目的投票數和總投票數，程式是使用全域變數記錄投票結果。

## Visual C# 專案：Ch7_3_2

請建立程式語言票選系統的 Windows 應用程式，只需選取選項按鈕後，按下按鈕即可參與票選，程式是使用全域變數記錄總投票人數和各種程式語言的投票數，其建立步驟如下所示：

**Step 1** 請開啟「程式範例\Ch07\Ch7_3_2」資料夾的 Visual C# 專案，並且開啟表單 Form1（檔案名稱為 Form1.cs），如下圖所示：

上述表單上方是名為 txtTotal 唯讀文字方塊控制項，可以顯示總投票數，button1 按鈕控制項參與投票，下方左右分別是選項按鈕和文字方塊，從上至下依序是 rdbCS、rdbC、rdbPython、rdbJava 和 rdbVB，文字方塊只有字頭改為 txt。

**Step 2** 雙擊標題為**參與投票**的 button1 按鈕建立 button1_Click() 事件處理
程序，和新增全域變數宣告。

## 全域變數宣告與 button1_Click()

```
01: int cs = 0;
02: int c = 0;
03: int python = 0;
04: int java = 0;
05: int vb = 0;
06: int total = 0;
07: private void button1_Click(object sender, EventArgs e)
08: {
09:     bool isSelected = false;
10:     // 處理投票
11:     if (rdbCS.Checked)
12:     {
13:         isSelected = true;
14:         cs += 1;
15:         txtCS.Text = cs.ToString();
16:     }
17:     if (rdbC.Checked)
18:     {
19:         isSelected = true;
20:         c += 1;
21:         txtC.Text = c.ToString();
22:     }
23:     if (rdbPython.Checked)
24:     {
25:         isSelected = true;
26:         python += 1;
27:         txtPython.Text = python.ToString();
28:     }
29:     if (rdbJava.Checked)
30:     {
31:         isSelected = true;
32:         java += 1;
33:         txtJava.Text = java.ToString();
34:     }
35:     if (rdbVB.Checked)
```

NEXT

```
36:     {
37:         isSelected = true;
38:         vb += 1;
39:         txtVB.Text = vb.ToString();
40:     }
41:     // 是否有選擇
42:     if (isSelected)
43:     {
44:         total += 1;
45:         txtTotal.Text = total.ToString();
46:     }
47:     else
48:         MessageBox.Show("錯誤: 沒有選取程式語言...", "錯誤");
49: }
```

**程式說明**

● 第 1~6 列：宣告位在同一類別，其他事件處理程序外的全域變數。

● 第 11~40 列：使用 5 個 if 條件判斷使用者選取的選項按鈕，然後將對應的全域變數加 1。

● 第 42~48 列：if/else 條件檢查使用者是否有選取選項按鈕，如果有，將投票數加 1，否則顯示錯誤訊息方塊。

**執行結果**

**Step 3** 在儲存後，請執行「偵錯/開始偵錯」命令，或按 F5 鍵，可以看到執行結果的 Windows 應用程式視窗。

　　選取選項按鈕後，按**參與投票**鈕，可以看到該程式語言的票數加 1，總投票數也會加 1。

### 7-3-3　在程式區塊的變數範圍

　　C# 語言的程式區塊也有變數範圍，不過，不同於 C/C++ 語言，並不允許在不同變數範圍內使用同名的變數，只可以在不同程式區塊宣告同名變數，如下所示：

```
for ( int i = 0 ; i <= 10 ; i++ ) { …… }
for ( int i = 0 ; i <= 20 ; i++ ) { …… }
```

　　上述 2 個 for 迴圈的程式區塊各自擁有變數範圍，所以可以有同名 i 的變數。如果寫成：

```
int i;
for ( int i = 0 ; i <= 10 ; i++ )
{
    ……
}
```

上述 for 迴圈的程式碼在 C/C++ 語言是合法；C# 語言並不合法，因為內層變數範圍的變數 i 會隱藏外層範圍的同名變數 i。同理，在 while 迴圈也不允許如此宣告變數 i，如下所示：

```
int count = 0;
int i;
while ( count <= 10 )
{
    int i;
    ......
    count++;
}
```

# 7-4　遞迴函數

「遞迴」（Recursive）是程式設計的重要觀念，「遞迴函數」（Recursive Functions）可以讓程式碼變的很簡潔，但是設計遞迴函數需要很小心，不然很容易掉入類似無窮迴圈的陷阱。

## 7-4-1　遞迴函數的基礎

遞迴是由上而下分析方法的一種特殊情況，使用遞迴觀念建立的函數稱為**遞迴函數**，其基本定義如下所示：

> 一個問題的內涵是由本身所定義的話，稱之為遞迴。

因為遞迴問題在分析時，其子問題本身和原來問題擁有相同的特性，只是範圍改變，範圍逐漸縮小到終止條件，所以我們可以歸納出遞迴函數的兩個特性，如下所示：

● 遞迴函數在每次呼叫時，都可以使問題範圍逐漸縮小。

● 函數需要擁有終止條件，以便結束遞迴函數的執行。

## 7-4-2 遞迴的階層函數

我們可以使用遞迴來計算階層函數的值，階層函數 N!，如下所示：

$$N! \begin{cases} 1 & \text{當 } N=0 \\ \\ N \times (N-1) \times (N-2)... \times 1 & \text{當 } N>0 \end{cases}$$

例如：計算 4! 階層函數的值，如下所示：

```
4!=4*3*2*1=24
```

因為階層函數本身擁有遞迴特性。我們可以將 4! 的計算分解成更小的子問題，如下所示：

```
4!=4*(4-1)!=4*3!
```

現在，3! 的計算成為一個新的子問題，必須先計算出 3! 值後，才能處理上述乘法。同理將子問題 3! 繼續分解成更小的子問題，如下所示：

```
3! = 3*(3-1)! = 3*2!
2! = 2*(2-1)! = 2*1!
1! = 1*(1-1)! = 1*0! = 1*1 = 1
```

最後，我們知道 1! 的值為 1，接著向上可以計算出 2! 到 4!，如下所示：

```
2! = 2*(2-1)! = 2*1! = 2
3! = 3*(3-1)! = 3*2! = 3*2 = 6
4! = 4*(4-1)! = 4*3! = 24
```

上述階層函數中一層一層的子問題都是一個階層函數，只是範圍改變逐漸縮小到終止條件。以階層函數為例是 N=0。直到符合終止條件，階層函數值也就計算出來。

## Visual C# 專案：Ch7_4_2

請建立遞迴階層函數的 Windows 應用程式，只需輸入階層數，按下按鈕，可以計算指定階層數的階層函數值，其建立步驟如下所示：

**Step 1** 請開啟「程式範例\Ch07\Ch7_4_2」資料夾的 Visual C# 專案，並且開啟表單 Form1（檔案名稱為 Form1.cs），如下圖所示：

上述表單上方 txtLevel 文字方塊控制項輸入階層數，在下方名為 lblOutput 標籤控制項輸出結果，button1 按鈕控制項執行計算。

**Step 2** 請按 `F7` 鍵切換至程式碼標籤來輸入 factorial() 遞迴函數的程式碼（fChart 流程圖：factorial.fpp，在**開始**符號新增區域變數 n）。

### factorial() 遞迴函數

```
01: public int factorial(int n)
02: {
03:     if (n == 1) return 1;
04:     else return n * factorial(n - 1);
05: }
```

### 程式說明

● 第 1~5 列：階層的遞迴函數在第 3~4 列的 if 條件是遞迴的終止條件，第 4 列呼叫自己 factorial() 函數，其參數 n 的範圍縮小 1。

**Step 3** 雙擊標題為**計算**的 button1 按鈕，可以建立 button1_Click() 事件處理程序（fChart 流程圖：Ch7_4_2.fpp）。

## button1_Click()

```
01: private void button1_Click(object sender, EventArgs e)
02: {
03:     int n;
04:     n = Convert.ToInt32(txtLevel.Text);
05:     lblOutput.Text = factorial(n).ToString();
06: }
```

## 程式說明

● 第 5 列：呼叫 factorial() 遞迴函數。

## 執行結果

**Step 4** 在儲存後，請執行「偵錯/開始偵錯」命令，或按 F5 鍵，可以看到執行結果的 Windows 應用程式視窗。

輸入階層數 7，按**計算**鈕可以在標籤顯示階層函數的計算結果，以此例為 7!=5040。

**選擇題**

( ) 1. 請問下列哪一個關鍵字可以宣告函數的傳出參數？

     A. out         B. val

     C. ref         D. by


( ) 2. 請問下列哪一個關於 C# 函數傳回值的說明是不正確的？

     A. 函數可以沒有傳回值

     B. 函數傳回值為 true 或 false

     C. 函數可以傳回運算的結果

     D. 函數傳回值是使用 break 關鍵字


( ) 3. 請問下列哪一個關鍵字可以從 C# 語言的函數來傳回值？

     A. default      B. return

     C. break       D. exit


( ) 4. 請問下列哪一個關於模組化程式設計的說明是不正確的？

     A. 模組化程式設計是將大程式切割成一個個小程式

     B. 模組化的基本單位是程序與函數

     C. 在撰寫程序與函數時，我們需要了解語意規則

     D. 程序與函數是一個執行特定功能的程式區塊

( ) 5. 請問下列 abs() 函數的哪一列程式碼是錯誤的，如下所示：

```
1: public int abs(int n) {
2:    if ( n < 0 ) return (-n);
3:    else { (n); }
4: }
```

　　　　A. 1　　B. 2　　C.4　　D. 3

## 簡答題

1. 請簡單說明什麼是模組化？並且使用圖例說明程序與函數的黑盒子？

2. 請說明程序/函數的正式參數（Formal Parameters）和實際參數（Actual Parameters）之間的差異？

3. 請問 C# 函數的參數傳遞方式有哪幾種？程序與函數的最大差異是 _____。

4. 請問什麼是具名參數與選擇性參數？

5. 請舉例說明區域和全域變數有什麼差別？

6. 請舉例說明什麼是遞迴函數？

## 實作題

1. 請建立 C# 應用程式新增 minParameters() 和 maxParameters() 函數，函數傳入 3 個整數參數，傳回值是參數中的最小值和最大值。

2. 請建立 C# 應用程式新增 bill() 函數，可以計算桌遊的費用，以分鐘計費，前 1 小時每分鐘 2 元；超過 1 小時，每分鐘 1 元。

3. 請建立 C# 應用程式新增 sum() 和 average() 函數，函數共有 5 個參數，可以計算參數成績資料的總分與平均值。

4. 請建立 C# 應用程式新增 int funcA(int x, int y) 和 double funcB(int x, int y) 函數，函數都擁有 2 個整數參數，funcA() 函數當參數 1 大於參數 2 時，傳回 2 個參數相乘的結果，否則是相加結果；funcB() 函數傳回參數 1 除以參數 2 的相除結果，如果參數 2 為 0，傳回 -1。

5. 請使用亂數類別模擬骰子的 1~6 點，建立 C# 應用程式來擲 2 個骰子，按下按鈕可以顯示點數。

6. 請使用 C# 語言建立遞迴函數計算 $X^n$ 的值，例如：$5^7$、$8^5$ 等。

# 08

## 字串與陣列

# 8-1  字串處理

    C# 語言的字串就是 string 資料型別，這是對應 .NET 的 System.String 類別，在 C# 程式碼建立字串物件後，就可以使用 System.String 類別的**方法**（Methods）和**屬性**（Properties）來處理字串。

## 8-1-1  字串的基礎

    C# 語言內建的 string 資料型別就是字串，我們可以使用字面值的字串（一組 char 字元集合使用「"」號括起）來建立字串物件，如下所示：

```
string str = "C#程式設計";
string str1;
str1 = "ASP.NET網頁設計";
```

    上述程式碼建立 str 和 str1 字串且指定字串內容。

### C# 字串是一種參考資料型別

    C# 語言的字串是一種參考資料型別，所以字串的內容並不允許更改，也就是說，我們一旦建立字串後，就無法更改其值，只能重新指定成一個全新的字串字面值，或另一個字串變數，如下所示：

```
string str = "C#程式設計";
str = "ASP.NET網頁設計";
```

    上述程式碼建立字串 str 且指定初值後，馬上使用指定敘述更改成其他字串的字面值，我們好像更改了字串內容，事實上並沒有，如下圖所示：

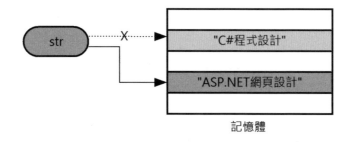

記憶體

上述圖例的變數 str 是 string 資料型別，因為是參考資料型別，所以指定敘述所指定的字串內容，只是重新指向另一個字串字面值的位址，並不是取代原來的字串內容。

## 字串的運算子

C# 語言的字串可以使用「+」號的字串連接運算子來連接字串，也支援比較運算子和 [] 運算子來取出指定的字元。

### 字串連接運算子

字串連接運算子可以連接 2 個運算元的字串成為一個字串，也就是將第 2 個運算元的字串附加至第 1 個運算元的最後，如下所示：

```
string str = "Hello " + "World!";
```

上述程式碼使用「+」號連接兩個字串，所以 str 變數的值成為"Hello World!"。

### 比較運算子

雖然 string 資料型別是一種參考資料型別，但是，我們一樣可以使用比較運算子（例如：「==」和「!=」）來比較 string 物件的值（不是參考的位址），如下所示：

```
string str1 = "Language";
string str2 = "Language";
if ( str1 == str2 ) { … }
```

上述 if 條件比較 str1 和 str2 字串的值，所以結果為 True。

## [] 運算子

[] 運算子可以如同陣列（請參閱＜第 8-2 節：一維陣列的處理＞）一般，從字串中取出指定索引值的字元，如下所示：

```
string str = "test";
char c = str[2];
```

上述程式碼取出索引值 2 的第 3 個字元（[] 運算子的索引值是從 0 起算），即「s」字元。

## 字串插值（String Interpolation）

在第 2 章說明 C# 語言的控制台輸入與輸出時，曾經提到使用參數來格式化資料輸出，同樣的方式，我們也可以使用 String.Format() 方法來格式化輸出（Visual C# 專案：Ch8_1_1），如下所示：

```
str = String.Format("姓名: {0} 的帳戶餘額是 {1:C}", name, balance);
```

上述程式碼可以將第 2 和 3 個參數的變數值填入之前的格式字串。不只如此，C# 語言支援字串插值（String Interpolation），可以直接將參數值置於「$」開頭的字串中，如下所示：

```
str = String.Format($"姓名: {name} 的帳戶餘額是 {balance:C}");
```

## 8-1-2　字串處理方法

System.String 類別提供方法（Methods）和屬性（Properties）來處理字串，我們可以取得字串長度、進行大小寫轉換、更改字串內容和執行子字串搜尋。

## 字串長度與大小寫轉換

String 物件提供屬性來取得字串長度，其範例和說明如下表所示：

| 屬性 | 說明 |
|---|---|
| Length | 取得整數的字串長度，擁有多少個字元或中文字。例如：str.Length; |

英文字串內容大小寫轉換和刪除空白字元的相關方法說明與範例，如下表所示：

| 方法 | 說明 |
|---|---|
| ToLower() | 將字串的英文字母轉換成小寫字母。例如：str.ToLower(); |
| ToUpper() | 將字串的英文字母轉換成大寫字母。例如：str.ToUpper(); |
| Trim() | 刪除字串前後的空白字元。例如：str = str1.Trim(); |
| TrimEnd() | 刪除字串尾端的空白字元。例如：str = str1.TrimEnd(); |
| TrimStart() | 刪除字串開頭的空白字元。例如：str = str1.TrimStart(); |

## 插入、刪除、取出和連接字串

String 物件提供方法可以插入、刪除、取出和連接字串，其相關方法的說明與範例，如下表所示：

| 方法 | 說明 |
|---|---|
| Insert(int, string) | 在第 1 個參數 int 的索引位置插入第 2 個參數的字串。<br>例如：str = str1.Insert(4, "AAA"); |
| Remove(int, int) | 從第 1 個參數開始，刪除第 2 個參數的字元數。<br>例如：str = str2.Remove(3, 4); |
| Substring(int) | 從參數 int 開始取出剩下字元的字串。<br>例如：str = str1.Substring(2); |
| Substring(int, int) | 取出第 1 個參數 int 到第 2 個參數 int 長度的子字串。<br>例如：str = str2.Substring(2, 4); |
| String.Concat(string, string) | 類別方法可以將參數的 2 個 string 字串結合在一起。<br>例如：str = String.Concat(str1, str2); |

## 子字串的搜尋

在 String 物件提供功能強大的子字串搜尋方法，可以在字串中搜尋所需的子字串。其相關方法的說明與範例，如下表所示：

| 方法 | 說明 |
|---|---|
| IndexOf(string) | 傳回第1次搜尋到參數字串的索引位置，如果沒有找到傳回-1。<br>例如：pos = str.IndexOf("程式"); |
| LastIndexOf(string) | 傳回反向從最後1個字元開始搜尋到字串的索引位置，如果沒有找到傳回-1。例如：pos = str.LastIndexOf("設計"); |
| IndexOf(string, int) | 傳回第 1 次搜尋到字串的索引位置，如果沒有找到傳回 -1，傳入 string 參數為搜尋字串，int 是開始搜尋的索引位置。<br>例如：pos = str.IndexOf("2011", 15); |
| LastIndexOf(string, int) | 如同 indexOf() 方法，不過是從尾搜尋到頭的反向搜尋。<br>例如：pos = str.LastIndexOf("2011", 15); |
| Replace(char, char) | 將字串中所有找到的第 1 個參數 char 取代成為第 2 個參數的 char。<br>例如：str = str1.Replace('E', 'O'); |

上表 Replace() 取得方法的參數除了字元 char，也可以是字串 string，即將找到的第 1 個參數字串取代成第 2 個參數的字串。

## 字串比較

String 物件的字串比較是將每個字元比較其內碼值，直到分出大小為止。其相關方法的說明與範例，如下表所示：

| 方法 | 說明 |
|---|---|
| CompareTo(string) | 比較 2 個字串內容，傳回值是整數，0 表示相等，<0 表示參數的字串比較大，>0 表示參數的字串比較小。<br>例如：result = str1.CompareTo(str2); |
| Equals(string) | 比較 2 個字串是否相等，傳回值 true 表示相等；false 表示不相等。<br>例如：bolRlt = str1.Equals(str2); |
| EndsWith(string) | 比較字串的結尾是否為參數字串，傳回值 true 表示是；false 表示否。<br>例如：bolRlt = str1.EndsWith("NET"); |
| StartsWith(string) | 比較字串的開始是否是參數字串，傳回值 true 表示是；false 表示否。<br>例如：bolRlt = str2.StartsWith("Visual"); |

## Visual C# 專案：Ch8_1_2

請建立字串搜尋和取代功能的 Windows 應用程式，我們是使用上表的字串方法來建立所需的功能，其建立步驟如下所示：

**Step 1** 請開啟「程式範例\Ch08\Ch8_1_2」資料夾的 Visual C# 專案，並且開啟表單 Form1（檔案名稱為 Form1.cs），如下圖所示：

上述表單的下方是名為 txtInput 的多行文字方塊，可以輸入文章內容。上方由上而下分別是名為 txtSearch 文字方塊輸入搜尋字串，和 txtReplace 文字方塊輸入取代字串，button1~2 按鈕控制項執行搜尋和取代。

**Step 2** 請分別雙擊標題為**搜尋**和**取代**的 button1~2 按鈕，可以建立 button1~2_Click() 事件處理程序。

button1~2_Click()

```
01: private void button1_Click(object sender, EventArgs e)
02: {
03:     int pos;
04:     pos = txtInput.Text.IndexOf(txtSearch.Text);
05:     if (pos != -1)   // 是否有找到
06:     {   // 顯示反白的搜尋文字
07:         txtInput.SelectionStart = pos;
08:         txtInput.SelectionLength = txtSearch.Text.Length;
09:         txtInput.Focus();
```
NEXT

```
10:     }
11: }
12:
13: private void button2_Click(object sender, EventArgs e)
14: {
15:     txtInput.Text = txtInput.Text.Replace(
                    txtSearch.Text, txtReplace.Text);
16: }
```

## 程式說明

● 第 4~10 列：使用 IndexOf() 方法搜尋子字串，如果找到，在 5~10 列的
  if 條件設定子字串反白顯示。

● 第 15 列：呼叫 Replace() 方法來取代子字串。

## 執行結果

**Step 3** 在儲存後，請執行「偵錯/
開始偵錯」命令，或按 `F5`
鍵，可以看到執行結果的
Windows 應用程式視窗。

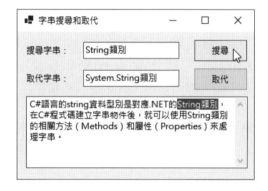

在上方文字方塊輸入欲搜尋和取
代的字串後，按**搜尋鈕**，如果有，就
可以看到反白顯示的子字串，然後
按**取代鈕**，可以取代文字內容，如右
圖所示：

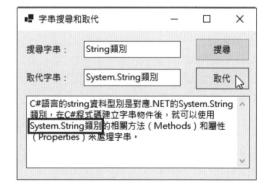

# 8-2 一維陣列的處理

「一維陣列」（One-dimensional Arrays）是最基本的陣列結構，擁有一個索引值，可以用來存取指定的陣列元素。

## 8-2-1 陣列的基礎

「陣列」（Arrays）是程式語言的基本資料結構，這是一種循序的資料結構。日常生活最常見的範例是住家大樓的一排信箱，如下圖所示：

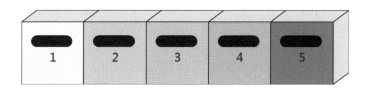

上圖是公寓或社區住家的一排信箱，郵差依信箱號碼投遞郵件，住戶依信箱號碼取出郵件，C# 陣列也是使用相同的道理，如果程式需要使用很多相同型別的變數時，我們可以宣告一堆變數。例如：大樓的住戶姓名，如下所示：

```
string name1, name2, name3, name4, name5;
```

上述程式碼宣告 5 個字串變數 name1~5，分別使用不同姓名來區分各住戶。如果使用陣列變數，我們只需宣告一個陣列變數，如下所示：

```
string[] names = new string[5];
```

上述程式碼宣告一個一維陣列變數，在 C# 程式碼只需使用陣列變數名稱加上索引值，就可以存取指定陣列元素的值。

C# 語言的陣列是對應 .NET 的 System.Array 類別，也是一種參考資料型別，可以將相同資料型別的變數集合起來，使用一個名稱來代表，我們是使用索引值來存取元素，每一個元素相當於是一個變數，如下圖所示：

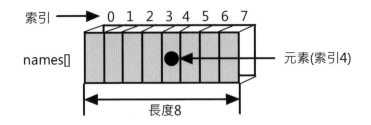

上述圖例的 names[ ] 陣列是一種固定長度的結構,陣列大小在編譯階段就已經決定。每一個「陣列元素」(Array Elements)是使用「索引」(Index)存取,索引值是從 0 開始到陣列長度減 1,即 0~7。

## 8-2-2 宣告一維陣列

陣列是一組變數,如果在程式中需要使用多個相同資料型別的變數,我們可以宣告陣列,而不用宣告一堆變數,直接透過陣列索引值來存取陣列元素的變數值。

### 宣告一維陣列

C# 陣列在宣告時就需指定陣列大小的尺寸,其基本語法如下所示:

```
資料型別[] 陣列_名稱 = new 資料型別[尺寸];
```

上述語法是使用資料型別開頭來宣告屬於此資料型別名為**陣列_名稱**的陣列,因為 C# 語言的陣列是一種物件,所以需要使用 new 運算子建立陣列物件,方括號中是陣列尺寸。例如:宣告和建立字串陣列 names[ ],如下所示:

```
string[] names = new string[5];
```

上述陣列大小是 5,索引值範圍是從 0 起算至括號值減一的 4,即 0~4。

## 指定一維陣列的初值

在宣告陣列的同時，我們就可以指定陣列元素的初值，如下所示：

```
int[] grades = {98, 75, 56, 88, 67};
```

或

```
string[] names = new string[5] {"陳會安", "江小魚",
         "陳允傑", "楊過", "小龍女"};
```

上述程式碼使用兩種方式宣告一維陣列 grades[ ] 和 names[ ]，和指定陣列元素的初值，其中 grades[ ] 陣列沒有指定尺寸，其尺寸就是後方大括號的初值個數。

## 存取一維陣列的元素

如果陣列沒有指定初值，我們一樣可以使用指定敘述來一一指定陣列元素的值，如下所示：

```
names[0] = "陳會安";
names[1] = "江小魚";
names[2] = "陳允傑";
names[3] = "楊過";
names[4] = "小龍女";
```

上述程式碼是一一使用索引值來指定每一個陣列元素的值。取出陣列元素值的程式碼，如下所示：

```
myName = names[2];
myGrade = grades[2];
```

上述程式碼取得陣列元素索引值為 2 的陣列元素值，也就是第 3 個陣列元素。

## Visual C# 專案：Ch8_2_2

請建立學生成績查詢的 Windows 應用程式，我們是使用 2 個一維陣列儲存學生姓名和成績資料，學號是陣列索引值，只需輸入學號的索引值，就可以取得指定的陣列元素值，即學生姓名和成績，其建立步驟如下所示：

**Step 1** 請開啟「程式範例\Ch08\Ch8_2_2」資料夾的 Visual C# 專案，並且開啟表單 Form1（檔案名稱為 Form1.cs），如下圖所示：

上述表單由上而下是從名為 txtID 文字方塊來輸入學號，之後是 txtName 和 txtGrade 唯讀文字方塊，可以顯示查詢結果的學生姓名和成績，使用 button1 按鈕控制項執行查詢。

**Step 2** 雙擊標題為**查詢成績**的 button1 按鈕，可以建立 button1_Click() 事件處理程序（fChart 流程圖：Ch8_2_2.fpp）。

**button1_Click()**

```
01: private void button1_Click(object sender, EventArgs e)
02: {
03:     string[] names = new string[5];
04:     int[] grades = { 98, 75, 56, 88, 67 };
05:     int id;
06:     // 指定陣列元素值
07:     names[0] = "陳會安";
08:     names[1] = "江小魚";
09:     names[2] = "陳允傑";
10:     names[3] = "楊過";
11:     names[4] = "小龍女";
```
NEXT

```
12:        id = Convert.ToInt32(txtID.Text);
13:        if (id >= 0 && id <= 4)   // 檢查陣列索引範圍
14:        {
15:            txtName.Text = names[id];
16:            txtGrade.Text = grades[id].ToString();
17:        }
18:        else
19:            MessageBox.Show("錯誤：陣列索引超過範圍！", "錯誤");
20: }
```

**程式說明**

- 第 3~4 列：宣告 2 個一維陣列 names[ ] 和 grades[ ]，其中 grades[ ] 陣列是使用指定初值的方式來指定陣列元素值。

- 第 7~11 列：指定 names[ ] 陣列的元素值。

- 第 12 列：取得輸入的陣列索引。

- 第 13~19 列：if/else 條件判斷索引是否在範圍內，如果是，顯示指定索引值的陣列元素，即學生的姓名和成績。

**執行結果**

Step 3    在儲存後，請執行「偵錯/開始偵錯」命令，或按 F5 鍵，可以看到執行結果的 Windows 應用程式視窗。

在文字方塊輸入學號後，按**查詢成績鈕**，可以在下方顯示學生姓名與成績。

## 8-2-3 foreach 迴圈與 System.Array 類別

繼續上一節的範例，如果我們需要顯示所有學生的姓名、成績資料，和計算平均成績，就需要使用 C# 語言的迴圈結構來從陣列的第 1 個元素走訪到最後 1 個元素。

## foreach 迴圈走訪陣列

C# 語言的 foreach 迴圈和 for 迴圈十分相似，不過 foreach 迴圈通常是使用在集合物件或陣列，可以顯示集合物件或陣列的所有元素，特別適合在不知道有多少元素的集合物件或陣列時，其基本語法如下所示：

```
foreach ( 變數 in 陣列 )
{
    程式敘述;
}
```

上述「變數」取得陣列的一個元素，變數需要和陣列屬於相同的資料型別，迴圈自動從索引 0 開始，每執行一次迴圈取得一個元素值且自動移至下一個元素，直到沒有元素為止。例如：走訪一維陣列 grades[ ] 來計算總分，如下所示：

```
foreach (int element in grades) {
    sum += element;
}
```

上述變數 grades[ ] 是陣列，迴圈可以一一取出所有陣列元素，指定給變數 element，請注意！element 變數是在 foreach 迴圈敘述中宣告。

## System.Array 類別的方法

因為 C# 陣列就是 System.Array 類別的物件，如果使用 for、while 或 do/while 迴圈存取陣列元素值，可以搭配 System.Array 類別的方法來取得陣列的邊界，其相關方法的說明，如下表所示：

| 方法 | 說明 |
|---|---|
| GetLength(int) | 傳回參數維度的元素數，一維陣列參數就是 0，二維陣列參數是 1，以此類推 |
| GetLowerBound(int) | 傳回參數維度整數值的陣列最小索引值 |
| GetUpperBound(int) | 傳回參數維度整數值的陣列最大索引值 |
| GetType() | 傳回陣列的資料型別 |

for 迴圈只需配合上表方法，一樣可以顯示陣列的所有元素值，如下所示：

```
low = grades.GetLowerBound(0);
high = grades.GetUpperBound(0);
for ( index = low; index <= high; index++ )
{
    output += names[index] + "\t" +
            grades[index] + "\r\n";
}
```

上述程式碼取得陣列的索引範圍後，使用 for 迴圈顯示 names[] 和 grades[] 陣列的元素值，因為在宣告時，我們已經知道陣列範圍，所以 for 迴圈也可以直接指定常數值的範圍，如下所示：

```
for ( index = 0; index <= 4; index++ )
{
    output += names[index] + "\t" +
            grades[index] + "\r\n";
}
```

## Visual C# 專案：Ch8_2_3

請建立學生成績評量的 Windows 應用程式，可以顯示學生姓名和成績清單，全班學生的平均成績和總分，其建立步驟如下所示：

**Step 1** 請開啟「程式範例\Ch08\Ch8_2_3」資料夾的 Visual C# 專案，並且開啟表單 Form1（檔案名稱為 Form1.cs），如下圖所示：

上述表單擁有名為 txtOutput 唯讀多行文字方塊輸出結果，button1 按鈕顯示學生成績資料，button2 按鈕計算總分和平均。

**Step 2** 雙擊標題為**顯示成績清單**的 button1 按鈕，可以建立 button1_Click() 事件處理程序，和初始全域變數的陣列（fChart 流程圖：Ch8_2_3. fpp）。

**全域變數的陣列與 button1_Click()**

```
01: int[] grades = { 98, 75, 56, 88, 67 };
02: string[] names = {"陳會安", "江小魚",
03:           "陳允傑", "楊過", "小龍女"};
04:
05: private void button1_Click(object sender, EventArgs e)
06: {
07:     int low, high, index;
08:     string output = "";
09:     // 取得陣列範圍
10:     low = grades.GetLowerBound(0);
11:     high = grades.GetUpperBound(0);
12:     // 顯示成績資料
13:     output += "姓名\t 成績\r\n";
14:     output += "-----------------------\r\n";
15:     for (index = low; index <= high; index++)
16:     {
17:         output += names[index] + "\t" +
18:                 grades[index] + "\r\n";
```

NEXT

```
19:     }
20:     output += "-----------------------\r\n";
21:     txtOutput.Text = output;
22: }
```

## 程式說明

● 第 1~3 列：初始全域變數的二個一維陣列，之所以宣告成全域變數，因為 2 個事件處理程序都會使用相同的陣列。

● 第 10~11 列：取得陣列範圍的索引值。

● 第 15~19 列：使用 for 迴圈顯示學生的姓名和成績，之所以沒有使用 foreach 迴圈，因為同時存取兩個陣列的元素值。

**Step 3** 雙擊標題為**計算平均和總分**的 button2 按鈕，可以建立 button2_ Click() 事件處理程序（fChart 流程圖：Ch8_2_3a.fpp）。

## button2_Click()

```
01: private void button2_Click(object sender, EventArgs e)
02: {
03:     double sum = 0.0, average;
04:     string output = "";
05:     // 計算總分
06:     foreach (int element in grades)
07:     {
08:         sum += element;
09:     }
10:     // 平均
11:     average = sum / grades.GetLength(0);
12:     output += "總和: " + sum + "\r\n";
13:     output += "平均: " + average + "\r\n";
14:     txtOutput.Text = output;
15: }
```

**程式說明**

● 第 6~9 列：使用 foreach 迴圈計算總分後，在第 11 列計算平均成績。

**執行結果**

**Step 4** 在儲存後，請執行「偵錯/開始偵錯」命令，或按 F5 鍵，可以看到執行結果的 Windows 應用程式視窗。

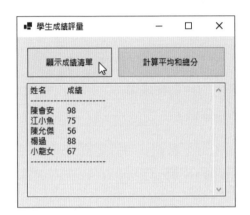

按下按鈕，可以分別顯示學生的成績資料、總分和平均成績。

# 8-3　建立多維陣列

「二維陣列」（Two-dimensional Array）或多維陣列都是一維陣列的擴充。如果將一維陣列想像成是一度空間的線；二維陣列就是二度空間的平面；三維陣列即空間。

## 宣告二維陣列和指定初值

在日常生活中，二維陣列的應用非常廣泛，只要是平面的表格，都可以轉換成二維陣列來表示。例如：月曆、功課表和成績單等。C# 語言的多維陣列擁有多個索引，對比前述信箱就是多排信箱。例如：儲存學生多科成績的二維陣列，其宣告如下所示：

```
int[,] grades = new int[2, 3];
```

   或

```
int[,] grades = new int[2, 3] { { 54, 68, 93},
                                { 67, 78, 89}};
```

   上述程式碼宣告一個 2 列和 3 欄的 2x3 二維陣列 grades[,]，使用「,」逗號分隔索引，1 個逗號是二維；2 個就是三維陣列。在宣告 2x3 的二維陣列後，如果沒有指定陣列元素的初值，我們可以使用指定敘述來一一指定二維陣列的元素值，如下所示：

```
grades[0, 0] = 54;
grades[0, 1] = 68;
grades[0, 2] = 93;
grades[1, 0] = 67;
grades[1, 1] = 78;
grades[1, 2] = 89;
```

   上述程式碼指定二維陣列的元素值。以此例的二維陣列共有 6 個陣列元素，如下圖所示：

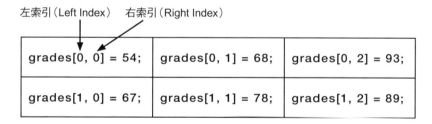

   上述二維陣列擁有 2 個索引，左索引（Left Index）指出元素位在哪一列；右索引（Right Index）指出位在哪一欄，使用 2 個索引值就可以存取指定的二維陣列元素值。

## 使用巢狀迴圈走訪二維陣列

   當建立二維陣列且指定元素值後，走訪二維陣列需要使用二層巢狀迴圈，如下所示：

```
for (i = 0; i <= 1; i++)
    for (j = 0; j <= 2; j++)
        sums[i] += grades[i, j];
```

上述程式碼的第一層迴圈取得第一維陣列；第二層迴圈是第二維。如果使用 GetUpperBound() 方法，只需指定參數的維度即可，值 0 是一維；1 是二維，以此類推，如下所示：

```
high1 = grades.GetUpperBound(0);
high2 = grades.GetUpperBound(1);
```

在本節筆者只使用二維陣列為例，更多維數的陣列處理方式如同一維擴充成二維陣列一般，只是重複擴充陣列的維度而已。

## Visual C# 專案：Ch8_3

請建立學生各課成績管理系統的 Windows 應用程式，在輸入 2 位學生的各科成績後，可以計算學生的總分和平均，其建立步驟如下所示：

**Step 1** 請開啟「程式範例\Ch08\Ch8_3」資料夾的 Visual C# 專案，並且開啟表單 Form1（檔案名稱為 Form1.cs），如下圖所示：

　　上述表單是將二維陣列以對角線方式來對調排列，在第一排的文字方塊是
txtGrade00~10，第二排是 txtGrade01~11，第三排是 txtGrade02~12，第四排
是 txtSum0~1，第五排是 txtAverage0~1。右上角的 button1 按鈕控制項執行
成績計算。

**Step 2**　　雙擊標題為**計算總分和平均**的 button1 按鈕，可以建立 button1_
　　　　　　Click() 事件處理程序（fChart 流程圖：Ch8_3.fpp）。

**button1_Click()**

```
01: private void button1_Click(object sender, EventArgs e)
02: {
03:     int[,] grades = new int[2, 3];
04:     double[] sums = new double[2];
05:     double[] averages = new double[2];
06:     int i, j;
07:     // 取得陣列元素值
08:     grades[0, 0] = Convert.ToInt32(txtGrade00.Text);
09:     grades[0, 1] = Convert.ToInt32(txtGrade01.Text);
10:     grades[0, 2] = Convert.ToInt32(txtGrade02.Text);
11:     grades[1, 0] = Convert.ToInt32(txtGrade10.Text);
12:     grades[1, 1] = Convert.ToInt32(txtGrade11.Text);
13:     grades[1, 2] = Convert.ToInt32(txtGrade12.Text);
14:     // 二層巢狀迴圈來計算總和
15:     for (i = 0; i <= 1; i++)
16:         for (j = 0; j <= 2; j++)
17:             sums[i] += grades[i, j];
18:     // 計算平均
19:     for (i = 0; i <= 1; i++)
20:         averages[i] = sums[i] / 3;
21:     // 顯示總分和平均
22:     txtSum0.Text = sums[0].ToString();
23:     txtSum1.Text = sums[1].ToString();
24:     txtAverage0.Text = averages[0].ToString();
25:     txtAverage1.Text = averages[1].ToString();
26: }
```

**程式說明**

● 第 3~5 列：宣告二維和一維陣列來儲存各科成績、總分和平均。

● 第 8~13 列：指定二維陣列 grades[,] 的值。

● 第 15~17 列：使用二層巢狀 for 迴圈計算學生成績的總分。

● 第 19~20 列：使用 for 迴圈計算成績的平均。

**執行結果**

**Step 3** 在儲存後，請執行「偵錯/開始偵錯」命令，或按 <kbd>F5</kbd> 鍵，可以看到執行結果的 Windows 應用程式視窗。

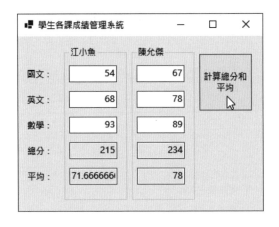

在文字方塊輸入學生成績後，**按計算總分和平均**鈕計算和顯示總分和平均。

# 8-4 不規則陣列與參數傳遞

　　C# 語言多維陣列的每一維的大小可以不固定，因此稱為不規則陣列，也就是說，陣列元素不只是變數值，還可以是另一個陣列。

　　基本上，C# 字串與陣列都是參考資料型別，當在函數參數使用陣列或字串時，就算是傳值方式，在函數也一樣可以更改陣列的元素值。

## 8-4-1　不規則陣列

C# 語言的不規則陣列（Jagged Array）是讓陣列元素可以是另一個陣列，此時，二維陣列的第 1 維元素值是另一個一維陣列，而且可以是不同尺寸的一維陣列。

### 宣告不規則陣列

在 C# 程式碼宣告不規則陣列的語法和之前的二維陣列有一些不同，一維陣列是一個「[ ]」；而二維就是「[ ][ ]」。例如：因為每一班學生人數並不相同，所以我們準備宣告儲存 3 個班級學生姓名的不規則陣列，如下所示：

```
string[][] classes = new string[3][];
classes[0] = new string[2];
classes[1] = new string[3];
classes[2] = new string[2];
```

上述程式碼宣告二維 string 資料型別的不規則陣列，在第 1 維有 3 個元素，接著建立每一維陣列元素是另一個 string 陣列，尺寸依序是 2、3 和 2 個元素。然後使用指定敘述來一一指定元素值，如下所示：

```
classes[0][0] = "陳會安";
classes[0][1] = "江小魚";
classes[1][0] = "張無忌";
classes[1][1] = "楊過";
classes[1][2] = "小龍女";
classes[2][0] = "陳允傑";
classes[2][1] = "陳允東";
```

上述程式碼在存取陣列元素時是使用雙方括號「classes[ ][ ]」來存取。

### 指定不規則陣列的初值

在宣告不規則陣列時，我們可以使用兩種方法來指定陣列的初值。第一種是在建立元素陣列時指定初值，如下所示：

```
string[][] classes = new string[3][];
classes[0] = new string[] {"陳會安", "江小魚"};
classes[1] = new string[] {"張無忌", "楊過", "小龍女"};
classes[2] = new string[] {"陳允傑", "陳允東"};
```

另一種方式是在宣告二維的不規則陣列時就指定初值，如下所示：

```
string[][] classes = new string[][] {
          new string[] {"陳會安", "江小魚"},
          new string[] {"張無忌", "楊過", "小龍女"},
          new string[] {"陳允傑", "陳允東"} };
```

## 使用巢狀迴圈走訪不規則陣列

在建立二維的不規則陣列後，走訪二維不規則陣列也是使用二層巢狀迴圈，我們需要使用 GetLength() 方法來取得每一維的陣列尺寸，如下所示：

```
for (i = 0; i < classes.GetLength(0); i++)
{
   for (j = 0; j < classes[i].GetLength(0); j++)
      output += classes[i][j] + "\t";
   output += "\r\n";
}
```

上述程式碼的第一層迴圈取得第一維陣列；第二層迴圈是第二維，在每一維都是使用 GetLength() 方法取得陣列尺寸。

## Visual C# 專案：Ch8_4_1

請建立測試 C# 不規則陣列的 Windows 應用程式，我們準備建立不規則陣列來儲存三個班的學生姓名資料，因為每一班的學生人數不同，可以顯示每一班的學生清單，其建立步驟如下所示：

**Step 1**   請開啟「程式範例\Ch08\Ch8_4_1」資料夾的 Visual C# 專案，並且開啟表單 Form1（檔案名稱為 Form1.cs），如下圖所示：

上述表單擁有名為 txtOutput 唯讀多行文字方塊來輸出結果，button1 按鈕控制項可以測試不規則陣列。

**Step 2** 雙擊標題為**測試**的 button1 按鈕，可以建立 btton1_Click() 事件處理程序。

**button1_Click()**

```
01: private void button1_Click(object sender, EventArgs e)
02: {
03:     int i, j;
04:     string output = "";
05:     string[][] classes = new string[3][];
06:     classes[0] = new string[] {"陳會安", "江小魚" };
07:     classes[1] = new string[] {"張無忌", "楊過", "小龍女"};
08:     classes[2] = new string[] {"陳允傑", "陳允東"};
09:     for (i = 0; i < classes.GetLength(0); i++)
10:     {
11:         for (j = 0; j < classes[i].GetLength(0); j++)
12:             output += classes[i][j] + "\t";
13:         output += "\r\n";
14:     }
15:     txtOutput.Text = output;
16: }
```

**程式說明**

● 第 5~8 列：宣告與建立二維的不規則陣列。

● 第 9~14 列：使用巢狀 for 迴圈顯示不規則陣列的每一個元素。

**執行結果**

**Step 3** 在儲存後，請執行「偵錯/開始偵錯」命令，或按 ▢F5 鍵，可以看到執行結果的 Windows 應用程式視窗。

按**測試**鈕可以顯示不規則陣列的每一個元素，即每一班的學生清單。

## 8-4-2 傳遞字串與陣列參數

C# 函數的參數如果是字串或陣列，由於字串與陣列都是參考資料型別，兩者傳值和傳址參數（或傳出參數）的差異，如下表所示：

| 資料型別 | 傳值方式 | 傳址方式 |
|---------|---------|---------|
| 數值型別 | 無法變更變數和成員 | 可以變更變數和成員 |
| 參考型別 | 無法變更變數，但可以變更成員 | 可以變更變數和成員 |

上表是指函數的參數如果是陣列，因為是參考型別，使用傳值呼叫時，可以更改陣列元素的值（成員），但是不能指定成新陣列（變數本身）。例如：在 C# 函數使用指定敘述將參數指定成其他陣列，如下所示：

```
public void replace(int[] a)
{
   int[] b = {10, 20, 30};
   a = b;
   ......
}
```

上述函數將參數的陣列 a 指定成新陣列 b，並不會影響原參數陣列 a，因為傳值方式並不能將參數指定成新陣列。

雖然字串也是參考資料型別，不過，因為字串並不能更改字元（成員）。如果字串內容變更，C# 語言會建立一個新字串（變數本身），因此，傳值參數無法更改字串內容，如果函數需要更改字串內容，請使用傳址參數來傳遞。

## Visual C# 專案：Ch8_4_2

請建立陣列最大值以及字串取代函數的 Windows 應用程式，可以取得陣列最大值與取代字串，函數參數是使用傳值方式來傳遞陣列，字串是使用傳址方式來呼叫，其建立步驟如下所示：

**Step 1** 請開啟「程式範例\Ch08\Ch8_4_2」資料夾的 Visual C# 專案，並且開啟表單 Form1（檔案名稱為 Form1.cs），如下圖所示：

上述表單的第一排是 txtEle0~3，在下方依序是 txtInput、txtSearch 和 txtReplace 文字方塊控制項，最下方是 lblOutput 標籤控制項輸出字串取代結果，由上而下是 button1~2 按鈕控制項，可以執行陣列最大值和字串取代。

**Step 2** 請分別雙擊標題為**顯示最大值**和**取代字串**的 button1~2 按鈕，能夠建立 button1~2_Click() 事件處理程序，以及建立 maxElement() 和 replaceStr() 函數。

## Form1.cs 的事件處理程序與函數

```
01: public void maxElement(int[] arr)
02: {
03:     int i, index = 0;
04:     // 找出最大值的索引
05:     for (i = 0; i < arr.GetLength(0); i++)
06:         if (arr[i] > arr[index])
07:             index = i;
08:     i = arr[0];    // 交換陣列元素
09:     arr[0] = arr[index];
10:     arr[index] = i;
11: }
12:
13: private void button1_Click(object sender, EventArgs e)
14: {
15:     int[] arrValue = new int[4];
16:     // 指定值
17:     arrValue[0] = Convert.ToInt32(txtEle0.Text);
18:     arrValue[1] = Convert.ToInt32(txtEle1.Text);
19:     arrValue[2] = Convert.ToInt32(txtEle2.Text);
20:     arrValue[3] = Convert.ToInt32(txtEle3.Text);
21:     maxElement(arrValue);    // 找最大值
22:     txtEle0.Text = arrValue[0].ToString();
23:     txtEle1.Text = arrValue[1].ToString();
24:     txtEle2.Text = arrValue[2].ToString();
25:     txtEle3.Text = arrValue[3].ToString();
26: }
27:
28: public void replaceStr(ref string str, string key, string rep)
29: {
30:     str = str.Replace(key, rep);
31: }
32:
33: private void button2_Click(object sender, EventArgs e)
34: {
35:     string str = txtInput.Text;
36:     replaceStr(ref str, txtSearch.Text, txtReplace.Text);
37:     lblOutput.Text = str;
38: }
```

**程式說明**

● 第 1~11 列：maxElement() 函數是使用第 5~7 列的 For 迴圈在陣列中找
出最大值，第 8~10 列將陣列元素交換到第 1 個元素，第 1 個元素就是最
大值。

● 第 17~21 列：在建立 arrValue[] 陣列後，第 21 列呼叫 maxElement() 函數。

● 第 28~31 列：replaceStr() 字串取代函數是呼叫 Replace() 方法來取代字
串，第 1 個參數是傳址呼叫。

● 第 36 列：呼叫 replaceStr() 函數。

**執行結果**

Step 3　在儲存後，請執行「偵錯/開始偵錯」命令，或按 [F5] 鍵，可以看到執
行結果的 Windows 應用程式視窗。

　　在輸入 4 個陣列元素後，**按顯示最大值**鈕，可以在第 1 個文字方塊顯示
最大值。在下方輸入原始、搜尋和取代字串後，**按取代字串**鈕，可以在下方看到
字串取代的結果。

# 8-5 陣列排序與搜尋

　　「排序」（Sorting）和「搜尋」（Searching）在計算機科學屬於資料結構與演算法的範疇。電腦有相當多執行時間都是在處理資料的排序和搜尋，排序和搜尋實際應用在資料庫系統、編譯器和作業系統之中。

## 8-5-1　陣列的排序

　　排序方法有很多種，在本節是使用陣列來說明基本排序方法，即所謂的「泡沫排序法」。

### 認識排序

　　排序工作是將一些資料依照特定原則排列成遞增或遞減的順序。例如：整數陣列 data[ ] 的內容，如下所示：

```
data[0]=89, data[1]=34, data[2]=78, data[3]=45
```

　　上述陣列以整數值的大小，將陣列內容以遞增順序來排序，其排序結果如下所示：

```
data[0]=34, data[1]=45, data[2]=78, data[3]=89
```

　　上述陣列 data[ ] 已經完成排序，其大小順序如下所示：

```
data[0] < data[1] < data[2] < data[3]
```

### 泡沫排序法

　　「泡沫排序法」（Bubble Sort）是使用交換方式來進行排序，可以將較小元素逐漸移動至陣列開始，較大元素就會慢慢浮向陣列的最後，如同水缸中的泡沫，慢慢往上浮，所以稱為泡沫排序法。

泡沫排序法的排序過程是使用交換方法，在陣列中找尋最大值，例如：

```
data[0]=89, data[1]=34, data[2]=78, data[3]=45
```

上述為原始陣列內容，而陣列依序比較陣列元素 0 和 1；元素 1 和 2；元素 2 和 3，如果各組的第 1 個元素比較大，就交換陣列元素，如下所示：

```
data[0]=89 > data[1]=34  =>  data[0]=34 data[1]=89  交換
data[1]=89 > data[2]=78  =>  data[1]=78 data[2]=89  交換
data[2]=89 > data[3]=45  =>  data[2]=45 data[3]=89  交換
```

上述陣列的最大值 89 一步一步往陣列尾端移動。完成後，陣列索引 3 的元素是最大值。接著重複上述步驟，每次縮小 1 個元素後，再重新比較陣列元素，就可以完成陣列元素的排序。

## Visual C# 專案：Ch8_5_1

請建立泡沫排序法的 Windows 應用程式，只需輸入 4 個數字，按下按鈕，就可以將 4 個數字從小到大進行排序，其建立步驟如下所示：

**Step 1** 請開啟「程式範例\Ch08\Ch8_5_1」資料夾的 Visual C# 專案，並且開啟表單 Form1（檔案名稱為 Form1.cs），如下圖所示：

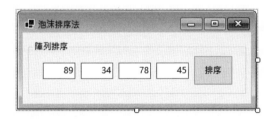

上述表單從左到右是名為 txtData0~3 共 4 個文字方塊，button1 按鈕控制項執行陣列排序。

**Step 2** 雙擊標題為**排序**的 button1 按鈕，可以建立 button1_Click() 事件處理程序和 bubbleSort() 函數（fChart 流程圖：Ch8_5_1.fpp）。

## bubbleSort() 與 button1_Click()

```
01: public void bubbleSort(int[] data)
02: {
03:     int i, j, len, temp;
04:     len = data.GetUpperBound(0);
05:     for (i = len; i >= 0; i--)
06:       for( j = 0; j <= (len-1); j++ )
07:          if ( data[j + 1] < data[j] )
08:          {
09:              temp = data[j + 1];   // 交換
10:              data[j + 1] = data[j];
11:              data[j] = temp;
12:          }
13: }
14:
15: private void button1_Click(object sender, EventArgs e)
16: {
17:     int[] data = new int[4];
18:     data[0] = Convert.ToInt32(txtData0.Text);
19:     data[1] = Convert.ToInt32(txtData1.Text);
20:     data[2] = Convert.ToInt32(txtData2.Text);
21:     data[3] = Convert.ToInt32(txtData3.Text);
22:     bubbleSort(data);    // 泡沫排序
23:     txtData0.Text = data[0].ToString();
24:     txtData1.Text = data[1].ToString();
25:     txtData2.Text = data[2].ToString();
26:     txtData3.Text = data[3].ToString();
27: }
```

## 程式說明

● 第 1~13 列：bubbleSort() 函數是泡沫排序法，使用兩層 for 迴圈交換陣列
   元素來進行排序。

● 第 17~26 列：在第 17~21 列建立 data[ ] 陣列後，呼叫 bubbleSort() 函
   數進行排序，最後第 23~26 列顯示排序結果的陣列元素。

**執行結果**

**Step 3** 在儲存後，請執行「偵錯/開始偵錯」命令，或按 F5 鍵，可以看到執行結果的 Windows 應用程式視窗。

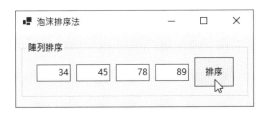

在輸入 4 個數字後，按**排序**鈕可以看到陣列元素從小到大進行排序。

## 8-5-2　陣列的搜尋

搜尋是在資料中找尋特定值，這個值稱為「鍵值」（Key）。例如：在電話簿找尋朋友的電話號碼，或在書局以書號來找尋圖書，此時朋友姓名和書號就是鍵值，找尋的動作是搜尋。

### 認識搜尋

搜尋是在資料中找出是否存在與鍵值相同的資料，如果資料存在，就進行後續的資料處理。例如：查詢電話簿是為了找朋友的電話號碼，然後與他連絡。在書局找書也是為了找到後買回家閱讀。搜尋方法依照搜尋的資料分為兩種，如下所示：

● **沒有排序的資料**：針對沒有排序的資料執行搜尋，我們需要從資料的第 1 個元素開始比較，從頭到尾以確認資料是否存在。

● **已經排序的資料**：資料已經排序，所以搜尋就不需從頭開始一一比較。例如：在電話簿找電話，相信沒有人是從電話簿的第 1 頁開始找，而是直接從姓名出現的頁數開始找，因為電話簿已經依照姓名進行排序。

## 線性搜尋法

線性搜尋法（Sequential Search）是從陣列的第 1 個元素開始走訪整個陣列，然後一個一個比較是否擁有搜尋的鍵值，因為需要走訪整個陣列，所以陣列資料是否排序都無所謂。

在 C# 程式可以使用迴圈來走訪陣列，一一比較陣列內的每個元素值是否為指定的鍵值，如下所示：

```
for (i = 0; i <= len; i++)
   if ( key == data[i] )
   {
      lblOutput.Text = "找到鍵值在位置: " + i;
      isFound = true;
      break;
   }
```

## 二元搜尋法

二元搜尋法（Binary Search）是一種分割資料的搜尋方法，搜尋資料是已經排序的資料。二元搜尋法先檢查排序資料的中間元素，如果等於鍵值就是找到；如果小於鍵值，表示資料位在前半段；否則位在後半段。然後繼續分割半段資料來重覆上述操作，直到找到或已經沒有資料可以分割為止。

例如：data[] 陣列索引的上下範圍分別是 low 和 high，中間元素索引 mid 是 (low + high)/2。在執行二元搜尋時分成三種情況，如下所示：

● 搜尋鍵值小於陣列的中間元素：鍵值位在資料陣列的前半部。

● 搜尋鍵值大於陣列的中間元素：鍵值位在資料陣列的後半部。

● 搜尋鍵值等於陣列的中間元素：找到搜尋的鍵值。

## Visual C# 專案：Ch8_5_2

　　請建立線性和二元搜尋的 Windows 應用程式，可以在陣列執行搜尋，因為二元搜尋需要已排序資料，所以提供上一節的泡沫排序法來排序陣列資料，其建立步驟如下所示：

**Step 1** 請開啟「程式範例\Ch08\Ch8_5_2」資料夾的 Visual C# 專案，並且開啟表單 Form1（檔案名稱為 Form1.cs），如下圖所示：

　　上述表單上方群組方塊從左到右是名為 txtData0~4 共 5 個文字方塊，button3 按鈕可以執行上一節的排序功能。在下方群組方塊提供 txtKey 文字方塊輸入鍵值，button1~2 按鈕控制項執行陣列搜尋，最下方 lblOutput 標籤輸出搜尋結果。

**Step 2** 請分別雙擊標題為**線性搜尋**和**二元搜尋**的 button1~2 按鈕，可以建立 button1~2_Click() 事件處理程序（fChart 流程圖：Ch8_5_2~Ch8_5_2a.fpp）。

button1~2_Click()

```
01: private void button1_Click(object sender, EventArgs e)
02: {
03:     int i, key, len;
04:     bool isFound = false;
05:     int[] data = new int[5];
06:     data[0] = Convert.ToInt32(txtData0.Text);
07:     data[1] = Convert.ToInt32(txtData1.Text);
```
NEXT

```
08:      data[2] = Convert.ToInt32(txtData2.Text);
09:      data[3] = Convert.ToInt32(txtData3.Text);
10:      data[4] = Convert.ToInt32(txtData4.Text);
11:      key = Convert.ToInt32(txtKey.Text);
12:      // 線性搜尋的迴圈
13:      len = data.GetUpperBound(0);
14:      for (i = 0; i <= len; i++)
15:         if ( key == data[i] )
16:         {
17:             lblOutput.Text = "找到鍵值在位置: " + i;
18:             isFound = true;
19:             break;
20:         }
21:      if ( !isFound )
22:         lblOutput.Text = "沒有找到鍵值．．．";
23: }
24:
25: private void button2_Click(object sender, EventArgs e)
26: {
27:      int key, low, high, mid;
28:      bool isFound = false;
29:      int[] data = new int[5];
30:      data[0] = Convert.ToInt32(txtData0.Text);
31:      data[1] = Convert.ToInt32(txtData1.Text);
32:      data[2] = Convert.ToInt32(txtData2.Text);
33:      data[3] = Convert.ToInt32(txtData3.Text);
34:      data[4] = Convert.ToInt32(txtData4.Text);
35:      key = Convert.ToInt32(txtKey.Text);
36:      low = 0;
37:      high = data.GetUpperBound(0);
38:      do
39:      {
40:         mid = (low + high) / 2;
41:         if ( data[mid] == key )
42:         {
43:             lblOutput.Text = "找到鍵值在位置: " + mid;
44:             isFound = true;
45:             break;
46:         }
47:         else
```

NEXT

```
48:            if ( data[mid] > key )
49:                high = mid - 1;  // 前半段
50:            else
51:                low = mid + 1;   // 後半段
52:        } while ( low <= high );
53:        if ( !isFound )
54:            lblOutput.Text = "沒有找到鍵值...";
55: }
```

**程式說明**

● 第 1~23 列：button1_Click() 事件處理程序是線性搜尋，使用第 14~20 列的 for 迴圈搜尋鍵值。

● 第 25~55 列：button2_Click() 事件處理程序是二元搜尋，在第 38~52 列的 do/while 迴圈搜尋直到陣列的下邊界大於上邊界為止，第 40 列計算陣列中間元素的索引值。

● 第 41~51 列：使用 if/else 巢狀條件判斷是否找到，如果沒有找到，表示位在前半段，或後半段，然後調整中間元素的索引值。

**執行結果**

**Step 3** 在儲存後，請執行「偵錯/開始偵錯」命令，或按 F5 鍵，可以看到執行結果的 Windows 應用程式視窗。

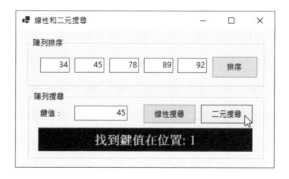

在輸入鍵值後，按**線性搜尋**鈕搜尋陣列資料。若要使用二元搜尋，則資料需要排序，因此請先按**排序**鈕排序後，再執行**二元搜尋**。

# 學習評量

**選擇題**

(　　) 1. 如果沒有使用索引值，請問 C# 可以使用下列哪一種迴圈來走訪陣列？

       A. while          B. for

       C. do/while      D. foreach

(　　) 2. 請問下列哪一個是存取陣列 quiz 第 1 個元素的程式碼？

       A. quiz[0]       B. quiz(1)

       C. quiz(0)       D. quiz[1]

(　　) 3. 當宣告陣列變數 string[] name = new string[6]；後，請問我們宣告了幾個元素的字串陣列？

       A. 4           B. 5

       C. 6           D. 7

(　　) 4. 請問下列二維陣列宣告共宣告幾個元素？

```
int[,] grades = new int[2,3];
```

       A. 2           B. 6

       C. 5           D. 12

( ) 5. 請問下列哪一個是 C# 陣列索引預設的起始值？

      A. -1           B. 2

      C. 1            D. 0

## 簡答題

1. 請使用圖例說明為什麼 C# 的字串是一種參考資料型別？

2. 現在有一個 C# 字串 str，請寫出字串方法 ToUpper()、Substring(2, 4) 和 IndexOf("程式") 的輸出結果，如下所示：

```
string str = "Visual C# 程式設計範例教本";
```

3. 請使用圖例說明什麼是陣列？組成陣列的元素是什麼？

4. 一維陣列可以使用 System.Array 類別的 _____ 方法取得最大索引值，_____ 方法取得最小索引值，_____ 方法取得元素數。

5. 請說明何謂多維陣列？何謂不規則陣列（Jagged Array）？

6. 請簡單說明什麼是搜尋與排序？請問搜尋方法依照搜尋的資料可以分為哪兩種？

## 實作題

1. 請建立 C# 應用程式宣告一維陣列 grades[ ]，使用文字方塊輸入 4 筆學生成績資料：95、85、76、56 後，計算總分和平均。

2. 請建立 C# 應用程式宣告 5 個元素的一維陣列後，使用亂數類別來產生陣列的元素值，其範圍是 1~200 的整數，然後將陣列內容排序後，顯示在標籤控制項。

3. 請建立 C# 應用程式來測試字串方法的使用，以 "Visual C# 程式設計範例教本" 測試字串為例，取得下列所需的執行結果，如下所示：

- 取得字串長度。

- 取出左邊 16 個字。

- 取出第 4 個字開始的 4 個字。

4. 請分別建立 arrMin() 和 arrMax() 函數傳入整數陣列，傳回值是陣列的最小值和最大值，請建立 C# 應用程式的表單介面讓使用者輸入 6 個數字，然後找出其中的最小值和最大值。

5. 請建立英文字串的二元搜尋和泡沫排序函數，在 C# 應用程式只需在文字方塊輸入字串，就可以使用英文字母順序來排序和搜尋指定字元。

# 09

# 類別與物件

# 9-1 物件導向的應用程式開發

物件導向的應用程式開發是一種軟體開發的革命，可以讓我們完全用不同於傳統應用程式開發的方式來思考問題。

## 9-1-1 傳統應用程式開發

傳統應用程式開發是將資料和操作分開來思考，著重於如何找出解決問題的演算法來建立程序或函數。例如：一家銀行的客戶甲擁有帳戶 A 和 B 兩個帳戶，當客戶甲查詢帳戶 A 的餘額後，從帳戶 A 提出 1000 元，然後將 1000 元存入帳戶 B。傳統應用程式開發建立的模型，如下圖所示：

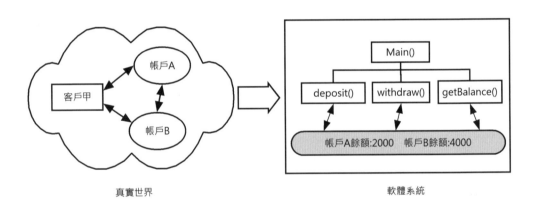

真實世界　　　　　　　　　　　　　　　　軟體系統

上述圖例的左邊是真實世界參與的物件和其關係，右邊是經過結構化分析和設計 (Structured Analysis/Design) 後建立的應用程式模型。

很明顯的！這個應用程式模型就是解決問題所需的程序與函數，包含：存款 deposit() 函數、提款 withdraw() 函數和查詢餘額 getBalance() 函數。

在主程式 Main() 就是一序列的函數呼叫，首先呼叫 getBalance() 函數查詢帳戶 A 的餘額，參數是帳戶，然後呼叫 withdraw() 函數從帳戶 A 提出 1000 元後，最後呼叫 deposit() 函數將 1000 元存入帳戶 B，如下所示：

```
getBalance(A);
withdraw(A, 1000);
deposit(B, 1000);
```

# 9-1-2 物件導向應用程式開發

物件導向應用程式開發是將資料和操作一起思考，其主要工作是找出參與物件和其他物件之間的關係，並且分配物件的工作，然後透過執行這些物件的方法來通力合作解決問題。

例如：針對上一節相同的銀行存提款問題，使用物件導向應用程式開發建立的模型，如下圖所示：

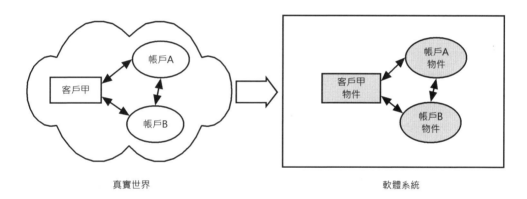

真實世界　　　　　　　　　　　　　　軟體系統

上述圖例是在電腦系統建立了一個對應真實世界物件的模型，簡單的說，這是一個模擬真實世界的物件集合，稱為物件導向模型 (Object-Oriented Model)。

物件導向應用程式開發因為是將資料和操作一起思考，所以帳戶物件除了餘額外，還包含處理帳戶餘額的相關方法：GetBalance()、Withdraw() 和 Deposit() 方法，如下圖所示：

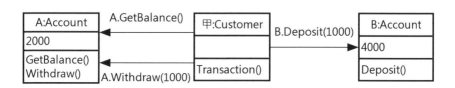

上述圖例的客戶甲物件執行 Transaction() 方法進行交易，首先送出訊息給帳戶 A 物件，請求執行 GetBalance() 方法取得帳戶餘額 2000 元，然後送出訊息給帳戶 A 物件，執行 Withdraw() 方法提款 1000 元，所以目前的餘額是 1000 元，最後送出訊息給帳戶 B 物件執行 Deposit() 方法存入 1000 元，帳戶 B 物件的餘額更新成 5000 元。

所以，物件導向應用程式就是一個物件集合，將合作物件視為節點，使用訊息路徑的邊線連接成類似網路圖形的物件結構。在物件之間使用訊息進行溝通，各物件維持自己的狀態 (更新帳戶餘額)，並且擁有獨一無二的物件識別 (物件甲、A 和 B)。

# 9-2　物件導向的基礎

「物件導向程式設計」(Object-oriented Programming，OOP) 是模組化程式設計的重要轉變，一種更符合人性化的程式設計方法，因為我們本來就是生活在物件的世界，思考模式也是遵循著物件導向模式。

## 9-2-1　物件是第二個黑盒子

「物件」(Object) 是物件導向技術的關鍵，以程式角度來說，物件是資料與相關程序與函數結合在一起的綜合體，如右圖所示：

上述圖例的資料 (即變數) 被使用介面的方法包裹成一個黑盒子，物件的方法就是第 7 章 C# 函數。對於程式設計者來說，我們並不用考慮黑盒子內部儲存什麼資料，方法的程式碼是如何實作，只需知道物件提供什麼介面和如何使用它即可。

換到現實生活，物件範例隨處可見，例如：車子、電視、書桌和貓狗等。
基本上，物件擁有三種特性，其說明如下所示：

● 狀態 (State)：物件目前的狀態值，物件變數 (在 C# 語言稱為欄位) 儲存的
是物件狀態，可以簡單的是布林值變數，也可能是另一個物件，例如：車子
的車型、排氣量、色彩和自排或手排等變數。

● 行為 (Behavior)：行為是物件可見部分提供的服務，即可做什麼事，例如：
車子可以發動、停車、加速和換擋等。

● 識別字 (Identity)：識別字是用來識別不同物件，每一個物件都擁有獨一無
二的識別字。

開車時我們並不需要了解車子是如何發動，換擋時的變速箱需多少個齒輪
才能正常的運作，車子對我們來說就是一個黑盒子，唯一要作的是學習如何開
車。同理，沒有什麼人了解電視如何能夠收到訊號，但是我們知道打開電源，
更換頻道就可以看到影像。

## 9-2-2 物件導向程式分析

在 1970~80 年間主要的軟體工程分析方法是「由上而下分析法」(Top-
down Design)，不過這種分析方法有一些問題，如下所示：

● 由上而下分析法的整個處理過程，只是找出解決問題的程序或函數，也就是
各別函數的程式碼，而沒有真正考量到程式使用的資料本身。

● 由上而下分析法得到的函數很難被重複使用，因為函數都是針對特定問題所
量身定製，函數需要大幅修改才能使用在其他問題上。

為了解決上述問題，由上而下分析法經常隨著「由下而上分析法」
(Bottom-up Design)，這種方法是由下而上，先尋找可重複使用的軟體元件，
然後由下而上組合起來，以便解決整個問題。

事實上，我們使用由下而上找出的可重複使用軟體元件就是一個一個模組，如同電腦硬體的「隨插即用」(Plug and Play)，將模組插入軟體系統就可以馬上運作，而不用考慮模組本身的詳細內容。

換句話說，模組只需符合系統需求，就能把實際處理的資料隱藏起來，稱為「資訊隱藏」(Information Hiding)。物件就是一種包含資料和處理這些資料的程序與函數的模組，可以達到資訊隱藏的目的。

物件導向的程式分析是將原來專注於演算法的程序與函數分解，轉換成了解問題本質的物件，將整個軟體視為一個一個定義完善的物件，整個程式是由物件組成，強調物件的重複使用，在建立下一層的每一個物件後，由下而上組合成整個應用程式的物件，就可以解決整個問題。

## 9-2-3 物件導向程式語言

物件導向程式語言的精神是物件，但支援物件的程式語言並不一定是物件導向程式語言，可能只是物件基礎程式語言，如下所示：

● 物件基礎程式語言 (Object-based Languages)：提供資料抽象化和物件觀念。例如：VB 6 語言。

● 物件導向程式語言 (Object-oriented Languages)：支援封裝、繼承和多型觀念。例如：C#、Python、VB.NET、.NET 的 Visual Basic、C++ 和 Java 語言等。

程式語言之所以稱為物件導向程式語言，就是因為程式語言支援封裝、繼承和多型三大特點。

## 封裝

封裝 (Encapsulation) 是將資料和處理資料的程序與函數組合成物件。在 C# 語言定義物件是使用「類別」(Class)，屬於一種抽象資料型別，換句話說，就是替程式語言定義新的資料型別。

### 繼承

繼承 (Inheritance) 是物件的再利用，當定義一個類別後，其他類別可以繼承此類別的資料和方法，新增或取代繼承類別的資料和方法。

### 多型

多型 (Polymorphism) 是物件導向最複雜的特性，類別如果需要處理各種不同的資料型別，此時並不需要針對不同資料型別建立專屬類別，可以直接繼承基礎類別，繼承此類別建立同名方法來處理不同的資料型別，因為方法名稱相同，只是程式碼不同，也稱為「同名異式」。

## 9-3 類別與物件

C# 語言的類別是物件的原型，即物件的藍圖。類別宣告可以分為兩部分，如下所示：

- 成員資料 (Data Member)：物件的資料部分或稱為「成員變數」(Member Variables)，C# 語言稱為欄位 (Fields)，我們可以讓宣告成 private 變數配合宣告成 public 的屬性函數來存取，稱為屬性 (Properties)，或直接宣告成 public。

- 成員方法 (Method Member)：物件處理資料的 C# 函數，稱為方法 (Methods)。

C# 類別就是欄位 (Fields)、屬性 (Properties)、函數所組成，欄位與屬性是成員資料；函數是成員方法。

### 9-3-1 宣告類別與建立物件

C# 語言的類別宣告就是物件的原型宣告，也就是物件的藍圖，我們需要宣告類別後才能使用此藍圖來建立物件。

## 宣告類別

C# 語言是使用 class 關鍵字來宣告類別,其基本語法如下所示:

```
存取修飾子 class 類別名稱
{
    欄位、屬性、方法
}
```

上述語法的 class 關鍵字之前是存取修飾子的存取層級 (Access Level),public 修飾子是任何程式碼都可以使用此類別來建立物件,沒有指明存取修飾子的類別,預設是 internal,只允許同一 Visual C# 專案的檔案使用此類別。

位在大括號之中是類別成員的欄位、屬性和方法。例如:Test 考試類別的宣告,如下所示:

```
public class Test
{
    public int Mid;
    public int Final;
    public double GetAvg()
    {
        return (Mid+Final)/2.0;
    }
    public void SetGrade(int m, int f)
    {
        Mid = m;
        Final = f;
    }
}
```

上述 Test 類別包含成員資料 Mid (期中成績)、Final (期末成績),即欄位,和成員方法 GetAvg() 和 SetGrade() 的宣告,都是宣告成 public 存取修飾子,可以讓其他 C# 程式碼呼叫物件的成員方法或存取成員變數。Test 類別的 UML 類別圖 (使用 NClass 繪製,詳見附錄 C 的說明),如下圖所示:

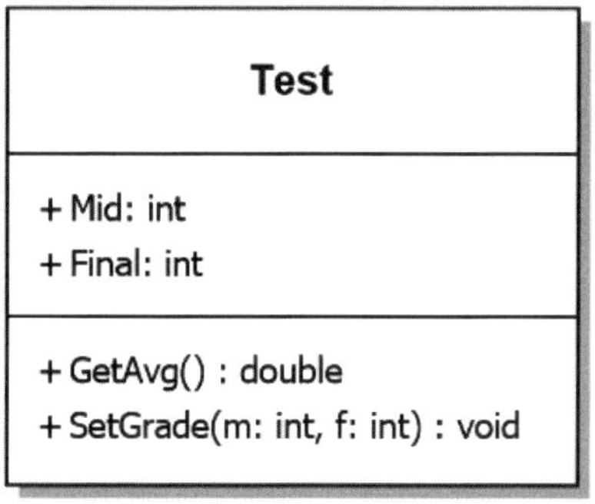

```
                        Test

    + Mid: int
    + Final: int

    + GetAvg() : double
    + SetGrade(m: int, f: int) : void
```

　　上述類別圖的最上方是類別名稱，中間是成員資料，下方是成員方法，在成員資料和方法前的加號表示宣告成 public；減號是 private；「#」號是宣告成 protected，關於存取修飾子的進一步說明請參閱第 9-3-2 節。

> ■ 説 明
>
> UML (Unified Modelling Language) 的中文名稱是統一塑模語言，一種類似繪製電子元件、工程機械圖等的標準圖形符號，可以作為程式分析者和程式設計者之間的溝通語言，本書是使用 UML 類別圖來圖形化表示 C# 類別宣告和架構。

## 使用類別建立物件

　　在 C# 語言是使用 new 運算子來建立物件，可以依照類別藍圖來建立物件，傳回值是指向此物件的參考 (因為物件是一種參考型別)，如下所示：

```
Test joe, mary;
joe = new Test();
mary = new Test();
```

　　上述程式碼宣告 Test 類別的物件變數 joe 和 mary 後，使用 new 運算子建立物件，因為同一類別可以建立多個物件，此時的每一個物件稱為類別的「實例」(Instances)，如下圖所示：

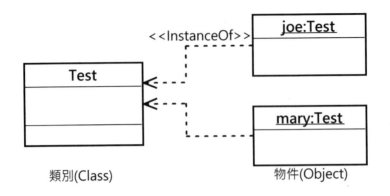

上述圖例建立 2 個 Test 物件，物件變數 joe 和 mary 的值並不是物件本身，而是參考此物件配置的記憶體位址，如下圖所示：

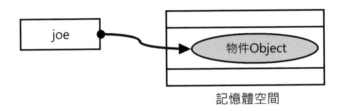

## 存取物件屬性和方法

在建立物件後，我們可以使用「.」運算子存取物件屬性與呼叫物件的方法。以 Test 類別建立的物件 joe 為例，如下所示：

```
joe.Mid = 80;
joe.Final = 76;
```

上述程式碼使用指定敘述指定物件欄位 Mid 和 Final 的值。我們也可以使用相同方式來呼叫方法，如下所示：

```
lblOutput.Text = "Joe平均成績: " + joe.GetAvg();
```

上述程式碼呼叫物件 joe 的 GetAvg() 方法。因為同一類別可以建立多個物件，每一個物件都可以呼叫自己的方法，如下所示：

```
joe.GetAvg();
mary.GetAvg();
```

## Visual C# 專案：Ch9_3_1

　　請建立計算平均成績的主控台應用程式，在專案加入 Class1.cs 類別檔的 Test 類別宣告後，在 Main() 主程式建立 Test 物件，和使用物件欄位和方法來指定成績和顯示平均成績，其建立步驟如下所示：

**Step 1**：請開啟「程式範例\Ch09\Ch9_3_1」資料夾的 Visual C# 專案，在「方案總管」視窗的 Ch9_3_1 專案上，執行**右鍵**快顯功能表的「加入/類別」命令，可以看到「新增項目」對話方塊。

---

■■ 説 明

請注意！在第三篇第 9~12 章的 Visual C# 主控台應用程式專案，在新增專案的「其他資訊」步驟有勾選**不要使用最上層陳述式**，如下圖所示：

如此，我們建立的 Class1.cs 類別檔才會和 Program.cs 位在同一個 Ch9_3_1 命名空間，如果沒有勾選，在 Program.cs 類別檔的第 1 列需要自行使用 using 匯入此命名空間後，才能使用 Test 類別，如下所示：

```
using Ch9_3_1;
```

---

**Step 2**：在**名稱**欄是預設檔名 **Class1.cs**，如果需要，請自行更改，按**新增**鈕。

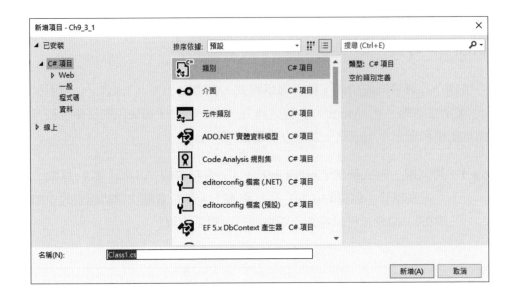

**Step 3**：可以看到 Class1.cs 程式碼編輯視窗，請刪除預設建立的 Class1 類別宣告，即修改替換下列類別成為 Test 類別宣告，如下所示：

```
internal class Class1
{

}
```

## Test 類別

```
01: public class Test
02: {
03:     public int Mid;       // 期中考
04:     public int Final;     // 期末考
05:     // 物件方法: 計算平均成績
06:     public double GetAvg()
07:     {
08:         return (Mid + Final) / 2.0;
09:     }
10:     // 物件方法: 指定測驗成績
11:     public void SetGrade(int m, int f)
```

NEXT

```
12:     {
13:         Mid = m;
14:         Final = f;
15:     }
16: }
```

## 程式說明

- 第 1~16 列：Test 類別的宣告，在第 3~4 列是成員變數宣告，即欄位，第 6~15 列是 2 個成員方法，可以指定成績和計算平均成績。

**Step 4**：請開啟或切換至 Program.cs 程式檔案後，輸入 Main() 主程式的 C# 程式碼。

## Main() 主程式

```
01: // 物件變數宣告
02: Test joe, tom, mary;
03: // 建立物件實例
04: joe = new Test();
05: mary = new Test();
06: tom = joe;
07: // 設定joe物件的成員變數
08: joe.Mid = 80;
09: joe.Final = 76;
10: Console.WriteLine("Joe平均成績: " + joe.GetAvg());
11: // 設定mary物件的成員變數
12: mary.SetGrade(78, 92);
13: Console.WriteLine("Mary平均成績: " + mary.GetAvg());
14: Console.WriteLine("Tom平均成績: " + tom.GetAvg());
15: Console.Read();
```

## 程式說明

- 第 2 列：使用 Test 類別宣告物件變數 joe、tom 和 mary。

- 第 4~5 列：使用 new 運算子建立物件。

- 第 6 列：將 tom 指向 joe，表示 2 個物件變數是參考同一個物件，所以 2 位學生的分數相同。

- 第 8~10 列：指定 joe 物件變數的欄位值後，在第 10 列呼叫物件的 GetAvg() 實例方法取得平均成績。

- 第 12~14 列：呼叫物件的實例方法指定成績和取得平均成績。

**執行結果**

Step 5：在儲存後，請執行「偵錯/開始偵錯」命令，或按 F5 鍵，可以看到執行結果的「命令提示字元」視窗。

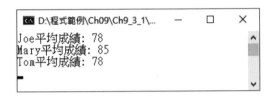

上述執行結果顯示 Test 物件計算的平均成績，Joe 和 Tom 是同分，因為 joe 和 tom 物件變數是指向同一個 Test 物件，擁有相同的成績資料，如下圖所示：

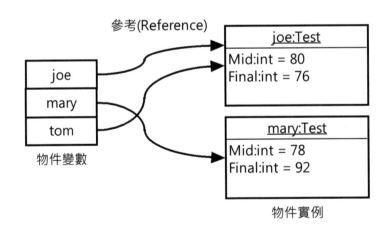

上述圖例可以看出 joe 和 tom 物件變數都是參考同一物件，因為當物件變數指定成其他物件變數時，只有參考的指標被複製，物件本身仍然是同一個，並不會複製一個新物件。

## 9-3-2　類別成員的存取

在 C# 類別的有些成員變數與方法屬於類別本身，並不需要讓其他程式碼呼叫，有些是 public 的類別使用介面，我們能夠使用存取修飾子控制類別的哪些成員可以讓其他程式碼存取；哪些不允許，也就是達成資訊隱藏的目的。

### C# 語言的存取修飾子

C# 類別宣告的成員變數或方法可以使用 private、public、protected、internal 和 protected internal 五種修飾子，來指定成員的存取層級，其說明如下所示：

- private 修飾子：成員變數或方法只能在類別本身呼叫或存取，如果類別的成員宣告沒有使用修飾子，其預設值是 private。

- public 修飾子：成員變數或方法是此類別建立物件對外的使用介面，可以讓 C# 程式碼呼叫物件的成員方法或存取成員變數。

- protected 修飾子：成員變數或方法可以在類別本身和其子類別存取或呼叫，類別的子類別就是繼承，詳細說明請參閱第 10 章。

- internal 修飾子：在同一 Visual C# 專案的程式檔案可以呼叫或存取，但不包含其他專案，如果類別宣告本身沒有使用修飾子，其預設值就是 internal。

- protected internal 修飾子：在同一 Visual C# 專案的程式檔案可以呼叫或存取，和其他專案繼承此類別的子類別來呼叫或存取。

### 在類別成員使用存取修飾子

在實務上，我們建立的 C# 類別主要是使用 private、public 和 protected 三種存取修飾子來控制類別成員的存取，例如：類別對外的使用介面宣告成 public，隱藏資料或僅供類別本身呼叫的方法宣告成 private。

現在，我們就準備修改第 9-3-1 節的 Test 類別，分別指定類別成員的存取修飾子，如下所示：

```
public class Test {
    public int Mid;
    private int Final;
    public void SetFinal(int value) { … }
    public int GetFinal() { … }
    public string GetAvg() { … }
    public void SetGrade(int m, int f) { … }
    private bool ValidGrade(int m, int f) { … }
}
```

上述類別宣告的成員變數 (即欄位) Mid 是 public；Final 是 private。因為 Final 是 private，我們需要使用宣告成 public 的成員方法 SetFinal() 和 GetFinal() 來存取，只有 ValidGrade() 方法是 private。其 UML 類別圖如下圖所示：

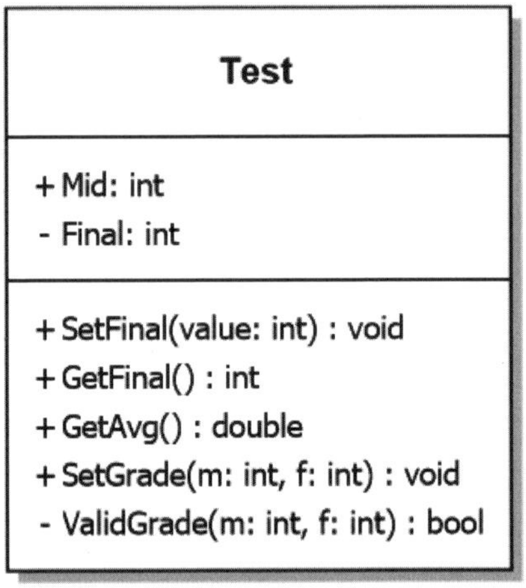

上述類別圖除了 ValidGrade() 方法宣告成 private 外，其他方法都是類別對外的使用介面。ValidGrade() 方法因為僅提供給類別的 SetGrade() 成員方法來呼叫，所以宣告成 private，這種方法也稱為「工具方法」(Utility Methods)。

# Visual C# 專案：Ch9_3_2

這是修改第 9-3-1 節的主控台應用程式專案，在 Time 類別使用存取修飾子，和分別使用 public 欄位和成員方法指定物件的成員變數值，最後呼叫成員方法來取得平均成績，其建立步驟如下所示：

**Step 1**：請開啟「程式範例\Ch09\Ch9_3_2」資料夾的 Visual C# 專案，在「方案總管」視窗的 **Ch9_3_2** 專案上，執行**右**鍵快顯功能表的「加入/類別」命令新增 Class1.cs 類別檔。

**Step 2**：在 Class1.cs 類別檔刪除預設建立的 Class1 類別宣告，改輸入 Test 類別宣告。

## Test 類別

```
01: public class Test
02: {
03:     public int Mid;
04:     private int Final;
05:     // 欄位的存取方法
06:     public void SetFinal(int value)
07:     {
08:         Final = value;
09:     }
10:     public int GetFinal() { return Final; }
11:     // 物件方法：取得平均成績
12:     public double GetAvg()
13:     {
14:         return (Mid + Final) / 2.0;
15:     }
16:     // 物件方法：設定成績
17:     public void SetGrade(int m, int f)
18:     {
19:         if (ValidGrade(m, f))
20:         {
21:             Mid = m;
22:             Final = f;
23:         }
```

NEXT

```
24:     }
25:     // 物件方法：檢查成績範圍
26:     private bool ValidGrade(int m, int f)
27:     {
28:         // 檢查成績是否在範圍內
29:         if ((m >=0 && m <=100) && (f >= 0 && f <= 100))
30:             return true;   // 合法成績資料
31:         return false; // 不在範圍內
32:     }
33: }
```

## 程式說明

● 第 1~33 列：Test 類別宣告是在第 3~4 列宣告 public 和 private 的成員
變數，第 6~24 列是宣告成 pubilc 的多個成員方法，最後在第 26~32 列
是 private 成員方法，類別是在第 19 列呼叫此 private 成員方法。

**Step 3**：請開啟或切換至 Program.cs 程式檔案後，輸入 Main() 主程式的 C#
程式碼。

## Main() 主程式

```
01: // 物件變數宣告
02: Test std1, std2;
03: // 建立物件實例
04: std1 = new Test();
05: std2 = new Test();
06: // 設定std1物件的成員變數
07: std1.Mid = 78;
08: std1.SetFinal(72);    // 使用存取方法
09: // 設定std2物件的成員變數
10: std2.SetGrade(68, 84);
11: Console.WriteLine("第1位平均成績: " +std1.GetAvg().ToString());
12: Console.WriteLine("第2位平均成績: " +std2.GetAvg().ToString());
13: Console.Read();
```

**程式説明**

● 第 2~5 列：使用 Test 類別宣告物件變數 std1 和 std2 後，使用 new 運算子建立物件。

● 第 7~10 列：分別使用欄位和方法分別指定 std1 和 std2 物件變數的欄位值。

● 第 11~12 列：呼叫物件的實例方法取得平均成績。

**執行結果**

**Step 4**：在儲存後，請執行「偵錯/開始偵錯」命令，或按 F5 鍵，可以看到執行結果的「命令提示字元」視窗，顯示 2 位學生的平均成績。

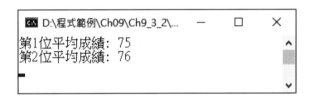

## 9-3-3　類別的屬性

　　C# 類別的成員資料稱為欄位，屬性 (Properties) 是比宣告成 public 變數的欄位擁有更多的程式控制能力，例如：我們可以加上程式碼來檢查資料範圍等。

### 建立類別的屬性

　　屬性可以存取宣告成 private 的成員變數，這些資料就是隱藏在類別中的資訊，例如：修改 Test 類別新增 MyMid 屬性，如下所示：

```
public class Test
{
    private int Mid;
```
NEXT

```
...
    public int MyMid
    {
        get
        {
            return Mid;
        }
        set
        {
            if (value < 0 || value > 100)
                Mid = 0;
            else  Mid = value;
        }
    }
    ...
}
```

上述類別使用 Mid 欄位建立 MyMid 屬性，這是一種特殊方法稱為存取器 (Accessors)，擁有 get 和 set 兩個程式區塊，如下所示：

● get 程式區塊：取得欄位值，以此例是傳回 Mid 欄位值。

● set 程式區塊：指定欄位值，這是使用 if/else 條件判斷值的範圍後，再將欄位指定成參數 value 的值。

## 唯讀屬性與自動屬性

類別的唯讀屬性就是屬性存取器只有 get 程式區塊；沒有 set 程式區塊。自動屬性 (Automatic Property) 是當類別屬性沒有特別的控制敘述時，我們可以直接使用自動屬性的宣告來建立屬性，讓 C# 編譯器自行實作屬性的 get 和 set 程式區塊，例如：Stock 股票類別的宣告，如下所示：

```
public class Stock
{
    public decimal CurrentPrice { get; set; }
}
```

上述 CurrentPrice 屬性只有 get; 和 set;，沒有程式區塊，C# 編譯器會自動宣告 private 欄位來實作屬性。我們還可以使用「＝」等號指定自動屬性的預設初值"陳會安"，如下所示：

```
public class Employee
{
    public string name { get; set; } = "陳會安";
}
```

## Visual C# 專案：Ch9_3_3

這是修改第 9-3-1 節的專案，在 Test 類別新增 MyMid 和 MyFinal 屬性，可以使用屬性來存取物件的成員變數值，其建立步驟如下所示：

**Step 1**：請開啟「程式範例\Ch09\Ch9_3_3」資料夾的 Visual C# 專案，在「方案總管」視窗的 **Ch9_3_3** 專案上，執行**右**鍵快顯功能表的「加入/類別」命令新增 Class1.cs 類別檔。

**Step 2**：在 Class1.cs 類別檔刪除預設建立的 Class1 類別宣告，改輸入 Test 類別宣告。

### Test 類別

```
01: public class Test
02: {
03:     private int Mid;
04:     private int Final;
05:     // 物件屬性
06:     public int MyMid
07:     {
08:         get
09:         {
10:             return Mid;
11:         }
12:         set
13:         {
14:             if (value < 0 || value > 100)
```
NEXT

```
15:                Mid = 0;
16:            else Mid = value;
17:        }
18:    }
19:    public int MyFinal
20:    {
21:        get
22:        {
23:            return Final;
24:        }
25:        set
26:        {
27:            if (value < 0 || value > 100)
28:                Final = 0;
29:            else Final = value;
30:        }
31:    }
32: }
```

## 程式說明

● 第 1~32 列：Test 類別宣告是在第 3~4 列宣告 private 的成員變數，第 6~31 列是 MyMid 和 MyFinal 屬性的存取器 get 和 set。

<u>**Step 3**</u>：請開啟或切換至 Program.cs 程式檔案後，輸入 Main() 主程式的 C# 程式碼。

## Main() 主程式

```
01: // 物件變數宣告
02: Test std;
03: // 建立物件實例
04: std = new Test();
05: // 設定open物件的屬性值
06: std.MyMid = 92;
07: std.MyFinal = 78;
08: Console.WriteLine("期中考成績: " + std.MyMid.ToString());
09: Console.WriteLine("期末考成績: " + std.MyFinal.ToString());
10: Console.Read();
```

**程式說明**

● 第 2~4 列：使用 Test 類別宣告物件變數 std 後，使用 new 運算子建立物件。

● 第 6~7 列：使用屬性指定 std 物件變數的欄位值。

● 第 8~9 列：使用屬性取得成績資料。

**執行結果**

**Step 4**：在儲存後，請執行「偵錯/開始偵錯」命令，或按 F5 鍵，可以看到執行結果的「命令提示字元」應用程式視窗，顯示 Test 物件 std 的成績資料。

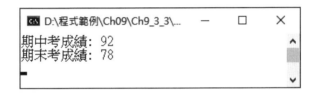

## 9-3-4　類別的常數和唯讀欄位

如果 C# 類別有不希望更改的資料，我們可以使用常數或唯讀欄位來宣告類別的成員資料。

### 常數欄位

常數欄位 (Constant) 是指欄位值不會改變，這是在編譯階段就已經決定其值。常數欄位是使用 const 關鍵字宣告，欄位型別可以是數值、bool、char 和 string 等型別。例如：MyCalendar 月曆類別的每一年有幾月和有幾周是一個常數值，即 Months 和 Weeks 常數欄位，如下所示：

```
class MyCalendar
{
```
NEXT

```
    const int Months = 12;
    const int Weeks = 52;
    ...
}
```

## 唯讀欄位

唯讀欄位是使用 readonly 修飾子建立的欄位宣告，當在執行過程中如果指定過欄位值，就不允許再次更改其值。例如：管理者 Manager 類別的開始工作時間 Startup 是在建立物件時指定其值，而且在之後就不再允許改變 Startup 成員變數的值，如下所示：

```
class Manager
{
    private readonly DateTime Startup;
    public Manager()
    {
        Startup = DateTime.Now;
    }
    public DateTime GetStartup()
    {
        // 不允許更改唯讀欄位
        return Startup;
    }
}
```

上述類別宣告的 Startup 是一個唯讀欄位，在 Manage() 建構子 (與類別同名的方法，進一步說明請參閱第 9-4-1 節) 指定其初值後，就不允許其他成員方法來更改其值。

# 9-4  建構子與解構子

在第 9-3-2 節的 Test 類別建立物件後，我們是呼叫 SetGrade() 實例方法來指定成績資料，如果希望在建立物件時就可以初始資料，我們需要使用類別的「建構子」(Constructor)，或稱為建構函數、建構方法和建構元。

「解構子」(Destructors) 或稱為解構函數、解構方法和解構元是在釋放物件佔用的資源後，自動呼叫此方法來執行一些善後所需的操作。

## 9-4-1 類別的建構子

C# 語言的基本資料型別在宣告變數時，就會配置所需的記憶體空間和指定預設初值。對於參考資料型別的類別來說，如果沒有建構子 (Constructors)，在使用 new 運算字建立物件時，物件的預設建構子只會配置記憶體空間，和指定成員資料為其型別的預設初值，即初始物件。

### 建立類別的建構子

C# 類別如果希望在建立物件時能夠自行指定初值，類別需要宣告建構子。建構子是物件的初始方法，在建立物件時就會自動呼叫此方法 (如果沒有就是呼叫預設建構子)。建構子的特點如下所示：

● 建構子是使用 public 修飾子宣告且沒有傳回值。

● 建構子的名稱和類別相同，例如：類別 Test 的建構子是 Test()，如下所示：

```
public Test(int m, int f)
{
    Mid = m;
    Final = f;
}
```

● 建構子的程式碼撰寫方式和其他成員方法相同。

● 建構子支援過載，可以擁有多個同名建構子，其進一步說明請參閱＜第 11 章：過載與多型＞。

UML 類別圖的建構子也是位在方法清單，這是和類別同名的方法，如下圖所示：

```
Test
─────────────────────────
- Mid: int
- Final: int
─────────────────────────
+ Test(m: int, f: int)
+ SetMid(value: int) : void
+ SetFinal(value: int) : void
+ GetMid() : int
+ GetFinal() : int
+ GetAvg() : double
```

## this 關鍵字

當建構子或成員方法的參數名稱與類別宣告的欄位名稱相同時，我們可以使用 this 關鍵字指明是物件本身的欄位而不是參數，如下所示：

```
public Test(int Mid, int Final)
{
    this.Mid = Mid;
    this.Final = Final;
}
public void setMid(int Mid) { this.Mid = Mid; }
```

上述類別建構子和成員方法都是使用 this 關鍵字參考物件本身的實例變數。

## 存取成員資料的方法

類別可以將資料宣告成 private 來隱藏資料，然後在 C# 語言使用屬性或存取方法來存取這些隱藏資料，也就是建立物件的使用介面來存取宣告成 private 的資料。一般來說，我們習慣用法是將設定資料的方法以 Set 字頭開始，讀取方法是 Get 字頭 (源於 C++ 語言的撰寫習慣)。

在這一節的 Test 類別除了將 SetGrade() 方法改為建構子外，同時新增存取考試成績的方法，如下所示：

```
public void SetMid(int Mid) { this.Mid = Mid; }
public void SetFinal(int Final) { this.Final = Final; }
public int GetMid(){ return Mid; }
public int GetFinal(){ return Final; }
```

上述 4 個方法存取期中和期末考的成績資料，現在的類別成員資料擁有完整的存取介面，成員資料的資料型別是什麼？已經不重要了！因為資料本身已經被類別完全封裝起來，我們只需知道 SetMid()、SetFinal()、GetMid() 和 GetFinal() 方法的使用介面，就可以處理類別的成員資料。

## Visual C# 專案：Ch9_4_1

這是修改第 9-3-2 節專案的 Test 類別，將 SetGrade() 方法改為類別建構子後，使用建構子來初始物件，並且新增存取成績資料的 Set 和 Get 方法，其建立步驟如下所示：

**Step 1**：請開啟「程式範例\Ch09\Ch9_4_1」資料夾的 Visual C# 專案，在「方案總管」視窗的 **Ch9_4_1** 專案上，執行**右鍵**快顯功能表的「加入/類別」命令新增 Class1.cs 類別檔。

**Step 2**：在 Class1.cs 類別檔刪除預設建立的 Class1 類別宣告，改輸入 Test 類別宣告。

### Test 類別

```
01: public class Test
02: {
03:     private int Mid;
04:     private int Final;
05:     // 建構子
06:     public Test(int Mid, int Final)
07:     {
08:         this.Mid = Mid;
```
NEXT

```
09:         this.Final = Final;
10:     }
11:     // 存取方法
12:     public void SetMid(int Mid) { this.Mid = Mid; }
13:     public void SetFinal(int Final) { this.Final = Final; }
14:     public int GetMid() { return Mid; }
15:     public int GetFinal() { return Final; }
16:     // 物件方法：取得平均成績
17:     public double GetAvg() { return (Mid + Final) / 2.0; }
18: }
```

## 程式說明

● 第 1~18 列：Test 類別宣告的第 6~10 列是建構子，第 8~9 列因為參數與
欄位同名，所以使用 this 關鍵字指明是物件本身的欄位，而不是參數，第
12~15 列是 4 個存取方法。

**Step 3**：請開啟或切換至 Program.cs 程式檔案後，輸入 Main() 主程式的 C#
程式碼。

## Main() 主程式

```
01: // 建立物件實例
02: Test std1 = new Test(78, 72);
03: Test std2 = new Test(68, 84);
04: // 指定成績資料
05: std1.SetMid(88);
06: std1.SetFinal(82);
07: // 顯示平均成績
08: Console.WriteLine("第1位平均成績: " + std1.GetAvg().ToString());
09: int mid = std2.GetMid();
10: int final = std2.GetFinal();
11: Console.WriteLine("第2位平均成績: " +
                         ((mid + final)/2.0).ToString());
12: Console.Read();
```

**程式說明**

● 第 2~3 列：使用建構子建立物件實例。

● 第 5~6 列：使用存取方法指定成績資料。

● 第 9~11 列：在使用存取方法取得成績資料後，第 11 列計算平均成績。

**執行結果**

**Step 4**：在儲存後，請執行「偵錯/開始偵錯」命令，或按 F5 鍵，可以看到執行結果的「命令提示字元」視窗，顯示 Test 物件 std1 和 std2 的平均成績，請注意！計算 2 位學生平均成績的方法並不相同。

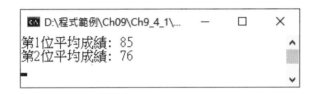

## 9-4-2　類別的解構子

　　類別在建立物件時，就會自動呼叫建構子來初始成員資料，反之，當物件離開其存取範圍，就會釋放資源且自動呼叫「解構子」(Destructors)。

　　一般來說，只有當類別封裝 .NET 無法管理的資源，例如：視窗、檔案和網路連線時，我們才需要建立類別的解構子來釋放這些資源。

### 解構子的注意事項和特點

　　在 C# 類別建立解構子的注意事項和特點，如下所示：

● 解構子只能使用在類別，並不能使用在第 9-6-2 節的結構。

● 一個類別只能有一個解構子。

● 解構子不能繼承和過載。

● 我們不能使用程式碼呼叫解構子,解構子是自動被呼叫。

● 解構子不能有存取修飾子和參數,也沒有傳回值。

● 解構子名稱是類別名稱前加上「~」符號,例如:Test 類別的解構子為~Test();Car 類別是~Car()。

## 建立類別的解構子

類別 Car 的解構子,如下所示:

```
public class Car
{
    ~Car()   // 解構子
    {
        // 善後的程式碼
    }
}
```

上述程式碼宣告 Car 類別的解構子為~Car()。

## 9-4-3 物件屬性的初始化

C# 語言支援物件屬性的初始化,所以就算類別沒有宣告建構子,我們一樣可以初始化物件的屬性值,如下所示:

```
public class MyPoint
{
    private int x, y;
    public int X {
        get { return x; }
        set { x = value; }
    }
    public int Y {
        get { return y; }
        set { y = value; }
    }
}
```

上述 MyPoint 類別宣告擁有 X 和 Y 屬性，但是沒有建構子。在建立 MyPoint 物件 pt 時，我們可以使用大括號來初始屬性值清單，每一個屬性使用「=」等號指定其初值，如有多個屬性，請使用「,」逗號分隔，如下所示：

```
MyPoint pt = new MyPoint { X = 10, Y = 10};
```

# 9-5 物件的成員資料與靜態成員

C# 類別的成員資料除了基本資料型別的變數外，也可以使用其他類別的物件，不只如此，我們在 C# 類別還可以宣告靜態成員，一種屬於類別本身的成員。

## 9-5-1 使用物件的成員資料

C# 類別的成員資料除了基本資料型別的變數外，也可以使用其他類別的物件變數，例如：Student 學生類別擁有 Test 測驗物件的成績資料 (這種類別關係稱為結合關係，也就是知道另一個類別存在的關係)，如下所示：

```
public class Student
{
    private int ID;
    private string Name;
    private Test Score;
    public Student(int id, string n, int m, int f) { … }
    public string GetStudent() { … }
}
```

上述 Score 成員資料是 Test 類別宣告的物件變數，這就是第 9-4-1 節的 Test 類別。請注意！物件變數的值只是指向物件的一個參考指標，並沒有建立物件，所以在 Student 類別的建構子需要使用 new 運算子來建立 Test 物件，如下所示：

```
Score = new Test(m, f);
```

# Visual C# 專案：Ch9_5_1

請建立顯示學生成績資料的主控台應用程式，我們準備建立 Student 類別宣告 (擁有 Test 物件成員) 後，在主程式建立 Student 物件和顯示成績資料，其建立步驟如下所示：

**Step 1**：請開啟「程式範例\Ch09\Ch9_5_1」資料夾的 Visual C# 專案，在專案已經新增 Class1.cs 和 Class2.cs (Test 類別宣告) 類別檔。

**Step 2**：在 Class1.cs 類別檔刪除預設建立的 Class1 類別宣告，改輸入 Student 類別宣告。

## Student 類別

```
01: public class Student
02: {
03:     private int ID;
04:     private string Name;
05:     private Test Score;
06:     // 建構子
07:     public Student(int id, string n, int m, int f)
08:     {
09:         ID = id;
10:         Name = n;
11:         // 建立Test物件
12:         Score = new Test(m, f);
13:     }
14:     // 產生學生資料
15:     public string GetStudent()
16:     {
17:         string str;
18:         str = "學生編號:" + ID.ToString();
19:         str += "\n學生姓名:" + Name;
20:         str += "\n學生期中考成績:" + Score.GetMid();
21:         str += "\n學生期末考成績:" + Score.GetFinal();
22:         return str;
23:     }
24: }
```

## 程式說明

● 第 1~24 列：Student 學生類別宣告的第 3~5 列是成員變數宣告，第 5 列是物件變數，在第 7~13 列是建構子，第 12 列建立 Test 物件，在第 15~23 列的成員方法產生學生資料的字串。

**Step 3**：請開啟或切換至 Program.cs 程式檔案後，輸入 Main() 主程式的 C# 程式碼。

## Main() 主程式

```
01: // 宣告Student類別的物件變數
02: Student joe;
03: // 建立物件實例
04: joe = new Student(1234, "陳會安", 92, 88);
05: // 呼叫物件方法
06: Console.WriteLine(joe.GetStudent());
07: Console.Read();
```

## 程式說明

● 第 2 列：使用 Student 類別宣告物件變數 joe。

● 第 4 列：使用 new 運算子建立物件。

● 第 6 列：呼叫物件的實例方法取得學生資料。

## 執行結果

**Step 4**：在儲存後，請執行「偵錯/開始偵錯」命令，或按 F5 鍵，可以看到執行結果的「命令提示字元」視窗顯示的學生資料。

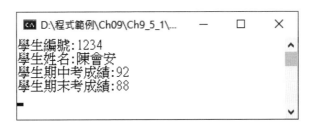

## 9-5-2　類別的靜態成員

類別的靜態成員 (Static Member) 是一種特殊的成員，這些成員並不需要建立物件，就可以在 C# 程式碼使用類別名稱來存取和呼叫，例如：第 2 章 Console 類別的 WriteLine() 方法、第 14 章的 Program.cs 類別檔和附錄 A 的 Math 數學類別等。

在 C# 類別是使用 static 關鍵字宣告類別的靜態成員，或稱為類別成員。例如：在 Student 類別宣告靜態成員 Count 和 NumOfStudents() 方法，如下所示：

```
public class Student
{
    private string Name;
    private static int Count;
    ......
    public static int NumOfStudents() { return Count; }
}
```

上述程式碼使用 static 關鍵字宣告 Count 變數和 NumOfStudents() 方法。因為是靜態成員，所以在 C# 程式碼是直接使用類別名稱 Student 來呼叫，如下所示：

```
lblOutput.Text += "學生數: " + Student.NumOfStudents();
```

### Visual C# 專案：Ch9_5_2

請建立顯示班上學生資料的主控台應用程式，可以顯示學生姓名清單和學生數，我們準備宣告 Student 類別，內含靜態成員 Count 和 NumOfStudents() 方法來計算學生數，其建立步驟如下所示：

**Step 1**：請開啟「程式範例\Ch09\Ch9_5_2」資料夾的 Visual C# 專案，在專案已經新增 Class1.cs 類別檔。

**Step 2**：在 Class1.cs 類別檔刪除預設建立的 Class1 類別宣告，改輸入 Student 類別宣告。

## Student 類別

```
01: public class Student
02: {
03:     private string Name;
04:     private static int Count;
05:     // 建構子
06:     public Student(string Name)
07:     {
08:         this.Name = Name;
09:         Count += 1;
10:     }
11:     // 成員方法
12:     public string GetStudentName()
13:     {
14:         return "姓名:" + Name;
15:     }
16:     // 靜態成員方法，也稱為類別方法
17:     public static int NumOfStudents() { return Count; }
18: }
```

## 程式說明

● 第 1~18 列：在 Student 類別宣告的第 4 列是靜態成員 Count，第 17 列是靜態成員方法 NumOfStudents()，在第 6~10 列是建構子，因為參數與成員變數同名，所以第 8 列使用 this 關鍵字指明是成員變數 Name。

**Step 3**：請開啟或切換至 Program.cs 程式檔案後，輸入 Main() 主程式的 C# 程式碼。

## Main() 主程式

```
01: // 宣告Student類別的物件變數
02: Student joe, jane, jason;
03: // 建立物件實例
04: joe = new Student("陳會安");
05: jane = new Student("江小魚");
06: jason = new Student("陳允傑");
07: // 呼叫物件方法
```
NEXT

```
08: Console.WriteLine(joe.GetStudentName());
09: Console.WriteLine(jane.GetStudentName());
10: Console.WriteLine( jason.GetStudentName());
11: Console.WriteLine("學生數: " + Student.NumOfStudents());
12: Console.Read();
```

**程式說明**

● 第 11 列：呼叫靜態成員方法 NumOfStudents() 顯示學生數。

**執行結果**

**Step 4**：在儲存後，請執行「偵錯/開始偵錯」命令，或按 F5 鍵，可以看到執行結果的「命令提示字元」視窗，顯示學生姓名清單和學生數。

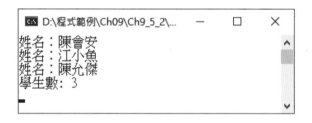

# 9-6 部分類別與結構

部分類別允許將同一類別分割成多個獨立的程式檔案，每一個檔案只擁有類別宣告的部分。請注意！C# 語言的結構和類別一樣都可以封裝資料，不過，類別是參考型別；結構是實值型別。

## 9-6-1 部分類別

部分類別 (Partial Class) 允許將同一類別的宣告分割成多個類別檔案，在每一個類別檔案只擁有部分的類別宣告。在 C# 語言的部分類別宣告，其每一個類別都需使用 partial 關鍵字來進行宣告，例如：MyName 類別宣告，如下所示：

```
public partial class MyName
{
    private string FirstName, LastName;
    public MyName(string f, string l) { … }
    public string GetName()
    {
        return "姓名: "+LastName+FirstName;
    }
}
```

上述類別宣告和一般類別宣告並沒有什麼不同，只是使用 partial 關鍵字進行類別宣告，其他部分的部分類別宣告，如下所示：

```
public partial class MyName
{
    public string GetFirstName()
    {
        return "名: " + FirstName;
    }
}
```

上述程式碼是其他部分類別的宣告，新增 GetFirstName() 成員方法。請注意！雖然原始程式碼分割成多個檔案，但是在編譯時，會先組合成完整類別後才進行編譯。

部分類別在解決程式問題上並沒有任何幫助，其主要目的是為了方便 Visual Studio 的程式碼管理。例如：表單設計視窗會自動建立控制項使用介面的程式碼，這是位在 Form1.Designer.cs 檔案的部分類別；事件處理程序是位在 Form1.cs 檔案的部分類別。

## Visual C# 專案：Ch9_6_1

請建立測試部分類別的主控台應用程式，我們準備宣告 MyName 部分類別來儲存姓名資料，為了方便說明，2 個部分類別宣告是位在同一個類別檔案，其建立步驟如下所示：

**Step 1**：請開啟「程式範例\Ch09\Ch9_6_1」資料夾的 Visual C# 專案，在專案已經新增 Class1.cs 類別檔。

**Step 2**：在 Class1.cs 類別檔刪除預設建立的 Class1 類別宣告，改輸入 MyName 部分類別宣告。

### 兩個 MyName 部分類別

```
01: public partial class MyName
02: {
03:     private string FirstName, LastName;
04:     // 建構子
05:     public MyName(string f, string l)
06:     {
07:         FirstName = f;
08:         LastName = l;
09:     }
10:     public string GetName()
11:     {
12:         return "姓名: " + LastName + FirstName;
13:     }
14: }
15:
16: public partial class MyName
17: {
18:     public string GetFirstName()
19:     {
20:         return "名: " + FirstName;
21:     }
22: }
```

### 程式說明

● 第 1~22 列：MyName 類別宣告，分成 2 個部分類別，各擁有一個成員方法。

**Step 3**：請開啟或切換至 Program.cs 程式檔案後，輸入 Main() 主程式的 C# 程式碼。

## Main() 主程式

```
01: // 宣告MyName類別的物件
02: MyName name = new MyName("允傑", "陳");
03: // 呼叫物件方法
04: Console.WriteLine(name.GetName());
05: Console.WriteLine(name.GetFirstName());
06: Console.Read();
```

## 程式説明

● 第 2~5 列：在建立 MyName 物件後，呼叫成員方法來顯示姓名，這 2 個方法分別位在不同的部分類別宣告。

## 執行結果

<u>Step 4</u>：在儲存後，請執行「偵錯/開始偵錯」命令，或按 F5 鍵，可以看到執行結果的「命令提示字元」視窗所顯示的姓名資料。

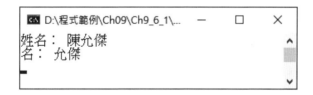

## 9-6-2　結構

　　C# 語言的結構 (Structure) 一樣可以用來封裝資料，C# 結構能夠包含建構子、屬性、欄位和方法，與類別的最大差異在結構不支援第 10 章的繼承，但是可以實作第 10 章的介面。例如：宣告學生資料的 Student 結構，如下所示：

```
public struct Student
{
    public int StdID;
    private string Name;
```

NEXT

```
    public Student(int StdID, string Name) { … }
    public string GetStudent() { … }
}
```

上述結構使用 struct 關鍵字宣告，包含學號 StdID 和學生姓名 Name 的成員變數，擁有建構子和成員方法 GetStudent()。

在宣告 Student 結構後，如同類別一樣也是使用 new 運算子建立結構實例，如下所示：

```
Student joe = new Student(1, "陳會安");
Student jane = new Student(2, "江小魚");
lblOutput.Text = joe.GetStudent();
lblOutput.Text += jane.GetStudent();
```

上述程式碼建立結構實例後，就可以呼叫結構的成員方法來顯示學生資料。

## Visual C# 專案：Ch9_6_2

請建立測試 C# 結構的主控台應用程式，在宣告 Student 結構後，建立結構實例來顯示學生資料，其建立步驟如下所示：

**Step 1**：請開啟「程式範例\Ch09\Ch9_6_2」資料夾的 Visual C# 專案，在專案已經新增 Class1.cs 類別檔。

**Step 2**：在 Class1.cs 類別檔刪除預設建立的 Class1 類別宣告，改輸入 Student 結構宣告。

### Student 結構

```
01: public struct Student
02: {
03:     public int StdID;
04:     private string Name;                          NEXT
```

```
05:     // 建構子
06:     public Student(int StdID, string Name)
07:     {
08:         this.StdID = StdID;
09:         this.Name = Name;
10:     }
11:     // 成員方法
12:     public string GetStudent()
13:     {
14:         string str;
15:         str = "學號：" + StdID;
16:         str += "\n姓名：" + Name;
17:         return str;
18:     }
19: }
```

## 程式說明

● 第 1~19 列：Student 結構宣告的第 3~4 列是成員變數宣告，在第 6~10 列是建構子，因為參數與成員變數同名，所以第 8~9 列使用 this 關鍵字指明是成員變數 StdID 和 Name，最後第 12~18 列是成員方法。

**Step 3**：請開啟或切換至 Program.cs 程式檔案後，輸入 Main() 主程式的 C# 程式碼。

## Main() 主程式

```
01: // 建立結構實例
02: Student joe = new Student(1, "陳會安");
03: Student jane = new Student(2, "江小魚");
04: // 呼叫結構方法
05: Console.WriteLine(joe.GetStudent());
06: Console.WriteLine(jane.GetStudent());
07: Console.Read();
```

**程式說明**

● 第 2~3 列：建立 Student 結構實例 joe 和 jane。

● 第 5~6 列：呼叫結構的 GetStudent() 方法。

**執行結果**

**Step 4**：在儲存後，請執行「偵錯/開始偵錯」命令，或按 `F5` 鍵，可以看到執行結果的「命令提示字元」視窗所顯示的學生姓名清單。

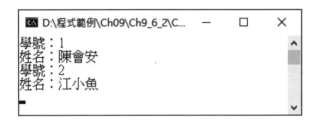

# 學習評量

**選擇題**

(　　) 1. 請問關於 C# 結構的特點說明，哪一個是不正確的？

　　　　A. 結構一樣可以封裝資料

　　　　B. 結構支援繼承

　　　　C. 結構可以包含建構子、屬性、欄位和方法

　　　　D. 結構是使用 struct 關鍵字進行宣告

(　　) 2. 請問在 C# 程式碼是使用下列哪一個運算子來建立物件？

　　　　A. create　　　　　B. createObject

　　　　C. this　　　　　　D. new

(　　) 3. 請問下列哪一個關於物件導向觀念的說明是不正確的？

　　　　A. 物件是資料與相關程序與函數結合在一起的組合體

　　　　B. 車子、電視、書桌和貓狗等是物件

　　　　C. 物件擁有二種特性：狀態和行為

　　　　D. 行為是物件可見部分提供的服務，即可做什麼事

(　　) 4. 請問下列哪一種程式語言並不是一種物件導向程式語言？

　　　　A. 「VB.NET」　　B. 「VB6」

　　　　C. 「C#」　　　　　D. 「Python」

(     ) 5. 因為 C# 語言是一種物件導向程式語言，請問 C# 是使用下列哪一個關鍵字來宣告類別？

         A. object          B. function

         C. class            D. extends

## 簡答題

1. 請簡單說明物件導向的應用程式開發和傳統應用程式開發的差異？

2. 請簡單說明什麼是物件導向程式設計和分析？

3. 請問何謂物件導向程式語言？並且舉出 3 種支援物件導向的程式語言？

4. 請說明什麼是物件？物件擁有哪三種特性？為什麼需要宣告類別後，才能建立物件？

5. 在程式中使用類別建立的每一個物件稱為_____(Instances)，同一個類別能夠建立____個物件。

6. 請舉例說明 private、protected 和 public 三種修飾子的用途和差異？什麼是「工具方法」(Utility Methods)？

7. 請依照下列 UML 類別圖寫出 C# 語言的類別宣告 (<<constructor>>是建構子)，如下圖所示：

```
┌─────────────────────────────────────────┐
│               Customer                    │
├─────────────────────────────────────────┤
│ +name:string                              │
│ +address:string                           │
│ +age:int                                  │
│                                           │
├─────────────────────────────────────────┤
│ +<<constructor>>Customer(string, string, int) │
│ +int GetAge()                             │
│ +string GetName()                         │
│ +string GetAddress()                      │
└─────────────────────────────────────────┘
```

8. 請簡單說明什麼是建構子和解構子？其目的和用途？各有哪些特點？

9. 請說明實例變數/方法和類別變數/方法的差異？什麼是部分類別？

10. 請問什麼是 C# 語言的結構？C# 結構和類別有什麼不同？

## 實作題

1. 請修改第 9-3-2 節的程式範例，將 ValidGrade() 方法改為類別方法。

2. 請使用 C# 語言寫出 Box 類別的宣告來建立盒子物件，在類別提供計算盒子的體積與面積，並且繪出 Box 類別的 UML 類別圖，如下所示：

   ● 成員變數：Width、Height 和 Length 儲存寬、高和長。

   ● 建構子：Box(double width, double height, double length)。

   ● 成員方法：double Volume() 計算體積和 double Area() 計算面積。

3. 請建立 Books 圖書資料類別，成員變數 ISBN、Title、Author 和 Price 成員變數儲存 ISBN 書號、書名、作者和書價，ISBN、Title 和 Author 是 string 物件，除了設定、取出和列印圖書資料的方法外，再加上圖書本數和總價的類別變數，可以計算圖書的平均價格。

4. 請建立名片資料的 Cards 類別，擁有 Name、Occupation、Age、Phone 和 Email 成員變數儲存姓名、職業、年齡、電話和電子郵件資料，其中的 Phone 變數是參考另一個類別 PhoneList 的實例，PhoneList 類別擁有成員變數 HomePhone、BusinessPhone 和 CellPhone 儲存住家、公司和手機電話，最後建立 GetCard() 方法取得名片資料。

5. 在第 9-5-2 節是使用類別變數 Count 儲存學生計數，請建立名為 Counter 的計數類別，並且修改專案改用 Counter 類別記錄學生數。Counter 類別擁有：

   ● 成員變數：Value 儲存計數值。

   ● 成員方法：CountPlusOne() 和 CountMinusOne() 可以分別將計數加一和減一，GetCounter() 方法取得目前的計數值。

**MEMO**

# 10

# 繼承與介面

# 10-1　認識繼承與類別架構

「繼承」(Inheritance) 在 UML 稱為一般關係 (Generalization)，繼承就是物件的再利用，當定義好一個類別後，其他類別可以繼承此類別的資料和方法 (不用動到被繼承類別的程式碼)，這個新類別不只擁有繼承類別的功能，還可以增加或取代繼承類別的資料和方法來建立出類別架構 (Class Hierarchy)。

類別如果是繼承自其他類別，我們稱此類別為繼承類別的「子類別」(Subclass) 或「延伸類別」(Derived Class)，被繼承的類別稱為「父類別」(Superclass) 或「基礎類別」(Base Class)，例如：類別 Car 繼承類別 Vehicle，其繼承關係如下圖所示：

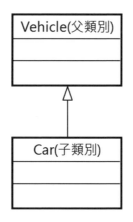

上述 UML 類別圖是使用空心箭頭線標示類別之間的繼承關係。Vehicle 類別是 Car 類別的父類別；反之，類別 Car 是類別 Vehicle 的子類別。如果有多個子類別繼承同一個父類別，每一個子類別稱為「兄弟類別」(Sibling Classes)，如下圖所示：

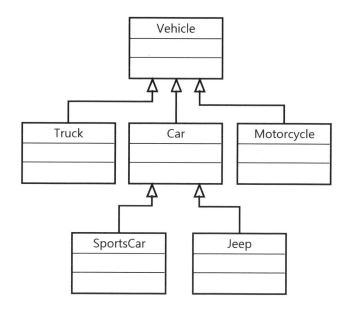

上述圖例的 Truck、Car 和 Motocycle 類別是兄弟類別。當然我們可以繼續繼承類別 Car，此時 Jeep 類別也是 Vehicle 類別的子類別，不過並不是直接繼承的子類別。

# 10-2 類別的繼承

C# 語言的結構並不支援繼承；類別支援繼承，但是不支援多重繼承，在 C# 語言的類別只能有一個父類別，不允許多個父類別。

## 10-2-1 繼承現存的類別

繼承的主要目的是擴充或修改現存類別的功能。例如：我們已經有一個定義個人基本資料的 Person 類別，其類別宣告如下所示：

```
public class Person {
    public int Id;
    public string Name;
    public Person(int id, string n) {    }
    public string Info() {    }
}
```

上述 Person 類別擁有身份證字號 Id 和姓名 Name 欄位、1 個建構子和 1 個成員方法，Info() 方法顯示個人資訊。

## 建立繼承的子類別

對於存在的類別，例如：Person 類別，我們可以建立新類別來繼承存在的類別，其基本語法如下所示：

```
存取修飾子 class 子類別 : 父類別 {
    // 新增的屬性、欄位和方法
}
```

上述類別宣告的「:」符號前是新類別，即子類別，之後是已經存在的類別，即父類別。回到 Person 類別，雖然都是個人，依據職業可以分成很多種，例如：學生 (Student)、老師 (Teacher) 和業務員 (Salesperson) 等，這些不同身份的個人都擁有 Person 類別的共同部分，即身份證字號和姓名，也可以顯示個人資訊。

當然，我們可以分別獨立宣告學生、老師和業務員類別，並且讓他們都擁有 Person 類別的成員，另一種方式，就是擴充 Person 類別，建立 Student 學生類別來繼承 Person 類別的成員和方法，如此的 Student 類別就是一個擁有 Person 類別成員的子類別，其宣告如下所示：

```
public class Student : Person {
    private int Score;
    public Student(int id, string n, int s) : base(id, n) {    }
    public int Grade {  }
    public string StudentInfo() {    }
}
```

上述程式碼的 Student 子類別繼承「:」符號後的 Person 父類別，然後在子類別新增欄位、屬性和方法。UML 類別圖如下圖所示：

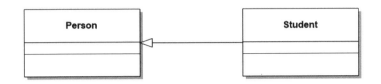

## 存取父類別的成員

在 C# 的子類別除了不能存取父類別宣告 private 的成員外，可以存取父類別宣告成 public、protected、internal 和 protected internal 的成員。

## 子類別的建構子

對於繼承的子類別來說，C# 程式是先執行父類別的建構子後，才執行子類別的建構子，例如：類別 SportCar 繼承 Car；Car 繼承 Vehicle 類別，其建構子的執行順序如下所示：

```
Vehicle() ──▶ Car() ──▶ SportCar()
```

上述順序是在建立 SportCar 物件時，類別架構中建構子的執行順序，首先是 Vehicle()，然後 Car()，最後才是 SportCar()。

### 實作子類別的建構子

在子類別可以存取和呼叫父類別的成員來實作建構子，如下所示：

```
public Student(int id, string n, int s)
{
   Id = id;
   Name = n;
   Score = s;
}
```

上述 Student() 是子類別的建構子，可以存取父類別宣告成 public 的 Id 和 Name 欄位來初始成員資料。

**呼叫父類別的建構子**

當然，我們也可以在子類別使用 base 關鍵字來呼叫父類別的建構子，如下所示：

```
public Student(int id, string n, int s) : base(id, n) {    }
```

上述 Student() 子類別的建構子是使用「:」符號後的 base(id, n) 呼叫父類別的建構子，在括號中是父類別的建構子參數。如果呼叫父類別的建構子沒有參數，只需使用 base()，例如：類別 Car 繼承類別 Vehicle，如下所示：

```
public Car() : base() { }
```

# Visual C# 專案：Ch10_2_1

請建立顯示個人和學生資料的主控台應用程式，我們使用 2 個類別檔來分別宣告 Person 父類別，和繼承的 Student 子類別，並且在子類別新增 Grade 唯讀屬性和 StudentInfo() 方法後，建立這 2 個類別的物件來顯示個人和學生資料，其建立步驟如下所示：

**Step 1**：請開啟「程式範例\Ch10\Ch10_2_1」資料夾的 Visual C# 專案，在專案已經新增 Class1.cs 和 Class2.cs 類別檔。

**Step 2**：在「方案總管」視窗雙擊 Class1.cs 檔案後，在程式碼編輯視窗取代 Class1 輸入 Person 父類別宣告。

**Person 父類別**

```
01: public class Person
02: {
03:     public int Id;
04:     public string Name;
05:     // 建構子
06:     public Person(int id, string n) {
07:         Id = id;
08:         Name = n;
```

NEXT

```
09:      }
10:      // 物件方法
11:      public string Info()
12:      {
13:          return "編號: " + Id + "\n" +
14:                 "姓名: " + Name;
15:      }
16: }
```

## 程式說明

● 第 1~16 列：Person 類別宣告擁有建構子、Id 欄位、Name 欄位和 Info()
  方法。

**Step 3**：在「方案總管」視窗雙擊 Class2.cs 檔案後，在程式碼編輯視窗取代
       Class2 輸入 Student 子類別宣告。

## Student 子類別

```
01: public class Student : Person
02: {
03:      private int Score;
04:      // 建構子
05:      public Student(int id, string n, int s) : base(id, n)
06:      {
07:          Score = s;
08:      }
09:      // 新增屬性
10:      public int Grade
11:      {
12:          get
13:          {
14:              return Score;
15:          }
16:      }
17:      // 新增方法
18:      public string StudentInfo()
19:      {
```

NEXT

```
20:        return "學號: " + Id + "\n" +
21:               "姓名: " + Name + "\n" +
22:               "成績: " + Score;
23:    }
24: }
```

## 程式說明

● 第 1~24 列：繼承 Person 類別的 Student 子類別宣告，在第 5 列使用 base 呼叫父類別的建構子，第 10~23 列新增唯讀的 Grade 屬性和 StudentInfo() 方法。

**Step 4**：請開啟或切換至 Program.cs 程式檔案後，輸入 Main() 主程式的 C# 程式碼。

## Main() 主程式

```
01: string userInput;
02: Console.Write("請輸入學號=>");
03: userInput = Console.ReadLine() ?? "0";
04: int id = Convert.ToInt16(userInput);
05: Console.Write("請輸入姓名=>");
06: string name = Console.ReadLine() ?? "";
07: Console.Write("請輸入成績=>");
08: userInput = Console.ReadLine() ?? "0";
09: int grade = Convert.ToInt16(userInput);
10: Person p = new Person(id, name);
11: Console.WriteLine("----------------");
12: Console.WriteLine(p.Info());
13: Student s = new Student(id, name, grade);
14: Console.WriteLine("----------------");
15: Console.WriteLine(s.StudentInfo());
16: Console.WriteLine("Grade屬性值: " + s.Grade);
17: Console.Read();
```

**程式說明**

● 第 1~9 列：依序輸入學號、姓名和成績資料。

● 第 10~12 列：在第 10 列使用建構子建立 Person 類別的物件 p，第 12 列呼叫 Info() 方法取得和顯示個人資訊。

● 第 13~16 列：在建立 Student 物件 s 後，第 15 列呼叫 StudentInfo() 方法，第 16 列取得 Grade 屬性值。

**執行結果**

<u>Step 5</u>：在儲存後，請執行「偵錯/開始偵錯」命令，或按 F5 鍵，可以看到執行結果的「命令提示字元」視窗，在輸入學生資料後，依序顯示個人和學生資訊。

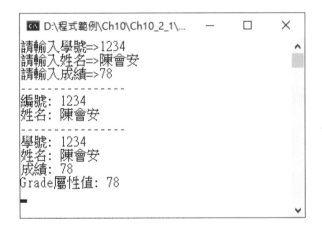

　　上述執行結果的 Student 比 Person 物件多顯示成績資訊，即 Grade 唯讀屬性值。

在第二篇使用 Visual Studio 建立的 Windows 應用程式專案,其自動產生的 Form1.
cs 檔案就是表單類別,部分類別 Form1 是繼承自 Windows.Forms 的 Form 類別,
如下所示:

```
public partial class Form1 : Form
{
    public Form1()
    {
        InitializeComponent();
    }
}
```

上述程式碼的 Form1 類別是繼承自 Form 類別的子類別,Windows.Forms.Form 類別
是一個空的視窗物件,所謂視窗應用程式就是繼承此類別,在其中新增控制項,
這就是在表單設計視窗插入的控制項。

## 10-2-2 　隱藏或覆寫父類別的成員

　　如果父類別的成員並不完全符合我們的需求,我們可以在子類別宣告同名
成員來取代父類別的成員。例如:在 Salesperson 業務員子類別隱藏或覆寫
Person 父類別的 GetName() 和 Info() 方法,如下所示:

```
public class Person {
    ......
    public string GetName() { … }
    public virtual string Info() { … }
}
public class Salesperson : Person {
    ......
    public new string GetName() { … }
    public override string Info() { … }
    public string GetSalesName() { … }
}
```

在上述 Person 父類別宣告中，欲覆寫的方法是宣告成 virtual，稱為虛擬方法 (Virtual Methods)，如果方法宣告成虛擬，表示繼承的子類別都可以實作自己的版本。NClass 類別圖檔：Ch10_2_2.ncp。

## new 和 override 關鍵字

在子類別可以使用 new 或 override 關鍵字宣告同名方法來隱藏或覆寫父類別的方法，其說明如下所示：

- new 關鍵字：表示該方法與父類別的方法無關，可以「隱藏」(Hide) 父類別的虛擬方法或一般方法 (沒有使用 virtual 宣告的方法)，例如：GetName() 方法。

> **■ 説明**
>
> 在 C# 語言隱藏父類別的方法時，只需方法名稱和參數相同即可，方法傳回值的型別可以不同，如果在宣告時沒有使用 new 關鍵字，C# 編譯器就會顯示一個警告訊息。

- override 關鍵字：表示子類別的物件是呼叫子類別的方法，並不是父類別方法，稱為「覆寫」(Override) 父類別的方法，例如：Info() 方法。

當 Salesperson 物件執行 GetName() 或 Info() 方法，就是執行子類別隱藏或覆寫的同名方法，並不是父類別的 GetName() 和 Info() 方法。

## 呼叫父類別隱藏或覆寫的方法

如同在子類別呼叫父類別的建構子，子類別的 GetSalesName() 方法也可以使用 base 關鍵字呼叫父類別被隱藏或覆寫的方法，如下所示：

```
public string GetSalesName()
{
    return base.GetName();
}
```

# Visual C# 專案：Ch10_2_2

　　請建立顯示業務員資料的主控台應用程式，Salesperson 類別是繼承 Person 類別 (新增 GetName() 方法)，然後建立隱藏父類別的 GetName() 方法、覆寫的 Info() 方法和呼叫父類別覆寫方法的 GetSalesName() 方法後，建立 Salesperson 物件來顯示業務員資料，其建立步驟如下所示：

**Step 1**：請開啟「程式範例\Ch10\Ch10_2_2」資料夾的 Visual C# 專案，在專案已經建立 Class1.cs 類別檔。

**Step 2**：在「方案總管」視窗雙擊 Class1.cs 檔案後，在程式碼編輯視窗取代 Class1 輸入 Person 父類別和 SalesPerson 子類別宣告。

## Person 與 Salesperson 類別

```
01: public class Person    // 父類別
02: {
03:     public int Id;
04:     public string Name;
05:     // 建構子
06:     public Person(int id, string n)
07:     {
08:         Id = id;
09:         Name = n;
10:     }
11:     // 物件方法
12:     public string GetName() { return "姓名: " + Name;  }
13:     public virtual string Info()
14:     {
15:         return "編號: " + Id + "\n" +
16:                "姓名: " + Name;
17:     }
18: }
19: public class Salesperson : Person   // 子類別
20: {
21:     private int Sales;
22:     // 建構子
23:     public Salesperson(int id, string n, int s) : base(id, n) NEXT
```

```
24:     {
25:         Sales = s;
26:     }
27:     // 隱藏方法
28:     public new string GetName()
29:     {
30:         return "業務員: " + Name;
31:     }
32:     // 覆寫方法
33:     public override string Info()
34:     {
35:         return "業務員編號: " + Id + "\n" +
36:                "業務員姓名: " + Name + "\n" +
37:                "業績(萬): " + Sales;
38:     }
39:     // 呼叫父類別的方法
40:     public string GetSalesName()
41:     {
42:         return base.GetName();
43:     }
44: }
```

## 程式說明

● 第 1~18 列:Person 類別宣告擁有建構子、Id 和 Name 欄位,準備隱藏的 GetName() 方法和準備覆寫的 Info() 方法。

● 第 19~44 列:繼承 Person 類別 Salesperson 子類別宣告,在第 23 列使用 base 呼叫父類別的建構子。

● 第 28~31 列:隱藏父類別的 GetName() 方法,其傳回的說明文字並不相同。

● 第 33~38 列:覆寫父類別的 Info() 方法,傳回的字串內容和父類別不同。

● 第 40~43 列:在子類別新增的方法,這是直接呼叫父類別被覆寫的 GetName() 方法來顯示姓名。

**Step 3**：請開啟或切換至 Program.cs 程式檔案後，輸入 Main() 主程式的 C#
程式碼。

## Main() 主程式

```
01: string userInput;
02: Console.Write("請輸入業務編號=>");
03: userInput = Console.ReadLine() ?? "0";
04: int id = Convert.ToInt16(userInput);
05: Console.Write("請輸入姓名=>");
06: string name = Console.ReadLine() ?? "";
07: Console.Write("請輸入業績=>");
08: userInput = Console.ReadLine() ?? "0";
09: int sales = Convert.ToInt16(userInput);
10: Console.WriteLine("----------------");
11: Salesperson s = new Salesperson(id, name, sales);
12: Console.WriteLine(s.Info());
13: Console.WriteLine(s.GetName());
14: Console.WriteLine(s.GetSalesName());
15: Console.Read();
```

## 程式說明

● 第 1~9 列：依序輸入業務編號、姓名和業績資料。

● 第 11 列：建立 Salesperson 類別的物件 s。

● 第 12~14 列：顯示業務員資訊，Info() 方法是覆寫方法，GetName() 是隱
藏方法，GetSalesName() 是新增的方法。

## 執行結果

**Step 4**：在儲存後，請執行「偵錯/開始偵錯」命令，或按 F5 鍵，可以看
到執行結果的「命令提示字元」視窗，在輸入業務員資料後，顯示
Salesperson 子類別隱藏和覆寫方法的執行結果。

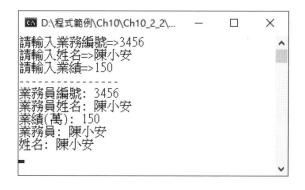

# 10-3　介面的基礎

C# 語言並不支援 C++ 語言的多重繼承，取而代之的是提供「介面」(Interface)。介面可以建立單一物件多型別和提供多重繼承。在本章準備說明介面的使用和繼承，關於介面的單一物件多型別的多型，就留在第 11 章來說明。

## 10-3-1　認識介面

介面 (Interface) 可以替類別的物件提供共同的行為，就算類別之間沒有任何關係 (有關係也可以)，一樣能夠擁有共同的介面。

如同網路通訊協定 (Protocol) 建立不同電腦網路系統之間的溝通管道，不管是執行 Windows 或 Linux 作業系統的電腦，只要說 TCP/IP 就可以建立連線。同理，介面是用來定義不同類別之間的相同行為，也就是一些共同的方法。

例如：Car 和 iPhone 類別擁有共同方法 GetPrice() 取得價格，C# 程式可以將共同方法抽出成為 IPrice 介面。如果 Book 類別也需要取得書價，就直接實作 IPrice 介面，反過來說，如果類別實作 IPrice 介面，表示能夠取得物件的價格，這些類別都擁有共同的行為：取得價格。

介面也是使用 UML 類別圖來表示，只是在類別名稱上方有<<interface>>指明此為介面，如下圖所示：

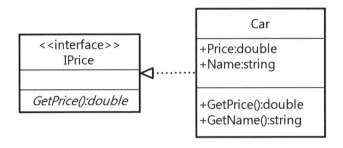

上述 IPrice 介面沒有屬性,在介面方法前可以不用存取修飾子,使用斜體字表示是介面方法。IPrice 提供介面給 Car 類別來實作,這種類別與介面的關係稱為「實現關係」(Realization)。

在 UML 類別圖實作介面的連接線是類似一般關係的繼承,只是改用虛線連接 IPrice 介面和 Car 類別。

## 10-3-2 介面的宣告與實作

介面 (Interface) 可以在類別繼承架構中定義類別的行為,實作介面的類別需要實作「所有」介面方法。

## 介面宣告

在介面宣告的方法預設是一種抽象方法 (Abstract Method),表示只有宣告沒有實作的程式碼,其宣告語法如下所示:

```
interface 介面名稱 {
    傳回值型別 介面方法( 參數列 );
    ......
}
```

上述介面使用 interface 關鍵字宣告,類似類別,其宣告內容可以是屬性和抽象方法 (表示尚未實作),但是不能有建構子、解構子、常數和靜態成員。例如:IArea 和 IInfo 介面宣告如下所示:

```
interface IArea
{
    double Area();
}
interface IInfo
{
    string Info();
}
```

上述 2 個介面分別擁有一個 Area() 和 Info() 方法，介面方法不需要指定存取修飾子，因為預設就是 public。

## 類別實作介面

C# 類別實作介面需要實作所有介面方法的程式碼，其宣告語法如下所示：

```
class 類別名稱 ： 介面名稱 1, 介面名稱 2 {
    ......
    // 實作介面方法
}
```

上述類別使用和繼承相同的語法來實作介面，如果實作的介面不只一個，請使用「,」逗號分隔，請注意！在類別宣告需要實作所有介面方法。例如：宣告 Rectangle 類別實作 IArea 和 IInfo 介面，如下所示：

```
class Rectangle : IArea, Iinfo
{
    public int Height;
    public int Width;
    public Rectangle(int h, int w) { … }
    public double Area()
    {
        return (Height * Width);
    }
    public string Info()
    {
        return "長方形的長：" + Height + "\r\n" +
```

NEXT

```
            "長方形的寬:" + Width;
    }
}
```

上述 Rectangle 類別宣告「:」號後是需要實作的 IArea 和 IInfo 介面，在類別宣告需要實作介面宣告的所有方法。UML 類別圖如下圖所示：

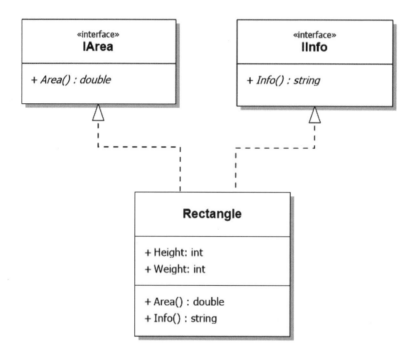

## Visual C# 專案：Ch10_3_2

請建立顯示長方形資訊的主控台應用程式，我們準備宣告 IArea 和 IInfo 介面後，建立 Rectangle 類別實作這 2 個介面，可以計算長方形面積和顯示長方形資訊，其建立步驟如下所示：

**Step 1**：請開啟「程式範例\Ch10\Ch10_3_2」資料夾的 Visual C# 專案，在專案已經新增 Class1.cs 類別檔。

**Step 2**：在「方案總管」視窗雙擊 Class1.cs 檔案，然後在程式碼編輯視窗取代 Class1 輸入 IArea、IInfo 介面與 Rectangle 類別宣告。

## IArea、IInfo 介面與 Rectangle 類別

```
01: interface IArea  // IArea 介面
02: {
03:     double Area(); // 介面方法
04: }
05: // Info 介面
06: interface IInfo
07: {
08:     string Info(); // 介面方法
09: }
10: // 類別實作 IArea 和 IInfo 介面
11: class Rectangle : IArea, IInfo
12: {
13:     public int Height;
14:     public int Width;
15:     public Rectangle(int h, int w)
16:     {
17:         Height = h;
18:         Width = w;
19:     }
20:     public double Area() // 實作介面方法
21:     {
22:         return (Height * Width);
23:     }
24:     public string Info()
25:     {
26:         return "長方形的長:" + Height + "\n" +
27:                "長方形的寬:" + Width;
28:     }
29: }
```

## 程式說明

● 第 1~9 列：IArea 和 IInfo 介面宣告，分別擁有 Area() 和 Info() 方法。

● 第 11~29 列：類別 Rectangle 實作 IArea 和 IInfo 兩個介面，在第 20~23 列實作 Area() 方法，第 24~28 列實作 Info() 方法。

**Step 3**：請開啟或切換至 Program.cs 程式檔案後，輸入 Main() 主程式的 C# 程式碼。

### Main() 主程式

```
01: Rectangle r = new Rectangle(10, 20);
02: Console.WriteLine(r.Info());
03: Console.WriteLine("長方形面積：" + r.Area());
04: Console.Read();
```

### 程式說明

● 第 1 列：建立 Rectangle 類別的物件 r。

● 第 2~3 列：顯示長方形資訊和取得長方形面積。

### 執行結果

**Step 4**：在儲存後，請執行「偵錯/開始偵錯」命令，或按 F5 鍵，可以看到執行結果的「命令提示字元」視窗，顯示長方形的資訊和面積。

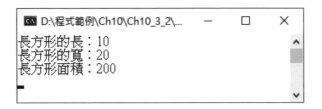

## 10-3-3 類別架構與介面

　　在類別架構中的所有類別都可以實作同一個介面，也就是說，我們可以從類別架構中將類別的共同方法抽出成介面，讓類別架構中的每一個類別都實作同一個介面。

　　例如：Vehicle 類別和 Car 子類別都擁有 GetData() 方法顯示成員資料，所以，我們可以將 GetData() 方法抽出成為 IData 介面。UML 類別圖如下圖所示：

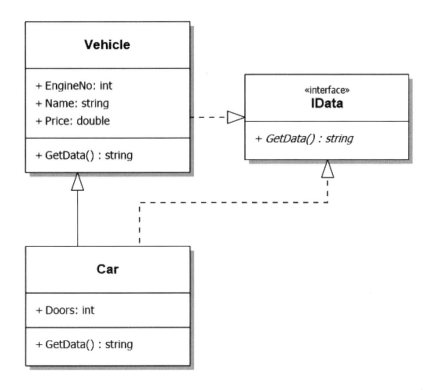

上述 IData 介面是獨立在類別架構之外，類別架構的類別不只可以實作 IData 介面，還可以同時實作其他介面。如果 Vehicle 類別新增一個 Truck 子類別，新增的 Truck 類別一樣也可以實作 IData 介面和其他介面。

## Visual C# 專案：Ch10_3_3

請建立顯示車輛資料的主控台應用程式，我們準備宣告 Car 類別繼承 Vehicle 類別，這 2 個類別都實作 IData 介面來顯示車輛資料，其建立步驟如下所示：

**Step 1**：請開啟「程式範例\Ch10\Ch10_3_3」資料夾的 Visual C# 專案，在專案已經新增 Class1.cs 類別檔。

**Step 2**：在「方案總管」視窗雙擊 Class1.cs 檔案，然後在程式碼編輯視窗取代 Class1 輸入 IData 介面、Vehicle 與 Car 類別宣告。

## IData 介面、Vehicle 與 Car 類別

```
01: interface IData
02: {  // IData 介面宣告
03:     string GetData();
04: }
05: class Vehicle : IData
06: { // Vehicle 類別宣告
07:     public int EngineNo;      // 引擎號碼
08:     public string Name;       // 型號名稱
09:     public double Price;      // 價格
10:     // 介面方法: 取得交通工具資料
11:     public string GetData()
12:     {
13:         string str;
14:         str = "型號: " + Name;
15:         str += "\n引擎號碼: " + EngineNo;
16:         str += "\n價格: " + Price;
17:         return str;
18:     }
19: }
20: class Car : Vehicle, IData // Car 類別宣告
21: {
22:     private int Doors;        // 幾門車
23:     // 建構子
24:     public Car(string name,int n,double price,int doors)
25:     {
26:         EngineNo = n;
27:         Name = name;
28:         Price = price;
29:         Doors = doors;
30:     }
31:     // 介面方法: 取得轎車資料
32:     public string GetData()
33:     {
34:         string str;
35:         str = "====轎車資料====\n";
36:         str += base.GetData();   // 父類別的成員方法
37:         str += "\n車有幾門: " + Doors;
38:         return str;
```

NEXT

```
39:      }
40: }
```

## 程式說明

● 第 1~4 列：IData 介面擁有 GetData() 方法。

● 第 5~19 列：Vehicle 類別實作 IData 介面，在第 11~18 列實作 GetData() 方法的程式碼。

● 第 20~40 列：Car 類別繼承 Vehicle 類別且實作 IData 介面，在第 32~39 列實作 GetData() 方法的程式碼，第 36 列呼叫父類別的 GetData() 方法。

**Step 3**：請開啟或切換至 Program.cs 程式檔案後，輸入 Main() 主程式的 C# 程式碼。

## Main() 主程式

```
01: // 建立 Car 物件
02: Car bmw = new Car("318i",1234567,160.0,4);
03: Console.WriteLine(bmw.GetData());   // 顯示轎車資料
04: Console.Read();
```

## 程式說明

● 第 2 列：使用 Car 類別建立 Car 物件 bmw。

● 第 3 列：呼叫物件的 GetData() 方法顯示轎車資料。

## 執行結果

**Step 4**：在儲存後，請執行「偵錯/開始偵錯」命令，或按 F5 鍵，可以看到執行結果的「命令提示字元」視窗，顯示 1 輛轎車的資料，這是執行 Car 物件的 GetData() 方法取得的資料，名稱、價格和引擎號碼是執行父類別 Vehicle 的 GetData() 方法所取得的資料。

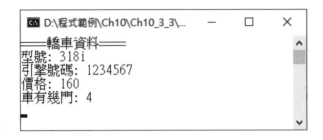

# 10-4 介面的繼承

　　基本上，在 C# 介面宣告並不能隨便新增方法，因為實作介面的類別需要實作所有介面方法。當新增介面方法後，需要新增所有實作此介面類別的方法。

　　不過，我們可以使用介面繼承方式來擴充介面，增加介面的方法，其宣告語法如下所示：

```
interface 介面名稱 : 繼承的介面 {
    // 額外的方法
}
```

　　上述宣告的介面繼承其他介面的所有方法。例如：繼承第 10-3-2 節的 IArea 介面，其介面宣告如下所示：

```
interface IData : IArea {
    string GetData();
}
```

　　上述介面 IData 繼承自 IArea 介面，新增 GetData() 介面方法。UML 類別圖如下圖所示：

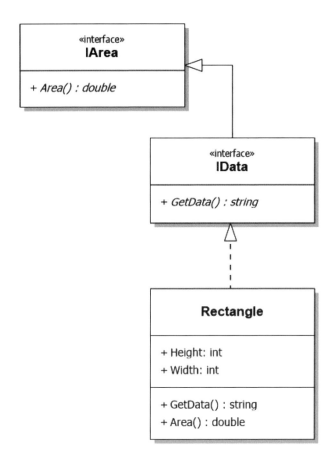

　　上述 IData 介面繼承自 IArea 介面，Rectangle 類別實作 IData 介面時，就需要實作 Area() 和 GetData() 兩個方法。

## Visual C# 專案：Ch10_4

　　請建立顯示長方形資訊和面積的主控台應用程式，我們準備建立 IData 介面繼承自 IArea 介面，新增顯示資訊的 GetData() 方法後，建立 Rectangle 類別實作 IData 介面，來顯示長方形資訊與面積，其建立步驟如下所示：

**Step 1**：請開啟「程式範例\Ch10\Ch10_4」資料夾的 Visual C# 專案，在專案已經新增 Class1.cs 類別檔。

**Step 2**：在「方案總管」視窗雙擊 Class1.cs 檔案，然後在程式碼編輯視窗取代 Class1 輸入 IArea、IData 介面與 Rectangle 類別宣告。

## IArea、IData 介面與 Rectangle 類別

```
01: interface IArea
02: {
03:     double Area();
04: }
05: // IShape 介面繼承 IArea 介面
06: interface IData : IArea
07: {
08:     string GetData();
09: }
10: // 實作 IShape 介面
11: class Rectangle : IData
12: {
13:     public int Height;
14:     public int Width;
15:     public Rectangle(int h, int w)
16:     {
17:         Height = h;
18:         Width = w;
19:     }
20:     public double Area()
21:     {
22:         return (Height * Width);
23:     }
24:     public string GetData()
25:     {
26:         return "長方形的長：" + Height + "\n" +
27:                "長方形的寬：" + Width;
28:     }
29: }
```

**程式說明**

● 第 1~9 列：IArea 和 IData 介面宣告，分別擁有 Area() 和 GetData() 方法，IData 介面繼承 IArea 介面，新增 GetData() 方法。

● 第 11~29 列：類別 Rectangle 實作 IData 介面，在第 20~23 列實作 Area() 方法，第 24~28 列實作 GetData() 方法。

**Step 3**：請開啟或切換至 Program.cs 程式檔案後，輸入 Main() 主程式的 C# 程式碼。

**Main() 主程式**

```
01: Rectangle r = new Rectangle(10, 20);
02: Console.WriteLine(r.GetData());
03: Console.WriteLine("長方形面積：" + r.Area());
04: Console.Read();
```

**程式說明**

● 第 1 列：建立 Rectangle 類別的物件 r。

● 第 2~3 列：呼叫 GetData() 和 Area() 方法取得長方形資訊與面積。

**執行結果**

**Step 4**：在儲存後，請執行「偵錯/開始偵錯」命令，或按 F5 鍵，可以看到執行結果的「命令提示字元」視窗，顯示長方形資訊與面積。

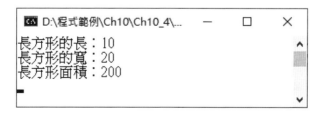

# 10-5 介面的多重繼承

多重繼承是指繼承的父類別不只一個，C# 語言並不支援類別的多重繼承 (C++ 語言支援)，但 C# 語言支援介面的多重繼承 (C++ 語言沒有介面)。

## 10-5-1 多重繼承的基礎

「多重繼承」(Multiple Inheritance) 是指一個類別能夠繼承多個父類別，如下圖所示：

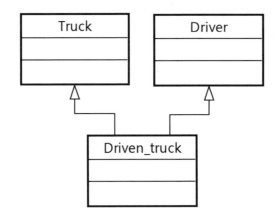

上述 Driven_truck 類別繼承自 Truck 和 Driver 兩個類別。對於 Driven_truck 類別來說，擁有兩個父類別，這就是多重繼承。請注意！C# 語言並不支援類別的多重繼承，只支援介面的多重繼承。

## 10-5-2 介面的多重繼承

在 C# 語言的介面支援多重繼承，其宣告語法如下所示：

```
interface 介面名稱 : 繼承的介面 1, 繼承的介面 2 {
    // 額外的方法
}
```

　　上述介面宣告繼承多個介面，各介面是使用「,」逗號分隔。例如：IData 介面是繼承自 IArea 和 IPerimeter 兩個介面，其介面宣告如下所示：

```
interface IData : IArea, IPerimeter {
    void GetData();
}
```

　　上述介面 IData 是繼承 IArea 和 IPerimeter 介面，所以共有 Area()、Perimeter() 和 GetData() 三個方法，分別顯示圖形面積、周長和資訊。UML 類別圖如下圖所示：

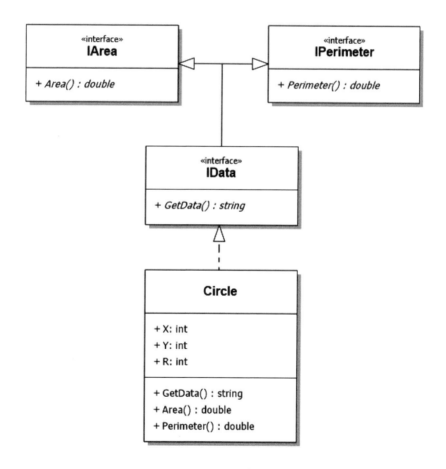

　　上述 IData 介面繼承兩個父介面，實作 IData 介面的 Circle 類別共需要實作 Area()、Perimeter() 和 GetData() 共三個方法。

# Visual C# 專案：Ch10_5_2

請建立顯示圖形相關資訊的主控台應用程式，在建立 IData 介面多重繼承 IArea 和 IPerimeter 介面，和新增顯示資訊的 GetData() 方法後，建立 Circle 類別實作 IData 介面，來顯示圖形資訊、面積與周長，其建立步驟如下所示：

**Step 1**：請開啟「程式範例\Ch10\Ch10_5_2」資料夾的 Visual C# 專案，在專案已經新增 Class1.cs 類別檔。

**Step 2**：在「方案總管」視窗雙擊 Class1.cs 檔案，然後在程式碼編輯視窗取代 Class1 輸入 IArea、IPerimeter、IData 介面與 Circle 類別宣告。

## IArea、IData、IPerimeter 介面與 Circle 類別

```
01: interface IArea    // IArea 介面
02: {
03:     double Area();
04: }
05: interface IPerimeter   // IPerimeter 介面
06: {
07:     double Perimeter();
08: }
09: // IData 介面多重繼承 IArea 和 IPerimeter 介面
10: interface IData : IArea, IPerimeter
11: {
12:     string GetData();
13: }
14: // 實作 IData 介面
15: class Circle : IData
16: {
17:     public int X, Y;
18:     public int R;
19:     public Circle(int x, int y, int r)
20:     {
21:         X = x;
22:         Y = y;
```

NEXT

```
23:         R = r;
24:     }
25:     // 實作介面的方法
26:     public double Area()
27:     {
28:         return (3.1415 * R * R);
29:     }
30:     public string GetData()
31:     {
32:         return "圓心X座標: " + X +
33:                "\n圓心Y座標: " + Y +
34:                "\n圓半徑: " + R;
35:     }
36:     public double Perimeter()
37:     {
38:         return (2 * 3.1415 * R);
39:     }
40: }
```

## 程式説明

● 第 1~4 列：IArea 介面宣告擁有 Area() 介面方法。

● 第 5~8 列：IPerimeter 介面宣告擁有 Perimeter() 介面方法。

● 第 10~13 列：多重繼承 IArea 和 IPerimeter 介面的 IData 介面宣告，擁有 GetData() 介面方法。

● 第 15~40 列：Circle 類別實作 IData 介面，在第 26~29 列實作 Area() 介面方法，第 30~35 列實作 GetData() 介面方法，在第 36~39 列實作 Perimeter() 介面方法。

**Step 3**：請開啟或切換至 Program.cs 程式檔案後，輸入 Main() 主程式的 C# 程式碼。

## Main() 主程式

```
01: // 建立 Circle 物件
02: Circle c = new Circle(16, 15, 16);
03: Console.WriteLine(c.GetData());
04: Console.WriteLine("圓面積: " + c.Area());
05: Console.WriteLine("圓周長: " + c.Perimeter());
06: Console.Read();
```

## 程式說明

● 第 2 列：建立 Circle 類別的物件 c。

● 第 3~5 列：分別呼叫 GetData()、Area() 和 Perimeter() 方法取得圓形資訊、面積和周長。

## 執行結果

**Step 4**：在儲存後，請執行「偵錯/開始偵錯」命令，或按 F5 鍵，可以看到執行結果的「命令提示字元」視窗，顯示圓形面積、周長和圓形等相關資料。

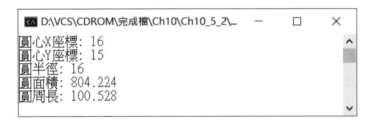

# 10-6 抽象、巢狀與密封類別

抽象類別是一種不能建立物件的類別，只允許其他類別來繼承，可以定義一些子類別的共同部分。巢狀類別是在類別宣告中擁有其他的類別宣告。密封類別是不允許子類別繼承的一種特殊類別。

## 10-6-1　抽象類別

　　抽象類別 (Abstract Class) 是一種不能完全代表物件的類別，所以並不能建立物件，其主要目是作為類別繼承的父類別，用來定義一些子類別的共同部分。

　　當 C# 類別宣告成 abstract，表示類別是抽象類別，在抽象類別可以使用 abstract 宣告抽象方法，表示方法只有原型宣告，實作程式碼是位在子類別，其繼承的子類別一定要實作這些抽象方法。例如：宣告抽象類別 Shape，如下所示：

```
public abstract class Shape {
    public int X;
    public int Y;
    public Shape(int x, int y) { … }
    public abstract double Area();
}
```

　　上述 Shape 類別定義點 (Point) 座標 X 和 Y，提供抽象方法 Area() 計算圖形的面積，但是沒有方法的程式區塊。接著宣告 Circle 子類別繼承 Shape 抽象類別，如下所示：

```
public class Circle : Shape {
    public int R;
    public Circle(int x, int y, int r) : base(x, y) { … }
    public override double Area() {
        return (3.1415 * R * R);
    }
}
```

　　上述子類別 Circle 定義圓形，除了圓心座標外，新增成員資料半徑 R，而且使用 override 關鍵字實作 Area() 抽象方法來計算圓面積。UML 類別圖如下圖所示：

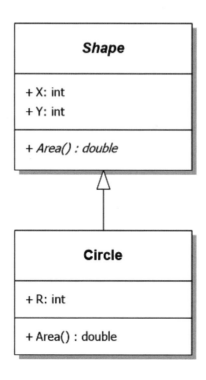

上述抽象類別名稱的字體是斜體字，抽象方法也是斜體字。

## Visual C# 專案：Ch10_6_1

請建立顯示圓形資訊的主控台應用程式，在宣告 Shape 抽象類別後，再宣告 Circle 子類別繼承抽象類別，和實作計算圓面積的 Area() 抽象方法，其建立步驟如下所示：

**Step 1**：請開啟「程式範例\Ch10\Ch10_6_1」資料夾的 Visual C# 專案，在專案已經新增 Class1.cs 類別檔。

**Step 2**：在「方案總管」視窗雙擊 Class1.cs 檔案，然後在程式碼編輯視窗取代 Class1 輸入 Shape 與 Circle 類別宣告。

### Shape 與 Circle 類別

```
01: public abstract class Shape
02: {
03:     public int X;
04:     public int Y;
05:     // 建構子
06:     public Shape(int x, int y)
07:     {
08:         X = x;
09:         Y = y;
10:     }
11:     public abstract double Area(); // 抽象方法
12: }
13: // 繼承抽象類別的子類別
14: public class Circle : Shape
15: {
16:     public int R;
17:     public Circle(int x, int y, int r)
18:         : base(x, y)
19:     {
20:         R = r;
21:     }
22:     public override double Area()
23:     {
24:         return (3.1415 * R * R);
25:     }
26: }
```

### 程式說明

● 第 1~12 列：Shape 抽象類別宣告的第 3~4 列是座標 X 和 Y 欄位，第 6~10 列是建構子，第 11 列是抽象方法 Area()。

● 第 14~26 列：繼承 Shape 抽象類別的 Circle 子類別宣告，新增欄位 R，在第 22~25 列實作 Area() 抽象方法。

**Step 3**：請開啟或切換至 Program.cs 程式檔案後，輸入 Main() 主程式的 C# 程式碼。

## Main() 主程式

```
01: Circle c = new Circle(15, 25, 20);
02: Console.WriteLine("圓心(X,Y): (" + c.X + "," + c.Y + ")");
03: Console.WriteLine("圓半徑: " + c.R);
04: Console.WriteLine("圓面積: " + c.Area());
05: Console.Read();
```

## 程式說明

● 第 1~4 列：在建立 Circle 類別的物件 c 後，第 2~4 列顯示欄位值和執行 Area() 方法取得圓面積。

## 執行結果

**Step 4**：在儲存後，請執行「偵錯/開始偵錯」命令，或按 F5 鍵，可以看到執行結果的「命令提示字元」視窗，顯示圓形的相關資訊和面積。

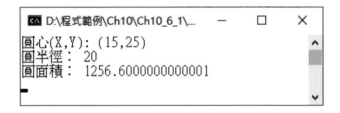

## 10-6-2 巢狀類別

巢狀類別 (Nested Class) 是在類別宣告之中宣告類別，在巢狀類別之外的類別稱為「外層類別」(Outer Class)。巢狀類別特別強調類別之間的關係，如果外層類別的物件不存在，在之中的巢狀類別所建立的物件也不會存在。

例如：Order 類別之中擁有 OrderStatus 巢狀類別宣告，如下所示：

```
class Order  // Order 外層類別
{  ......
   class OrderStatus  // OrderStatus 巢狀類別
```
NEXT

```
    {
        ......
    }
    ......
}
```

上述 Order 類別擁有成員類別 OrderStatus 的巢狀類別，Order 是外層類別。在 UML 類別圖的巢狀類別稱為組合關係 (Composition)，這是一種成品和零件 (Whole-Part) 的類別關係，強調是成品的專屬零件，如下圖所示：

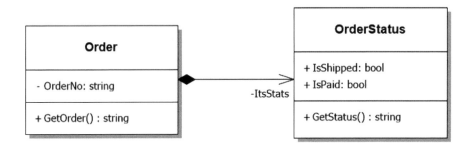

上述類別圖使用實心菱形的實線，從零件 OrderStatus 連接成品的 Order 類別。在連接線尾的文字是扮演的角色 ItsStatus，程式碼就是使用物件變數 ItsStatus 來參考巢狀類別建立的物件。

## Visual C# 專案：Ch10_6_2

請建立顯示訂單資訊的主控台應用程式，在宣告的 Order 類別擁有 OrderStatus 巢狀類別儲存訂單狀態，然後建立 Order 物件來顯示訂單的相關資訊，其建立步驟如下所示：

**Step 1**：請開啟「程式範例\Ch10\Ch10_6_2」資料夾的 Visual C# 專案，在專案已經新增 Class1.cs 類別檔。

**Step 2**：在「方案總管」視窗雙擊 Class1.cs 檔案，然後在程式碼編輯視窗取代 Class1 輸入 Order 與 OrderStatus 類別宣告。

## Order 與 OrderStatus 類別

```
01: class Order
02: {      // Order 外層類別
03:     private string OrderNo;
04:     private OrderStatus ItsStatus;
05:     class OrderStatus
06:     { // OrderStatus 巢狀類別
07:         public bool IsShipped;
08:         public bool IsPaid;
09:         // 建構子: OrderStatus 巢狀類別
10:         public OrderStatus(bool shipped, bool paid)
11:         {
12:             IsShipped = shipped;
13:             IsPaid = paid;
14:         }
15:         // 成員方法: 取得訂單狀態
16:         public string GetStatus()
17:         {
18:             return "\r\n->[巢狀類別]" +
19:                   "\r\n->是否送貨: " + IsShipped +
20:                   "\r\n->是否付款: " + IsPaid;
21:         }
22:     }
23:     // 建構子: Order 外層類別
24:     public Order(string no, bool shipped, bool paid)
25:     {
26:         OrderNo = no;
27:         ItsStatus = new OrderStatus(shipped, paid);
28:     }
29:     // 成員方法: 取得訂單資料
30:     public string GetOrder() {
31:         return "====[訂單資料]====" +
32:             "\r\n編號: " + OrderNo +
33:             "\r\n送貨: " + ItsStatus.IsShipped +
34:             " / 付款: " + ItsStatus.IsPaid +
35:             ItsStatus.GetStatus() + "\r\n";
36:     }
37: }
```

## 程式說明

● 第 1~37 列：Order 外層類別宣告包含 string 物件變數，和第 4 列的 ItsStatus 物件成員和 OrderStatus 巢狀類別宣告。

● 第 5~22 列：OrderStatus 巢狀類別宣告擁有 2 個 bool 變數，在第 10~14 列是巢狀類別的建構子，第 16~21 列是 GetStatus() 方法。

● 第 24~28 列：Order 外層類別的建構子是在第 27 列使用 new 運算子建立巢狀類別的物件。

● 第 33~34 列：使用物件變數 ItsStatus 取得巢狀類別的成員變數 IsShipped 和 IsPaid。請注意！這 2 個成員變數在巢狀類別是宣告成 public，所以可以存取；若是 private 就無法存取。

● 第 35 列：使用物件變數 ItsStatus 呼叫巢狀類別的 GetStatus() 成員方法。

**Step 3**：請開啟或切換至 Program.cs 程式檔案後，輸入 Main() 主程式的 C# 程式碼。

## Main() 主程式

```
01: // 建立 Order 物件
02: Order order1 = new Order("order001",false,false);
03: Order order2 = new Order("order002",true,false);
04: // 顯示訂單資料
05: Console.WriteLine(order1.GetOrder());
06: Console.WriteLine(order2.GetOrder());
07: Console.Read();
```

## 程式說明

● 第 2~6 列：在建立 Order 類別的物件 order1 和 order2 後，在第 5~6 列呼叫 GetOrder() 方法取得訂單資訊。

**執行結果**

**Step 4**：在儲存後，請執行「偵錯/開始偵錯」命令，或按 F5 鍵，可以看到執
行結果的「命令提示字元」視窗，顯示兩張訂單資料。

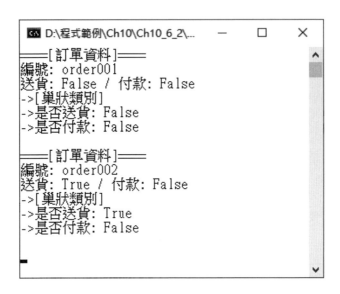

上述狀態部分是 OrderStatus 巢狀類別的物件。OrderStatus 巢狀類別物件
只能存在外層類別的物件之中，外層類別的物件是使用 ItsStatus 物件變數參考
巢狀類別的物件。

## 10-6-3 密封類別

在 C# 類別如果使用 sealed 關鍵字進行宣告，稱為密封類別 (Java 語言
稱為常數類別)，表示類別不能被繼承；如果方法宣告成 sealed 表示方法不允
許覆寫。在類別宣告使用 sealed 關鍵字的理由，如下所示：

● 保密原因：基於保密理由，可以將一些類別宣告成 sealed，以防止子類別存
取或覆寫原類別的操作。

● 設計原因：基於物件導向設計的需求，我們可以將某些類別宣告成 sealed，
以避免子類別的繼承。

## 建立密封類別與密封方法

　　密封類別是使用 sealed 關鍵字進行宣告，例如：繼承父類別 User 的 Customer 類別，其類別宣告如下所示：

```
sealed class Customer : User { … }
```

　　上述 sealed 宣告表示 Customer 類別不能再有子類別。在 User 類別的方法宣告成 sealed (sealed 需要和 override 關鍵字一併使用)，如下所示：

```
class User : Person
{
    public sealed override string GetName() { … }
    public sealed override string GetAddress() { … }
    public sealed override void SetName(string n) { … }
    public sealed override void SetAddress(string a) { … }
}
```

　　上述 User 類別的 4 個覆寫方法 (覆寫 Person 類別的方法) 都宣告成 sealed，表示子類別 Customer 不能再覆寫這些方法。UML 類別圖如下圖所示：

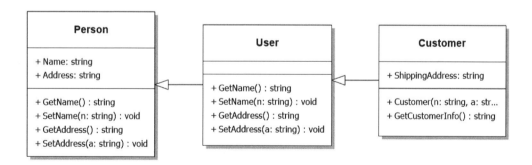

　　上述 NClass 類別圖的密封類別是勾選 sealed 修飾子，並不會在類別名稱上方標示<<leaf>>，密封方法是勾選 override 和 sealed，也不會在方法後面加上{leaf}來表示。

# Visual C# 專案：Ch10_6_3

請建立顯示客戶資訊的主控台應用程式，在宣告 Person 類別後，建立繼承 Person 類別的 User 類別和繼承 User 的 Customer 類別，Customer 類別是宣告成 sealed，User 類別的 4 個覆寫方法也是宣告成 sealed，其建立步驟如下所示：

**Step 1**：請開啟「程式範例\Ch10\Ch10_6_3」資料夾的 Visual C# 專案，在專案已經新增 Class1.cs 類別檔。

**Step 2**：在「方案總管」視窗雙擊 Class1.cs 檔案，然後在程式碼編輯視窗取代 Class1 輸入 Person、User 與 Customer 類別宣告。

### Person、User 與 Customer 類別

```
01: class Person    // Person 類別宣告
02: {
03:     public string Name;     // 姓名
04:     public string Address; // 地址
05:     // 成員方法
06:     public virtual string GetName() { return "";}
07:     public virtual string GetAddress() { return "";}
08:     public virtual void SetName(string n) { }
09:     public virtual void SetAddress(string a) { }
10: }
11: class User : Person    // User 類別宣告
12: {
13:     // 成員方法
14:     public sealed override string GetName() { return Name; }
15:     public sealed override string GetAddress() {
                                   return Address; }
16:     public sealed override void SetName(string n) { Name=n; }
17:     public sealed override void SetAddress(string a) {
                                   Address = a; }
18: }
19: sealed class Customer : User  // Customer 類別宣告
20: {
21:     public string ShippingAddress;   // 送貨地址
```

NEXT

```
22:     // 建構子
23:     public Customer(string n, string a, string shipping)
24:     {
25:         SetName(n);
26:         SetAddress(a);
27:         ShippingAddress = shipping;
28:     }
29:     // 成員方法
30:     public string GetCustomerInfo()
31:     {
32:         return "姓名: " + GetName() +
33:                "\n地址: " + GetAddress() +
34:                "\n送貨地址: " + ShippingAddress;
35:     }
36: }
```

**程式說明**

● 第 14~17 列：宣告成 sealed 的 4 個覆寫方法。

● 第 19~36 列：使用 sealed 宣告 Customer 類別。

**Step 3**：請開啟或切換至 Program.cs 程式檔案後，輸入 Main() 主程式的 C# 程式碼。

**Main() 主程式**

```
01: // 建立 Customer 物件
02: Customer joe = new Customer("陳會安",
03:                             "台北市", "桃園市");
04: Console.WriteLine(joe.GetCustomerInfo());
05: Console.Read();
```

**程式說明**

● 第 2~4 列：在第 2~3 列建立 Customer 類別的物件 joe，第 4 列呼叫 GetCustomerInfo() 方法取得客戶資訊。

**執行結果**

**Step 4**：在儲存後，請執行「偵錯/開始偵錯」命令，或按 F5 鍵，可以看到執行結果的「命令提示字元」視窗，顯示客戶的基本資料。

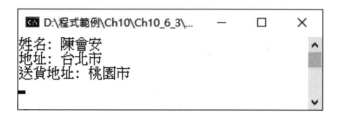

# 學習評量

**選擇題**

( ) 1. 在 C# 語言宣告的子類別可以使用下列哪一個關鍵字宣告同名方法來覆寫父類別的方法？

    A. virtual        B. override

    C. base           D. new

( ) 2. 請問 C# 類別如果不希望有子類別，我們需要使用下列哪一個關鍵字來宣告？

    A. sealed       B. virtual

    C. const        D. abstract

( ) 3. 類別 A 繼承自類別 E，類別 C 繼承自類別 E，類別 B 繼承自類別 C，類別 D 繼承自類別 C，請問類別 A 的兄弟類別是下列哪一個類別？

    A. 類別 A      B. 類別 B

    C. 類別 D      D. 類別 C

( ) 4. 類別 E 繼承自類別 B，類別 C 繼承自類別 B，類別 B 繼承自類別 D，類別 D 繼承自類別 A，請問下列哪一個不是類別 E 的父類別？

    A. 類別 A      B. 類別 B

    C. 類別 C      D. 類別 D

(　　) 5. 請問下列哪一個關於抽象類別的說明是不正確的？

　　　　A. 抽象類別是一種不能完全代表物件的類別

　　　　B. 抽象類別可以建立物件

　　　　C. 抽象類別可以被繼承用來建立子類別

　　　　D. 在 C# 的抽象類別就是包含抽象方法的類別

## 簡答題

1. 請使用圖例說明什麼是物件導向程式語言的繼承？何謂類別架構？

2. 當多個類別擁有相同的父類別時，這些類別稱為＿＿＿＿＿＿。在 UML 的類別關係中，繼承就是＿＿＿＿＿＿(Generalization)。

3. 請說明什麼是覆寫和隱藏方法，其差異為何？

4. C# 子類別並不能繼承父類別的建構子，只能使用＿＿＿＿關鍵字呼叫父類別的建構子。請問子類別 Final 的成員方法需要呼叫父類別的成員方法 Start()，其程式碼為＿＿＿＿＿＿＿＿＿。

5. 請說明什麼介面？何謂多重繼承？在 C# 語言可以使用＿＿＿＿建立多重繼承。

6. IPrint 介面擁有 Print()、Page()、Footer() 和 Header() 四個方法，如果類別實作 IPrint 介面，需要實作＿＿＿個方法。

7. 請簡單說明什麼是巢狀、密封和抽象類別？

8. 現在有 Computer、AppleComputer 和 AcerComputer 三個類別，請繪出這三個類別的類別架構？其中哪一個類別可以宣告成抽象類別？

**實作題**

1. 請建立 Bicycle 單車類別，內含色彩、車重、輪距、車型和車價等資料，然後繼承此類別建立 RacingBike (競速單車)，新增幾段變速的成員變數和顯示單車資訊的方法，並試著繪出 UML 類別圖的類別架構。

2. 請依照下列 UML 類別圖寫出 C# 程式，類別圖中並沒有建構子，請自行建立，PrintGraduate() 方法可以顯示研究生的基本資料，包含學號、姓名、地址、成績和科系，如下圖所示：

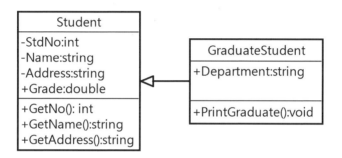

3. 請依照第 10-3-1 節的類別圖寫出 C# 程式的 IPrice 介面和 Car 類別，以便顯示車輛的價格。

4 請依照下列 UML 類別圖寫出 C# 程式顯示 Member 會員的資訊，Member 類別繼承 Person 類別且實作 IAddress 介面，在類別圖中並沒有建構子，請自行建立建構子，如下圖所示：

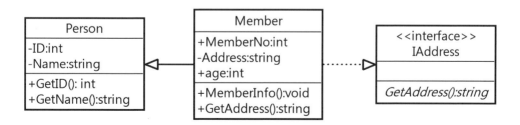

MEMO

# 11

## 過載與多型

# 11-1　過載方法

　　「過載」(Overload) 或稱為重載，可以讓我們在類別新增同名的方法，這是因為物件導向技術的物件是依據接收的訊息 (Messages) 來決定執行的方法，當物件能夠辨識出這是不同的訊息，就算是同名方法，也一樣能夠正確的執行目標的方法。

## 11-1-1　訊息

　　物件是模擬現實生活的東西，在現實生活中的東西彼此會進行互動。例如：學生要求成績 (學生與成績物件)、約同學看電影 (同學與同學物件) 和學生彈鋼琴 (學生與鋼琴物件) 等互動。所以，我們建立的物件之間也需要互動，使用的媒介就是訊息 (Messages)。

　　物件是使用訊息來模擬彼此的互動，訊息是物件之間的溝通橋樑，可以啟動另一個物件來執行指定的行為。例如：Student 學生物件需要查詢成績，學生成績是儲存在 StudentStatus 物件，Student 物件可以送一個訊息給 StudentStatus 物件，告訴它需要查詢學生成績，如下圖所示：

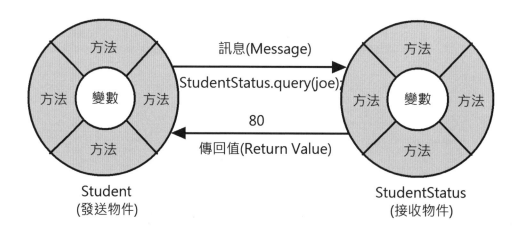

上述訊息是從 Student 物件的發送物件 (Sender) 送到 StudentStatus 接收物件 (Receiver)，訊息內容是一個命令，要求執行 query() 方法和傳遞參數。例如：查詢學生姓名 joe 成績的訊息提供三種資訊：接收物件、方法和參數，如下所示：

```
StudentStatus.query(joe);
```

上述訊息指出接收物件是 StudentStatus，要求執行 query() 方法，參數是 joe。在接收物件接到訊息後，就會執行其指定的方法，然後將回應訊息送回給發送物件 (也可能不會回應)，稱為「傳回值」(Return Value) 或回傳值，即查詢結果的學生成績 80。

所以，當我們使用多個物件模擬現實生活時，在物件的彼此之間是使用訊息來溝通，以便模擬物件之間的互動。以程式語言的角度來說，物件導向技術建立的程式就是一個物件集合，在集合中的物件使用訊息來執行所需的功能，彼此通力合作的來解決程式的問題。

## 11-1-2 類別方法的過載

C# 類別允許擁有 2 個以上的同名方法，稱為過載 (Overload)，過載方法只需傳遞參數的個數或資料型別不同即可，請注意！傳回值型別並不是方法特徵 (Method Signature)，不同傳回值型別並不會視為是不同方法。

---

■ 說明

方法特徵 (Method Signature) 是指方法的存取修飾子、選項修飾子的 abstract 或 sealed、傳回值、方法名稱和參數等用來辨識方法的資訊，謂之特徵。

---

## 參數型別不同

C# 方法只需參數的資料型別不同，就可以建立過載方法，如下所示：

```
static public int Square(int value)
static public double Square(double value)
```

上述 2 個 Square() 同名方法都可以計算參數的平方，方法只有參數的資料型別不同，參數個數是相同的。

## 參數個數不同

C# 方法只需參數個數不同，也一樣可以建立過載方法，如下所示：

```
static public int Plus(int a, int b)
static public int Plus(int a, int b, int c)
```

上述 Plus() 同名方法能夠計算參數和，方法的參數個數分別是 2 和 3。請注意！方法傳回值型別並非訊息內容，所以，不同資料型別的傳回值，並不能產生不同的訊息，過載方法不能只有不同的傳回值型別，如下所示：

```
static public int Cube(double value)
static public double Cube(double value)
```

上述同名方法只有傳回值型別 int 和 double 不同，這並非過載方法，所以在編譯時就會造成編譯錯誤。

## Visual C# 專案：Ch11_1_2

請建立測試過載數學函數的主控台應用程式，在 MyMath 類別使用過載建立 2 個同名 Square() 和 Plus() 類別方法，只有參數型別和個數不同，其建立步驟如下所示：

**Step 1**：請開啟「程式範例\Ch11\Ch11_1_2」資料夾的 Visual C# 專案，在專案已經新增 Class1.cs 類別檔。

**Step 2**：在「方案總管」視窗雙擊 Class1.cs 檔案，然後在程式碼編輯視窗取
代 Class1 輸入 MyMath 類別宣告。

## MyMath 類別

```
01: public class MyMath
02: {
03:     // 類別方法：計算平方
04:     static public int Square(int value)
05:     {
06:         return value * value;
07:     }
08:     static public double Square(double value)
09:     {
10:         return value * value;
11:     }
12:     // 類別方法：參數相加
13:     static public int Plus(int a, int b)
14:     {
15:         return a + b;
16:     }
17:     static public int Plus(int a, int b, int c)
18:     {
19:         return a + b + c;
20:     }
21: }
```

## 程式說明

● 第 1~21 列：MyMath 類別宣告擁有 4 個類別方法，分別是過載的 2 個
Square() 和 Plus() 方法。

● 第 4~11 列：2 個過載的 Square() 類別方法，參數型別分別為 int 和
double。

● 第 13~20 列：2 個過載的 Plus() 類別方法，分別有 2 和 3 個 int 參數個
數。

**Step 3**：請開啟或切換至 Program.cs 程式檔案後，輸入 Main() 主程式的 C# 程式碼。

## Main() 主程式

```
01: double num = 15.2;
02: int value1 = 10;
03: int value2 = 15;
04: int value3 = 20;
05: Console.WriteLine("浮點數平方: " + MyMath.Square(num));
06: Console.WriteLine("整數平方: " + MyMath.Square(value1));
07: Console.WriteLine("2整數相加: " + MyMath.Plus(value1, value2));
08: Console.WriteLine("3整數相加: " + MyMath.Plus(
                                value1, value2, value3));
09: Console.Read();
```

## 程式說明

● 第 1~4 列：宣告 1 個浮點數和 3 個整數變數，並且指定初值。

● 第 5~6 列：呼叫 2 個過載的 Square() 類別方法，可以計算 int 和 double 型別參數的平方值。

● 第 7~8 列：呼叫 2 個過載的 Plus() 類別方法，可以計算 2 個和 3 個參數相加的總和。

## 執行結果

**Step 4**：在儲存後，請執行「偵錯/開始偵錯」命令，或按 F5 鍵，可以看到執行結果的「命令提示字元」視窗。

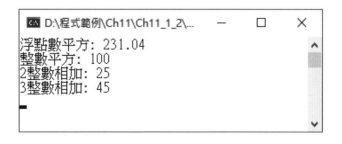

上述執行結果的前 2 列是呼叫 Square() 過載方法，參數分別是 int 和 double，後 2 列是呼叫 Plus() 方法計算 2 個或 3 個參數的總和。

## 11-1-3　成員方法的過載

C# 類別的成員方法一樣可以有兩個以上的同名方法，只需傳遞的參數個數或資料型別不同即可，例如：在 MyTime 類別擁有 2 個同名 SetTime() 過載方法，只是參數個數分別是 3 個和 2 個，如下所示：

```
public void SetTime(int h, int m, int s) { … }
public void SetTime(int h, int m) { … }
```

## Visual C# 專案：Ch11_1_3

請建立顯示時間資料的主控台應用程式，在 MyTime 類別可以使用過載方法指定物件成員變數值，其建立步驟如下所示：

**Step 1**：請開啟「程式範例\Ch11\Ch11_1_3」資料夾的 Visual C# 專案，在專案已經新增 Class1.cs 類別檔。

**Step 2**：在「方案總管」視窗雙擊 Class1.cs 檔案，然後在程式碼編輯視窗取代 Class1 輸入 MyTime 類別宣告。

**MyTime 類別**

```
01: public class MyTime
02: {
03:     private int Hour;
04:     private int Minute;
05:     private int Second;
06:     // 物件方法: 取得時間字串
07:     public string GetTime()
08:     {
09:         string str;
10:         str = Hour + ":" + Minute + ":" + Second;
11:         return str;
```

NEXT

```
12:    }
13:    // 物件方法: 設定時間(1)
14:    public void SetTime(int h, int m, int s)
15:    {
16:        Hour = h;
17:        Minute = m;
18:        Second = s;
19:    }
20:    // 物件方法: 設定時間(2)
21:    public void SetTime(int h, int m)
22:    {
23:        Hour = h;
24:        Minute = m;
25:        Second = 0;
26:    }
27: }
```

**程式說明**

● 第 1~27 列：MyTime 類別宣告的第 14~26 列是過載的 2 個 SetTime()
  成員方法。

**Step 3**：請開啟或切換至 Program.cs 程式檔案後，輸入 Main() 主程式的 C#
  程式碼。

## Main() 主程式

```
01: // 物件變數宣告
02: MyTime open = new MyTime();
03: MyTime close = new MyTime();
04: // 設定 open 物件的成員變數
05: open.SetTime(9, 30, 30);
06: // 設定 close 物件的成員變數
07: close.SetTime(18, 30);
08: // 呼叫物件的方法
09: Console.WriteLine("開張時間: " + open.GetTime());
10: Console.WriteLine("結束時間: " + close.GetTime());
11: Console.Read();
```

**程式說明**

● 第 5 列和第 7 列：分別使用過載方法來指定 open 和 close 物件變數的欄位值。

**執行結果**

<u>Step 4</u>：在儲存後，請執行「偵錯/開始偵錯」命令，或按 F5 鍵，可以看到執行結果的「命令提示字元」視窗，顯示營業的 2 個時間資料。

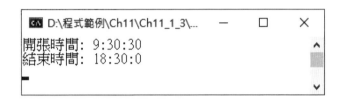

## 11-1-4 過載的建構子

　　C# 類別的建構子也支援過載，我們可以建立多個同名的建構子方法，只需擁有不同的參數型別或個數即可。例如：MyTime 類別擁有多個同名的建構子 (就是將第 11-1-3 節過載 SetTime() 方法改成過載建構子)，其宣告如下所示：

```
public class MyTime
{
    ......
    public MyTime(int h, int m, int s)
    {
        Hour = h;
        Minute = m;
        Second = s;
    }
    public MyTime(int h, int m)
    {
        Hour = h;
        Minute = m;
```

NEXT

```
        Second = 0;
    }
    ......
}
```

上述類別宣告擁有 2 個建構子，第 1 個有 3 個 int 整數參數；第 2 個只有 2 個 int 整數參數。

## Visual C# 專案：Ch11_1_4

這是和第 11-1-3 節相同的主控台應用程式，修改第 11-1-3 節的 MyTime 類別，將 2 個 SetTime() 過載方法改成 2 個過載建構子，其建立步驟如下所示：

**Step 1**：請開啟「程式範例\Ch11\Ch11_1_4」資料夾的 Visual C# 專案，在專案已經新增 Class1.cs 類別檔。

**Step 2**：在「方案總管」視窗雙擊 Class1.cs 檔案，然後在程式碼編輯視窗取代 Class1 輸入 MyTime 類別宣告。

### MyTime 類別

```
01: public class MyTime
02: {
03:     private int Hour;
04:     private int Minute;
05:     private int Second;
06:     // 建構子(1)
07:     public MyTime(int h, int m, int s)
08:     {
09:         Hour = h;
10:         Minute = m;
11:         Second = s;
12:     }
13:     // 建構子(2)
14:     public MyTime(int h, int m)
15:     {
```

NEXT

```
16:          Hour = h;
17:          Minute = m;
18:          Second = 0;
19:      }
20:      // 物件方法: 取得時間字串
21:      public string GetTime()
22:      {
23:          string str;
24:          str = Hour + "/" + Minute + "/" + Second;
25:          return str;
26:      }
27: }
```

### 程式說明

● 第 1~27 列：MyTime 類別宣告的第 7~19 列是 2 個過載建構子。

**Step 3**：請開啟或切換至 Program.cs 程式檔案後，輸入 Main() 主程式的 C# 程式碼。

### Main() 主程式

```
01: // 建立物件變數
02: MyTime open = new MyTime(9, 30, 30);
03: MyTime close = new MyTime(18, 30);
04: // 呼叫物件的方法
05: Console.WriteLine("開張時間: " + open.GetTime());
06: Console.WriteLine("結束時間: " + close.GetTime());
07: Console.Read();
```

### 程式說明

● 第 2~3 列：使用過載建構子建立 open 和 close 物件。

### 執行結果

**Step 4**：在儲存後，請執行「偵錯/開始偵錯」命令，或按 F5 鍵，可以看到和第 11-1-3 節完全相同的執行結果。

運算子過載 (Operator Overloading) 是將 C# 運算子使用在自訂類別的物件，可以新增物件擁有運算子一般的運算功能。例如：業績物件 Sales 使用「+」過載加法運算子來計算業績物件的利潤和項目總和，如下所示：

```
Sales q1 = new Sales(2345.6, 250);
Sales q2 = new Sales(1234.5, 150);
Sales total;
total = q1 + q2;
```

上述程式碼將第一季 q1 和第二季 q2 物件，使用「+」過載運算子計算上半年業績 total 物件的利潤和銷售項目總和。我們可以看出寫出的運算式和基本資料型別使用相同的語法，所以，運算子過載的目的就是增加程式碼的可讀性，避免發生同樣功能使用不同語法的情況。

C# 語言的大部分運算子都可以建立運算子過載，如下表所示：

| 運算子 | 說明 |
|---|---|
| +、-、!、~、++、--、true、false | 單運算元的運算子可以過載 |
| +、-、*、/、%、&、\|、^、<<、>> | 雙運算元的運算子可以過載 |
| ==、!=、<、>、<=、>= | 比較運算子可以過載，不過運算子過載需成對，例如：過載==，就需同時過載!= |

## 運算子方法 (Operator Method)

C# 的過載運算子是使用 operator 關鍵字建立運算子方法，這是一種類別方法，例如：Sales 物件的加法運算子方法，如下所示：

```
public static Sales operator +(Sales s1, Sales s2)
{
    Sales temp = new Sales(0.0, 0);
    temp.Earnings = s1.Earnings + s2.Earnings;
```
NEXT

```
    temp.SoldedItems = s1.SoldedItems + s2.SoldedItems;
    return temp;
}
```

上述方法的 operator 關鍵字後指出建立運算子「＋」加法，方法參數的個數視運算子而定，以此例的加法有 2 個運算元，所以有 2 個參數；單運算元就只有 1 個參數。

## Visual C# 專案：Ch11_2

請建立計算前 2 季利潤的主控台應用程式，在 Sales 類別建立加法的運算子過載，以便計算 2 季業績物件的利潤和銷售項目總和。其建立步驟如下所示：

**Step 1**：請開啟「程式範例\Ch11\Ch11_2」資料夾的 Visual C# 專案，在專案已經新增 Class1.cs 類別檔。

**Step 2**：在「方案總管」視窗雙擊 Class1.cs 檔案，然後在程式碼編輯視窗取代 Class1 輸入 Sales 類別宣告。

### Sales 類別

```
01: class Sales
02: {
03:     public double Earnings;  // 利潤
04:     public int SoldedItems;  // 銷售項目
05:     // 建構子
06:     public Sales(double e, int s)
07:     {
08:         Earnings = e;
09:         SoldedItems = s;
10:     }
11:     // 運算子方法
12:     public static Sales operator +(Sales s1, Sales s2)
13:     {
14:         Sales temp = new Sales(0.0, 0);
```

NEXT

```
15:        temp.Earnings = s1.Earnings + s2.Earnings;
16:        temp.SoldedItems = s1.SoldedItems + s2.SoldedItems;
17:        return temp;
18:    }
19:    // 成員方法
20:    public string GetSalesInfo()
21:    {
22:        string str;
23:        str = "利潤: " + Earnings;
24:        str += "\n銷售項目: " + SoldedItems;
25:        return str;
26:    }
27: }
```

## 程式說明

● 第 1~27 列：Sales 類別的第 12~18 列是加法的運算子方法，在建立 temp
  的 Sales 物件後，計算參數物件的欄位總和，最後傳回已經加總欄位的
  Sales 物件 temp。

**Step 3**：請開啟或切換至 Program.cs 程式檔案後，輸入 Main() 主程式的 C#
  程式碼。

## Main() 主程式

```
01: // 取得業績和銷售項目資料
02: string userInput;
03: Console.Write("請輸入第1季利潤=>");
04: userInput = Console.ReadLine() ?? "0";
05: double q1_e = Convert.ToDouble(userInput);
06: Console.Write("請輸入第1季銷售項目=>");
07: userInput = Console.ReadLine() ?? "0";
08: int q1_i = Convert.ToInt32(userInput);
09: Console.Write("請輸入第2季利潤=>");
10: userInput = Console.ReadLine() ?? "0";
11: double q2_e = Convert.ToDouble(userInput);
12: Console.Write("請輸入第2季銷售項目=>");
13: userInput = Console.ReadLine() ?? "0";
```

NEXT

```
14: int q2_i = Convert.ToInt32(userInput);
15: // 建立 Sales 物件
16: Sales q1 = new Sales(q1_e, q1_i);
17: Sales q2 = new Sales(q2_e, q2_i);
18: Sales total;
19: // 執行 Sales 物件的加法過載運算子
20: total = q1 + q2;
21: Console.WriteLine(total.GetSalesInfo());
22: Console.Read();
```

## 程式說明

● 第 2~14 列：依序輸入第 1 季和第 2 季的業績和銷售項目資料。

● 第 16~20 列：建立業績物件 q1 和 q2 後，在第 20 列使用加法運算子過載來計算業績的利潤和銷售項目總和。

## 執行結果

**Step 4**：在儲存後，請執行「偵錯/開始偵錯」命令，或按 F5 鍵，可以看到執行結果的「命令提示字元」視窗，在輸入業績資料後，顯示上半年業績的利潤和銷售項目總和。

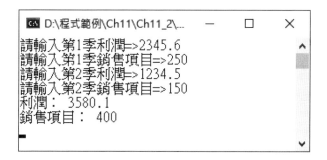

# 11-3　再談抽象類別與介面

在第 10 章說明的抽象類別和介面十分相似，抽象類別是讓其他類別來繼承；介面是讓類別實作其宣告的介面方法。

## 抽象類別與介面的差異

抽象類別與介面的主要差異，如下所示：

● 抽象類別的方法可以宣告成抽象方法，也可以是一般方法；介面方法就只有宣告，在介面一定不會有實作的程式碼。

● 介面不屬於類別的繼承架構；抽象類別屬於類別的繼承架構。抽象類別一定是繼承架構的父類別，但是，毫無關係的類別也一樣能夠實作同一個介面。

● 一個類別只能繼承一個抽象類別，但可以同時實作多個介面。

## 繼承抽象類別且實作介面

C# 類別可以繼承抽象類別且同時實作介面。例如：Shape 圖形抽象類別，其類別宣告如下所示：

```
abstract class Shape
{
    public double X;
    public double Y;
    public abstract double Area();
}
```

上述 X 和 Y 是點座標，抽象方法 Area() 計算圖形面積。繼承 Shape 抽象類別的子類別可以同時實作介面，例如：IPerimeter 介面，其介面宣告如下所示：

```
interface IPerimeter
{
    double Perimeter();
}
```

現在，我們可以宣告 Rectangle 類別繼承 Shape 抽象類別，並且實作 IPerimeter 介面，其類別宣告如下所示：

```
class Rectangle : Shape, IPerimeter
{
    ......
    public override double Area()
    {
        return (Width * Height);
    }
    public double Perimeter()
    {
        return (2 * (Width + Height));
    }
}
```

上述 Rectangle 類別需要實作抽象類別和介面共 Area() 和 Perimeter() 兩個方法。UML 類別圖如下圖所示：

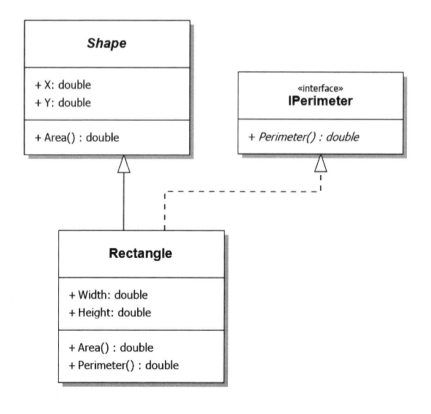

## 介面的物件變數

在 C# 程式碼一樣可以使用介面宣告物件變數來參考實作此介面的物件，如下所示：

```
IPerimeter r3 = new Rectangle(15.0,15.0,4.0,8.0);
```

上述物件變數 r3 是使用介面宣告，其參考物件是 Rectangle 類別的物件。以口語來說：「Rectangle 物件是一種實作 IPerimeter 介面的物件。」

因為 IPerimeter 宣告的物件變數能夠參考 Rectangle 物件 (C# 語言是使用 is 運算子來判斷參考的物件，例如：(r3 is Rectangle) 運算式判斷 r3 是否是參考 Rectangle 物件)，所以，我們可以呼叫實作的介面方法 Perimeter()，如下所示：

```
r3.Perimeter();
```

當抽象類別或介面宣告的物件變數需要存取其參考類別的成員時，我們需要先型別轉換成 Rectangle 類別的物件變數，如下所示：

```
Rectangle r;
r = (Rectangle) r3;
```

上述物件變數 r 是 Rectangle 類別宣告的物件變數；r3 是介面變數，在經過型別轉換後，即可存取 Rectangle 類別的欄位和方法，例如：r.Width 和 r.Height (r3 只能存取介面方法)。

## Visual C# 專案：Ch11_3

請建立顯示長方形資訊的主控台應用程式，在宣告 Shape 抽象類別和 IPerimeter 介面後，宣告 Rectangle 類別繼承 Shape 類別且實作 IPerimeter 介面，可以顯示 3 個不同尺寸長方形的相關資料，其建立步驟如下所示：

**Step 1**：請開啟「程式範例\Ch11\Ch11_3」資料夾的 Visual C# 專案，在專案已經新增 Class1.cs 類別檔。

**Step 2**：在「方案總管」視窗雙擊 Class1.cs 檔案，然後在程式碼編輯視窗取
代 Class1 輸入 IPerimeter 介面、Shape 與 Rectangle 類別宣告。

## IPerimeter 介面、Shape 與 Rectangle 類別

```
01: abstract class Shape  // 抽象類別
02: {
03:     public double X;
04:     public double Y;
05:     public abstract double Area();
06: }
07: interface IPerimeter  // 介面
08: {
09:     double Perimeter();
10: }
11: // Rectangle 類別宣告
12: class Rectangle : Shape, IPerimeter
13: {
14:     public double Width;
15:     public double Height;
16:     // 建構子
17:     public Rectangle(double x, double y, double w, double h)
18:     {
19:         X = x;
20:         Y = y;
21:         Width = w;
22:         Height = h;
23:     }
24:     // 成員方法：實作抽象方法 Area()
25:     public override double Area()
26:     {
27:         return (Width * Height);
28:     }
29:     // 成員方法：實作介面方法 Perimeter()
30:     public double Perimeter()
31:     {
32:         return (2 * (Width + Height));
33:     }
34: }
```

## 程式説明

- 第 1~6 列：Shape 抽象類別宣告擁有 Area() 抽象方法。

- 第 7~10 列：IPerimeter 介面宣告擁有 Perimeter() 介面方法。

- 第 12~34 列：Rectangle 類別繼承 Shape 抽象類別和實作 IPerimeter 介面，在第 25~33 列實作 Area() 抽象方法和 Perimeter() 介面方法。

**Step 3**：請開啟或切換至 Program.cs 程式檔案後，輸入 Main() 主程式的 C# 程式碼。

## Main() 主程式

```
01: Shape s;          // 抽象類別的物件變數
02: Rectangle r;      // 類別的物件變數
03: // 建立 Rectangle 物件
04: Rectangle r1 = new Rectangle(5.0, 15.0, 6.0, 5.0);
05: Shape r2 = new Rectangle(10.0, 10.0, 8.0, 9.0);
06: IPerimeter r3 = new Rectangle(15.0, 15.0, 4.0, 8.0);
07: // 顯示長方形 r1 的資料
08: Console.WriteLine("== 長方形r1的資料 ==");
09: Console.WriteLine("X,Y座標:" + r1.X + "," + r1.Y);
10: Console.WriteLine("---寬/高:" + r1.Width + "/" + r1.Height);
11: Console.WriteLine("面積:" + r1.Area());
12: Console.WriteLine("---周長" + r1.Perimeter());
13: // 顯示長方形 r2 的資料, 檢查是否為 Rectangle 物件
14: Console.WriteLine("== 長方形r2的資料 ==");
15: if ( r2 is Rectangle )
16:     Console.WriteLine(" ->r2是Rectangle物件");
17: r = (Rectangle)r2;   // 型別轉換
18: Console.WriteLine("寬/高:" + r.Width + "/" + r.Height);
19: Console.WriteLine("面積:" + r2.Area());
20: Console.WriteLine("---周長" + r.Perimeter());
21: // 顯示長方形 r3 的資料, 檢查是否為 Rectangle 物件
22: Console.WriteLine("== 長方形r3的資料 ==");
23: if ( r3 is Rectangle )
24:     Console.WriteLine(" ->r3是Rectangle物件");
25: s = (Shape)r3;  // 型別轉換
```

NEXT

```
26: Console.WriteLine("X,Y座標:" + s.X + "," + s.Y);
27: r = (Rectangle)r3;  // 型別轉換
28: Console.WriteLine("---寬/高:" + r.Width + "/" + r.Height);
29: Console.WriteLine("面積:" + s.Area());
30: Console.Read();
```

**程式說明**

● 第 4~6 列：分別使用 Rectangle、Shape 類別和 IPerimeter 介面宣告物件變數 r1、r2 和 r3，和使用 new 運算子建立 Rectangle 物件。

● 第 9~12 列：顯示 Rectangle 物件 r1 的長方形相關資訊。

● 第 15~16 列：if 條件使用 is 運算子檢查 Shape 抽象類別宣告的物件變數是否是參考 Rectangle 物件。

● 第 17~20 列：型別轉換 r2 成為 Rectangle 類別的物件變數 r 後，在第 18 列顯示 r.Width 和 r.Height 欄位的值 (因為 Shape 物件變數無法存取子類別的欄位)，r2 可以在第 19 列呼叫 Area() 方法，但是需要型別轉換才能在第 20 列呼叫 r.Perimeter()。

● 第 23~24 列：if 條件使用 is 運算子檢查 IPerimeter 介面宣告的物件變數是否是參考 Rectangle 物件。

● 第 25~26 列：型別轉換 r3 成為 Shape 抽象類別物件變數 s 後，在第 26 列顯示 s.X 和 s.Y 欄位的值。

● 第 27~28 列：型別轉換 r3 成為 Rectangle 類別物件變數 r 後，在第 28 列顯示 r.Width 和 r.Height 欄位的值。

**執行結果**

**Step 4**：在儲存後，請執行「偵錯/開始偵錯」命令，或按 F5 鍵，可以看到執行結果的「命令提示字元」視窗。

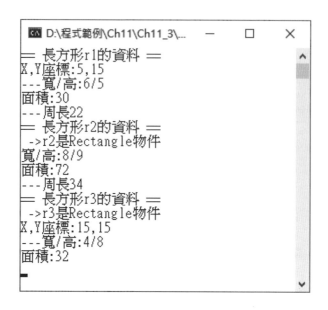

上述執行結果顯示長方形 Rectangle 物件 r1、r2 和 r3 的面積、周長和相關資料。其中 r1 是 Rectangle 類別的物件變數，r2 是 Shape 抽象類別的物件變數，r3 是 IPerimeter 介面的物件變數。

# 11-4 多型的基礎

「多型」(Polymorphism) 是物件導向重要且複雜的觀念，可以讓應用程式更容易擴充，一個同名方法，就可以處理不同資料型別的物件，產生不同的操作。

物件導向的過載與多型機制是基於訊息和物件的「靜態連結」(Static Binding) 與「動態連結」(Dynamic Binding) 之上。

## 靜態連結

靜態連結 (Static Binding) 的訊息是在編譯階段，就決定其送往的目標物件。例如：第 11-1-4 節的 GetTime() 方法是在編譯時就建立訊息和物件的連結，也稱為「早期連結」(Early Binding)。

在 Visual C# 專案 Ch11_1_4 的訊息是在編譯時就決定送達的目標物件是 open 和 close，如下圖所示：

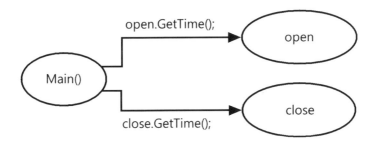

### 動態連結

動態連結 (Dynamic Binding) 的訊息是直到執行階段，才知道訊息送往的目標物件，這就是多型擁有彈性的原因，也稱為「延遲連結」(Late Binding)。

在第 11-1 節說明的是靜態連結的過載方法，在第 11-5 節是說明動態連結的多型。

## 11-5  實作多型

多型是物件導向程式設計的重要觀念，C# 語言實作多型有三種方式，其說明如下所示：

● 方法過載 (Method Overloading)：方法過載也屬於多型，這是一種靜態連結的多型。

● 類別繼承的方法覆寫 (Method Overriding Through Inheritance)：繼承父類別覆寫同名的虛擬方法或實作同名的抽象方法，就可以處理不同資料型別的物件。如果有新類別，只需新增繼承的子類別和實作方法。

● 介面的方法覆寫 (Method Overriding Through Interface)：因為不同類別可以實作同一介面，我們也可以透過介面來實作多型。

## 11-5-1　類別繼承實作多型

因為多型是物件導向技術中最複雜的觀念，所以我們準備使用一個實例來說明如何使用類別繼承的方法覆寫來實作多型。例如：Shape 抽象類別宣告，如下所示：

```
abstract class Shape {
    public abstract double Area();
}
```

上述抽象類別定義 Area() 抽象方法。對於一般類別來說，就是使用 virtual 關鍵字宣告的虛擬方法。

## 實作多型方法

我們可以繼承 Shape 抽象類別來建立 Circle (圓形) 和 Rectangle (長方形) 兩個子類別，其類別宣告如下所示：

```
class Circle : Shape {
    ......
    public override double Area() {
        return (3.1415 * R * R);
    }
}
class Rectangle : Shape {
    ......
    public override double Area() {
        return (Height * Width);
    }
}
```

上述兩個子類別都有實作 Area() 抽象方法 (如果是虛擬方法，就是覆寫方法)，只是實作的程式碼不同，可以分別計算不同圖形的面積。現在，我們能夠建立 Circle 和 Rectangle 物件 c 和 r，如下所示：

```
Circle c = new Circle();
Rectangle r = new Rectangle();
```

　　上述程式碼建立 Circle 和 Rectangle 物件。因為 Circle 和 Rectangle 物件就是一種 Shape 物件，所以可以宣告 Shape 物件變數 s 來參考 Circle 或 Rectangle 物件，如下所示：

```
Shape s;
s = r;
lblOutput.Text += "面積: " + s.Area() + "\n";
```

　　上述物件變數 s 是參考 Circle 物件，然後呼叫 s.Area() 方法取得圓形面積。同樣的，當物件變數 s 參考 Rectangle 物件時，我們仍然可以呼叫相同的 s.Area() 方法來取得長方形面積，兩種物件呼叫方法的程式碼完全相同，只是結果不同，此 Area() 方法稱為多型，即同名異式。

## 動態連結

　　在物件導向技術的物件呼叫一個方法，就是送一個訊息給物件，告訴物件需要執行什麼方法，現在 s.Area() 將訊息送到 s 物件變數參考的物件，如下圖所示：

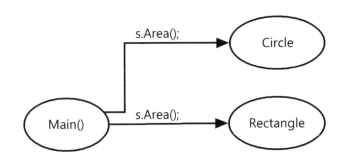

　　上述圖例是在專案 Main() 主程式送出的 2 個同名 s.Area() 訊息 (s 即 Shape 型別)，這是實作的程式碼，等到動態連結在執行階段送出訊息時，就會依照物件變數參考的物件來送出訊息，所以實際送出的 2 個訊息，如下所示：

```
Circle.Area();
Rectangle.Area();
```

上述訊息可以送到 Circle 和 Rectangle 物件，執行該物件的 Area() 方法，我們不用修改程式碼，只需新增繼承的子類別，再加上覆寫或實作同名方法，就可以馬上支援一種新圖形，輕鬆擴充程式的功能。

## Visual C# 專案：Ch11_5_1

請建立顯示圖形面積的主控台應用程式，在宣告 Shape 抽象類別後，宣告 Circle 和 Rectangle 類別來繼承 Shape 類別，以便建立 Area() 多型方法，其建立步驟如下所示：

**Step 1**：請開啟「程式範例\Ch11\Ch11_5_1」資料夾的 Visual C# 專案，在專案已經新增 Class1.cs 類別檔。

**Step 2**：在「方案總管」視窗雙擊 Class1.cs 檔案，然後在程式碼編輯視窗取代 Class1 輸入 Shape、Circle 與 Rectangle 類別宣告。

### Shape、Circle 與 Rectangle 類別

```
01: abstract class Shape // 抽象類別
02: {
03:     public abstract double Area();
04: }
05: // Circle 類別
06: class Circle : Shape
07: {
08:     public int R = 10;
09:     public override double Area()
10:     {
11:         return (3.1415 * R * R);
12:     }
13: }
14: // Rectangle 類別
15: class Rectangle : Shape
16: {
17:     public int Height = 15;
18:     public int Width = 30;
```
NEXT

```
19:    public override double Area()
20:    {
21:        return (Height * Width);
22:    }
23: }
```

**程式說明**

● 第 1~4 列：抽象類別 Shape 擁有 Area() 抽象方法。

● 第 6~23 列：Circle 和 Rectangle 類別分別繼承 Shape 類別且實作 Area() 抽象方法。

**Step 3**：請開啟或切換至 Program.cs 程式檔案後，輸入 Main() 主程式的 C# 程式碼。

## Main() 主程式

```
01: Shape s;
02: Circle c = new Circle();
03: Rectangle r = new Rectangle();
04: int i = 0;
05: for (i = 1; i <= 2; i++)
06: {
07:     if (i == 1)
08:     {
09:         Console.Write("長方形");
10:         s = r;
11:     }
12:     else
13:     {
14:         Console.Write("圓形");
15:         s = c;
16:     }  // 多型
17:     Console.WriteLine("面積: " + s.Area());
18: }
19: Console.Read();
```

## 程式說明

● 第 1~3 列：宣告 Shape 類別的物件變數 s 和建立 Circle 和 Rectangle 物件 c 與 r。

● 第 5~18 列：在 for 迴圈使用 if/else 條件分別指定 Shape 類別的物件變數 s 是參考 Circle 物件或 Rectangle 物件後，在第 17 列呼叫 s.Area() 多型方法。

### 執行結果

Step 4：在儲存後，請執行「偵錯/開始偵錯」命令，或按 F5 鍵，可以看到執行結果的「命令提示字元」視窗，顯示長方形和圓形面積。

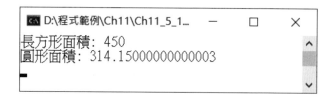

## 11-5-2　使用介面實作多型

多型也可以使用介面方法來實作。例如：IArea 介面宣告，如下所示：

```
interface IArea {
    double Area();
}
```

上述介面定義 Area() 介面方法。我們可以宣告 Circle (圓形) 和 Rectangle (長方形) 類別實作 IArea 介面，其類別宣告如下所示：

```
class Circle : IArea {
    ......
    public double Area() {
        return (3.1415 * R * R);
    }
```

NEXT

```
}
class Rectangle : IArea {
   ......
   public double Area() {
      return (Height * Width);
   }
}
```

上述兩個類別都有實作 Area() 方法，只是實作的程式碼不同，可以分別計算不同圖形的面積。

如同第 11-5-1 節，我們一樣能夠將介面物件變數 a 指定成 Circle 或 Rectangle 物件，然後使用相同的 a.Area() 程式碼呼叫來計算圖形面積，換句話說，Area() 方法就是多型。

## Visual C# 專案：Ch11_5_2

這是修改第 11-5-1 節的專案，改為建立 IArea 介面後，宣告 Circle 和 Rectangle 類別實作 IArea 介面，一樣可以建立 Area() 多型方法，其建立步驟如下所示：

**Step 1**：請開啟「程式範例\Ch11\Ch11_5_2」資料夾的 Visual C# 專案，在專案已經新增 Class1.cs 類別檔。

**Step 2**：在「方案總管」視窗雙擊 Class1.cs 檔案，然後在程式碼編輯視窗取代 Class1 輸入 IArea 介面和 Circle 與 Rectangle 類別宣告。

### IArea 介面、Circle 與 Rectangle 類別

```
01: interface IArea    // 介面宣告
02: {
03:     double Area();
04: }
05: // Circle 類別實作 IArea 介面
06: class Circle : IArea
07: {
```

NEXT

```
08:     public int R = 10;
09:     public double Area()
10:     {
11:         return (3.1415 * R * R);
12:     }
13: }
14: // Rectangle 類別實作 IArea 介面
15: class Rectangle : IArea
16: {
17:     public int Height = 15;
18:     public int Width = 30;
19:     public double Area()
20:     {
21:         return (Height * Width);
22:     }
23: }
```

### 程式說明

● 第 1~4 列：IArea 介面宣告擁有第 3 列的 Area() 方法。

● 第 6~23 列：Circle 和 Rectangle 類別分別實作 IArea 介面的 Area() 方法。

**Step 3**：請開啟或切換至 Program.cs 程式檔案後，輸入 Main() 主程式的 C# 程式碼。

### Main() 主程式

```
01: IArea a;
02: Circle c = new Circle();
03: Rectangle r = new Rectangle();
04: int i = 0;
05: for (i = 1; i <= 2; i++)
06: {
07:     if (i == 1)
08:     {
09:         Console.Write("長方形");
```
NEXT

```
10:          a = r;
11:       }
12:    else
13:    {
14:          Console.Write("圓形");
15:          a = c;
16:    }    // 多型
17:    Console.WriteLine("面積: " + a.Area());
18: }
19: Console.Read();
```

## 程式説明

● 第 1~3 列：宣告 IArea 介面的物件變數 a 和建立 Circle 和 Rectangle 物件變數 c 和 r。

● 第 5~18 列：在 for 迴圈使用 if/else 條件分別指定 IArea 介面的物件變數 a 是參考 Circle 物件或 Rectangle 物件後，在第 17 列呼叫 a.Area() 多型方法。

## 執行結果

Step 4：在儲存後，請執行「偵錯/開始偵錯」命令，或按 F5 鍵，可以看到和第 11-5-1 節完全相同的執行結果。

**選擇題**

(　　) 1. 請問 C# 可以使用下列哪一個運算子來判斷物件變數是參考到哪一種物件？

　　　　A. new　　　　　　　B. is

　　　　C. instanceof　　　　D. ref

(　　) 2. 請問在建立 C# 多型 Sport.Play(); 表示打球時，當執行時是打 Bowling，最後物件送出的訊息是下列哪一個？

　　　　A. BaseBall.Paly();　　　B. Bowling.Play();

　　　　C. BasketBall.Play();　　D. Sport.Play();

(　　) 3. 請問下列哪一種不是 C# 實作多型的方式？

　　　　A. 過載建構子　　　　　B. 方法過載

　　　　C. 類別繼承的方法覆寫　D. 介面的方法覆寫

(　　) 4. 請問下列哪一種類別的成員可以使用過載來建立？

　　　　A. 類別方法　　　　　B. 成員方法

　　　　C. 建構子　　　　　　D.全部皆可

(　　) 5. 請問下列哪一種 C# 運算子可以建立運算子過載？

　　　　A. 「+」　　　　　　B. 「^」

　　　　C. 「++」　　　　　　D.全部皆可

**簡答題**

1. 請試著解釋什麼是物件導向的訊息？然後寫出一些實例來說明什麼是方法過載？為什麼物件導向技術允許方法過載？

2. 過載方法需要方法參數的_____或_____不同，如果只有_____不同，並不是一種過載方法。

3. 請問什麼是運算子過載？

4. 請問抽象類別和介面有何差異？

5. 請說明什麼是靜態連結和動態連結？其主要差異為何？

6. 請問 C# 語言提供哪幾種方式來建立多型？

7. 在 C# 建立動態連結的多型，可以分別使用_____和_____來實作。

8. 請舉出一個程式實例來說明物件導向的多型觀念。

**實作題**

1. 請建立 2 個過載的類別方法 Cube()，可以分別計算 int 和 double 參數的平方，然後建立 2 個過載 MinElement() 類別方法，傳入 3 個或 4 個 int 參數，其傳回值是參數中的最小值。

2. 請在第 11-1-3 節的 MyDate 類別新增過載的 GetDate() 成員方法，可以傳回日期資料的字串，或日期資料的年、月和日的總和。

3. 請將第 9-5-1 節的 Customer 和 MyDate 類別分別新增過載建構子，因為客戶為了保密年齡，可以不輸入 Year 年，其預設值為 0。

4. 請建立 Test 抽象類別後，建立 MidTerm (期中考)、Final (期末考) 和 Quiz (小考) 子類別，多型的 Test() 方法可以顯示各次考試的最高和平均成績。

5. 因為 Customer、Student、Teacher 和 Sales 類別都擁有顯示基本資料的方法，請建立 IShow 介面擁有 Show() 方法，然後讓這些類別實作 IShow 介面建立顯示基本資料的方法，以便建立多型的 Show() 方法。

# 12

## 例外處理、委派與
## 執行緒

# 12-1 例外處理的基礎

「例外」(Exception) 是指在程式執行時，發生了不正常的執行狀態，所以會產生例外物件。「例外處理」(Handling Exceptions) 就是一個程式區塊用來處理程式產生的例外物件。

## 12-1-1 例外處理的架構

C# 語言的例外處理結構是一種你丟我撿的結構，當 CLR 執行 C# 程式有發生不正常的狀態，就會產生例外物件。有了例外物件，CLR 開始尋找是否有方法擁有例外處理可以處理此例外 (Visual C# 專案 Ch12_1_1 是測試下列圖例的例外處理)，如下圖所示：

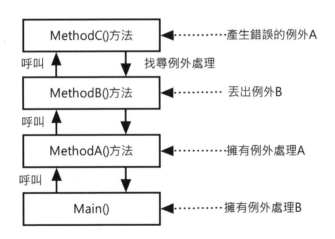

上述圖例是執行 C# 程式的呼叫過程，依序從 Main() 主程式呼叫 MethodA() 方法，接著呼叫 MethodB() 方法，最後呼叫 MethodC() 方法。呼叫方法的過程是存入稱為「呼叫堆疊」(Call Stack) 資料結構來儲存呼叫方法時的狀態資料，以便方法返回時，能夠還原成呼叫前的狀態。

假設：在 MethodC() 方法產生例外物件 A，CLR 就會倒過來找尋方法是否擁有例外處理，首先是 MethodC() 和 MethodB()，因為沒有例外處理可以處理例外 A，所以例外會傳遞給 MethodA()，在此方法擁有能夠處理例外物件 A 的例外處理。

另一種情況是 C# 方法可以自行丟出例外，例如：MethodB() 丟出例外物件 B，同樣需要找尋是否有例外處理能夠進行處理。以此例雖然 MethodA() 擁有例外處理，但是因為例外類型不同，所以，直到 Main() 主程式才找到可以處理例外物件 B 的例外處理。

## 12-1-2 Exception 類別

.NET 的 Exception 例外物件是繼承 System.Exception 類別，其子類別就是各種例外物件，這是例外處理可以處理的例外，在 C# 程式需要使用第 12-2 節的例外處理程式敘述來防止程式終止執行，和進行一些補救工作。

在 System.Exception 的子類別就是一些常見的例外物件，其說明如下表所示：

| 例外 | 說明 |
| --- | --- |
| ArithmeticException | 數學運算錯誤產生例外的父類別 |
| ArgumentException | 參數例外的父類別 |
| ArrayTypeMismatchException | 在陣列儲存不符合型別的元素時產生的例外 |
| IndexOutOfRangeException | 陣列索引值超過陣列邊界產生的例外 |
| NullReferenceException | 物件值為 null 產生的例外 |
| OutOfMemoryException | 沒有足夠記憶體執行程式產生的例外 |

在 ArithmeticException 類別的子類別是一些數學運算錯誤的例外物件，如下表所示：

| 例外 | 說明 |
| --- | --- |
| DivideByZeroException | 除以 0 數學運算錯誤產生的例外 |
| NotFiniteNumberException | 浮點數值是正負無限大，或 NaN (Not-a-Number，不是數值) 時產生的例外 |
| OverflowException | 數學運算、型別轉換超過型別範圍時產生的例外 |

在 ArgumentException 類別的子類別是一些方法參數錯誤的例外物件，如下表所示：

| 例外 | 說明 |
| --- | --- |
| ArgumentNullException | 方法呼叫時，傳遞 null 參數時產生的例外 |
| ArgumentOutOfRangeException | 傳遞的參數值超過允許範圍時產生的例外 |

# 12-2　例外處理程式敘述

C# 語言的例外處理程式敘述是一個處理例外的程式區塊，當產生例外物件時，就可以在此程式區塊來處理 1 或多個不同種類的例外物件。

## 12-2-1　例外處理的程式敘述

C# 語言例外處理程式敘述是 try/catch/finally，其基本語法如下所示：

```
try
{
    // 測試的錯誤程式碼
    ......
}
catch (Exception ex)
{
    // 例外處理的程式碼
    ......
finally
{
    ......
}
```

上述例外處理敘述共分成三個程式區塊，其說明如下表所示：

| 程式區塊 | 說明 |
|---|---|
| try | 在 try 程式區塊是需要例外處理的程式碼,即這些程式碼可能產生例外 |
| catch | 當 try 程式區塊的程式碼發生錯誤產生例外時,在 catch 程式區塊會傳入參數 ex 的 Exception 例外物件,我們可以使用 ex.ToString() 方法顯示錯誤資訊,或建立例外處理的補救程式碼 |
| finally | 可有可無的選項區塊,不論例外是否產生,都會執行此區塊的程式碼,主要是用來釋放 try 程式區塊配置的資源 |

## Visual C# 專案:Ch12_2_1

請建立擁有除以 0 例外處理的主控台應用程式,可以輸入 2 個運算元後,使用 try/catch/finally 例外處理敘述來處理除以 0 的運算錯誤,其建立步驟如下所示:

**Step 1**:請開啟「程式範例\Ch12\Ch12_2_1」資料夾的 Visual C# 專案,然後開啟或切換至 Program.cs 程式檔案後,輸入 Main() 主程式的 C# 程式碼。

### Main() 主程式

```
01: string userInput;
02: Console.Write("請輸入第1個運算元=>");
03: userInput = Console.ReadLine() ?? "0";
04: int x = Convert.ToInt32(userInput);
05: Console.Write("請輸入第2個運算元=>");
06: userInput = Console.ReadLine() ?? "0";
07: int y = Convert.ToInt32(userInput);
08: try {
09:    x = x/y; // 測試的錯誤程式碼
10: }
11: catch (DivideByZeroException ex) {
12:    // 例外處理的程式碼
13:    Console.WriteLine("程式錯誤: " + ex.ToString());
14: }
15: finally {
16:    // 顯示測試值
```

NEXT

```
17:     Console.WriteLine("測試值 x = " + x);
18:     Console.WriteLine("測試值 y = " + y);
19: }
20: Console.Read();
```

**程式說明**

- 第 1~7 列：依序輸入運算元 1 和運算元 2 的整數值。

- 第 8~19 列：try/catch/finally 例外處理程式敘述。

- 第 9 列：如果 y 為 0 產生除以 0 的運算錯誤，就會執行第 11~14 列 catch 區塊的程式碼來顯示錯誤訊息。

- 第 15~19 列：finally 區塊的程式碼。

**執行結果**

<u>Step 2</u>：在儲存後，請執行「偵錯/開始偵錯」命令，或按 ` F5 ` 鍵，可以看到執行結果的「命令提示字元」視窗。

```
D:\程式範例\Ch12\Ch12_2_1\Ch12_2_1\bin\Debug\net6.0\Ch12_2_1.exe          —  □  ×
請輸入第1個運算元=>30
請輸入第2個運算元=>0
程式錯誤: System.DivideByZeroException: Attempted to divide by zero.
   at Ch12_2_1.Program.Main(String[] args) in D:\程式範例\Ch12\Ch12_2_1\Ch12_2_1\Program.cs:line 16
測試值 x = 30
測試值 y = 0
```

請輸入 2 個運算元，如果第 2 個運算元輸入 0，就會產生除以 0 的數學運算錯誤，最後是 finally 程式區塊的執行結果，可以顯示 2 個運算元的測試值。

## 12-2-2　同時處理多種例外

在 C# 語言的 try/catch/finally 程式敘述支援多個 catch 程式區塊，可以同時處理多個不同種類的例外物件，如下所示：

```
try { … }
catch (DivideByZeroException ex ) { … }
catch (IndexOutOfRangeException ex ) { … }
finally { … }
```

上述例外處理程式敘述可以同時處理 DivideByZeroException 和 IndexOutOfRangeException 兩種例外物件。

## Visual C# 專案：Ch12_2_2

請建立處理多種例外的主控台應用程式，可以同時處理 DivideByZeroException 和 IndexOutOfRangeException 兩種例外物件，其建立步驟如下所示：

**Step 1**：請開啟「程式範例\Ch12\Ch12_2_2」資料夾的 Visual C# 專案，然後開啟或切換至 Program.cs 程式檔案後，輸入 Main() 主程式的 C# 程式碼。

### Main() 主程式

```
01: string userInput;
02: Console.Write("請輸入第1個運算元=>");
03: userInput = Console.ReadLine() ?? "0";
04: int x = Convert.ToInt32(userInput);
05: Console.Write("請輸入第2個運算元=>");
06: userInput = Console.ReadLine() ?? "0";
07: int y = Convert.ToInt32(userInput);
08: Console.Write("請輸入索引值=>");
09: userInput = Console.ReadLine() ?? "0";
10: int index = Convert.ToInt32(userInput);
11: try
12: {
13:     Console.WriteLine("例外處理開始");
14:     // 產生超過陣列範圍的例外
15:     string[] names = new string[5];
16:     string name = names[index];
17:     // 產生除以 0 的例外                          NEXT
```

```
18:        Console.WriteLine(":" + (x/y));
19: }
20: catch (DivideByZeroException ex)
21: {
22:        Console.WriteLine("程式錯誤: " + ex.ToString());
23: }
24: catch (IndexOutOfRangeException ex)
25: {
26:        Console.WriteLine("程式錯誤: " + ex.ToString());
27: }
28: finally
29: {
30:        Console.WriteLine("例外處理結束");
31: }
32: Console.Read();
```

## 程式說明

- 第 1~10 列：依序輸入運算元 1、運算元 2 和索引值的整數值。

- 第 11~31 列：try/catch/finally 例外處理程式敘述的第 20~27 列 有 2 個 catch 程式區塊，可以同時處理 DivideByZeroException 和 IndexOutOfRangeException 兩種例外物件。

- 第 15~16 列：存取陣列元素，如果索引值超過範圍，就會產生存取陣列超 過範圍的例外，這是使用第 24~27 列的 catch 程式區塊來顯示錯誤訊息。

- 第 18 列：當產生除以 0 的運算錯誤時，就是使用第 20~23 列的 catch 程 式區塊來顯示錯誤訊息。

## 執行結果

**Step 2**：在儲存後，請執行「偵錯/開始偵錯」命令，或按 F5 鍵，可以看到執 行結果的「命令提示字元」視窗。

```
D:\程式範例\Ch12\Ch12_2_2\Ch12_2_2\bin\Debug\net6.0\Ch12_2_2.exe           —    □    ×
請輸入第1個運算元=>34
請輸入第2個運算元=>0
請輸入索引值=>2
例外處理開始
程式錯誤: System.DivideByZeroException: Attempted to divide by zero.
   at Ch12_2_2.Program.Main(String[] args) in D:\程式範例\Ch12\Ch12_2_2\Ch12_2_2\Program.cs:line 24
例外處理結束
```

請在除法的第 2 個運算元輸入 0，就會產生除以 0 的數學運算錯誤，如果輸入陣列索引值是-2，就會產生存取陣列超過範圍的例外，如下圖所示：

```
D:\程式範例\Ch12\Ch12_2_2\Ch12_2_2\bin\Debug\net6.0\Ch12_2_2.exe           —    □    ×
請輸入第1個運算元=>34
請輸入第2個運算元=>0
請輸入索引值=>-2
例外處理開始
程式錯誤: System.IndexOutOfRangeException: Index was outside the bounds of the array.
   at Ch12_2_2.Program.Main(String[] args) in D:\程式範例\Ch12\Ch12_2_2\Ch12_2_2\Program.cs:line 22
例外處理結束
```

# 12-3　丟出例外與自訂例外類別

在第 12-2 節產生的例外都是 CLR 執行時產生的例外，如果需要，C# 程式也可以自行丟出例外，或自行建立例外類別來處理自訂例外。

## 12-3-1　使用 throw 程式敘述丟出例外

C# 程式是使用 throw 程式敘述來丟出例外。例如：丟出 ArithmeticException 例外物件，如下所示：

```
throw new ArithmeticException("值小於 10");
```

上述程式碼使用 new 運算子建立例外物件，建構子參數是例外說明的字串。

# Visual C# 專案：Ch12_3_1

請建立可自行丟出例外的主控台應用程式，當輸入小於 10 的測試值時，就使用 throw 程式敘述丟出例外，其建立步驟如下所示：

**Step 1**：請開啟「程式範例\Ch12\Ch12_3_1」資料夾的 Visual C# 專案，然後開啟或切換至 Program.cs 程式檔案後，輸入 Main() 主程式的 C# 程式碼。

## Main() 主程式

```
01: string userInput;
02: Console.Write("請輸入測試整數值=>");
03: userInput = Console.ReadLine() ?? "0";
04: int value = Convert.ToInt32(userInput);
05: try
06: {
07:     Console.WriteLine("例外處理開始");
08:     // 丟出 ArithmeticException 例外
09:     if ( value < 10 )
10:         throw new ArithmeticException("值小於10");
11: }
12: catch (ArithmeticException ex)
13: {
14:     Console.WriteLine("程式錯誤: " + ex.ToString());
15: }
16: finally
17: {
18:     Console.WriteLine("例外處理結束:" + value);
19: }
20: Console.Read();
```

## 程式說明

● 第 1~4 列：輸入測試的整數值。

● 第 5~11 列：在 try 程式區塊的第 10 列使用 throw 程式敘述丟出例外物件。

● 第 12~15 列：在 catch 程式區塊是處理 ArithmeticException 例外物件，可以顯示例外的相關資訊。

**執行結果**

Step 2：在儲存後，請執行「偵錯/開始偵錯」命令，或按 F5 鍵，可以看到執行結果的「命令提示字元」視窗。

```
D:\程式範例\Ch12\Ch12_3_1\Ch12_3_1\bin\Debug\net6.0\Ch12_3_1.exe        □    ×
請輸入測試整數值=>5
例外處理開始
程式錯誤: System.ArithmeticException: 值小於10
   at Ch12_3_1.Program.Main(String[] args) in D:\程式範例\Ch12\Ch12_3_1\Ch12_3_1\Program.cs:line 16
例外處理結束:5
```

如果輸入的測試值小於 10，就可以在下方顯示產生值小於 10 的例外。請注意！例外說明的文字內容是建立例外物件時的建構子參數；如果值大於等於 10，就只會顯示 finally 程式區塊的「例外處理結束」字串。

## 12-3-2　自訂 Exception 類別

在 C# 程式除了使用現成 Exception 類別的例外，我們也可以自訂 Exception 類別來建立所需的例外類別。MyException 類別宣告如下所示：

```
class MyException : Exception
{
    public MyException(string msg) : base(msg)
    {
    }
}
```

上述程式碼宣告繼承 Exception 類別的自訂例外類別，使用 base() 呼叫父類別的建構子來指定錯誤訊息內容。

# Visual C# 專案：Ch12_3_2

請建立自訂例外類別 MyException 的主控台應用程式，當出價次數大於等於 10 次時，就丟出自訂 MyException 例外物件，其建立步驟如下所示：

**Step 1**：請開啟「程式範例\Ch12\Ch12_3_2」資料夾的 Visual C# 專案，在專案已經新增 Class1.cs 類別檔。

**Step 2**：在「方案總管」視窗雙擊 Class1.cs 檔案，然後在程式碼編輯視窗取代 Class1 輸入 MyException 類別宣告。

## MyException 類別

```
01: class MyException : Exception
02: {
03:     public MyException(string msg) : base(msg)
04:     {
05:     }
06: }
```

## 程式說明

● 第 1~6 列：MyException 類別宣告只有建構子，直接呼叫父類別的建構子來指定錯誤訊息內容。

**Step 3**：請開啟或切換至 Program.cs 程式檔案後，輸入 Main() 主程式的 C# 程式碼。

## Main() 主程式

```
01: string userInput;
02: Console.Write("請輸入出價次數=>");
03: userInput = Console.ReadLine() ?? "0";
04: int times = Convert.ToInt32(userInput);
05: try
06: {
07:     Console.WriteLine("例外處理開始");
```

NEXT

```
08:      // 丟出MyException例外
09:      if (times >= 10)
10:          throw new MyException("出價次數太多!");
11: }
12: catch (MyException ex)
13: {
14:      Console.WriteLine("程式錯誤: " + ex.ToString());
15: }
16: finally
17: {
18:      Console.WriteLine("例外處理結束:" + times);
19: }
20: Console.Read();
```

## 程式說明

● 第 1~4 列：輸入出價次數的整數值。

● 第 5~19 列：例外處理程式敘述是在第 5~11 列的 try 程式區塊，使用 if 條件判斷出價次數是否太多，如果太多，就在第 10 列丟出 MyException 物件的例外。

● 第 12~15 列：在 catch 程式區塊處理 MyException 例外，可以顯示例外的錯誤資訊。

## 執行結果

**Step 4**：在儲存後，請執行「偵錯/開始偵錯」命令，或按 F5 鍵，可以看到執行結果的「命令提示字元」視窗。

```
D:\程式範例\Ch12\Ch12_3_2\Ch12_3_2\bin\Debug\net6.0\Ch12_3_2.exe        —   □   ×
請輸入出價次數=>50
例外處理開始
程式錯誤: Ch12_3_2.MyException: 出價次數太多!
  at Ch12_3_2.Program.Main(String[] args) in D:\程式範例\Ch12\Ch12_3_2\Ch12_3_2\Program.cs:line 16
例外處理結束:50
```

當輸入的出價次數大於等於 10 次時，就丟出自訂例外 MyException 物件，其建構子參數就是顯示的錯誤訊息文字。

# 12-4　委派與索引子

委派 (Delegate) 是第 13 章事件處理的基礎，一個參考類別方法或實例方法的物件，我們可以使用委派物件在執行時決定呼叫的方法。類別的索引子 (Indexers) 是將建立的物件視為陣列來存取。

## 12-4-1　宣告與使用委派

C# 語言的委派 (Delegate) 類似 C/C++ 語言的函數指標 (Function Pointer)，程式設計者可以使用委派物件來封裝其參考的方法，將方法視為參數，在執行時才建立委派物件來呼叫方法，而不用在編譯階段就指定呼叫的方法。我們宣告與使用委派需要三個步驟，如下所示：

● Step 1：宣告委派型別。

● Step 2：建立委派物件。

● Step 3：呼叫參考的方法。

宣告委派型別是使用委派名稱來定義 (C# 編譯器會自動建立繼承 MulticastDelegate 類別的同名類別)，其語法如下所示：

```
delegate 傳回值型別 委派名稱 (參數列);
```

上述宣告語法與方法類似，使用 delegate 關鍵字宣告名為**委派名稱**的委派型別，傳回值型別是對應呼叫方法的傳回值型別；參數列是對應呼叫方法的參數列。

例如：宣告名為 MyDelegate 委派型別，可以參考傳回值 int 且有 2 個 int 型別參數的方法，如下所示：

```
// Step 1：宣告委派型別
delegate int MyDelegate(int opd1, int opd2);
```

在宣告委派後，就可以建立委派物件和呼叫參考方法，如下所示：

```
class MyMath
{
    // 建立委派可以呼叫的方法
    public static int Add(int opd1, int opd2)
    {
        return opd1 + opd2;
    }
}
private void Button1_Click(object sender, EventArgs e)
{
    // Step 2：建立委派物件
    MyDelegate handler = new MyDelegate(MyMath.Add);
    // Step 3：呼叫參考的方法
    lblOutput.Text = "加法=" + handler(5, 15);
}
```

上述委派是呼叫 MyMath.Add() 方法 (此方法的傳回值為 int 且擁有 2 個 int 參數)，所以建立委派物件的建構子參數就是此方法，表示物件參考此方法，然後使用委派物件來呼叫 MyMath.Add() 方法。

## Visual C# 專案：Ch12_4_1

這個 Windows 應用程式是修改第 5-5-1 節的四則計算機，宣告名為 MyDelegate 委派和 MyMath 類別，然後使用委派執行 MyMath 類別的 Add()、Subtract()、Multiply() 和 Divide() 方法，其建立步驟如下所示：

**Step 1**：請開啟「程式範例\Ch12\Ch12_4_1」資料夾的 Visual C# 專案，並且開啟表單 Form1 (檔案名稱為 Form1.cs)，如下圖所示：

在上述表單第一列和第三列分別是 txtOpd1 和 txtOpd2 文字方塊，用來輸入 2 個運算元，中間是水平 4 個選項按鈕控制項來選擇運算子 (由左至右依序是 rdbAdd、rdbSubtract、rdbMulitply 和 rdbDivide)，button1 按鈕控制項執行四則計算，在下方 lblOutput 標籤控制項顯示計算結果。

**Step 2**：在「方案總管」視窗雙擊 Class1.cs 檔案，然後在程式碼編輯視窗取代 Class1 輸入 MyDelegate 委派與 MyMath 類別宣告。

## MyDelegate 委派與 MyMath 類別

```
01: // Step 1:宣告委派型別
02: delegate int MyDelegate(int opd1, int opd2);
03: class MyMath
04: {
05:     // 建立委派可以呼叫的方法
06:     public static int Add(int opd1, int opd2)
07:     {
08:         return opd1 + opd2;   // 加
09:     }
10:     public static int Subtract(int opd1, int opd2)
11:     {
12:         return opd1 - opd2;   // 減
13:     }
14:     public static int Multiply(int opd1, int opd2)
15:     {
16:         return opd1 * opd2;   // 乘
17:     }
```

NEXT

```
18:     public static int Divide(int opd1, int opd2)
19:     {
20:         return opd1 / opd2;    // 除
21:     }
22: }
```

### 程式說明

● 第 2 列：宣告名為 MyDelegate 的委派型別，可以參考傳回值 int 且有 2 個 int 型別參數的方法。

● 第 3~22 列：MyMath 類別宣告擁有 4 個四則運算的類別方法。

<u>**Step 3**</u>：雙擊標題為**計算**的 button1 按鈕，可以建立 button1_Click() 事件處理程序。

### button1_Click()

```
01: private void button1_Click(object sender, EventArgs e)
02: {
03:     int opd1, opd2;
04:     opd1 = Convert.ToInt32(txtOpd1.Text);
05:     opd2 = Convert.ToInt32(txtOpd2.Text);
06:     if (rdbAdd.Checked)
07:     {
08:         // Step 2：建立委派物件
09:         MyDelegate handler = new MyDelegate(MyMath.Add);
10:         // Step 3：呼叫參考的方法
11:         lblOutput.Text = "加法=" + handler(opd1, opd2);
12:     }
13:     if (rdbSubtract.Checked)
14:     {
15:         // Step 2：建立委派物件
16:         MyDelegate handler = new MyDelegate(MyMath.Subtract);
17:         // Step 3：呼叫參考的方法
18:         lblOutput.Text = "減法=" + handler(opd1, opd2);
19:     }
20:     if (rdbMultiply.Checked)
21:     {
```

NEXT

```
22:        // Step 2：建立委派物件
23:        MyDelegate handler = new MyDelegate(MyMath.Multiply);
24:        // Step 3：呼叫參考的方法
25:        lblOutput.Text = "乘法=" + handler(opd1, opd2);
26:    }
27:    if (rdbDivide.Checked)
28:    {
29:        // Step 2：建立委派物件
30:        MyDelegate handler = new MyDelegate(MyMath.Divide);
31:        // Step 3：呼叫參考的方法
32:        lblOutput.Text = "除法=" + handler(opd1, opd2);
33:    }
34: }
```

## 程式說明

● 第 4~5 列：取得四則運算類別方法的 2 個 int 整數運算元參數。

● 第 6~33 列：4 個 if 條件分別處理 4 個選項按鈕，可以計算四則運算的值，在建立委派物件指定類別方法後，使用委派物件呼叫方法。

## 執行結果

**Step 4**：在儲存後，請執行「偵錯/開始偵錯」命令，或按 F5 鍵，可以看到執行結果的 Windows 應用程式視窗。

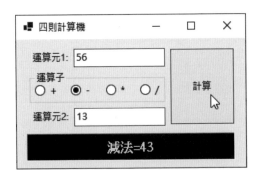

在輸入 2 個運算元的值和選擇運算子後，**按計算鈕**，可以在下方顯示運算結果，除法運算是整數除法。

## 12-4-2　多點傳送委派

　　C# 語言的委派物件可以同時呼叫多個方法,稱為多點傳送委派 (Multicast Delegate)。多點傳送委派只能使用在呼叫沒有傳回值的 void 方法,例如:修改上一節的 MyDelegate 委派,如下所示:

```
delegate void MyDelegate(int opd1, int opd2);
```

　　上述委派宣告其參考的方法沒有傳回值,擁有 2 個 int 整數參數。我們只需使用「+」加法運算子,就可以將多個方法加入委派的方法清單,如下所示:

```
MyDelegate handler = new MyDelegate(math.Add);
handler += new MyDelegate(math.Subtract);
handler += new MyDelegate(math.Multiply);
handler += new MyDelegate(math.Divide);
handler(opd1, opd2);
```

　　上述委派物件 handler 一共加入 4 個方法,表示委派物件的呼叫清單包含 4 個方法:Add()、Subtract()、Multiply() 和 Divide(),最後使用委派物件呼叫方法時,就會依序呼叫這 4 個方法。

　　如果需要從呼叫清單移除方法,請使用「-」減法,如下所示:

```
handler -= new MyDelegate(math.Multiply);
handler -= new MyDelegate(math.Divide);
```

　　上述程式碼從委派呼叫清單刪除 2 個方法 Multiply() 和 Divide()。

## Visual C# 專案:Ch12_4_2

　　請建立多點傳送委派執行四則運算的主控台應用程式,可以使用多點傳送委派依序執行 MyMath 類別的 Add()、Subtract()、Multiply() 和 Divide() 方法,其建立步驟如下所示:

**Step 1**：請開啟「程式範例\Ch12\Ch12_4_2」資料夾的 Visual C# 專案，在專案已經新增 Class1.cs 類別檔。

**Step 2**：在「方案總管」視窗雙擊 Class1.cs 檔案，然後在程式碼編輯視窗取代 Class1 輸入 MyDelegate 委派與 MyMath 類別宣告。

## MyDelegate 委派與 MyMath 類別

```
01: // Step 1：宣告委派型別
02: public delegate void MyDelegate(int opd1, int opd2);
03: class MyMath
04: {
05:     public string str;
06:     // 建構子
07:     public MyMath()
08:     {
09:         str = "四則運算結果: \r\n";
10:     }
11:     // 建立委派可以呼叫的方法
12:     public void Add(int opd1, int opd2)
13:     {
14:         str += "加法=" + (opd1 + opd2) + "\r\n";
15:     }
16:     public void Subtract(int opd1, int opd2)
17:     {
18:         str += "減法=" + (opd1 - opd2) + "\r\n";
19:     }
20:     public void Multiply(int opd1, int opd2)
21:     {
22:         str += "乘法=" + (opd1 * opd2) + "\r\n";
23:     }
24:     public void Divide(int opd1, int opd2)
25:     {
26:         str += "除法=" + (opd1 / opd2) + "\r\n";
27:     }
28: }
```

## 程式說明

- 第 2 列：宣告名為 MyDelegate 的委派型別，其參考的是沒有傳回值，擁有 2 個 int 型別參數的方法。

- 第 3~28 列：MyMath 類別宣告擁有 4 個四則運算的成員方法，因為方法沒有傳回值，所以是使用 public 的 str 字串欄位儲存計算結果。

**Step 3**：請開啟或切換至 Program.cs 程式檔案後，輸入 Main() 主程式的 C# 程式碼。

## Main() 主程式

```
01: string userInput;
02: Console.Write("請輸入第1個運算元=>");
03: userInput = Console.ReadLine() ?? "0";
04: int opd1 = Convert.ToInt32(userInput);
05: Console.Write("請輸入第2個運算元=>");
06: userInput = Console.ReadLine() ?? "0";
07: int opd2 = Convert.ToInt32(userInput);
08: MyMath math = new MyMath();
09: // Step 2:建立多點傳送的委派物件
10: MyDelegate handler = new MyDelegate(math.Add);
11: handler += new MyDelegate(math.Subtract);   // 加入
12: handler += new MyDelegate(math.Multiply);
13: handler += new MyDelegate(math.Divide);
14: // Step 3:呼叫參考的方法
15: handler(opd1, opd2);
16: math.str += "---------\r\n";
17: handler -= new MyDelegate(math.Multiply);   // 刪除
18: handler -= new MyDelegate(math.Divide);
19: handler(opd1, opd2);
20: Console.WriteLine(math.str);
21: Console.Read();
```

**程式說明**

● 第 1~7 列：依序輸入運算元 1 和運算元 2 的整數值。

● 第 8 列：建立 MyMath 物件 math。

● 第 10~13 列：使用多點傳送委派將 4 個方法加入委派呼叫的方法清單。

● 第 15 列：使用委派物件呼叫方法，依序呼叫方法清單中的 4 個方法。

● 第 17~18 列：從委派呼叫的方法清單中刪除 2 個方法。

**執行結果**

<u>Step 4</u>：在儲存後，請執行「偵錯/開始偵錯」命令，或按 `F5` 鍵，可以看到執行結果的「命令提示字元」視窗。

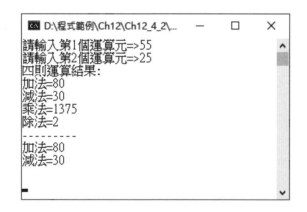

在輸入 2 個運算元的值後，可以在下方顯示運算結果，第 1 次呼叫的方法清單有 4 個方法；第 2 次的清單只有 2 個方法。

## 12-4-3 類別的索引子

C# 類別的索引子 (Indexers) 可以將建立的物件當成陣列來使用，這在 C# 網路社群稱為聰明陣列 (Smart Arrays)。索引子的宣告語法類似屬性，如下所示：

```
存取修飾子 傳回值型別 this [索引變數清單]
{
    get
    {
        // 取得陣列元素
    }
    set
    {
        // 存入陣列元素
    }
}
```

上述語法使用 this 關鍵字建立索引子，存取修飾子可以是 private、public、protected 或 internal，傳回值型別能夠是任何合法的 C# 型別，this 關鍵字表示物件本身，在方括號中是索引變數清單，一維是 1 個；二維是 2 個，以此類推，最後在 get 和 set 程式區塊來存取陣列元素。

例如：儲存學生姓名清單的 Student 類別宣告，如下所示：

```
class Student
{
    private string[] Names;
    ...
    public string this[int pos]
    {
        get
        {
            return Names[pos];
        }
        set
        {
            Names[pos] = value;
        }
    }
}
```

上述類別宣告使用索引子來存取 Names[]一維陣列的姓名清單，在建立 Student 物件後，可以使用類似陣列索引值方式來存取學生姓名，如下所示：

```
Student myClass = new Student(size);
myClass[1] = "陳會安";
myClass[3] = "陳允傑";
myClass[4] = "江小魚";
```

# Visual C# 專案：Ch12_4_3

請建立顯示學生清單的主控台應用程式，這是在 Class1.cs 類別檔宣告 Student 索引子類別，可以使用陣列方式來存取學生姓名清單，其建立步驟如下所示：

**Step 1**：請開啟「程式範例\Ch12\Ch12_4_3」資料夾的 Visual C# 專案，在專案已經新增 Class1.cs 類別檔。

**Step 2**：在「方案總管」視窗雙擊 Class1.cs 檔案，然後在程式碼編輯視窗取代 Class1 輸入 Student 類別宣告。

## Student 類別

```
01: class Student
02: {
03:     private string[] Names;
04:     // 建構子
05:     public Student(int size)
06:     {
07:         Names = new string[size];
08:         for (int i = 0; i < size; i++)
09:             Names[i] = "無名氏";
10:     }
11:     // 索引子
12:     public string this[int pos]
13:     {
14:         get
15:         {
```
NEXT

```
16:            return Names[pos];
17:          }
18:        set
19:          {
20:            Names[pos] = value;
21:          }
22:      }
23: }
```

## 程式說明

● 第 1~23 列：Student 類別宣告包含一維陣列 Names[] 的欄位，在 5~10
  列的建構子建立陣列和指定初值，第 12~22 列宣告索引子。

**Step 3**：請開啟或切換至 Program.cs 程式檔案後，輸入 Main() 主程式的 C#
  程式碼。

## Main() 主程式

```
01: int size = 5;
02: Student myClass = new Student(size);
03: myClass[1] = "陳會安";
04: myClass[3] = "陳允傑";
05: myClass[4] = "江小魚";
06: string output = "";
07: for (int i = 0; i < size; i++)
08: {
09:     output += myClass[i] + "\n";
10: }
11: Console.WriteLine(output);
12: Console.Read();
```

## 程式說明

● 第 2~11 列：在第 2 列建立 Student 類別的物件 myClass，第 3~5 列使
  用陣列索引方式來指定姓名清單，在第 7~10 列使用 for 迴圈建立學生姓名
  的清單，第 11 列顯示姓名清單。

**執行結果**

**Step 4**：在儲存後，請執行「偵錯/開始偵錯」命令，或按 F5 鍵，可以看到執行結果的「命令提示字元」視窗，顯示本班學生的姓名清單。

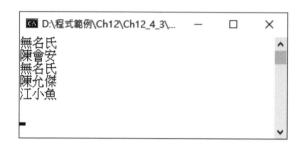

上述執行結果是使用 Student 物件儲存的姓名字串清單，因為有建立索引子，所以使用類似陣列方式來存取姓名清單。

# 12-5　執行緒的基礎

一般來說，程式執行只會有一個執行流程，在經過流程控制的轉折後，不論路徑是哪一條，從頭到尾仍然只有一條單一路徑。

## C# 語言的執行緒

C# 語言的「執行緒」(Threads) 也稱為「輕量行程」(Lightweight Process)，其執行過程類似上述傳統程式執行，不過執行緒並不能單獨存在或獨立執行，一定需要隸屬於一個程式，由程式來啟動執行緒，如右圖所示：

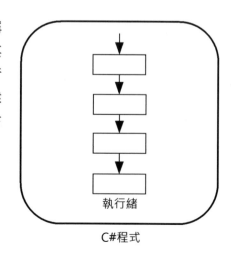

C#程式

上述圖例的 C# 程式產生一個執行緒在程式中執行，我們可以將它視為是包含在 C# 程式中的小程式。

如果程式碼本身沒有先後依存的關係。例如：因為 B() 方法需要使用到 A() 方法的執行結果，需要在執行完 A() 方法後，才能執行 B() 方法，所以 A() 方法和 B() 方法並不能同時執行，也就無法使用 2 個執行緒來同步執行。

若程式能夠分割成多個同步執行緒來一起執行，這種程式設計方法稱為「平行程式設計」(Parallel Programming)，如下圖所示：

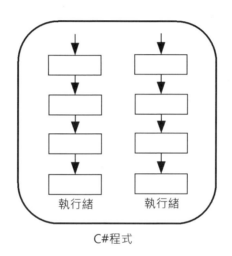

C#程式

上述圖例的 C# 程式擁有 2 個執行緒且是同步執行，也就是說，在同一個 C# 程式擁有多個執行流程，能夠同時執行多個執行緒來提昇程式的執行效率。

## 多工與多執行緒

目前作業系統都強調「多工」(Multitasking)。例如：微軟 Windows 作業系統屬於一種多工的作業系統，可以同時啟動小畫家、記事本和小算盤等多個應用程式。

不同於作業系統的多工，「多執行緒」(Multithreaded) 是指在單一應用程式擁有多個執行流程，例如：Web 瀏覽器能夠在下載網頁檔案的同時來顯示動畫、播放音樂或捲動視窗瀏覽網頁內容。

## 12-6　多執行緒程式設計

　　C# 執行緒就是建立 System.Threading 命名空間的 Thread 物件,和使用第 12-4 節的委派來建立多執行緒的 C# 程式。

　　在多執行緒程式擁有 2 到多個可以平行執行的程式碼片段,稱為執行緒,每一個執行緒定義一條不同的執行流程,簡單的說,多執行緒是一種特殊版本的多工 (Multitasking)。

## 12-6-1　建立執行緒

　　C# 語言建立執行緒就是建立 Thread 物件,其建構子語法,如下所示:

```
public Thread(ThreadStart 方法名稱)
```

　　上述語法的**方法名稱**就是建立執行緒所執行的方法,ThreadStart 是 .NET 內建定義的委派,其呼叫的方法不能有傳回值,而且不能有參數。例如:建立名為**執行緒 A** 的 Thread 物件 tid1,如下所示:

```
Thread tid1 = new Thread(new ThreadStart(sum1.Sum));
tid1.Name = "執行緒A";
```

　　上述程式碼建立 Thread 物件 tid1,執行的是 sum1 物件的 Sum() 成員方法,然後指定 Name 屬性的執行緒名稱。在建立執行緒的 Thread 物件後,預設不會啟動,需要等到呼叫 Start() 方法才會啟動執行緒,如下所示:

```
tid1.Start();
```

　　上述程式碼啟動執行緒 Thread 物件 tid1,同樣方式,我們可以建立多個執行緒來執行指定的方法。Thread 類別的常用方法說明,如下表所示:

| 方法 | 說明 |
|------|------|
| Suspend() | 暫停執行執行緒，直到呼叫 Resume() 方法 |
| Resume() | 重新啟動暫停的執行緒 |
| Sleep(*int*) | 讓執行緒暫時停止執行一段時間，也就是參數 int 的毫秒數 |
| Join() | 呼叫此方法可以讓呼叫的執行緒等待，直到另外的執行緒結束後才啟動 |
| Start() | 啟動執行緒 |

Thread 類別的常用屬性說明，如下表所示：

| 屬性 | 說明 |
|------|------|
| Name | 執行緒名稱 |
| IsAlive | 執行緒是否正在執行中，傳回 true 是；否則為 false |
| ThreadState | 執行緒的狀態 |
| Priority | 執行緒的優先權 |
| Thread.CurrentThread | 類別屬性，可以取得目前執行的執行緒參考 |

## Visual C# 專案：Ch12_6_1

請建立多執行緒加總的主控台應用程式，這是在 Class1.cs 類別檔宣告 SumClass 類別計算總和，然後建立執行緒 A 和 B 執行加總計算，和使用 Output 類別記錄執行過程，其建立步驟如下所示：

**Step 1**：請開啟「程式範例\Ch12\Ch12_6_1」資料夾的 Visual C# 專案，在專案已經新增 Class1.cs 類別檔。

**Step 2**：在「方案總管」視窗雙擊 Class1.cs 檔案，然後在程式碼編輯視窗取代 Class1 輸入 SumClass 和 Output 類別宣告。

### SumClass 與 Output 類別

```
01: // Output 類別
02: class Output
03: {
```
`NEXT`

```
04:     public static string Msg;
05:     // 新增字串
06:     public static void Add(string str)
07:     {
08:         Msg += str + "\n";
09:     }
10: }
11: // SumClass類別
12: class SumClass
13: {   // 計算總和
14:     public void Sum()
15:     {
16:         long temp = 0;
17:         for (int i = 1; i <= 3; i++)
18:         {
19:             Output.Add(Thread.CurrentThread.Name + "-" + i);
20:             // 暫停一段時間
21:             Thread.Sleep(new Random().Next(50, 100));
22:             temp += i;
23:         }
24:         Output.Add(Thread.CurrentThread.Name +
                                    " 總和=" + temp);
25:     }
26: }
```

**程式說明**

- 第 2~10 列：Output 類別是使用類別屬性 Msg 記錄執行緒的執行過程，使用的是第 6~9 列的 Add() 方法。

- 第 12~26 列：SumClass 類別是在第 14~25 列的 Sum() 方法計算 1 加到 3 的總和，第 21 列使用亂數暫停一段時間。

**Step 3**：請開啟或切換至 Program.cs 程式檔案後，輸入 Main() 主程式的 C# 程式碼。

### Main() 主程式

```
01: Output.Msg = "";
02: SumClass sum1 = new SumClass();
03: // 建立執行緒 A
04: Thread tid1 = new Thread(new ThreadStart(sum1.Sum));
05: tid1.Name = "執行緒A";
06: SumClass sum2 = new SumClass();
07: // 建立執行緒 B
08: Thread tid2 = new Thread(new ThreadStart(sum1.Sum));
09: tid2.Name = "執行緒B";
10: tid1.Start();  // 啟動執行緒
11: tid2.Start();
12: tid1.Join();    // 確定 2 個執行緒都結束
13: tid2.Join();
14: Console.WriteLine(Output.Msg);
15: Console.Read();
```

### 程式說明

● 第 2~9 列：分別在第 2~5 列建立執行緒 A，第 6~9 列建立執行緒 B。

● 第 10~11 列：呼叫 Start() 方法啟動這 2 個執行緒。

● 第 12~13 列：呼叫 Join() 方法確定 2 個執行緒都結束，如此才能在第 14 列顯示執行過程，這是記錄在 Output.Msg 屬性的字串內容。

### 執行結果

**Step 4**：在儲存後，請執行「偵錯/開始偵錯」命令，或按 F5 鍵，可以看到執行結果的「命令提示字元」視窗，顯示 2 個執行緒 A 和 B，因為執行緒 A 和 B 是同時執行的兩個執行緒，所以執行順序顯示的數字，可能每次都不同。

## 12-6-2　執行緒的同步

在第 12-6-1 節的 2 個執行緒之間並沒有任何關係，C# 程式使用執行緒的目的只是為了加速程式的執行。如果多個執行緒會同時存取相同的變數或物件時，我們需要考量「同步」(Synchronization) 問題。同步問題是指 2 個或 2 個之上執行緒同時存取相同資料，如果沒有提供同步存取機制，有可能造成不可預期的資料損毀，和讀取錯誤。

一般來說，我們是使用鎖定來提供同步存取，也就是當執行緒 A 存取共享資料時，就鎖定此資料，不讓其他執行緒 B、C…等存取，直到執行緒 A 完成存取解除鎖定後，其他執行緒才可以存取共享資料，稱為互斥鎖定 (Exclusive Lock)。

### 使用 lock 關鍵字建立同步

當 C# 程式的多個執行緒同時存取同一個 Printer 物件時，我們可以使用 lock 關鍵字來鎖定共享物件，如下所示：

```
lock (this)
{
    for (int i = 1; i <= 5; i++)
    {
        Output.Add("[" + i + "]");
        Thread.Sleep(new Random().Next(5, 20));
```

NEXT

```
    }
    Output.Add("\n");
}
```

上述 lock 程式區塊就是可以同步存取共享物件的範圍，括號中的 this 是指 Printer 物件本身。事實上，lock 就是呼叫本節後的 Monitor.Enter() 方法來鎖定物件；Monitor.Exit() 方法解除鎖定。

## 使用 Monitor 類別建立同步

在 C# 程式碼是呼叫 Monitor 類別的 Monitor.Enter() 方法來鎖定共享物件；Monitor.Exit() 方法解除鎖定的物件，而位在這 2 個方法之間的程式碼就是同步存取共享物件 Printer 的範圍，如下所示：

```
public void MPrintNumbers()
{
    Monitor.Enter(this);
    try
    {
        for (int i = 1; i <= 5; i++)
        {
            Output.Add("[" + i + "]");
            Thread.Sleep(new Random().Next(5, 20));
        }
        Output.Add("\n");
    }
    finally
    {
        Monitor.Exit(this);
    }
}
```

上述 MPrintNumbers() 方法是使用 Monitor.Enter() 方法鎖定物件，參數 this 是指 Printer 物件本身，在 try 程式區塊是鎖定物件的存取範圍，最後在 finally 程式區塊呼叫 Monitor.Exit() 方法解除鎖定。

Montior 類別的常用方法說明，如下表所示：

| 方法 | 說明 |
|------|------|
| Monitor.Enter(object) | 獲得參數物件的互斥鎖定 |
| Monitor.Exit(object) | 解除參數物件的互斥鎖定 |
| Monitor.Pause(object) | 從等待佇列喚醒 1 個執行緒 |
| Monitor.PauseAll(object) | 從等待佇列喚醒所有執行緒 |
| Monitor.Wait(object) | 讓執行緒等待，將執行緒存入等待佇列，直到被 Pause() 方法喚醒 |

## Visual C# 專案：Ch12_6_2

請建立執行緒同步的 Windows 應用程式，我們是在 Class.cs 檔宣告 Printer 類別顯示 1~5 的數字，和建立 3 個執行緒分別使用同步和非同步方式來顯示 1~5 的數字，這是使用 Output 類別記錄執行過程，其建立步驟如下所示：

Step 1：請開啟「程式範例\Ch12\ Ch12_6_2」資料夾的 Visual C# 專案，並且 開啟表單 Form1 (檔案 名稱為 Form1.cs)，如右 圖所示：

上述表單上方是名為 button1~3 的按鈕控制項，下方 lblOutput 標籤控制 項輸出執行結果。

Step 2：在「方案總管」視窗雙擊 Class1.cs 檔案，然後在程式碼編輯視窗取 代 Class1 輸入 Printer 與 Output 類別宣告。

## Printer 與 Output 類別

```
01: // Output類別
02: class Output
03: {
04:     public static string Msg;
05:     // 新增字串
06:     public static void Add(string str)
07:     {
08:         Msg += str;
09:     }
10: }
11: // Printer類別
12: class Printer
13: {   // 顯示數字
14:     public void PrintNumbers()
15:     {
16:         for (int i = 1; i <= 5; i++)
17:         {
18:             Output.Add("[" + i + "]");
19:             // 暫停一段時間
20:             Thread.Sleep(new Random().Next(5, 20));
21:         }
22:         Output.Add("\n");
23:     }
24:     public void SPrintNumbers()
25:     {
26:         lock (this)
27:         {
28:             for (int i = 1; i <= 5; i++)
29:             {
30:                 Output.Add("[" + i + "]");
31:                 // 暫停一段時間
32:                 Thread.Sleep(new Random().Next(5, 20));
33:             }
34:             Output.Add("\n");
35:         }
36:     }
37:     public void MPrintNumbers()
38:     {
```

NEXT

```
39:        Monitor.Enter(this);
40:        try
41:        {
42:            for (int i = 1; i <= 5; i++)
43:            {
44:                Output.Add("[" + i + "]");
45:                // 暫停一段時間
46:                Thread.Sleep(new Random().Next(5, 20));
47:            }
48:            Output.Add("\n");
49:        }
50:        finally
51:        {
52:            Monitor.Exit(this);
53:        }
54:    }
55: }
```

**程式說明**

- 第 2~10 列：Output 類別是使用類別欄位 Msg 記錄執行緒的執行過程，使用的是第 6~9 列的 Add() 類別方法。

- 第 12~55 列：Printer 類別在第 14~23 列的 PrintNumbers() 方法是沒有使用同步，可以顯示數字 1 到 5，第 24~36 列的 SPrintNumbers() 方法使用 lock 關鍵字來建立同步，一樣是顯示數字 1 到 5，在第 37~54 列的 MPrintNumbers() 方法是使用 Monitor 類別來建立同步。

**Step 3**：請在 Form1.cs 設計檢視分別雙擊標題為**執行緒、執行緒同步 1** 和**執行緒同步 2** 的 button1~3 按鈕，可以建立 button1~3_Click() 事件處理程序。

**button1~3_Click()**

```
01: private void button1_Click(object sender, EventArgs e)
02: {
03:     Output.Msg = "執行緒不同步:\n";
```

NEXT

```
04:        Printer p = new Printer();
05:        // 建立執行緒
06:        Thread[] tids = new Thread[3];
07:        for (int i = 0; i < 3; i++)
08:        {
09:            tids[i] = new Thread(new ThreadStart(p.PrintNumbers));
10:            tids[i].Name = "執行緒" + i;
11:        }
12:        // 啟動執行緒
13:        foreach (Thread t in tids)
14:            t.Start();
15:        Thread.Sleep(500); // 確定執行緒都結束
16:        lblOutput.Text = Output.Msg;
17: }
18:
19: private void button2_Click(object sender, EventArgs e)
20: {
21:        Output.Msg = "執行緒同步(Lock):\n";
22:        Printer p = new Printer();
23:        // 建立執行緒
24:        Thread[] tids = new Thread[3];
25:        for (int i = 0; i < 3; i++)
26:        {
27:            tids[i] = new Thread(new ThreadStart(p.SPrintNumbers));
28:            tids[i].Name = "執行緒" + i;
29:        }
30:        // 啟動執行緒
31:        foreach (Thread t in tids)
32:            t.Start();
33:        Thread.Sleep(500); // 確定執行緒都結束
34:        lblOutput.Text = Output.Msg;
35: }
36:
37: private void button3_Click(object sender, EventArgs e)
38: {
39:        Output.Msg = "執行緒同步(Monitor):\n";
40:        Printer p = new Printer();
41:        // 建立執行緒
42:        Thread[] tids = new Thread[3];
```

NEXT

```
43:      for (int i = 0; i < 3; i++)
44:      {
45:          tids[i] = new Thread(new ThreadStart(p.MPrintNumbers));
46:          tids[i].Name = "執行緒" + i;
47:      }
48:      // 啟動執行緒
49:      foreach (Thread t in tids)
50:          t.Start();
51:      Thread.Sleep(500); // 確定執行緒都結束
52:      lblOutput.Text = Output.Msg;
53: }
```

## 程式說明

● 第 1~17 列：button1_Click() 事件處理程序是在第 6~11 列建立 Thread 物件陣列後，使用 for 迴圈建立 3 個執行緒，呼叫的方法是 p.PrintNumbers()，第 13~14 列使用 foreach 迴圈呼叫 Start() 方法啟動 3 個執行緒。

● 第 19~35 列：button2_Click() 事件處理程序是改為呼叫 p.SPrintNumbers() 方法來建立 3 個執行緒。

● 第 37~53 列：button3_Click() 事件處理程序是改為呼叫 p.MPrintNumbers() 方法來建立 3 個執行緒。

## 執行結果

<u>Step 4</u>：在儲存後，請執行「偵錯/開始偵錯」命令，或按 F5 鍵，可以看到執行結果的 Windows 應用程式視窗。

按**執行緒**鈕顯示 3 個執行緒顯示的數字順序，因為是並行執行 3 個執行緒，所以在執行第 1 個執行緒顯示第 1 個數字後，就跳到第 2 個執行緒顯示第 1 個數字，再跳到第 3 個執行緒顯示第 1 個數字，然後依序的循環顯示每一個數字。

按**執行緒同步 1~2** 鈕可以看到顯示的數字都是 1~5，如下圖所示：

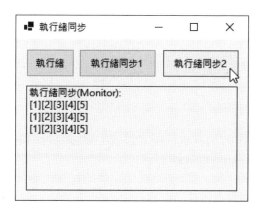

上述執行結果因為鎖定共享物件，所以是執行完一個執行緒顯示完 1~5 後，才執行下一個執行緒顯示 1~5。

**選擇題**

( ) 1. 如果多個執行緒需要同步存取同一個資源物件時，請問我們可以使用下列哪一個類別的方法來鎖定資源？

    A. Monitor          B. Lock

    C. Parallel          D. Resource

( ) 2. 請問下列哪一個不是宣告與使用委派的步驟？

    A. 宣告委派型別          B. 繼承 Delegate 類別來建立物件

    C. 呼叫參考的方法          D. 建立委派物件

( ) 3. 如果多個執行緒需要同步存取同一個資源物件時，請問我們可以使用下列哪一個關鍵字來鎖定資源？

    A. lock          B. parallel

    C. synchronized          D. void

( ) 4. 請問在方法的例外處理程式敘述如果沒有可以處理此類型的例外時，CLR 是如何處理此情況？

    A. 不與理會

    B. 程式暫停執行

    C. 將錯誤再丟出給呼叫此方法的呼叫者

    D. 跳出程式顯示錯誤訊息

(　　) 5. 請問下列哪一個 ArgumentException 子類別的物件是傳遞的參數值超過允許範圍時產生的例外物件？

　　A. ArgumentOutOfRangeException

　　B. OverflowException

　　C. ArgumentNullException

　　D. IllegalArgumentException

## 簡答題

1. 請說明 C# 例外處理架構和 .NET 的 Exception 例外類別？

2. C# 的例外處理程式敘述分為＿＿＿、＿＿＿＿、＿＿＿＿三個程式區塊，在＿＿＿區塊可以檢查是否產生例外物件，＿＿＿＿＿區塊可以處理不同類型的例外，＿＿＿＿＿＿區塊是可有可無。

3. 請問下列例外處理程式碼可以處理哪些例外物件，如下所示：

```
catch( ArrayTypeMismatchException e1 ) { … }
catch( ArgumentNullException e2 ) { … }
catch( DivideByZeroException e3 ) { … }
```

4. 請舉例說明什麼是委派和索引子？

5. 請寫出符合下列委派型別可呼叫的方法，各 2 個，如下所示：

```
delegate int MyDelegate(int opd1, int opd2);
delegate void MyDelegate(int value);
```

6. 請使用圖例說明什麼是執行緒。

7. 請說明如何建立多執行緒應用程式？在 Thread 物件是使用＿＿＿＿＿＿方法來啟動執行緒。

8. 請問 C# 可以使用哪兩種方式來建立執行緒的同步？

**實作題**

1. 請建立 C# 的 Windows 應用程式，擁有文字方塊輸入陣列索引值；標籤輸入陣列元素值，在宣告一維陣列後，可以顯示輸入索引值的陣列元素值，並且使用 try/catch/finally 敘述來處理 IndexOutOfRangeException 例外，如果產生例外就顯示 Error 字串。

2. 請建立 PrintNum(int) 方法顯示 2n+1 的數列，例如：1、3、5、7…，其參數是整數 int 且丟出下列例外物件，如下所示：

   ● ArgumentNullException：當參數小於 0。

   ● OverflowException：當參數大於 100。

3. 請建立單位轉換的 C# 程式，一英尺有 12 英吋；一英碼等於 3 英尺，FeetToInches() 方法可以將英尺轉換成英吋；YardsToInches() 方法將英碼轉換成英吋，程式在輸入英吋後，使用委派來動態執行轉換方法。

4. 請建立多執行緒的 C# 程式，建立 2 個執行緒來分別顯示 1~10 的奇數和偶數。

# 13

# 視窗應用程式的
# 事件處理

# 13-1　事件的基礎

　　Windows 應用程式基本上就是 GUI 圖形使用介面的應用程式，一種使用事件驅動程式設計（Event-driven Programming）建立的應用程式，其程式碼的主要目的是回應或處理使用者的操作，整個程式的執行流程需視使用者的操作而定。

## 13-1-1　認識事件

　　「事件」（Event）是在執行 Windows 視窗應用程式時，滑鼠、鍵盤或表單載入時等操作所觸發的一些動作。例如：將應用程式視為一輛公車，公車依照行車路線在馬路上行駛，事件是在行駛過程中發生的一些動作，如下所示：

● 看到馬路上的紅綠燈。

● 乘客上車、投幣和下車。

　　上述動作發生時可以觸發對應事件，當事件產生後，接著針對事件進行處理。例如：看到站牌有乘客準備上車時，乘客上車的事件就觸發，司機知道需要路邊停車和開啟車門。從公車的例子中，傳達了一個觀念，不論搭乘哪一路公車，雖然行駛路線不同，或搭載不同乘客，上述動作在每一路公車都一樣會發生。

　　Windows 視窗應用程式的事件處理如同向雜誌社訂閱雜誌，分為出版雜誌的「出版者」（Publisher），這就是引發事件的控制項或物件，「訂閱者」（Subscriber）是訂閱雜誌的讀者，也就是訂閱此事件的物件，此物件提供事件處理程序來處理事件，如下圖所示：

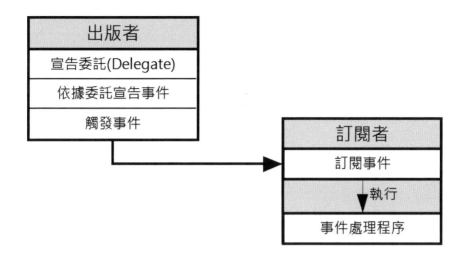

上述圖例的出版者可能是控制項或自訂物件，當在此控制項上按下滑鼠按鍵、滑鼠移動或按下鍵盤按鍵，就會觸發事件，出版者是使用第 12 章的委派（Delegate）來呼叫訂閱者的事件處理程序，和傳送事件資料（Event Data），如同寄送雜誌和收到雜誌，訂閱者就是委派處理指定事件的物件。

事實上，委派（Delegate）的功能如同是一種膠水，可以建立事件和事件處理程序之間的連接，出版者擁有所有處理此事件的訂閱者清單，當事件觸發，就依據訂閱者清單，使用委派的方法參考來呼叫每一位訂閱者物件的事件處理程序。

例如：在本章之前的 Windows 應用程式，表單的按鈕控制項 button1 是出版者的事件來源，按下按鈕就觸發 Click 事件，Form1 表單物件的 button1_Click() 是負責處理此事件的事件處理程序，而 Form1 表單物件就是訂閱者物件，擁有事件處理程序來處理此 Click 事件。

## 13-1-2　建立事件處理程序

在 Visual Studio Community 只需建立使用者介面的控制項後，即可建立控制項在點選、選取或輸入資料時的事件處理程序。

## 建立事件處理程序

在本章之前的專案範例都是直接在表單設計視窗，雙擊 button1 按鈕控制項建立 button1_Click() 事件處理程序，因為控制項支援的事件很多，此方法只能在 Visual Studio Community 建立控制項預設的事件處理程序。

事實上，在 Visual Studio Community 的表單和控制項建立事件處理程序的方法有兩種：建立預設事件處理程序和從屬性視窗建立。

### 建立預設的事件處理程序

在表單設計視窗雙擊控制項，可以建立預設的事件處理程序，這是該控制項最常使用的事件處理程序。目前我們說明過的表單和控制項，其預設的事件處理程序，如下表所示：

| 控制項種類 | 預設事件 | 預設的事件處理程序 |
|---|---|---|
| 表單（Form1） | Load | Form1_Load() |
| 按鈕（button1） | Click | button1_Click() |
| 標籤（label1） | Click | label1_Click() |
| 文字方塊（textBox1） | TextChanged | textBox1_TextChanged() |
| 核取方塊（checkBox1） | CheckedChanged | checkBox1_CheckedChanged() |
| 選項按鈕（radioButton1） | CheckedChanged | radioButton1_CheckedChanged() |

上表事件的詳細說明請參閱本章後的各節。

### 在屬性視窗建立事件處理程序

如果不是控制項的預設事件，我們可以選取控制項後，在「屬性」視窗建立事件處理程序。例如：建立 label1 控制項的 DoubleClick 事件處理程序，其步驟如下所示：

**Step 1** 請開啟「程式範例\Ch13\Ch13_1_2」資料夾的 Visual C# 專案，並且開啟 Form1.cs 表單，可以在表單設計視窗看到新增的 label1 標籤控制項。

**Step 2** 選 label1 標籤控制項後，在
「屬性」視窗上方按第 4 個閃
電圖示切換至控制項的事件清
單，如右圖所示：

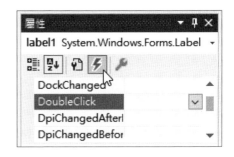

**Step 3** 請捲動事件清單找到 **DoubleClick** 事件，雙擊事件名稱後的欄位，可
以建立名為 label1_DoubleClick() 的事件處理程序。

　　現在，我們就可以在事件處理程序的大括號輸入 C# 程式碼，即可完成指
定事件處理程序的建立。

## 事件處理程序的參數列

　　Visual Studio Community 建立的事件處理程序預設是以控制項名稱加上
「_」底線後的事件名稱為名，如下所示：

```
private void label1_DoubleClick(object sender, EventArgs e)
{

}
```

上述事件處理程序名稱為 label1_DoubleClick，在底線前是控制項名稱；之後是事件名稱，這是 Visual Studio Community 預設的命名方式。在事件處理程序的參數列有 2 個參數，其說明如下所示：

● 參數 sender：此參數是 object 資料型別，代表觸發此事件的物件，以此例是標籤 Label 物件，如果是按鈕就是 Button 物件、文字方塊是 TextBox 物件、核取方塊是 CheckBox 以及選項按鈕是 RadioButton。

● 參數 e：產生 EventArgs 事件資料（Event Data）物件，可以取得事件的進一步資訊。請注意！不同事件傳入的物件並不相同，例如：滑鼠事件 MouseUp 是 MouseEventArgs 物件，可以取得觸發事件時的滑鼠游標位置。

## 13-1-3 共用事件處理程序

如果需要，在 Windows 應用程式的可以讓多個控制項同時共用同一個事件處理程序，如果控制項的處理程序內容大同小異，我們可以建立共用事件處理程序，用來處理不同控制項產生的相同事件。

例如：在 Form1.cs 表單新增 button1 和 button2 兩個按鈕控制項，依照之前範例，我們需要建立 button1_Click() 和 button2_Click() 兩個事件處理程序。事實上，我們可以只建立 button1_Click() 事件處理程序，讓它同時處理 2 個按鈕的 Click 事件。

因為同一事件處理程序負責處理 2 種不同控制項的事件，為了知道事件是由哪一個控制項所產生，我們需要使用型別轉換，將事件處理程序的參數 sender 轉換成控制項物件，記得嗎！參數 sender 就是觸發此事件的物件，如下所示：

```
Button btnButton = (Button)sender;
```

上述程式碼宣告 Button 物件變數後，使用型別轉換將參數轉換成 Button 物件。當取得觸發事件的控制項物件後，就可以存取控制項物件的屬性，例如：以 Name 屬性判斷是哪一個 Button 控制項觸發此事件。

## Visual C# 專案：Ch13_1_3

請建立猜哪一張牌點數比較大的 Windows 應用程式，這 2 個按鈕控制項是共用同一個 button1_Click() 事件處理程序，可以模擬 2 張樸克牌，點數是使用亂數產生，點選即可顯示點數，其建立步驟如下所示：

**Step 1** 請開啟「程式範例\Ch13\Ch13_1_3」資料夾的 Visual C# 專案，並且開啟表單 Form1（檔案名稱為 Form1.cs），如下圖所示：

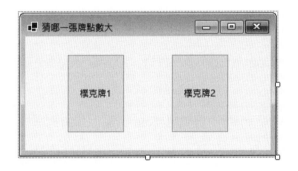

上述表單擁有 button1 和 button2 兩個按鈕控制項，可以顯示亂數產生 1 至 13 之間的點數。

**Step 2** 雙擊標題為**樸克牌 1** 的 button1 按鈕，可以建立 button1_Click() 事件處理程序。

**button1_Click()**

```
01: private void button1_Click(object sender, EventArgs e)
02: {
03:     int[] card = new int[2];
04:     Random rd = new Random();
05:     card[0] = rd.Next(1, 13);    // 取得亂數值
06:     card[1] = rd.Next(1, 13);
```

NEXT

```
07:     Button btnButton = (Button)sender;
08:     if (btnButton.Name == "button1")
09:     {
10:         button1.Text = "* " + card[0] + "點";
11:         button2.Text = card[1] + "點";
12:     }
13:     if (btnButton.Name == "button2")
14:     {
15:         button1.Text = card[0] + "點";
16:         button2.Text = "* " + card[1] + "點";
17:     }
18: }
```

**程式說明**

● 第 4~6 列：使用亂數產生 2 張牌的點數，其範圍是 1~13。

● 第 7 列：宣告 Button 控制項物件後，將參數 sender 型別轉換成按鈕控制
   項物件。

● 第 8~17 列：2 個 if 條件是使用 Name 屬性判斷到底按下了哪一個按鈕。

**Step 3**   接著指定 button2 也使用同一事件處理程序，請在設計檢視視窗選標
             題為**撲克牌 2** 的 button2 按鈕，然後在「屬性」視窗切換至 button2
             控制項的事件清單，如下圖所示：

**Step 4**   捲動找到 **Click** 事件欄後，指定事件處理程序也是 **button1_Click**，共
             用同一個事件處理程序。

**執行結果**

**Step 5** 在儲存後，請執行「偵錯/開始偵錯」命令，或按 `F5` 鍵，可以看到執行結果的 Windows 應用程式視窗。

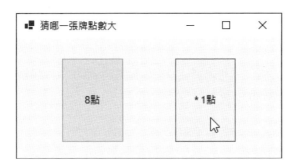

　　按**樸克牌 1** 鈕或**樸克牌 2** 鈕，都可以顯示亂數產生的點數，星號表示是使用者按下的按鈕。

# 13-2　表單事件

　　Windows 應用程式主要是由表單組成，當應用程式載入表單時，就會觸發一系列表單事件，例如：載入表單、調整視窗尺寸和關閉表單的過程，都會觸發一系列事件。常用表單事件的說明，如下表所示：

| 事件 | 說明 |
|---|---|
| Load | 在執行應用程式載入表單時，就會觸發此事件，通常我們在此事件處理程序，指定全域變數的初值或控制項的初始狀態 |
| Resize | 當調整視窗尺寸時，就會觸發此事件 |
| Activated | 當視窗成為「作用中」視窗時，就會觸發此事件 |
| Deactivate | 當視窗成為「非作用中」視窗時，即在其他視窗後方時，就會觸發此事件 |
| Paint | 重繪表單內容，通常是使用在繪圖時 |
| FormClosing | 當使用者按下標題列的 ⊠ 鈕時，表單在準備關閉前就會觸發此事件，我們可以在此事件取消視窗關閉 |
| FormClosed | 在 FormClosing 事件之後，就會觸發此事件 |

在 Resize 事件處理程序可以用程式碼取得目前表單的尺寸，如下所示：

```
this.Size.Width;
this.Size.Height;
```

上述表單 Size 物件的 Width 和 Height 屬性是目前表單的尺寸，this 就是表單物件自己。

FormClosing 事件處理程序是在按下標題列的 ⌧ 鈕後觸發，接著才會觸發 FormClosed 事件關閉表單，在之前我們可以取消關閉表單，如下所示：

```
if (MessageBox.Show("確認結束表單 ?", "Ch13_2",
  MessageBoxButtons.OKCancel) == DialogResult.Cancel)
    e.Cancel = true;
```

在上述訊息視窗按下**取消鈕**，可以將 e 事件物件的 Cancel 屬性設為 true 常數來取消關閉表單。

## Visual C# 專案：Ch13_2

請建立測試表單事件的 Windows 應用程式，可以顯示表單事件的觸發過程，當載入表單後，使用者調整視窗尺寸、作用中視窗、非作用中視窗和關閉視窗時，都可以顯示觸發的事件，其建立步驟如下所示：

**Step 1** 請開啟「程式範例\Ch13\Ch13_2」資料夾的 Visual C# 專案，並且開啟表單 Form1（檔案名稱為 Form1.cs），如右圖所示：

上述表單擁有名為 txtOutput 唯讀多行文字方塊，可以顯示表單事件處理程序執行過程的訊息文字。

**Step 2** 請選取表單後，在「屬性」視窗切換至 Form1 控制項的事件清單，如下圖所示：

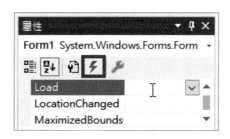

**Step 3** 捲動找到 **Load** 事件，雙擊事件名稱後的欄位，可以建立名為 **Form1_ Load** 的事件處理程序，並且切換至程式碼編輯視窗。

**Step 4** 請重複步驟 3 再依序建立 Resize、Activated、Deactivate、FormClosing 和 FormClosed 事件處理程序。

### Form1.cs 的事件處理程序

```
01: int fires;              // 事件觸發次數
02: string output = "";     // 顯示事件觸發過程的字串
03:
04: private void Form1_Load(object sender, EventArgs e)
05: {
06:     fires = 1;     // 初始觸發次數
07:     output += fires + "已經觸發 Load 事件\r\n";
08:     txtOutput.Text = output;
09: }
10:
11: private void Form1_Resize(object sender, EventArgs e)
12: {
13:     fires += 1;
14:     output += fires + "已經觸發 Resize 事件: ";
15:     output += this.Size.Width + " X " +
16:               this.Size.Height + "\r\n";
17:     txtOutput.Text = output;
18: }
```
NEXT

```
19:
20: private void Form1_Activated(object sender, EventArgs e)
21: {
22:     fires += 1;
23:     output += fires + "已經觸發 Activated 事件\r\n";
24:     txtOutput.Text = output;
25: }
26:
27: private void Form1_Deactivate(object sender, EventArgs e)
28: {
29:     fires += 1;
30:     output += fires + "已經觸發 Deactivated 事件\r\n";
31:     txtOutput.Text = output;
32: }
33:
34: private void Form1_FormClosing(object sender,FormClosingEventArgs e)
35: {
36:     fires += 1;
37:     if (MessageBox.Show("確認結束表單 ?", "Ch13_2",
38:             MessageBoxButtons.OKCancel) == DialogResult.Cancel)
39:         e.Cancel = true;
40: }
41:
42: private void Form1_FormClosed(object sender,FormClosedEventArgs e)
43: {
44:     fires += 1;
45:     MessageBox.Show(fires + "已經觸發 FormClosed 事件","Ch13_2");
46: }
```

**程式說明**

● 第 1~2 列：宣告全域變數 fires 和 output。

● 第 4~46 列：依序是 Load、Resize、Activated、Deactivate、FormClosing
   和 FormClosed 事件處理程序，處理程序在增加觸發次數後，顯示觸發事件
   的訊息文字，FormClosed 事件的訊息在第 45 列使用訊息方塊來顯示。

● 第 15~16 列：顯示表單尺寸。

● 第 37~39 列：if 條件可以顯示訊息方塊，以便確認是否關閉表單。

**執行結果**

**Step 5** 在儲存後，請執行「偵
錯/開始偵錯」命令，或
按 F5 鍵，可以看到執
行結果的 Windows 應
用程式視窗。

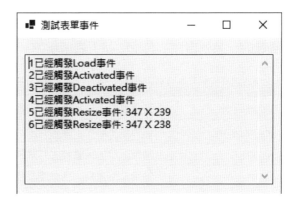

在載入表單後會觸發 Load
和 Activated 事件，切換視窗
觸發 Deactivate 和 Activated
事件，調整表單尺寸會持續觸
發 Resize 事件，和顯示表單尺
寸。按右上角 ⊠ 鈕，可以看到
確認結束表單的訊息視窗。

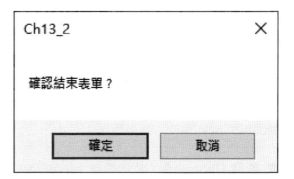

按**取消**鈕取消關閉，如果按**確定**鈕，就
會顯示觸發 FormClosed 事件的訊息視窗。

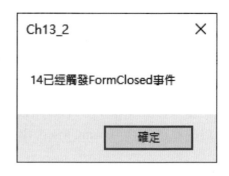

# 13-3　滑鼠事件

滑鼠事件是在表單或控制項上操作滑鼠時，移動、點選或按兩下等操作所
觸發的一系列事件，其說明如下表所示：

| 事件 | 說明 |
| --- | --- |
| MouseEnter | 當滑鼠進入控制項時，就會觸發此事件 |
| MouseMove | 當滑鼠移動時，就會觸發此事件 |
| MouseDown | 當按下滑鼠按鍵時，就會觸發此事件 |
| Click | 當滑鼠點選時，就會觸發此事件 |
| DoubleClick | 當滑鼠按兩下，即雙擊時，就會觸發此事件 |
| MouseUp | 當滑鼠按鍵放開時，就會觸發此事件 |
| MouseLeave | 當滑鼠離開控制項時，就會觸發此事件 |

## 13-3-1　Click 與 DoubleClick 事件

當使用滑鼠在表單或控制項上點選時，就會觸發 Click 事件，雙擊是觸發
DoubleClick 事件，如下所示：

● 觸發 Click 事件：依序觸發 MouseDown、Click 和 MouseUp 三個事件。

● 觸發 DoubleClick 事件：依序觸發 MouseDown、Click、DoubleClick 和
MouseUp 四個事件。

## 使用 Click 事件的時機

在 Windows 應用程式表單和控制項使用 Click 事件的時機,如下所示:

● 按下按鈕執行程式碼,在本章前的程式範例都是使用 Click 事件。

● 在選項按鈕或核取方塊選取或勾選選項。

● 將標籤控制項模擬成按鈕控制項的按下功能。

## 使用 DoubleClick 事件的時機

實務上,DoubleClick 事件的使用機會並不多,以目前說過的控制項來說,只有表單、標籤和文字方塊支援 DoubleClick 事件,第 14 章的清單方塊和下拉式清單方塊控制項也支援 DoubleClick 事件。

## Visual C# 專案:Ch13_3_1

請建立 DIY 電腦選購單的 Windows 應用程式,可以勾選加售軟體和付款資料,我們準備測試控制項的 Click 和文字方塊的 DoubleClick 事件,這是使用全域變數來處理選項按鈕的選擇,其建立步驟如下所示:

**Step 1** 請開啟「程式範例\Ch13\Ch13_3_1」資料夾的 Visual C# 專案,並且開啟表單 Form1(檔案名稱為 Form1.cs),如下圖所示:

上述表單上方是 chkWindows、chkOffice 核取方塊和 lblButton 標籤控制項所模擬的按鈕，中間是 rdbCard、rdbATM 選項按鈕和 txtInput 文字方塊，最下方是 lblOutput 標籤輸出結果。

**Step 2**　請在表單設計視窗選取控制項後，在「屬性」視窗的事件清單分別建立各控制項的 Click 和 DoubleClick 事件處理程序，兩個核取方塊共用 checkBox_Click() 事件處理程序；兩個選項按鈕共用 radioButton_Click() 事件處理程序(請在欄位直接輸入事件處理程序名稱)。

## Form1.cs 的事件處理程序

```
01: bool isCard = true;
02:
03: private void checkBox_Click(object sender, EventArgs e)
04: {
05:     CheckBox chkBox;
06:     chkBox = (CheckBox)sender;
07:     lblOutput.Text = chkBox.Text;
08:     chkBox.Focus();
09: }
10:
11: private void radioButton_Click(object sender, EventArgs e)
12: {
13:     RadioButton rdbButton;
14:     rdbButton = (RadioButton)sender;
15:     if (rdbButton.Name == "rdbCard" )
16:         isCard = true;
17:     else
18:         isCard = false;
19:     lblOutput.Text = rdbButton.Text;
20:     rdbButton.Focus();
21: }
22:
23: private void lblButton_Click(object sender, EventArgs e)
24: {
25:     if ( isCard )
26:         lblOutput.Text = "卡號:" + txtInput.Text;
```

NEXT

13-16

```
27:     else
28:         lblOutput.Text = "帳號:" + txtInput.Text;
29: }
30:
31: private void txtInput_DoubleClick(object sender,EventArgs e)
32: {
33:     TextBox txtBox = (TextBox)sender;
34:     txtBox.BackColor = Color.Yellow;
35:     lblOutput.Text = txtBox.Text;
36: }
```

**程式說明**

● 第 1 列：宣告全域變數 isCard，用來記錄選項按鈕的選擇。

● 第 3~9 列：核取方塊共用的 Click 事件處理程序，在第 7 列輸出控制項的 Text 屬性，第 8 列取得焦點。

● 第 11~21 列：選項按鈕共用的 Click 事件處理程序，在第 15~18 列的 if/else 條件指定全域變數 isCard，第 20 列取得焦點。

● 第 23~29 列：標籤 lblButton 的 Click 事件處理程序，其功能如同按鈕控制項，第 25~28 列的 if/else 條件使用全域變數 isCard 顯示選項按鈕的選擇和文字控制項的內容。作法上不同於第 5 章 Ch5_3_1 專案使用 Checked 屬性判斷選擇的選項，讀者可以自行比較兩種程式碼功能上的差異。

● 第 31~36 列：文字方塊的 DoubleClick 事件處理程序，雙擊可以更改控制項的背景色彩成為黃色。

**執行結果**

Step 3  在儲存後，請執行「偵錯/開始偵錯」命令，或按 F5 鍵，可以看到執行結果的 Windows 應用程式視窗。

在上述表單點選各控制項，可以顯示點選的是哪一個控制項，雙擊文字方塊可以看到背景色彩成為黃色，**按確定**標籤控制項，可以顯示選項按鈕和文字方塊的內容。

上述程式範例是使用全域變數記錄選項按鈕的選擇，請注意！此技巧使用在核取方塊需初始和同步狀態，因為核取方塊是「開/關」，點選核取方塊可能是開；也可能是關；選項按鈕是一種單選，點選就表示選擇此選項。

## 13-3-2 MouseUp 和 MouseDown 事件

MouseUp 和 MouseDown 事件是當使用者按下滑鼠按鍵和放開時產生的事件。程式碼可以從事件處理程序參數 e 的 MouseEventArgs 物件取得使用者按下的是哪一個按鍵。其相關屬性的說明，如下表所示：

| 屬性 | 說明 |
|---|---|
| Button | 其值是使用者按下滑鼠哪一個按鍵的 MouseButtons 常數，MouseButtons.Left 是左鍵、MouseButtons.Middle 是中鍵和 MouseButtons.Right 是右鍵 |
| X | 滑鼠游標位置的 X 座標 |
| Y | 滑鼠游標位置的 Y 座標 |

上表的游標座標是相對於表單或控制項左上角的座標位置，如果是在表單上（即沒有在其他控制項上），座標是相對於表單左上角座標；如果是控制項上，座標是相對於控制項左上角的座標。

## Visual C# 專案：Ch13_3_2

　　請建立測試滑鼠按鍵事件的 Windows 應用程式，我們準備使用一個標籤控制項，當在表單上移動游標且按下滑鼠按鍵後，分別在表單標題列和控制項顯示按下哪一個按鍵和目前座標值，其建立步驟如下所示：

**Step 1**　請開啟「程式範例\Ch13\Ch13_3_2」資料夾的 Visual C# 專案，並且開啟表單 Form1（檔案名稱為 Form1.cs），如下圖所示：

　　上述表單的正中央是一個名為 lblOutput 的標籤控制項，右方中間的紅色小方塊是 lblMark 標籤控制項。

**Step 2**　請在表單設計視窗選取控制項後，在「屬性」視窗的事件清單分別建立 Form1 和 lblOutput 控制項共用的 MouseDown 和 MouseUp 事件處理程序(請直接在欄位輸入事件處理名稱)。

### Form1.cs 的事件處理程序

```
01: private void Control_MouseDown(object sender, MouseEventArgs e)
02: {
03:     lblOutput.Text = "X=" + e.X + " Y=" + e.Y;
04:     if (sender is Label)
05:     {
06:         lblMark.Left = lblOutput.Left + e.X;
07:         lblMark.Top = lblOutput.Top + e.Y;
08:     }
09:     else                                                    NEXT
```

```
10:     {
11:         lblMark.Left = e.X;
12:         lblMark.Top = e.Y;
13:     }
14: }
15:
16: private void Control_MouseUp(object sender, MouseEventArgs e)
17: {
18:     string output = "";
19:     switch (e.Button)
20:     {
21:         case MouseButtons.Left:
22:             output = "左鍵";
23:             break;
24:         case MouseButtons.Middle:
25:             output = "中鍵";
26:             break;
27:         case MouseButtons.Right:
28:             output = "右鍵";
29:             break;
30:     }
31:     this.Text = output;
32: }
```

## 程式說明

● 第 1~14 列：Form1 和 lblOutput 共用的 MouseDown 事件處理程序，在第 3 列的 lblOutput 控制項顯示滑鼠游標的座標，在第 4~13 列的 if/else 條件判斷是哪一種 sender 後，調整 lblMark 控制項的位置，如果是 lblOutput 標籤，就在第 6~7 列加上 lblOutput 標籤左上角位置，這就是第 13-3-3 節的屬性。

● 第 16~32 列：Form1 和 lblOutput 共用的 MouseUp 事件處理程序，使用 switch 條件在表單上方標題列顯示按下哪一個滑鼠按鍵。

**執行結果**

~~Step 3~~ 在儲存後,請執行「偵錯/開始偵錯」命令,或按 `F5` 鍵,可以看到執
　　　　行結果的 Windows 應用程式視窗。

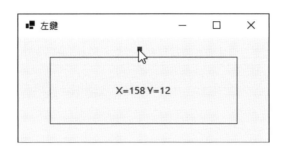

　　首先在標籤控制項外點選滑鼠左鍵,可以在表單標題列顯示按下**左鍵**,
lblMark 紅色小方塊的座標是相對表單左上角的 158x12。接著在標籤控制項內
點選滑鼠右鍵,此時顯示的座標是相對標籤控制項左上角的 42x25,顯示按鍵
為**右鍵**,如下圖所示:

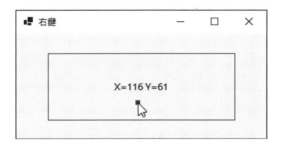

　　上述圖例的 X 座標因為按鈕控制項左上角的座標是 42x25,所以標籤內的
X 座標 116 ,加上控制項的 X 座標 42,就等於在按鈕外的 X 座標 158。

## 13-3-3　MouseEnter、MouseMove 和 MouseLeave 事件

　　MouseEnter 和 MouseLeave 事件是滑鼠進入控制項和離開控制項時所觸
發的事件,我們可以使用這 2 個事件建立控制項的動畫效果。例如:進入控制
項時,背景色彩為紅色;離開時控制項變成綠色。

MouseMove 事件是在滑鼠移動時產生的一系列事件，在程式中只需使用此事件，就可以建立滑鼠拖拉控制項的效果，因為要調整控制項位置，我們需要在程式碼取得控制項的座標和尺寸，其相關屬性的說明，如下表所示：

| 屬性 | 說明 |
|------|------|
| Top | 存取控制項上邊緣和其容器上（即表單）邊緣之間的距離，即控制項左上角的 Y 座標 |
| Left | 存取控制項內部左邊緣和其容器左邊緣之間的距離，即控制項左上角的 X 座標 |
| Width | 控制項的寬度 |
| Height | 控制項的高度 |

雖然表單和控制項提供 Location 物件的位置座標，不過這是唯讀屬性，並不能更改值。如果需要更改控制項的位置，請使用上表的 Top 和 Left 屬性。

在 MouseMove 事件處理程序是使用 MouseEventArgs 物件的 X 和 Y 屬性，加上控制項座標來計算出控制項的新座標，如下所示：

```
lblOutput.Left = lblOutput.Left + e.X - (lblOutput.Width / 2);
lblOutput.Top = lblOutput.Top + e.Y - (lblOutput.Height / 2);
```

上述運算式的 e.X 和 e.Y 是相對於控制項左上角的座標，在轉換成表單左上角的座標時，需要加上控制項的 Left 和 Top 屬性值，此時控制項左上角的位置就是滑鼠游標的位置。

在運算式最後的括號是將滑鼠游標位置調整成位在控制項的中間，所以寬和高各減半。

## Visual C# 專案：Ch13_3_3

請建立拖拉標籤控制項的 Windows 應用程式，這是一個可移動藍色小方塊的標籤控制項，當滑鼠游標移到標籤中，背景色彩變成紅色，按下滑鼠左鍵即可拖拉標籤控制項至游標位置，其建立步驟如下所示：

**Step 1** 請開啟「程式範例\Ch13\Ch13_3_3」資料夾的 Visual C# 專案,並且開啟表單 Form1(檔案名稱為 Form1.cs),如下圖所示:

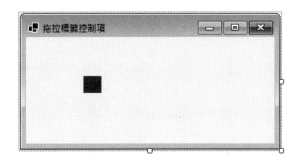

上述表單擁有一個名為 lblOutput 背景為藍色的標籤控制項。

**Step 2** 請在表單設計視窗選取控制項後,在「屬性」視窗的事件清單分別建立 lblOutput 標籤控制項的 MouseDown、MouseEnter、MouseLeave、 MouseMove 和 MouseUp 事件處理程序。

### Form1.cs 的事件處理程序

```
01: bool isDrag = false;
02:
03: private void lblOutput_MouseDown(object sender,MouseEventArgs e)
04: {
05:     if ( e.Button == MouseButtons.Left )
06:         isDrag = true;  // 可以拖拉
07: }
08:
09: private void lblOutput_MouseEnter(object sender,EventArgs e)
10: {
11:     lblOutput.BackColor = Color.Red;
12: }
13:
14: private void lblOutput_MouseLeave(object sender,EventArgs e)
15: {
16:     lblOutput.BackColor = Color.Blue;
```

NEXT

```
17: }
18:
19: private void lblOutput_MouseMove(object sender,MouseEventArgs e)
20: {
21:     if (isDrag)
22:     {
23:         // 計算新座標
24:         lblOutput.Left = lblOutput.Left +
                            e.X - (lblOutput.Width / 2);
25:         lblOutput.Top = lblOutput.Top +
                            e.Y - (lblOutput.Height / 2);
26:     }
27: }
28:
29: private void lblOutput_MouseUp(object sender,MouseEventArgs e)
30: {
31:     isDrag = false;  // 不可拖拉
32: }
```

**程式說明**

● 第 1 列：宣告全域變數 isDrag 布林變數，記錄目前是否是拖拉狀態。

● 第 3~7 列和第 29~32 列：標籤的 MouseDown 和 MouseUp 事件處理程序，當按下滑鼠左鍵時，將 isDrag 設為 true，表示是拖拉狀態；放開時設為 false，即不是拖拉狀態。

● 第 9~17 列：標籤的 MouseEnter 和 MouseLeave 的事件處理程序，分別將控制項的背景色彩設定成紅色和藍色。

● 第 19~27 列：MouseMove 事件處理程序，在第 21~26 列的 if 條件判斷是否是拖拉狀態，第 24~25 列計算控制項的新座標。

**執行結果**

**Step 3** 在儲存後,請執行「偵錯/開始偵錯」命令,或按 `F5` 鍵,可以看到執行結果的 Windows 應用程式視窗。

　　請將滑鼠移到標籤控制項中,可以看到背景成為紅色,按下左鍵即可拖拉此紅色的標籤控制項。

## 13-4　鍵盤事件

　　當我們在文字方塊控制項輸入文字內容時,控制項會觸發一系列鍵盤事件,其說明如下表所示:

| 事件 | 說明 |
|------|------|
| KeyDown | 當控制項擁有焦點時,按下按鍵所產生的事件 |
| KeyPress | 當按下和釋放 ANSI 字碼的按鍵時產生此事件,可以取得輸入的字元 |
| KeyUp | 當在控制項擁有焦點時,放開按鍵時產生的事件 |

　　當在文字方塊控制項使用鍵盤輸入文字內容時,依序會觸發 KeyDown、KeyPress、TextChanged 和 KeyUp 事件,其中 TextChanged 事件的說明請參閱<第 13-5-1 節:文字方塊控制項的 TextChanged 事件>。

## 13-4-1　KeyDown 和 KeyUp 事件

　　KeyDown 和 KeyUp 事件處理程序可以使用參數 KeyEventArgs 物件的屬性來取得是按下了哪一個按鍵,其相關屬性說明如下表所示:

| 屬性 | 說明 |
|---|---|
| KeyCode | 取得按下按鍵的「按鍵碼」（Key Code）整數值，可以使用 Keys 常數，例如：四個方向鍵為 Keys.Up、Keys.Down、Keys.Right 和 Keys.Left |
| Control | 檢查是否按下 Ctrl 鍵，true 為按下；false 為沒有按下 |
| Alt | 檢查是否按下 Alt 鍵，true 為按下；false 為沒有按下 |
| Shift | 檢查是否按下 Shift 鍵，true 為按下；false 為沒有按下 |

本節程式範例是使用鍵盤的方向鍵來移動文字方塊，為了避免移出邊界，程式碼使用表單 ClientSize 物件取得實際區域的尺寸（去掉標題列和框線的尺寸後），如下所示：

```
int maxWidth = this.ClientSize.Width;
int maxHeight = this.ClientSize.Height;
```

上述程式碼可以取得表單實際區域的寬和高。

## Visual C# 專案：Ch13_4_1

此 Windows 應用程式類似 Ch13_3_3 專案，只是改用鍵盤方向鍵來移動黃色背景的文字方塊控制項，當按下按鍵，就顯示按下的按鍵碼和是否同時按下 Ctrl、Alt 或 Shift 鍵，其建立步驟如下所示：

**Step 1** 請開啟「程式範例\Ch13\Ch13_4_1」資料夾的 Visual C# 專案，並且開啟表單 Form1（檔案名稱為 Form1.cs），如下圖所示：

上述表單擁有一個名為 txtOutput 背景為黃色的唯讀文字方塊控制項。

**Step 2** 請在表單設計視窗選取控制項後,在「屬性」視窗的事件清單分別建立表單 Form1 的 Load 事件,txtOutput 文字方塊控制項的 KeyDown 和 KeyUp 事件處理程序。

## Form1.cs 的事件處理程序

```
01: private void Form1_Load(object sender, EventArgs e)
02: {
03:     txtOutput.Focus();
04: }
05:
06: private void txtOutput_KeyDown(object sender,KeyEventArgs e)
07: {
08:     txtOutput.Text = Convert.ToInt32(e.KeyCode).ToString();
09:     if ( e.Alt )
10:         txtOutput.Text += " - 按下 Alt 鍵";
11:     if ( e.Shift )
12:         txtOutput.Text += " - 按下 Shift 鍵";
13:     if ( e.Control )
14:         txtOutput.Text += " - 按下 Ctrl 鍵";
15: }
16:
17: private void txtOutput_KeyUp(object sender,KeyEventArgs e)
18: {
19:     // 取得控制項座標
20:     int left = txtOutput.Left;
21:     int top = txtOutput.Top;
22:     // 取得表單尺寸
23:     int maxWidth = this.ClientSize.Width;
24:     int maxHeight = this.ClientSize.Height;
25:     // 移動文字方塊控制項
26:     switch ( e.KeyCode )
27:     {
28:         case Keys.Up:
29:             if ( top > 0 ) top -= 20;
30:             break;
31:         case Keys.Down:
32:             if ((top + txtOutput.Height) < maxHeight )
```

NEXT

```
33:                   top += 20;
34:               break;
35:           case Keys.Left:
36:               if ( left > 0 ) left -= 30;
37:               break;
38:           case Keys.Right:
39:               if ((left + txtOutput.Width) < maxWidth)
40:                   left += 30;
41:               break;
42:       }
43:       txtOutput.Left = left;
44:       txtOutput.Top = top;
45:       txtOutput.Focus();
46: }
```

## 程式說明

● 第 1~4 列：在 Form1 表單 Load 事件處理程序設定 txtOutput 文字方塊
控制項取得焦點。

● 第 6~15 列：文字方塊的 KeyDown 事件處理程序是在第 8 列顯示按鍵
碼，第 9~14 列使用 3 個 if 條件判斷是否按下組合鍵。

● 第 17~46 列：文字方塊的 KeyUp 事件處理程序使用 switch 條件判斷是
否按下方向鍵，如果是，就調整控制項位置的座標。

## 執行結果

**Step 3** 在儲存後，請執行「偵錯/
開始偵錯」命令，或按 F5
鍵，可以看到執行結果的
Windows 應用程式視窗。

如果不是按方向鍵，文字方塊顯示的是按鍵碼和組合鍵，按下方向鍵可以移動此文字方塊。

## 13-4-2　KeyPress 事件

KeyPress 事件是在 KeyDown 事件之後和 KeyUp 事件之前觸發，可以取得按下按鍵的字元。在 KeyPress 事件處理程序傳入的參數是 KeyPressEventArgs 物件，其相關屬性說明如下表所示：

| 屬性 | 說明 |
| --- | --- |
| KeyChar | 傳回按下按鍵的字元 |
| Handled | 設定是否忽略按鍵，預設值 false 表示不忽略；true 為忽略 |

### Visual C# 專案：Ch13_4_2

請建立擁有文字方塊輸入控制的 Windows 應用程式，文字方塊只允許輸入小寫英文字母，另一個只能輸入數字 0~9，其建立步驟如下所示：

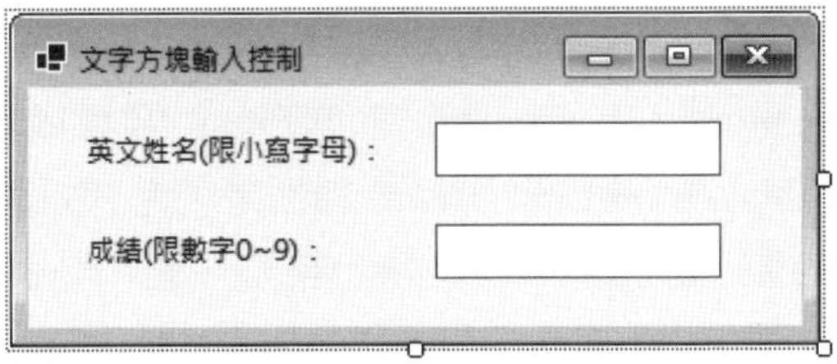

**Step 1**　請開啟「程式範例\Ch13\Ch13_4_2」資料夾的 Visual C# 專案，並且開啟表單 Form1（檔案名稱為 Form1.cs），如下圖所示：

上述表單從上而下是名為 txtName 和 txtGrade 文字方塊控制項。

**Step 2**　請在表單設計視窗選取控制項後，在「屬性」視窗的事件清單分別建立 txtName 和 txtGrade 文字方塊控制項的 KeyPress 事件處理程序。

## Form1.cs 的事件處理程序

```
01: private void txtName_KeyPress(object sender, KeyPressEventArgs e)
02: {
03:     int ch;
04:     ch = Convert.ToInt32(e.KeyChar); // 取得字元
05:     // 是否是 Backspace, 逗號, space 或減號
06:     if (ch == 8 || ch == 44 || ch == 45
07:             || ch == 32)
08:         return;
09:     // 是否是小寫英文字母
10:     if ( ch < 97 || ch > 122 ) e.Handled = true;
11: }
12:
13: private void txtGrade_KeyPress(object sender, KeyPressEventArgs e)
14: {
15:     if ( (e.KeyChar < '0' || e.KeyChar > '9')
16:                     && e.KeyChar != '\b' )
17:         e.Handled = true;
18: }
```

## 程式說明

● 第 1~11 列：txtName 文字方塊的 KeyPress 事件處理程序是在第 4 列
轉換成整數後，第 6~8 列的 if 條件判斷是否是 Backspace（8）、逗號
（44）、空白（32）或減號（45），如果是，使用 return 跳出程序表示
接受這些字元，在第 10 列的 if 條件判斷是否不是英文小寫字元，如果不
是，將 Handled 屬性設為 true 忽略此字元。

● 第 13~18 列：txtGrade 文字方塊的 KeyPress 事件處理程序是在第 15~17
列判斷是否為 0~9 的數字和 Backspace 字元。

## 執行結果

**Step 3** 在儲存後，請執行「偵錯/開始偵錯」命令，或按 F5 鍵，可以看到執
行結果的 Windows 應用程式視窗。

上述 2 個文字方塊，上方的**英文姓名**只能輸入小寫英文字母、逗號和空白等，下方的**成績**欄只能輸入數字。

## 13-4-3　表單的鍵盤事件

在 Visual Studio Community 表單為了避免影響執行效率，預設不會觸發表單的鍵盤事件，所以上一節程式範例是使用 TextBox 文字方塊控制項來觸發鍵盤事件。

### 啟用表單的鍵盤事件

表單如果需要作為回應鍵盤事件的傾聽者物件，我們需要設定表單的 KeyPreview 屬性值為 True，其說明如下表所示：

| 屬性 | 說明 |
| --- | --- |
| KeyPreview | 是否開啟觸發鍵盤事件，預設值 False 沒有開啟；True 為開啟 |

### String 物件的 Split() 方法

在本節專案可以輸入包含一個運算子的完整四則運算式，例如：34 + 23，程式碼是使用 String 物件的 Split() 方法將運算式字串轉換成 string 字串陣列，如下所示：

```
char[] separator = {' '};
string[] arrExp =
        lblOutput.Text.Trim().Split(separator);
```

上述程式碼將字串轉換成 string 字串陣列，Split() 方法的參數是分隔字元的 char[ ] 陣列，以此例是用空白字元作為分隔字元（如果需要，可以新增多個分隔字元），可以分割成有 3 個元素的陣列，如下所示：

```
arrExp[0] = "34";
arrExp[1] = "+";
arrExp[2] = "23";
```

上述執行結果相當於宣告 string 字串陣列，如下所示：

```
string[] arrString = {"34", "+", "23"};
```

## Visual C# 專案：Ch13_4_3

請建立小算盤的 Windows 應用程式，在啟動表單的鍵盤事件後，可以使用標籤控制項模擬文字方塊來輸入四則運算式。

這個小算盤的計算機可以顯示單一運算子的四則運算式，例如：輸入 23 + 34 後，按下等號來計算結果，我們可以使用按鈕或鍵盤的數字鍵來輸入運算式，其建立步驟如下所示：

**Step 1** 請開啟「程式範例\Ch13\Ch13_4_3」資料夾的 Visual C# 專案，並且開啟表單 Form1（檔案名稱為 Form1.cs），如下圖所示：

　　上述表單上方是名為 lblOutput 標籤控制項，下方擁有 16 個按鈕控制項，數字依序為 btn0~9，C 清除按鈕是 btnC，四則運算子分別為 btnAdd（＋）、btnSubtract（-）、btnMultiple（＊）和 btnDivide（/），等號是 btnEqual。

**Step 2** 請選表單 Form1 後，在「屬性」視窗將 **KeyPreview** 屬性設為 **True**。

**Step 3** 請在表單設計視窗選取控制項後，在「屬性」視窗的事件清單分別建立 Form1 的 KeyPress 和所有按鈕控制項 Click 事件共用的 Button_Click() 事件處理程序(請在欄位直接輸入事件處理程序名稱)。

**Form1.cs 的事件處理程序與函數**

```
01: bool isOp = false;
02:
03: public bool isNumeric(string str)
04: {
05:     int i;    char ch;
06:     for ( i = 0; i < str.Length; i++ )
07:     {
08:         ch = str[i];
09:         if ( ch < '0' || ch > '9' )
10:             return false;
11:     }
12:     return true;
```

NEXT

```
13: }
14:
15: public void cal()
16: {
17:     int op1, op2;     // 取得運算元和運算子
18:     char[] separator = {' '};
19:     string[] arrExp = lblOutput.Text.Trim().Split(separator);
20:     if ( arrExp.GetUpperBound(0) < 2 ) {
21:         lblOutput.Text = "ERROR";
22:         return;
23:     } // 運算元是否是數字
24:     if ( isNumeric(arrExp[0]) && isNumeric(arrExp[2]) ) {
25:         op1 = Convert.ToInt32(arrExp[0]);
26:         op2 = Convert.ToInt32(arrExp[2]);
27:     }
28:     else {
29:         lblOutput.Text = "ERROR";
30:         return;
31:     }
32:     switch (arrExp[1]) {   // 判斷運算子
33:         case "+":
34:             lblOutput.Text = (op1 + op2).ToString();
35:             break;
36:         case "-":
37:             lblOutput.Text = (op1 - op2).ToString();
38:             break;
39:         case "*":
40:             lblOutput.Text = (op1 * op2).ToString();
41:             break;
42:         case "/":
43:             if ( op2 != 0 )
44:                 lblOutput.Text = (op1 / op2).ToString();
45:             else   // 除以 0 錯誤
46:                 lblOutput.Text = "ERROR";
47:             break;
48:     }
49:     isOp = false;
50: }
```

NEXT

13-34

```
51:
52: private void Form1_KeyPress(object sender, KeyPressEventArgs e)
53: {
54:     if ( e.KeyChar >= '0' && e.KeyChar <= '9' )
55:         lblOutput.Text += e.KeyChar;   // 是數字
56:     switch ( e.KeyChar ) {
57:         case '+':  case '-':
58:         case '*':  case '/':
59:             if ( isOp == false ) {  // 是運算子
60:                 lblOutput.Text += " " + e.KeyChar + " ";
61:                 isOp = true;
62:             }
63:             break;
64:         case '=':
65:             cal();   // 計算
66:             break;
67:         case 'C':
68:             lblOutput.Text = "";   // 清除
69:             isOp = false;
70:             break;
71:     }
72: }
73:
74: private void Button_Click(object sender, EventArgs e)
75: {
76:     Button button = (Button)sender;
77:     switch (button.Name) {
78:         case "btnAdd":        case "btnDivide":
79:         case "btnMultiple":  case "btnSubtract":
80:             if (isOp == false) {  // 是運算子
81:                 lblOutput.Text += " " +button.Text+ " ";
82:                 isOp = true;
83:             }
84:             break;
85:         case "btnC":
86:             lblOutput.Text = "";  // 清除
87:             isOp = false;
88:             break;
```

NEXT

```
89:          case "btnEqual":
90:              cal();    // 計算
91:              break;
92:          default:       // 是數字
93:              lblOutput.Text += button.Text;
94:              break;
95:      }
96: }
```

**程式說明**

● 第 1 列：宣告全域變數 isOp 布林變數，記錄是否已經輸入運算子。

● 第 3~13 列：isNumeric() 函數檢查字串內容是否都是數字字元，如果是傳
回 true；否則為 false。

● 第 15~50 列：cal() 函數在 19 列先使用 Trim() 方法刪除前後的空白字元
後，使用 Split() 方法將字串分割成 string 陣列，在轉換成整數後，使用
switch 條件計算運算式的值。

● 第 52~72 列：表單 Form1 的 KeyPress 事件處理程序是依按鍵的
KeyChar 屬性值使用 switch 條件判斷是數字、運算子或等號（就呼叫
cal() 函數計算結果），字元 C 可以清除內容。

● 第 74~96 列：所有按鈕控制項共用的 Click 事件處理程序，同樣使用
switch 條件判斷按下哪一個按鈕控制項，以決定顯示數字、運算子、計算或
清除文字方塊，運算子會在前後加上空白字元，這就是 Split() 方法所需的
分割字元。

**執行結果**

**Step 4** 在儲存後，請執行「偵錯/開始偵錯」命令，或按 F5 鍵，可以看到執
行結果的 Windows 應用程式視窗。

請按下按鈕控制項或直接由鍵盤數字鍵輸入運算式後，按 ＝ 鈕或等號鍵顯示計算結果。

## 13-5　控制項產生的事件

在本節之前說明的是滑鼠和鍵盤事件，這些是表單和控制項共同擁有的事件，至於控制項本身也擁有一些專屬事件。

### 13-5-1　文字方塊控制項的 TextChanged 事件

文字方塊控制項的 TextChanged 事件是在輸入文字的過程中觸發的事件。控制項是在 KeyDown、KeyPress 事件後觸發 TextChanged 事件，最後觸發 KeyUp 事件，其說明如下表所示：

| 事件 | 說明 |
| --- | --- |
| TextChanged | 當文字控制項的內容有變更時，就觸發此事件 |

TextChanged 事件可以建立動態資料變更，記得嗎？在之前程式範例，輸入資料都需要按下按鈕控制項才會顯示結果，如果使用 TextChanged 事件，我們可以在輸入資料後，馬上顯示輸入的內容。

# Visual C# 專案：Ch13_5_1

請建立回應使用者輸入的 Windows 應用程式，當在文字方塊輸入文字內容時，可以馬上在標籤控制項顯示輸入的文字內容，其建立步驟如下所示：

**Step 1** 請開啟「程式範例\Ch13\Ch13_5_1」資料夾的 Visual C# 專案，並且開啟表單 Form1（檔案名稱為 Form1.cs），如下圖所示：

表單上方是 txtInput 文字方塊控制項，下方是 lblOutput 標籤控制項。

**Step 2** 請在表單設計視窗選取控制項後，在「屬性」視窗的事件清單建立 txtInput 文字方塊控制項的 TextChanged 事件處理程序。

**txtInput_TextChanged()**

```
01: private void txtInput_TextChanged(object sender,EventArgs e)
02: {
03:     lblOutput.Text = txtInput.Text;
04: }
```

## 程式說明

● 第 3 列：將文字方塊輸入的內容馬上輸出到標籤控制項。

**執行結果**

<u>Step 3</u>　在儲存後，請執行「偵錯/開始偵錯」命令，或按 F5 鍵，可以看到執行結果的 Windows 應用程式視窗。

　　在上方文字方塊輸入文字內容，馬上就會在下方標籤顯示出來。

## 13-5-2　核取方塊與選項按鈕的 CheckedChanged 事件

　　核取方塊與選項按鈕都支援 CheckedChanged 事件，其說明如下表所示：

| 事件 | 說明 |
|---|---|
| CheckedChanged | 當 Checked 屬性值變更時，就觸發此事件 |

　　CheckedChanged 事件可以建立動態選項的選取，例如：在點餐系統只需使用 CheckedChanged 事件，就可以在選取餐點後，馬上計算出總金額。

### Visual C# 專案：Ch13_5_2

　　請建立 Apple 產品訂購的 Windows 應用程式，只需勾選商品，就可以馬上顯示訂購數量和總價，選擇自取或貨運後，手續費用也會馬上自動加入總價，其建立步驟如下所示：

<u>Step 1</u>　請開啟「程式範例\Ch13\Ch13_5_2」資料夾的 Visual C# 專案，並且開啟表單 Form1（檔案名稱為 Form1.cs），如下圖所示：

上述表單左邊從上而下依序是 chkiPhone、chkiPad、chkWatch，在右上角是 rdfSelf 和 rdbShip 選項按鈕；右下角是唯讀 txtItems 和 lblAmount 標籤控制項來輸出數量和總價。

**Step 2** 請在表單設計視窗選取控制項後，在「屬性」視窗的事件清單建立 rdbSelf 和 rdbShip 選項按鈕共用的 RadioButton_CheckedChanged() 事件處理程序，和各核取方塊的 CheckedChanged() 事件處理程序。

**Form1.cs 的事件處理程序**

```
01: double amount;
02: int items = 0;
03: double rate = 0.0;
04:
05: public void printAmount()
06: {
07:     double total;
08:     total = amount + amount * rate;
09:     txtItems.Text = items.ToString();
10:     lblAmount.Text = "$ " + total;
11: }
12:
13: private void RadioButton_CheckedChanged(object sender, EventArgs e)
14: {
15:     if (rdbSelf.Checked)
16:         rate = 0.05;
17:     else
18:         rate = 0.1;
```

NEXT

```
19:     printAmount();
20: }
21:
22: private void chkiPhone_CheckedChanged(object sender, EventArgs e)
23: {
24:     if (chkiPhone.Checked)
25:     {
26:         items += 1;
27:         amount += 35900;
28:     }
29:     else
30:     {
31:         items -= 1;
32:         amount -= 35900;
33:     }
34:     printAmount();
35: }
36:
37: private void chkiPad_CheckedChanged(object sender, EventArgs e)
38: {
39:     if (chkiPad.Checked)
40:     {
41:         items += 1;
42:         amount += 12900;
43:     }
44:     else
45:     {
46:         items -= 1;
47:         amount -= 12900;
48:     }
49:     printAmount();
50: }
51:
52: private void chkWatch_CheckedChanged(object sender, EventArgs e)
53: {
54:     if (chkWatch.Checked)
55:     {
56:         items += 1;
57:         amount += 16500;
```

NEXT

```
58:     }
59:    else
60:    {
61:        items -= 1;
62:        amount -= 16500;
63:    }
64:    printAmount();
65: }
```

**程式說明**

● 第 1~3 列：宣告全域變數，依序是總價、數量和手續費率。

● 第 5~11 列：printAmount() 函數顯示數量和總價。

● 第 13~20 列：選項按鈕共用的 CheckedChanged 事件處理程序，使用 if 條件指定目前的手續費率。

● 第 22~65 列：3 個核取方塊的 CheckedChanged 事件處理程序，如果勾選就增加數量和總價，否則減少數量和總價。

**執行結果**

Step 3   在儲存後，請執行「偵錯/開始偵錯」命令，或按 F5 鍵，可以看到執行結果的 Windows 應用程式視窗。

　　不同於本書前幾章的範例，我們不需按下按鈕控制項，只需勾選產品和手續費，就可以馬上顯示訂購數量和總價。

# 學習評量

**選擇題**

( ) 1. 請問下列哪一個是當使用者按下滑鼠按鍵所產生的事件？

    A. MouseEnter        B. MouseDown

    C. MouseLeave        D. MouseMove

( ) 2. 請問 KeyPress 事件可以使用下列哪一個屬性來取得按鍵的 ASCII 碼？

    A. Control        B. Handled

    C. KeyCode        D. KeyChar

( ) 3. 請問下列哪一個並不是表單觸發的事件？

    A. Load        B. FormChanged

    C. Click        D. Resize

( ) 4. 請問下列哪一個表單事件是在更改表單尺寸時觸發？

    A. Load        B. Click

    C. Resize        D. FormChanged

( ) 5. 請問下列哪一個是滑鼠移動時所產生的事件？

    A. MouseEnter        B. MouseLeave

    C. MouseUp        D. MouseMove

## 簡答題

1. 請簡單說明什麼是事件？

2. 當觸發 Click 事件時會依序觸發 _____ 、Click 和 _____ 事件。

3. KeyDown 和 KeyUp 事件處理程序可以依據參數 KeyEventArgs 物件的 _____ 屬性取得按下那一個按鍵。

4. 在文字方塊控制項輸入文字內容時，就會依序觸發鍵盤的 _____ 、 _____ 事件，然後觸發 _____ 事件，最後是鍵盤的 _____ 事件。

5. 請問如何在程式碼移動控制項？並且說明下列 C# 程式碼的用途是什麼？

```
int maxWidth = this.ClientSize.Width;
int maxHeight = this.ClientSize.Height;
```

## 實作題

1. 請建立 C# 應用程式，在表單上按滑鼠左鍵放大視窗；右鍵縮小視窗尺寸，每按一次各放大和縮小 30 點。

2. 請建立 C# 應用程式使用 KeyPress 事件，限制文字方塊控制項只能輸入 0~9、Backspace、A~F 字母，以便輸入十六進位的數值。

3. 請建立 C# 應用程式，在表單使用標籤控制項模擬紅綠燈，預設背景是紅色代表紅燈，按滑鼠左鍵改為黃色的黃燈；右鍵改為綠色的綠燈。

4. 請建立電子元件 LED 燈的訂購程式，勾選商品就可以顯示總數量和總價，其訂購單位是 5 顆，紅色 LED 是每 5 顆 5 元、黃色 LED 是每 5 顆 5 元、三色 LED 是每 5 顆 16 元、白色 LED 是每 5 顆 28 元，在其後都有文字方塊可以輸入每種 LED 的訂購數量。

# 14

# 多表單視窗應用程式
# 與清單控制項

# 14-1 使用功能表控制項

Visual C# 功能表控制項（MenuStrip）可以在表單上方的標題列下方建立功能表列的選項命令，如下圖所示：

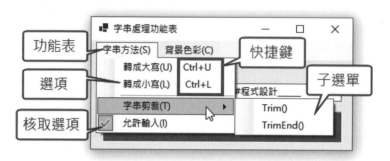

在上述圖例上方是功能表列 MenuStrip 控制項，每一個功能表列的選項本身或選單中的選項都是 ToolStripMenuItem 控制項。請注意！在 Windows 執行時，並看不到選項名稱英文字母的底線，即快速鍵，需按下 Alt 鍵，才會看到底線。

在 Visual Studio Community 開啟「工具箱」視窗後，就可以在**功能表與工具列**區段看到建立功能表所需的 MenuStrip 控制項，選項是 ToolStripMenuItem 控制項，其常用屬性說明，如下表所示：

| 屬性 | 說明 |
| --- | --- |
| Text | 選項的標題名稱，"&" 符號可以建立 Alt 組合鍵 |
| Checked | 是否顯示勾號的已核取狀態，預設值為 False |
| ShortcutKeys | 設定選項的快速鍵，可以使用組合鍵來執行選項 |
| Enabled | 選項是否有作用，預設值為 True；而 False 為沒有作用（使用灰色顯示） |
| Visible | 是否顯示選項，預設值為 True |
| ToolTipText | 選項的提示文字 |

功能表選項如同按鈕控制項，按一下即可執行事件處理程序的程式碼，其預設事件是 Click。雖然功能表選項可以新增核取選項，不過，我們仍然需要自行撰寫程式碼來建立類似核取方塊的「開/關」功能。

## Visual C# 專案：Ch14_1

請建立擁有字串處理功能表的 Windows 應用程式，可以將文字方塊輸入的文字內容執行特定的字串方法，第 2 個選單的選項可以更改標籤控制項的背景色彩，其功能表的結構如下圖所示：

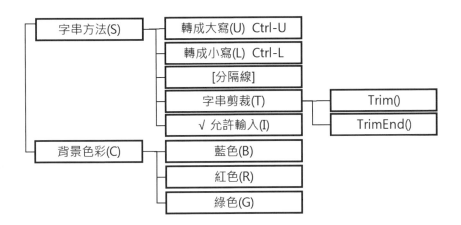

上述圖例的功能表擁有 2 個選單，第 1 個選單是**字串方法**，其下擁有子選單，在前方有勾號表示是核取選項，第 2 個選單是指定背景色彩，其建立步驟如下所示：

**Step 1** 請開啟「程式範例\Ch14\Ch14_1」資料夾的 Visual C# 專案，可以看到表單 Form1（檔案名稱為 Form1.cs），如下圖所示：

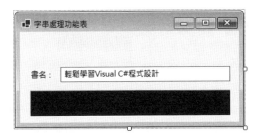

上述表單上方是 txtInput 文字方塊控制項輸入文字內容；下方是名為 lblOutput 標籤控制項來輸出結果。

**Step 2** 在「工具箱」視窗展開**功能表與工具列**區段，雙擊 **MenuStrip** 控制
項，可以在表單標題列下方的元件匣（Component Tray）看到新增的
功能表列 menuStrip1 控制項。

**Step 3** 選編輯視窗下方的 **menuStrip1** 控制項，在「屬性」視窗將 **(Name)** 屬
性改為 **mnuString**，可以看到下方功能表控制項名稱也改為 mnuString。

**Step 4** 請直接在表單上點選功能表列，即可輸入功能表列的選項名稱**字串方法**
**(&S)**。

---

📕 **說　明**

在功能表選項名稱中的 "&" 符號會成為底線，表示選取此選項也可以按下 Alt 鍵
加上底線英文字母的組合鍵，詳細說明請參閱第 4-3 節。

---

**Step 5** 在新增 ToolStripMenuItem 控制項的選項後，請在「屬性」視窗將 **(Name)**屬性改為 **mnuItemString**。

**Step 6** 接著新增選單中的選項，請選**字串方法(S)**後，在下方輸入**轉成大寫 (&U)**（即 Text 屬性）來新增選項，如下圖所示：

**Step 7** 然後設定**轉成大寫(U)**選項的屬性值，如下表所示：

| 屬性 | 屬性值 |
|---|---|
| (Name) | mnuItemUCase |
| ShortcutKeys | Ctrl + U |

**Step 8** 請重複步驟 6~7，依序建立選單的其他選項，各選項的屬性值如下表所示：

| Text 屬性值 | (Name) 屬性值 | ShortcutKeys 屬性值 | Checked 屬性值 |
|---|---|---|---|
| 轉成小寫(&L) | mnuItemLCase | Ctrl + L | False |
| - | mnuItemSeparator | None | False |
| 字串剪裁(&T) | mnuItemCut | None | False |
| 允許輸入(&I) | mnuItemInput | None | True |

在上表的 Text 屬性值輸入"-"符號表示選項是一條分隔線。

**Step 9** 在新增選項且儲存後，請執行「偵錯/開始偵錯」命令或按 F5 鍵，可以看到我們建立的功能表列和第 1 個選單，如右圖所示：

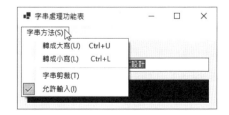

**Step10** 回到設計檢視視窗,請繼續建立**字串剪裁**選項下的子選單,請選此選項後,在之後輸入選項名稱的 Text 屬性和 Name 屬性值,如下表所示:

| Text 屬性值 | (Name) 屬性值 |
|---|---|
| Trim() | mnuItemTrim |
| TrimEnd() | mnuItemTrimEnd |

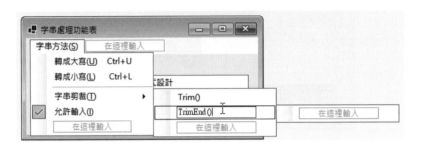

　　對於輸入錯誤或不需要的選項,請在表單設計視窗的選項上,執行**右**鍵快顯功能表的**刪除**命令來刪除選項。

**Step11** 最後在**字串函數**後建立第 2 個名為**背景色彩**的選單,請依序輸入下表的選項,其屬性值如下表所示:

| Text 屬性值 | (Name) 屬性值 |
|---|---|
| 背景色彩(&C) | mnuItemColor |
| 藍色(&B) | mnuItemBlue |
| 紅色(&R) | mnuItemRed |
| 綠色(&G) | mnuItemGreen |

　　新增選項也可以在選單上執行右鍵快顯功能表的「插入/MenuItem」命令,或執行「插入/Separator」命令插入選單的分隔線。

**Step12** 在表單上點選功能表的**字串方法**,可以開啟字串方法選單,雙擊**轉成大寫**選項即可建立 mnuItemUCase_Click() 事件處理程序。

**Step13** 請回到設計檢視視窗,雙擊其他選項來建立事件處理程序,同時新增 Form1_Load() 事件處理程序來指定控制項的初值。

## Form1.cs 的事件處理程序

```
01: private void mnuItemUCase_Click(object sender, EventArgs e)
02: {
03:     lblOutput.Text = txtInput.Text.ToUpper(); // 大寫
04: }
05:
06: private void Form1_Load(object sender, EventArgs e)
07: {
08:     txtInput.ReadOnly = false;   // 指定屬性初值
09:     lblOutput.BackColor = Color.Blue;
10: }
11:
12: private void mnuItemLCase_Click(object sender, EventArgs e)
13: {
14:     lblOutput.Text = txtInput.Text.ToLower(); // 小寫
15: }
16:
17: private void mnuItemTrim_Click(object sender, EventArgs e)
18: {
19:     lblOutput.Text = txtInput.Text.Trim('_');
20: }
21:
22: private void mnuItemTrimEnd_Click(object sender, EventArgs e)
23: {
24:     lblOutput.Text = txtInput.Text.TrimEnd('_');
25: }
26:
27: private void mnuItemInput_Click(object sender, EventArgs e)
28: {
29:     if (mnuItemInput.Checked)
30:     {
31:         txtInput.ReadOnly = true;  // 關
32:         mnuItemInput.Checked = false;
33:     }
34:     else
35:     {
36:         txtInput.ReadOnly = false; // 開
37:         mnuItemInput.Checked = true;
38:     }
```

NEXT

```
39: }
40:
41: private void mnuItemBlue_Click(object sender, EventArgs e)
42: {
43:     lblOutput.BackColor = Color.Blue;
44: }
45:
46: private void mnuItemRed_Click(object sender, EventArgs e)
47: {
48:     lblOutput.BackColor = Color.Red;
49: }
50:
51: private void mnuItemGreen_Click(object sender, EventArgs e)
52: {
53:     lblOutput.BackColor = Color.Green;
54: }
```

## 程式說明

● 第 1~4 列：**轉成大寫**選項的事件處理程序，執行 ToUpper() 方法將文字方塊內容轉換成大寫。

● 第 6~10 列：Form1 表單的 Load 事件處理程序設定控制項的初值，可以指定核取功能選項的初值，以此例是設定文字控制項的 ReadOnly 屬性為 false，表示不是唯讀控制項，標籤控制項的背景色彩是藍色。

● 第 12~15 列：**轉成小寫**選項的事件處理程序，執行 ToLower() 方法將文字方塊內容轉換成小寫。

● 第 17~25 列：**字串剪裁**選項子選單的 Trim() 和 TrimEnd() 事件處理程序，可以刪除字串兩端和結尾的底線字元。

● 第 27~39 列：切換**允許輸入**核取選項，可以設定文字方塊的 ReadOnly 屬性值和顯示勾號。

● 第 41~54 列：處理第 2 個選單的選項，可以顯示不同的背景色彩。

**執行結果**

Step14 在儲存後，請執行「偵錯/
開始偵錯」命令，或按 `F5`
鍵，可以看到執行結果的
Windows 應用程式視窗。

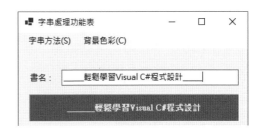

　　請執行「字串方法/轉成大寫」命令，可以在標籤控制項顯示大寫英文字母
的文字內容，讀者可以自行測試其他選項的功能。像是如果執行「背景色彩/綠
色」命令，可以變更標籤控制項的背景色彩成為綠色。

# 14-2　在專案新增表單

　　到目前為止，我們建立的 Windows 應用程式都只有單一表單，對於複雜
的應用程式，我們需要在專案新增表單來建立多表單 C# 應用程式。

## 14-2-1　新增表單

　　大部分 Windows 應用程式都是多表單應用程式，在多表單之中除了表單
外，事實上，大部分是對話方塊。我們可以在 Visual C# 專案加入表單，預設
是以 Form2.cs~Formn.cs 依序來命名。

　　在本節準備說明當在專案加入新表單後，如何開啟和關閉新表單的方法，
至於多表單應用程式的表單處理，請參閱＜第 14-3 節：建立多表單的應用程
式＞的說明。

### 在專案加入新表單

　　基本上，在 Visual C# 專案加入新表單的方法有 2 種，如下所示：

● 在「方案總管」視窗的專案名稱上，執行**右鍵**快顯功能表的「加入/表單
(Windows Form)」命令新增表單。

● 開啟專案後，執行「專案/新增表單 (Windows Form)」命令來新增表單，在本節的程式範例是使用此方式。

對於專案中不再需要的表單，請在「方案總管」視窗的表單上，執行**右鍵**快顯功能表的**從專案移除**命令刪除表單；**重新命名**命令可以更改表單名稱。

## 開啟與關閉新表單

在 Visual C# 專案建立的 Windows 應用程式因為有指定啟動表單（預設是 Form1 表單），所以，執行 C# 應用程式預設看到 Form1 表單。

如果 Visual C# 專案有多個表單，除非將它設為啟動表單（請參閱＜第 14-2-2 節：更改啟動表單＞），否則在 Form1 表單需要使用程式碼來開啟其他表單，如下所示：

```
Form2 f2;
f2 = new Form2();
f2.Show();
```

上述程式碼宣告 Form2 表單物件變數 f2 後，因為表單就是類別，所以程式碼是使用 new 運算子建立 Form2 表單物件，然後使用 Show() 方法開啟 Form2 表單。關閉表單是呼叫 Close() 方法，如下所示：

```
f2.Close();
```

## Form 表單物件的方法

| 方法 | 說明 |
|---|---|
| Show() | 顯示表單 |
| Activate() | 讓表單取得焦點，表示他目前是作用中的表單 |
| Hide() | 隱藏表單 |
| Dispose() | 釋放表單所佔用的資源 |
| Close() | 關閉表單，並且呼叫 Dispose() 方法釋放表單佔用的資源 |

## Visual C# 專案：Ch14_2_1

請建立兩個表單的 Windows 應用程式，我們準備在專案新增第 2 個表單 Form2，和在 Form1 新增按鈕，可以按下按鈕來開啟或關閉 Form2 表單，其建立步驟如下所示：

**Step 1** 請開啟「程式範例\Ch14\ Ch14_2_1」資料夾的 Visual C# 專案，並且開啟表單 Form1（檔案名稱為 Form1.cs），如右圖所示：

此表單從左至右是 button1~2 按鈕控制項，可以開啟與關閉第 2 個表單。

**Step 2** 執行「專案/新增表單 (Windows Form)」命令，可以看到「新增項目」對話方塊。

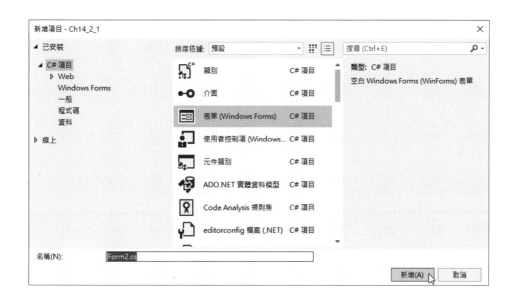

**Step 3** 預設自動選取表單 (Windows Form) 範本，並且在**名稱**欄自動填入名稱 **Form2.cs**，按**新增**鈕加入 Form2 表單，可以在專案中看到新增的 Form2.cs。

**Step 4** 選取 Form2 表單且調整尺寸成 **(300, 200)** 後,將 **Text** 屬性改為**第 2 個表單**。

**Step 5** 請按上方標籤切換到 Form1 表單,然後依序雙擊 button1~2 按鈕建 立 button1~2_Click() 事件處理程序。

**button1~2_Click()**

```
01: Form2 f2;
02:
03: private void button1_Click(object sender, EventArgs e)
04: {
05:     f2 = new Form2();
06:     f2.Show();
07: }
08:
09: private void button2_Click(object sender, EventArgs e)
10: {
11:     f2.Close();
12: }
```

**程式說明**

● 第 1 列:宣告 f2 的 Form2 表單物件變數。

● 第 5~6 列:建立表單物件後,使用 Show() 方法開啟表單。

● 第 11 列:呼叫 Close() 方法關閉表單。

**執行結果**

**Step 6** 在儲存後，請執行「偵錯/開始偵錯」命令，或按 F5 鍵，可以看到執行結果的 Windows 應用程式視窗。

按**開啟第 2 個表單**鈕，可以看到開啟的第 2 個表單，如下圖所示：

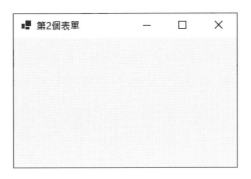

按**關閉第 2 個表單**鈕，就可以關閉開啟的表單。

## 14-2-2 更改啟動表單

Visual C# 專案預設的啟動表單是 Form1 表單，如果需要，我們可以修改程式碼，改為啟動其他表單。

### 更改 Windows 應用程式的啟動表單

Windows 應用程式的進入點是位在 Program.cs 的 Main() 主程式，我們只需更改主程式的程式碼，就可以指定應用程式的啟動表單，程式碼如下所示：

```
static void Main()
{
    Application.EnableVisualStyles();
    Application.SetCompatibleTextRenderingDefault(false);
    Application.Run(new Form1());
}
```

上述程式碼使用 Application 類別的 Run() 方法執行 Form1 表單，也就是說，Form1 是 Windows 應用程式的啟動表單。

我們只需更改 Run() 方法執行的表單，就可以更改 Windows 應用程式的啟動表單，例如：改為啟動 Form2，如下所示：

```
Application.Run(new Form2());
```

上述程式碼直接在 Run() 方法的參數建立表單物件，另一種方式是先建立表單物件 f2 後，再呼叫 Run() 方法執行表單物件 f2，如下所示：

```
Form2 f2 = new Form2();
Application.Run(f2);
```

## Application 類別

Application 類別提供方法和屬性來管理應用程式，例如：啟動或停止應用程式的執行、處理 Windows 訊息和取得應用程式的相關資訊，其常用方法的說明如下表所示：

| 方法 | 說明 |
|------|------|
| Run() | 開始執行標準應用程式的訊息迴圈，也就是啟動應用程式的執行 |
| Restart() | 關閉應用程式，並立即重新啟動 |
| Exit() | 關閉所有應用程式視窗 |
| EnableVisualStyles() | 替應用程式啟用視覺化樣式來繪製控制項 |

## Visual C# 專案：Ch14_2_2

　　請建立擁有 Form1~2 共兩個表單的 Windows 應用程式，我們準備更改啟動表單從 Form1 改成 Form2，其建立步驟如下所示：

**Step 1** 請開啟「程式範例\Ch14\Ch14_2_2」資料夾的 Visual C# 專案，內含 Form1 和 Form2 兩個表單。

**Step 2** 在「方案總管」視窗的 **Ch14_2_2** 專案，按兩下 **Program.cs** 開啟程式碼編輯視窗的標籤頁。

**Step 3** 在 Main() 主程式修改最後一列程式碼來啟動 Form2 表單,如下所示:

```
Form2 f2 = new Form2();
Application.Run(f2);
```

**Step 4** 在儲存後,執行「偵錯/開始偵錯」命令,或按 F5 鍵,可以看到執行結果的 Windows 應用程式視窗是 Form2;不是 Form1。

# 14-3 建立多表單應用程式

在 Visual C# 建立多表單 Windows 應用程式,一般來說,就是為了增加更多的資料輸入介面。例如:建立 Windows 應用程式的「搜尋與取代」功能,可以顯示專屬表單或對話方塊來輸入搜尋和取代的字串。

## 回應表單的種類

Windows 視窗應用程式可以自行建立表單作為對話方塊之用。基本上,表單或對話方塊依照資料輸入方式分為:非強制回應和強制回應表單。

### 非強制回應表單(Modeless)

使用非強制回應表單所開啟的表單是一種獨立表單,使用者可以在各表單之間切換焦點,其地位是相等的。通常在應用程式的工具視窗,就屬於這種表單,使用者可以自行決定執行哪一個表單的功能。

在第 14-2-1 節程式範例建立的表單屬於非強制回應表單，在開啟表單後，仍然可以繼續執行其他按鈕的功能。當在 Visual C# 專案加入表單後，非強制回應表單是使用 Show() 方法來開啟，如下所示：

```
Form2 f2 = new Form2();
f2.Show();
```

上述程式碼建立 Form2 表單物件 f2 後，使用 Show() 方法開啟非強制回應表單 Form2。

### 強制回應表單（Modal）

強制回應表單就是對話方塊，在開啟表單或對話方塊後，使用者需要輸入資料和關閉視窗後，才能繼續執行應用程式。例如：MessageBox.Show() 方法建立的訊息方塊就屬於這種表單。

在 Visual C# 專案加入表單後，強制回應表單是使用 ShowDialog() 方法來開啟表單，如下所示：

```
Form3 f3 = new Form3();
f3.ShowDialog();  // 開啟對話方塊
if ( f3.DialogResult == DialogResult.OK ) { … }
```

上述程式碼開啟強制回應表單 Form3，由於對話方塊需要使用者回應，因此在執行 ShowDialog() 方法後，使用 if 條件判斷使用者的選擇。

## Program 靜態類別

在 Visual Studio Community 的 **Windows Forms 應用程式**專案，預設建立名為 Program.cs 擁有主程式 Main() 的類別檔，使用的是靜態類別（Static Classes），如下所示：

```
internal static class Program { … }
```

上述類別宣告使用 static 關鍵字進行宣告，表示此類別只允許擁有靜態成員（使用 static 宣告的成員），我們可以在此類別新增其他靜態方法來建立所需的搜尋與取代函數，internal修飾子的說明請參閱第 9-3-2 節。

## 宣告靜態變數

類別的靜態成員是使用 static 關鍵字進行宣告，可以讓我們建立屬於類別的類別變數和方法，再使用類別名稱來存取和呼叫類別變數和方法，如下所示：

```
public static Form1 f1;
public static string strSearch;
```

上述程式碼使用 public 修飾子宣告兩個靜態變數，分別為表單 Form1 的 f1 和搜尋字串的 strSearch。在其他類別可以使用 Program 類別名稱來存取這些變數，如下所示：

```
Program.f1;
Program.strSearch;
```

## 宣告靜態方法

同樣方式，我們可以使用 static 關鍵字宣告靜態方法，如下所示：

```
public static int searchText() { … }
public static string replaceText() { … }
```

上述程式碼使用 public 修飾子宣告靜態方法 searchText() 和 replaceText()，在其他類別也是使用 Program 類別名稱來呼叫這些方法，如下所示：

```
Program.searchText();
Program.replaceText();
```

## Visual C# 專案：Ch14_3

請建立記事本**編輯**功能表的 Windows 應用程式，支援搜尋與取代功能，我們是分別使用非強制回應表單和強制回應表單來建立搜尋與取代功能，其建立步驟如下所示：

**Step 1** 請開啟「程式範例\Ch14\Ch14_3」資料夾的 Visual C# 專案，此專案擁有 3 個表單 Form1、Form2 和 Form3。首先開啟表單 Form1（檔案名稱為 Form1.cs），如下圖所示：

上述 Form1 表單的「編輯」功能表已經新增**搜尋**和**搜尋與取代**選項的 mnuItemSearch 和 mnuItemReplace。

**Step 2** 在「方案總管」視窗按兩下 **Form2.cs**，可以開啟表單 Form2，如下圖所示：

上述 Form2 表單擁有 txtSearch 和 txtReplace 文字方塊控制項，右邊由上而下是 button1~2 按鈕控制項。

**Step 3** 在「方案總管」視窗按兩下 **Form3.cs**，可以開啟表單 Form3，如下圖所示：

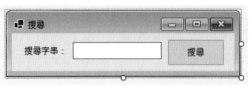

上述 Form3 表單擁有 txtSearch 文字方塊控制項，右邊為 button1 按鈕控制項。

**Step 4** 在「方案總管」視窗雙擊 **Program.cs**，在程式碼編輯視窗新增靜態成員的變數與 2 個方法。

## Program 類別宣告

```
01: internal static class Program
02: {
03:     public static Form1 f1;       // 靜態成員
04:     public static string? strSearch;
05:
06:     public static int searchText(string source, string str, int start)
07:     {
08:         return source.IndexOf(str, start);
09:     }
10:
11:     public static string replaceText(string source, string
                                search, string replace)
12:     {
13:         return source.Replace(search, replace);
14:     }
15:     /// <summary>
16:     /// The main entry point for the application.
17:     /// </summary>
18:     [STAThread]
19:     static void Main()                                     NEXT
```

```
20:     {
21:         ApplicationConfiguration.Initialize();
22:         strSearch = "";      // 初始字串
23:         f1 = new Form1();    // 建立表單物件
24:         Application.Run(f1);
25:     }
26: }
```

**程式說明**

● 第 3~4 列：宣告靜態 Form1 表單變數 f1，和 strSearch 字串變數儲存搜尋字串，在 Form1 和 string 型別後的「?」符號允許變數值可為 Null 空值，即變數值尚未定義或遺失，這是可空值參考型別，請參閱第 15-5 節最後。

● 第 6~14 列：宣告 public 的 searchText() 和 replaceText() 靜態方法。

● 第 19~25 列：Main() 主程式是使用 static 進行宣告，在第 22 列初始字串變數，第 23~24 列建立表單物件後，執行 Windows 應用程式的 Form1 表單。

**Step 5** 雙擊 Form1.cs 開啟 Form1 表單，選 **txtInput** 文字方塊控制項來更改其屬性值，如下表所示：

| 屬性 | 屬性值 | 說明 |
|------|--------|------|
| HideSelection | False | 當表單失去焦點後，一樣使用反白顯示選取的文字內容 |
| Modifiers | Public | 表示設為公用物件，如此 Form2 才可以存取其屬性 |

**Step 6** 在「屬性」視窗的事件清單新增 Form1_Load() 事件處理程序，和 2 個功能表選項的 Click 事件處理程序。

**Form1.cs 的事件處理程序**

```
01: Form2? f2;
02: Form3? f3;
03:
04: private void Form1_Load(object sender, EventArgs e)
```

NEXT

```
05: {
06:     txtInput.SelectionStart = 0;
07:     txtInput.SelectionLength = 0;
08:     txtInput.Focus();
09: }
10:
11: private void mnuItemSearch_Click(object sender, EventArgs e)
12: {
13:     f3 = new Form3();
14:     f3.ShowDialog();   // 開啟對話方塊
15:     if (f3.DialogResult == DialogResult.OK)
16:     {
17:         int pos = 0;
18:         if (txtInput.SelectionStart != 0)   // 取得搜尋的開始位置
19:             pos = txtInput.SelectionStart + 1;
20:         // 搜尋字串
21:         pos = Program.searchText(txtInput.Text,
                              Program.strSearch, pos);
22:         if (pos >= 0)
23:         {
24:             txtInput.SelectionStart = pos;
25:             txtInput.SelectionLength=Program.strSearch.Length;
26:             txtInput.Focus();
27:         }
28:         else
29:             MessageBox.Show("沒有找到搜尋字串..", "Ch14_3");
30:     }
31: }
32:
33: private void mnuItemReplace_Click(object sender, EventArgs e)
34: {
35:     f2 = new Form2();
36:     f2.Show();   // 開啟表單
37: }
```

## 程式說明

● 第 1~2 列：宣告表單物件變數 f2 和 f3。

- 第 4~9 列：Form1_Load() 事件處理程序是在第 6~7 列將 txtInput 控制項的 SelectionStart 和 SelectionLength 屬性設為 0，如此文字內容就不會反白顯示。

- 第 11~37 列：**編輯**功能表選項的事件處理程序，分別使用 Show() 和 ShowDialog() 開啟非強制和強制回應表單，第 21 列呼叫 Program 類別的 searchText() 方法，使用 Program.strSearch 變數值的參數來搜尋字串。

**Step 7** 請雙擊 Form2.cs 開啟 Form2 表單後，分別雙擊按鈕和表單控制項新增 button1~2_Click() 事件處理程序，和 Form2_Load() 事件處理程序。

### Form2.cs 的事件處理程序

```
01: private void Form2_Load(object sender, EventArgs e)
02: {
03:     txtSearch.Text = Program.strSearch;  // 預設字串
04:     // 設定焦點
05:     txtSearch.SelectionStart = Program.strSearch.Length;
06:     txtSearch.SelectionLength = 0;
07:     txtSearch.Focus();
08: }
09:
10: private void button1_Click(object sender, EventArgs e)
11: {
12:     int pos;
13:     // 搜尋字串
14:     pos = Program.searchText(Program.f1.txtInput.Text,
                                 txtSearch.Text, 0);
15:     if (pos >= 0)   // 找到
16:     {
17:         Program.f1.txtInput.SelectionStart = pos;
18:         Program.f1.txtInput.SelectionLength=txt.Search.Text.Length;
19:         Program.f1.txtInput.Focus();
20:     }
21:     else
22:         MessageBox.Show("沒有找到搜尋字串..", "Ch14_3");
23: }
```

NEXT

```
24:
25: private void button2_Click(object sender, EventArgs e)
26: {
27:     int pos;
28:     // 搜尋字串
29:     pos = Program.searchText(Program.f1.txtInput.Text,
                                 txtSearch.Text, 0);
30:     if (pos >= 0)    // 找到
31:     {   // 取代字串
32:         Program.f1.txtInput.Text = Program.replaceText(
33:             Program.f1.txtInput.Text, txtSearch.Text, txtReplace.Text);
34:         // 重設選取的文字範圍
35:         Program.f1.txtInput.SelectionStart = 0;
36:         Program.f1.txtInput.SelectionLength = 0;
37:         Program.f1.txtInput.Focus();
38:     }
39: }
```

### 程式說明

● 第 1~8 列：Form2_Load() 事件處理程序在取得 Program.strSearch 搜尋
字串後，指定控制項內容，設定焦點且將游標移到文字內容的最後。

● 第 10~39 列：2 個按鈕的 Click 事件處理程序，分別呼叫 Program 類別
的方法來搜尋與取代字串。

**Step 8**　雙擊 Form3.cs 開啟 Form3 表單，選 **button1** 按鈕控制項，設定
**DialogResult** 屬性為 **OK**，此為按下按鈕的預設傳回值。

**Step 9**　在 Form3 表單分別雙擊按鈕和表單控制項來新增 button1_Click() 事
件處理程序，和 Form3_Load() 事件處理程序。

### Form3.cs 的事件處理程序

```
01: private void Form3_Load(object sender, EventArgs e)
02: {
03:     txtSearch.Text = Program.strSearch;    NEXT
```

```
04:      // 設定焦點
05:      txtSearch.SelectionStart = Program.strSearch.Length;
06:      txtSearch.SelectionLength = 0;
07:      txtSearch.Focus();
08: }
09:
10: private void button1_Click(object sender, EventArgs e)
11: {
12:      Program.strSearch = txtSearch.Text;
13: }
```

**程式說明**

● 第 1~8 列：Form3_Load() 事件處理程序在取得 Program.strSearch 搜尋字串後，指定控制項內容，設定焦點且將游標移到文字內容的最後。

● 第 10~13 列：按鈕的 Click 事件處理程序，指定 Program.strSearch 的值是控制項的內容，即傳回對話方塊輸入的搜尋字串。

**執行結果**

**Step10** 在儲存後，請執行「偵錯/開始偵錯」命令，或按 `F5` 鍵，可以看到執行結果的 Windows 應用程式視窗。

　　請執行「編輯/搜尋」或「編輯/搜尋與取代」命令，可以看到 2 個對話方塊，請分別輸入搜尋和取代字串來執行搜尋與取代功能。

# 14-4 清單控制項

選擇控制項除了使用核取方塊和選項按鈕外,還有清單控制項,可以讓我們動態建立清單項目,建立更多樣化的資料選擇方式。

## 14-4-1 認識清單控制項

基本上,清單控制項也是一種選擇用途的控制項,共有三種控制項:清單方塊(ListBox)、核取清單方塊(CheckedListBox)和下拉式清單方塊(ComboBox)。

清單控制項的選項是一個「集合物件」(Collections)的項目清單,如其名是多個物件的集合,我們可以用 foreach 迴圈取出集合物件的每一個物件。

### 建立清單控制項的項目清單

請開啟「程式範例\Ch14\Ch14_4_1」資料夾的 Visual C# 專案,在表單設計視窗已經新增 listBox1 清單控制項,請選 listbox1 後在「屬性」視窗找到 **Items** 屬性來新增項目,如下圖所示:

按欄位後游標所在的按鈕,可以看到「字串集合編輯器」對話方塊。

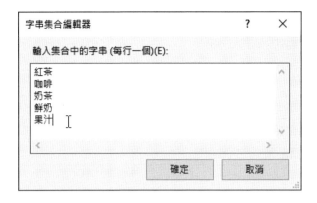

　　請輸入項目名稱的字串，一行是一個項目，按**確定**鈕建立清單控制項的項目清單。

　　清單控制項除了可以在 Items 屬性編輯項目清單外，也可以使用「ListBox 工作」功能表，請點選控制項右上角的箭頭小圖示，可以開啟功能表，如下圖所示：

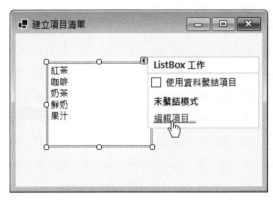

　　點選**編輯項目**超連結，一樣可以開啟「字串集合編輯器」對話方塊來編輯項目清單。

## 編輯項目清單的方法

　　清單控制項的項目清單是名為 ObjectCollection 的集合物件，C# 程式碼可以使用 Items 屬性取得此集合物件，然後呼叫相關方法來新增或刪除項目。其相關方法的說明與範例，如下表所示：

| 方法 | 說明 | 範例 |
|---|---|---|
| Add(string) | 新增參數字串到清單 | listBox1.Items.Add("可樂"); |
| Insert(int, string) | 在 int 索引位置（以 0 開始）插入第 2 個參數的字串到清單 | listBox1.Items.Insert(1, "珍珠奶茶"); |
| Remove(string) | 從清單刪除參數字串的項目 | listBox1.Items.Remove("可樂"); |
| RemoveAt(int) | 從清單刪除參數索引值的項目 | listBox1.Items.RemoveAt(1); |
| Clear() | 清除清單的所有項目 | listBox1.Items.Clear(); |

ObjectCollection 集合物件可以使用 Count 屬性取得集合物件的物件數，也就是清單項目的項目數，如下所示：

```
listBox1.Items.Count;
```

## 14-4-2　清單與核取清單方塊控制項

核取清單方塊是清單方塊的擴充，其差異只在項目顯示方式不同，所以這一節準備一併說明這兩種控制項，其說明如下所示：

● 清單方塊（ListBox）：顯示項目清單，使用者可選取 1 到多個選項，如右圖所示：

● 核取清單方塊（CheckedListBox）：ListBox 控制項的擴充，其中每一個項目都是一個核取方塊，如右圖所示：

## ListBox 控制項的常用屬性與事件

ListBox 控制項的常用屬性說明，如下表所示：

| 屬性 | 說明 |
|---|---|
| Sorted | 是否排序項目，預設值 False 是不排序；True 為排序 |
| MultiColumn | 是否多欄顯示項目，預設值是 False 只以單欄顯示；True 為多欄顯示 |
| SelectionMode | 清單項目的選取方式，其值是 SelectionMode 列舉常數，None 是不能選取，One 是單選（預設值），MultiSimple 使用簡單方式選取多個項目，按一下選取，再按一下取消，MultiExtended 需要配合 Ctrl 和 Shift 鍵才能選取多個項目 |
| Items | 存取清單項目的集合物件 |
| SelectedItems | 如果是多選，傳回選擇項目的集合物件 |
| SelectedIndex | 傳回目前選擇的項目索引，-1 表示沒有選取，0 為第 1 個項目 |

ListBox 控制項的常用事件說明，如下表所示：

| 事件 | 說明 |
|---|---|
| SelectedIndexChanged | 當改變選項時觸發此事件 |

## CheckedListBox 控制項的常用屬性、事件與方法

CheckedListBox 控制項與 ListBox 控制項不重複的常用屬性說明，如下表所示：

| 屬性 | 說明 |
|---|---|
| CheckOnClick | 設定項目選取方式，預設值 False 是按兩下選取；True 為按一下即可選取 |
| CheckedItems | 取得核取項目的集合物件，其功能類似 SelectedItems |

CheckedListBox 控制項的 ItemCheck 事件是當勾選選項時，就會觸發的事件，其常用方法的說明如下表所示：

| 方法 | 說明 |
|---|---|
| SetItemChecked(Int, Boolean) | 將索引 Int 的選項設為第 2 個參數布林值，True 是勾選；False 為沒有勾選 |
| GetItemChecked(Int) | 傳回參數索引項目是否勾選，True 是勾選；False 為沒有勾選 |

## 取得使用者選取的項目

在 C# 程式碼可以取得 ListBox 控制項的選取項目，單選是使用 SelectedIndex 屬性取得索引值後，使用 Items 屬性來取得項目名稱，如下所示：

```
index = ltbSource.SelectedIndex;
name = ltbSource.Items[index].ToString();
```

上述程式碼取得選取項目的索引值後，從 Items 屬性取得指定項目的名稱字串。不過，CheckedListBox 控制項勾選的項目可能不只一個，所以，我們需要使用 foreach 迴圈從 CheckedItems 集合物件來取得所有勾選的項目，如下所示：

```
foreach (string item in clbTarget.CheckedItems)
    ltbSource.Items.Add(item);
```

## Visual C# 專案：Ch14_4_2

請建立飲料選擇器的 Windows 應用程式，可以在 ListBox 和 CheckedListBox 控制項之間，交換選取的項目，其建立步驟如下所示：

**Step 1**　請開啟「程式範例\Ch14\Ch14_4_2」資料夾的 Visual C# 專案，開啟表單 Form1（檔案名稱為 Form1.cs），如下圖所示：

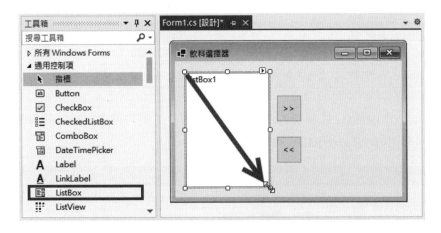

上述表單中間是從上而下的 button1~2 按鈕。

**Step 2** 在「工具箱」視窗選 **ListBox** 控制項,可以在表單拖拉出清單方塊後,將 ListBox 控制項的 **(Name)** 屬性改為 **ltbSource**。

**Step 3** 選 ListBox 控制項,在「屬性」視窗的 **Items** 屬性,按欄位後按鈕,可以看到「字串集合編輯器」對話方塊。

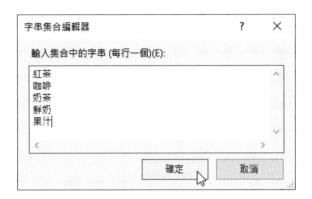

**Step 4** 請輸入 5 個項目字串後,按確定鈕建立 ListBox 控制項的項目清單。

**Step 5** 在「工具箱」視窗選 **CheckedListBox** 控制項後,在表單拖拉出核取清單方塊,如下圖所示:

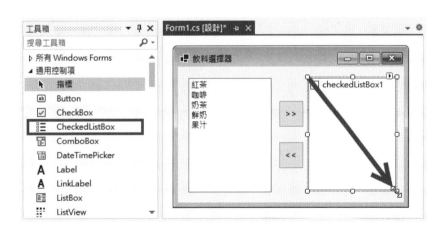

**Step 6** 請將 CheckedListBox 控制項的 **(Name)** 屬性改為 **clbTarget**。

**Step 7** 雙擊 button1~2 按鈕建立 button1~2_Click() 事件處理程序,同時新增 Form1 表單的 Load 事件處理程序。

## Form1.cs 的事件處理程序

```csharp
01: private void Form1_Load(object sender, EventArgs e)
02: {
03:     clbTarget.CheckOnClick = true; // 點選一下
04: }
05:
06: private void button1_Click(object sender, EventArgs e)
07: {
08:     int index;
09:     string name;
10:     index = ltbSource.SelectedIndex;  // 索引
11:     if ( index != -1 )
12:     {
13:         name = ltbSource.Items[index].ToString(); // 名稱
14:         clbTarget.Items.Add(name);        // 新增
15:         ltbSource.Items.Remove(name);   // 刪除
16:     }
17: }
18:
19: private void button2_Click(object sender, EventArgs e)
20: {
21:     int i;
22:     foreach (string item in clbTarget.CheckedItems)
23:         ltbSource.Items.Add(item);  // 新增
24:     // 刪除迴圈是從最後一個刪起
25:     for ( i = clbTarget.Items.Count - 1; i >= 0; i-- )
26:         if ( clbTarget.GetItemChecked(i) )
27:             clbTarget.Items.RemoveAt(i);  // 刪除
28: }
```

## 程式說明

● 第 1~4 列：Form1_Load() 事件處理程序在第 3 列將 CheckedListBox 控制項的 CheckOnClick 屬性設為選取就勾選。

● 第 6~17 列：button1_Click() 事件處理程序是將項目從 ListBox 控制項搬到 CheckedListBox 控制項，在第 11~16 列的 if 條件判斷是否有選擇，如果有，在第 14 列新增 CheckedListBox 控制項的項目，第 15 列刪除 ListBox 控制項的項目。

● 第 19~28 列：button2_Click() 事件處理程序是將項目從 CheckedListBox
控制項搬到 ListBox 控制項，因為是複選，所以在第 22~23 列使用
foreach 迴圈在 ListBox 新增項目（此迴圈並不能刪除 CheckedListBox
控制項的選取項目）後，使用 for 迴圈反過來刪除 CheckedListBox 控制項
的項目，請注意！一定要反過來刪除，否則會產生錯誤。

**執行結果**

**Step 8** 在儲存後，請執行「偵錯/開始偵錯」命令，或按 F5 鍵，可以看到執
行結果的 Windows 應用程式視窗。

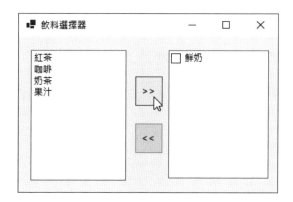

在左邊選**咖啡**，按**>>**鈕，可以搬到右邊。反過來，在全部搬到右邊後，勾
選前 2 個項目，如下圖所示：

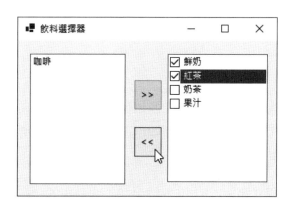

按**<<**鈕，將 2 個項目同時搬回左邊。

## 14-4-3 下拉式清單方塊控制項

下拉式清單方塊（ComboBox）是使用下拉方式來顯示項目清單，如右圖所示：

上述清單方塊需要點選右上方的向下箭頭圖示，才會顯示項目清單。ComboBox 和 ListBox 控制項的功能相似，不過，ComboBox 控制項提供多種顯示樣式，且預設擁有文字方塊，可以直接輸入字串來新增項目。

## ComboBox 控制項的常用屬性與事件

ComboBox 控制項的常用屬性說明，如下表所示：

| 屬性 | 說明 |
|------|------|
| Text | 取得目前選取的項目文字，在「屬性」視窗設定此屬性，通常是為了作為控制項的說明文字 |
| DropDownStyle | 設定下拉式清單方塊的樣式，其值是 ComboBoxStyle 列舉常數，DropDown 允許編輯文字方塊和從清單選取項目（預設值），DropDownList 只能從下拉式清單選取，Simple 顯示清單方塊且允許編輯 |

ComboBox 控制項的常用事件說明，如下表所示：

| 事件 | 說明 |
|------|------|
| SelectedIndexChanged | 當改變選項時觸發此事件 |

## Visual C# 專案：Ch14_4_3

請建立使用者管理的 Windows 應用程式，可以在 ComboBox 控制項選擇使用者姓名，和在下方標籤控制項顯示選取項目，按**新增**鈕可以新增使用者名稱，其建立步驟如下所示：

**Step 1** 　請開啟「程式範例\Ch14\Ch14_4_3」資料夾的 Visual C# 專案，可以看到表單 Form1（檔案名稱為 Form1.cs），如下圖所示：

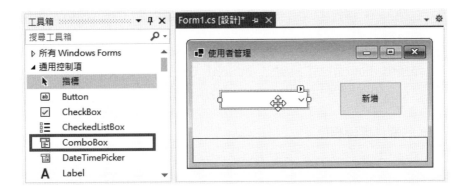

在上述表單擁有 button1 按鈕控制項，下方是 lblOutput 標籤控制項。

**Step 2** 在「工具箱」視窗選 **ComboBox** 控制項後，在表單點選新增下拉式清單方塊，然後將 **(Name)** 屬性改為 **cboName**；**Text** 屬性輸入**選擇姓名**。

**Step 3** 選擇 ComboBox 控制項，點選右上角的箭頭小圖示，可以開啟「ComboBox 工作」功能表，如下圖所示：

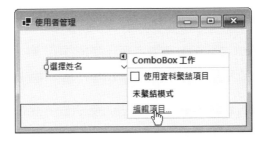

**Step 4** 選**編輯項目**超連結開啟「字串集合編輯器」對話方塊來編輯項目清單。

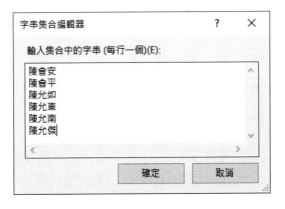

在輸入 6 個姓名的項目清單後，按**確定**鈕完成 ComboBox 控制項的
項目編輯。

**Step 6** 請雙擊 button1 按鈕建立 button1_Click() 事件處理程序，同時雙擊
ComboBox 控制項新增 SelectedIndexChanged 事件處理程序。

## Form1.cs 的事件處理程序

```
01: private void button1_Click(object sender, EventArgs e)
02: {
03:     if (cboName.Items.IndexOf(cboName.Text) == -1)
04:         cboName.Items.Add(cboName.Text);
05: }
06:
07: private void cboName_SelectedIndexChanged(object sender,
                                                EventArgs e)
08: {
09:     lblOutput.Text = cboName.Text;
10: }
```

## 程式說明

● 第 1~5 列：button1_Click() 事件處理程序是在第 3~4 列的 if 條件，使用
IndexOf() 方法檢查項目是否存在，-1 為不存在，第 4 列新增項目。

● 第 7~10 列：cboName_SelectIndexChanged() 事件處理程序可以將選取項
目顯示在下方的標籤控制項。

## 執行結果

**Step 7** 在儲存後，請執行「偵錯/開始偵
錯」命令，或按 F5 鍵，可以看
到執行結果的 Windows 應用程
式視窗。

　　在下拉式清單方塊選擇項目，例如：**陳允傑**，可以在下方狀態列顯示選擇的
項目名稱，如果在文字方塊輸入新姓名，按**新增**鈕可以新增清單的項目。

# 學習評量

## 選擇題

( ) 1. 請問下列哪一種清單控制項的每一個項目都是一個核取方塊？

    A. ListBox               B. DropDownList

    C. ComboBox           D. CheckedListBox

( ) 2. 請問下列哪一種清單控制項是使用下拉方式來顯示項目清單？

    A. ListBox               B. CheckedListBox

    C. DropDownList       D. ComboBox

( ) 3. 請問 C# 視窗應用程式建立上方功能表列是使用下列哪一種控制項？

    A. ToolStrip           B. ToolStripMenuItem

    C. ContentMenuStrip    D. MenuStrip

( ) 4. 請問 C# 視窗應用程式功能表的選項是使用下列哪一個屬性來設定 Ctrl 組合鍵的快速鍵？

    A. Menu               B. ShortCut

    C. ContentMenuStrip    D. ShortcutKeys

( ) 5. 請問 C# 視窗應用程式建立功能表選單的選項是使用下列哪一種控制項？

    A. MenuStrip         B. ToolStrip

    C. ContentMenuStrip    D. ToolStripMenuItem

## 簡答題

1. 請問 Visual C# 專案的 Windows 應用程式預設啟動表單是 ＿＿＿＿＿＿，如果需要指定成其他表單，請問我們需如何處理？

2. 請問 Program.cs 靜態類別在 Visual C# 專案的 Windows 應用程式扮演什麼角色?如何建立靜態變數和方法的成員?

3. 請問什麼是非強制回應和強制回應表單?其差異為何?

4. 請舉例說明什麼是集合物件?

5. 請問 Visual Studio Community 清單控制項有哪三種?

**實作題**

1. 請建立 C# 應用程式新增功能表選單,其選項如下圖所示:

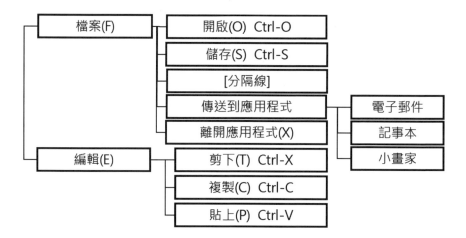

2. 請建立 Visual C# 專案內含 Form1~3 三個表單,首先更改啟動表單為 Form3,然後在 Form3 建立按鈕來開啟 Form1~2 表單,請分別使用強制回應表單和非強制回應表單方式來開啟。

3. 請修改第 5-5-1 節 Visual C# 專案的四則計算機,改用下拉式清單方塊來選擇運算子。

4. 請在 C# 應用程式建立 2 個陣列,一維陣列儲存學生姓名,二維陣列儲存學生國文、英文和數學三科的成績,然後建立下拉式清單方塊控制項顯示學生姓名,只需選取學生姓名,就可以查詢學生成績,同時計算此位學生的總分和平均。

# 15

## 檔案與資料夾處理

# 15-1 System.IO 類別的基礎

.NET 的檔案與資料夾處理是在 System.IO 命名空間，C# 程式碼只需匯入此命名空間，就可以存取檔案系統，或處理文字或二進位檔案的「串流」（Streams）。

在 System.IO 命名空間關於檔案和資料夾處理的類別，其說明如下表：

| 類別 | 說明 |
|------|------|
| Directory | 提供類別方法取得目前的工作目錄、建立、移動和顯示資料夾與子資料夾清單 |
| DirectoryInfo | 一個資料夾就是一個 DirectoryInfo 物件，可以建立、移動、刪除、檢查是否存在和顯示資料夾清單 |
| File | 提供類別方法建立、複製、刪除、移動和開啟檔案，其主要目的是為了建立 FileStream 物件 |
| FileInfo | 一個檔案就是一個 FileInfo 物件，提供相關方法可以建立、複製、刪除、移動和開啟檔案建立 FileStream 物件 |
| StreamReader | 使用位元組串流來讀取文字檔案 |
| StreamWriter | 使用位元組串流來寫入文字檔案 |
| FileStream | 建立檔案串流，支援同步與非同步讀取與寫入，可以處理二進位檔案 |

---

### ■ 說明

請注意！如果寫入文字或二進位檔案失敗，表示 NTFS 檔案權限不足。Windows 作業系統是在檔案的「內容」對話方塊，選安全性標籤後，新增 Users 使用者的**寫入**權限。

C# 檔案路徑字串因為 Escape 逸出字元，需用「//」代表「/」，例如："D://Ch15//Books.txt"，我們也可以使用「@」符號開頭不進行轉換的原料字串，如此就可以使用「/」，如下所示：

```
string path = @"D:/Ch15/Books.txt";
```

# 15-2　檔案與資料夾操作

檔案與資料夾操作是使用 System.IO 命名空間的 Directory、DirectoryInfo、File 和 FileInfo 類別，可以執行檔案相關操作和顯示資料夾清單。

## 15-2-1　顯示資料夾與檔案清單

在 C# 程式碼可以使用 Directory 類別方法取得目前工作目錄、建立、刪除和檢查資料夾是否存在，如果需要取得資料夾和檔案清單，就是使用 DirectoryInfo 類別。

## Directory 類別方法

Directory 類別方法可以建立、刪除、取得與指定工作目錄和檢查資料夾是否存在，其說明如下表所示：

| 方法 | 說明 |
|---|---|
| CreateDirectory(path) | 建立參數 path 路徑字串的資料夾 |
| Exists(path) | 檢查參數 path 路徑的資料夾是否存在，存在傳回 true；否則為 false |
| Delete(path, true) | 刪除參數 path 路徑的資料夾，第 2 個參數表示是否刪除其子資料夾，true 是刪除，預設為 true |
| GetCurrentDirectory() | 取得目前的工作路徑，傳回此路徑的字串 |
| SetCurrentDirectory(path) | 指定參數 path 成為目前的工作路徑 |

例如：在 C# 程式碼使用 SetCurrentDirectory() 方法指定目前的工作路徑，如下所示：

```
try
{
    Directory.SetCurrentDirectory(txtDir.Text);
}
catch (Exception ex)
{
    MessageBox.Show("錯誤: 目錄不存在!", "Ch15_2_1");
    return;
}
```

上述 try/catch 例外處理敘述，我們是在 try 程式區塊使用 Directory 類別方法 SetCurrectDirectory() 方法來指定工作路徑。

## 顯示資料夾清單

DirectoryInfo 物件可以取得指定資料夾的清單，首先使用 new 運算子建立此物件，建構子參數是路徑字串，如下所示：

```
DirectoryInfo dirInfo = new DirectoryInfo(path);
```

上述程式碼建立 DirectoryInfo 物件後，就可以呼叫 GetDirectories() 方法取得資料夾清單的 DirectoryInfo 物件陣列，如下所示：

```
dirInfo = new DirectoryInfo(txtDir.Text);
DirectoryInfo[] subDirs = dirInfo.GetDirectories();
for (int i = 0; i < subDirs.Length; i++)
    lstDirs.Items.Add(subDirs[i].Name);
```

上述程式碼取得資料夾陣列後，使用 for 迴圈將資料夾名稱一一新增至 ListBox 控制項的項目，並且使用 DirectoryInfo 物件的 Name 屬性來取得資料夾名稱。

## 顯示檔案清單

DirectoryInfo 物件是呼叫 GetFiles() 方法取得 FileInfo 檔案物件陣列，如下所示：

```
FileInfo[] subFiles = dirInfo.GetFiles();
```

上述程式碼取得 FileInfo 檔案物件陣列後，使用 foreach 迴圈取得每一個 FileInfo 檔案物件來新增至 ListBox 控制項的項目，如下所示：

```
foreach (FileInfo subFile in subFiles)
    lstFiles.Items.Add(subFile.Name);
```

上述程式碼使用 FileInfo 物件的 Name 屬性取得檔案名稱。

## Visual C# 專案：Ch15_2_1

請建立檔案和資料夾瀏覽的 Windows 應用程式，可以顯示特定路徑下的檔案和資料夾清單，和提供按鈕來建立和刪除資料夾，其建立步驟如下所示：

**Step 1** 請開啟「程式範例\Ch15\Ch15_2_1」資料夾的 Visual C# 專案，並且開啟表單 Form1（檔案名稱為 Form1.cs），如下圖所示：

上述表單上方是路徑的 txtDir 文字方塊控制項，下方的左右兩邊分別是名為 lstFiles 和 lstDirs 的 ListBox 清單方塊控制項，在右邊從上而下依序是button1~3 按鈕控制項。

**Step 2** C# 專案預設匯入 System.IO，否則請執行「檢視/程式碼」命令或按 F7 鍵，開啟程式碼編輯視窗，在最上方加上 using 程式碼匯入System.IO 命名空間，如下所示：

```
using System.IO;
```

**Step 3** 在設計工具依序雙擊表單和各控制項建立 Form1 的 Load 事件處理程序、3 個按鈕控制項的 Click 和 lstDirs 清單方塊的SelectedIndexChanged 事件處理程序。

## Form1.cs 的事件處理程序與函數

```csharp
01: private string formatDir(string strDir)
02: {
03:     int len = strDir.Length;
04:     if ( strDir.Substring(len-1, 1) != "\\" )
05:       strDir += "\\";
06:     return strDir;
07: }
08:
09: private void Form1_Load(object sender, EventArgs e)
10: {
11:     // 顯示目前路徑
12:     txtDir.Text=formatDir(Directory.GetCurrentDirectory());
13:     txtDir.SelectionStart = txtDir.Text.Length;
14:     txtDir.SelectionLength = 0;
15:     txtDir.Focus();
16: }
17:
18: private void button1_Click(object sender, EventArgs e)
19: {
20:     DirectoryInfo dirInfo;
21:     txtDir.Text = formatDir(txtDir.Text);
22:     try // 例外處理
23:     { // 更改目錄
24:         Directory.SetCurrentDirectory(txtDir.Text);
25:     }
26:     catch (Exception ex)
27:     {
28:         MessageBox.Show("錯誤: 目錄不存在!", "Ch15_2_1");
29:         return;
30:     }
31:     // 顯示目錄清單
32:     lstDirs.Items.Clear();
33:     try
34:     {
35:         dirInfo = new DirectoryInfo(txtDir.Text);
36:         DirectoryInfo[] subDirs=dirInfo.GetDirectories();
37:         for (int i = 0; i < subDirs.Length; i++)
38:             lstDirs.Items.Add(subDirs[i].Name);
39:     }
40:     catch (Exception ex) {
```

NEXT

```
41:            MessageBox.Show("錯誤: 取得目錄清單!", "Ch15_2_1");
42:            return;
43:        }
44:     // 顯示檔案清單
45:     lstFiles.Items.Clear();
46:     FileInfo[] subFiles = dirInfo.GetFiles();
47:     foreach (FileInfo subFile in subFiles)
48:         lstFiles.Items.Add(subFile.Name);
49: }
50:
51: private void button2_Click(object sender, EventArgs e)
52: {
53:     txtDir.Text = formatDir(txtDir.Text);
54:     try // 例外處理
55:     {   // 建立目錄
56:         Directory.CreateDirectory(txtDir.Text);
57:     }
58:     catch (Exception ex)
59:     {
60:         MessageBox.Show("錯誤: 目錄存在!", "Ch15_2_1");
61:     }
62: }
63:
64: private void button3_Click(object sender, EventArgs e)
65: {
66:     txtDir.Text = formatDir(txtDir.Text);
67:     try // 例外處理
68:     {   // 刪除目錄
69:         Directory.Delete(txtDir.Text);
70:     }
71:     catch (Exception ex)
72:     {
73:         MessageBox.Show("錯誤: 目錄不是空的或不存在!", "Ch15_2_1");
74:     }
75: }
76:
77: private void lstDirs_SelectedIndexChanged(object sender, EventArgs e)
78: {
79:     txtDir.Text = formatDir(txtDir.Text + lstDirs.SelectedItem);
80: }
```

**程式說明**

● 第 1~7 列：formatDir() 函數檢查路徑字串最後是否是 "\" 字元，如果不是，就加上此字元。

● 第 9~16 列：Form1_Load() 事件處理程序在 TextBox 控制項顯示目前的工作路徑。

● 第 18~49 列：button1_Click() 事件處理程序是在第 22~30 列的 try/catch 例外處理使用 Directory 類別方法切換路徑，第 33~43 列取得此工作目錄下的資料夾清單，在第 46~48 列取得此目錄的檔案清單。

● 第 51~75 列：button2~3_Click() 事件處理程序分別建立和刪除資料夾。

● 第 77~80 列：lstDirs 清單方塊的 SelectedIndexChanged 事件處理程序將選取的子資料夾加到上方 TextBox 控制項的路徑最後。

**執行結果**

**Step 4** 在儲存後，請執行「偵錯/開始偵錯」命令，或按 F5 鍵，可以看到執行結果的 Windows 應用程式視窗。

在上方輸入路徑後，**按顯示**鈕顯示檔案或子資料夾清單，按**建立**鈕建立此路徑的目錄，**刪除**鈕刪除空的目錄。

目錄 temp 是按**建立**鈕建立的新目錄，在目錄清單選取子目錄，就會自動新增至目前路徑的最後，如右圖所示：

點選 **temp**，可以看到目前路徑的最後已經新增此子目錄，再按**顯示**鈕，可以顯示此目錄下的檔案與子資料夾清單。

## 15-2-2 顯示檔案資訊

在 C# 程式只需建立 FileInfo 檔案物件，就可以使用相關屬性來取得檔案資訊，如下所示：

```
FileInfo fInfo = new FileInfo(path);
```

上述建構子參數是檔案的實際路徑，在建立 fInfo 物件後，使用 FileInfo 物件屬性來取得檔案資訊，其說明如下表所示：

| 屬性 | 說明 |
|---|---|
| Name | 檔案名稱 |
| FullName | 檔案全名，包含檔案路徑 |
| Extension | 檔案副檔名 |
| Directory | 取得父資料夾的 DirectoryInfo 物件 |
| DirectoryName | 父資料夾的完整路徑 |
| CreationTime | 建立日期 |
| LastAccessTime | 存取日期 |
| LastWriteTime | 修改日期 |
| Length | 檔案大小 |

## Visual C# 專案：Ch15_2_2

請建立顯示檔案資訊的 Windows 應用程式，只需輸入檔案的完整路徑，即可顯示 FileInfo 物件屬性的檔案資訊，其建立步驟如下所示：

**Step 1** 請開啟「程式範例\Ch15\Ch15_2_2」資料夾的 Visual C# 專案，並且開啟表單 Form1（檔案名稱為 Form1.cs），如下圖所示：

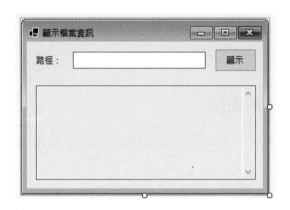

上述表單上方是 txtFile 文字方塊控制項，下方是 txtOutput 多行唯讀文字方塊，右邊是 button1 按鈕控制項。

**Step 2** C# 專案預設匯入 System.IO，否則請執行「檢視/程式碼」命令或按 <kbd>F7</kbd> 鍵，開啟程式碼編輯視窗，在最上方加上 using 程式碼匯入 System.IO 命名空間，如下所示：

```
using System.IO;
```

**Step 3**. 在設計工具分別雙擊表單和控制項來建立 Form1 的 Load 事件處理程序，和 button1 按鈕的 Click 事件處理程序。

## Form1.cs 的事件處理程序

```
01: private void button1_Click(object sender, EventArgs e)
02: {
03:     string o, path = txtFile.Text;
04:     // 建立 FileInfo 物件
05:     FileInfo fInfo = new FileInfo(path);
06:     // 顯示檔案資訊
07:     o = "檔案名稱: " + fInfo.Name + "\r\n";
08:     o += "檔案全名: " + fInfo.FullName + "\r\n";
09:     o += "檔案副檔名: " + fInfo.Extension + "\r\n";
10:     o += "父資料夾名稱: " + fInfo.Directory.Name + "\r\n";
11:     o += "父資料夾全名: " + fInfo.DirectoryName + "\r\n";
12:     o += "建立日期: "+ fInfo.CreationTime + "\r\n";
13:     o += "存取日期: " + fInfo.LastAccessTime + "\r\n";
14:     o += "寫入日期: " + fInfo.LastWriteTime + "\r\n";
15:     o += "檔案尺寸: " + fInfo.Length + "\r\n";
16:     txtOutput.Text = o;
17: }
18:
19: private void Form1_Load(object sender, EventArgs e)
20: {
21:     // 顯示目前執行檔的路徑
22:     txtFile.Text = Directory.GetCurrentDirectory() +
23:                         "\\Ch15_2_2.exe";
24:     txtFile.SelectionStart = txtFile.Text.Length;
25:     txtFile.SelectionLength = 0;
26:     txtFile.Focus();
27: }
```

## 程式說明

● 第 1~17 列：button1_Click() 事件處理程序是在第 5 列建立 FileInfo 檔
案物件，第 7~15 列使用 FileInfo 物件屬性取得檔案資訊。

● 第 19~27 列：Form1_Load() 事件處理程序是在第 22~23 列取得本節 C#
執行檔案的完整路徑。

**執行結果**

**Step 4**　在儲存後，請執行「偵錯/開始偵錯」命令，或按 F5 鍵，可以看到執行結果的 Windows 應用程式視窗。

　　在輸入檔案的完整路徑後，按**顯示**鈕可以顯示檔案的相關資訊。

## 15-2-3　檔案處理

　　檔案處理是指刪除、複製、移動檔案和檢查檔案是否存在等操作。在 System.IO 命名空間類別的檔案操作方法是使用 FileInfo 物件，如下所示：

```
FileInfo fileInfo = new FileInfo(path);
```

　　上述建構子參數 path 是檔案的實際路徑，在建立 FileInfo 物件後，可以使用相關方法執行檔案操作，其說明如下表所示：

| 方法 | 說明 |
|---|---|
| CreateText() | 建立文字檔案 |
| Delete() | 刪除檔案 |
| MoveTo(string) | 移動檔案至參數 string 字串的完整檔案路徑，檔案名稱可以不同 |
| CopyTo(string, true) | 複製檔案到參數 string 字串的完整檔案路徑，第 2 個參數為 true，表示覆寫存在檔案；false 為不覆寫 |

　　FileInfo 物件關於檔案處理的屬性說明，如下表所示：

| 屬性 | 說明 |
|------|------|
| Exists | 檢查檔案是否存在 |

上表 Exists 屬性可以檢查檔案是否存在，如下所示：

```
if (fileInfo.Exists) { … }
```

上述 if 條件使用 Exists 屬性檢查檔案是否存在，如果檔案存在傳回 true；否則為 false。在 File 類別提供相關類別方法，一樣可以執行檔案刪除、移動、複製和檢查檔案是否存在的操作，如下所示：

```
File.Delete(path);
File.Move(sourPath, destPath);
File.Copy(sourPath, destPath, true);
File.Exists(path);
```

上述程式碼使用 File 類別的類別方法，參數 path、sourPath 和 destPath 是實際路徑（包括檔案全名），如果擁有 2 個參數分別為來源以及目的檔案路徑，而 true 表示覆寫檔案。

在 Visual C# 專案 Ch15_2_3 輸入檔案的完整路徑後，可以建立或刪除檔案，在輸入目的路徑後，可以將檔案搬移或複製至此路徑，其執行結果如下圖所示：

在輸入來源路徑的檔案全名之後，接著按**建立**鈕建立全新的文字檔案 Ch15_2.txt，如果輸入的是欲刪除檔案的完整路徑，按**刪除**鈕可以刪除檔案。

**目的路徑**欄位是輸入搬移和複製檔案至目的地的路徑，請記得需要輸入檔案全名（可以不同名），以此例的來源路徑是 Ch15_2.txt，目的路徑是 Ch15_2_3.txt，按**移動**或**複製**鈕可以搬移或複製檔案至指定路徑。

　　請注意！FileInfo 物件 fileInfo 在宣告時因為沒有指定初值，所以使用「?」符號允許變數值可為 Null 值，即變數值尚未定義或遺失，這是可空值參考型別，請參閱第 15-5 節最後，如下所示：

```
FileInfo? fileInfo;
```

## 15-3　文字檔案的讀寫

　　在 System.IO 命名空間的 StreamReader 和 StreamWriter 串流類別是使用「串流」模型來處理資料的輸入與輸出，我們可以在 C# 程式使用這兩個類別來讀寫文字檔案。

### 15-3-1　文字檔案的讀寫步驟

　　串流（Stream）觀念最早是使用在 Unix 作業系統，串流模型如同水管中的水流，當程式開啟檔案來源的輸入串流後，C# 應用程式可以從輸入串流依序讀取資料，如下圖所示：

　　上述圖例的左半邊是讀取資料的輸入串流，如果程式需要輸出資料；在右半邊可以開啟目的檔案的輸出串流，將資料寫入串流。

　　StreamReader 和 StreamWriter 串流類別讀寫的文字檔是一種文字資料串流，如同水流一般只能依序讀寫，並不能回頭，其步驟如下所示：

### 步驟一：開啟或建立文字檔案

FileInfo 類別的 CreateText() 方法可以建立全新的文字檔案，如下所示：

```
StreamWriter sw = fileInfo.CreateText();
```

上述程式碼建立 StreamWriter 文字串流寫入物件，這是新檔案，或使用 StreamReader 或 StreamWriter 開啟存在的文字檔案，如下所示：

```
StreamReader sr = new StreamReader(path);
```

上述程式碼建立 StreamReader 文字串流讀取物件，可以讀取文字檔案的內容，path 建構子參數是文字檔案路徑。如果是寫入資料，請使用 StreamWriter 類別，如下所示：

```
StreamWriter sw = new StreamWriter(path, false);
```

上述程式碼建立 StreamWriter 文字串流寫入物件，可以將文字內容寫入 path 路徑的檔案，如果檔案不存在，就建立新檔案，第 2 個參數 true 表示新增至檔尾；false 是覆寫文字檔案內容（預設值）。

我們也可以使用 FileInfo 類別的 AppendText() 方法開啟 StreamWrite 串流，在檔案最後新增文字內容，如下所示：

```
StreamWriter sw = fileInfo.AppendText();
```

### 步驟二：讀寫文字檔案串流

在建立 StreamReader 和 StreamWriter 串流物件後，就可以呼叫相關方法來執行文字檔案的讀寫。StreamWriter 類別寫入文字檔案的相關方法說明，如下表所示：

| 寫入方法 | 說明 |
|---|---|
| Write(string) | 寫入參數字串至檔案串流 |
| WriteLine(string) | 寫入參數字串和在最後加上換行字元至檔案串流 |

StreamReader 類別讀取文字檔案內容的相關方法說明，如下表所示：

| 讀取方法 | 說明 |
|---|---|
| Read() | 從檔案串流讀取下一個字元，或一個中文字 |
| ReadLine() | 從檔案串流讀取一行，但不含換行字元 |
| ReadToEnd() | 從目前串流位置讀取到檔尾，即讀取剩下的文字檔案內容 |
| Peek() | 檢查下一個字元什麼，但是並不會讀取，值 -1 表示到達檔案串流的結尾 |

當使用 ReadLine() 方法讀取整個文字檔案時，可以使用 do/while 迴圈配合 Peek() 方法來檢查是否讀到檔尾，如下所示：

```
do {
    textLine = sr.ReadLine();
} while ( ! (sr.Peek() == -1));
```

### 步驟三：關閉文字檔案串流

在處理完文字檔案讀寫後，請記得將緩衝區資料寫入和關閉檔案串流，如下所示：

```
sw.Flush();
sw.Close();
```

上述 Close() 方法關閉 StreamWriter 或 StreamReader 串流物件。StreamWriter 串流物件需要額外使用 Flush() 方法清除緩衝區資料，也就是強迫將緩衝區資料寫入檔案。

## 15-3-2 文字檔案的寫入

在 C# 程式是使用 System.IO 命名空間的 StreamWriter 串流類別將資料寫入文字檔案。

## 寫入資料到文字檔案

StreamWriter 串流物件可以呼叫 Write() 或 WriteLine() 方法,將字串內容寫入文字檔案。Write() 方法的參數是寫入的字串,但不包含換行;WriteLine() 方法可以寫入包含換行的字串,如下所示:

```
StreamWriter sw = fileInfo.CreateText();
sw.Write(txtInput.Text + "\r\n");
sw.Flush();
sw.Close();
```

上述程式碼建立新檔案後,寫入字串到 StreamWriter 串流物件 sw,因為 Write() 方法不會換行,所以在最後加上 "\r\n" 逸出字元的字串來新增換行,在寫入後,依序呼叫 Flush() 和 Close() 方法關閉串流。

C# 可以使用 using 程式區塊來處理資源的善後工作,即自動關閉串流(Visual C# 專案:Ch15_3_2a),如下所示:

```
using (StreamWriter sw = fileInfo.CreateText())
{
    sw.Write(txtInput.Text + "\r\n");
    sw.Flush();
}
```

上述 using 程式區塊是在之後的括號開啟檔案,在寫入資料執行完大括號後,就會自動回收資源,所以並不需要呼叫 Close() 方法來關閉串流。

覆寫檔案內容是使用 StreamWrite 串流物件開啟檔案來寫入資料:

```
StreamWriter sw = new StreamWriter(path);
sw.WriteLine(txtInput.Text);
```

上述程式碼呼叫 WriteLine() 方法來覆寫檔案內容。我們一樣可以使用 using 程式敘述(Visual C# 專案:Ch15_3_2a),如下所示:

```
using (StreamWriter sw = new StreamWriter(path))
{
    sw.WriteLine(txtInput.Text);
    sw.Flush();
}
```

## 新增文字到文字檔案

如果準備將資料新增到目前存在檔案的檔尾，可以使用 FileInfo 物件的 AppendText() 方法來開啟文字檔案，如下所示：

```
StreamWriter sw = fileInfo.AppendText();
sw.Write(txtInput.Text + "\r\n");
```

上述程式碼用 Write() 或 WriteLine() 方法寫入資料時，就是新增至檔尾。

## Visual C# 專案：Ch15_3_2

請建立圖書檔案管理的 Windows 應用程式，可以將文字方塊控制項輸入的書名寫入檔案 Books.txt 或新增至檔案的最後，其建立步驟如下所示：

**Step 1** 請開啟「程式範例\Ch15\Ch15_3_2」資料夾的 Visual C# 專案，並且開啟表單 Form1（檔案名稱為 Form1.cs），如下圖所示：

上述表單上方是 txtLine 文字方塊，在下方從左至右依序是 button1~3 的按鈕控制項。

**Step 2** C# 專案預設匯入 System.IO，否則請執行「檢視/程式碼」命令或按 F7 鍵，開啟程式碼編輯視窗，在最上方加上 using 程式碼匯入 System.IO 命名空間，如下所示：

```
using System.IO;
```

**Step 3** 在設計工具依序雙擊 button1~3 的按鈕控制項，可以建立 button1~3_ Click() 事件處理程序。

## button1~3_Click()

```
01: string path = "Books.txt";
02:
03: private void button1_Click(object sender, EventArgs e)
04: {
05:     // 建立新檔案
06:     FileInfo fileInfo = new FileInfo(path);
07:     StreamWriter sw = fileInfo.CreateText();
08:     sw.Write(txtInput.Text + "\r\n"); // 寫入
09:     sw.Flush(); // 將緩衝區資料寫入檔案
10:     sw.Close(); // 關閉檔案
11:     MessageBox.Show("已經寫入：" + txtInput.Text, "Ch15_3_2");
12: }
13:
14: private void button2_Click(object sender, EventArgs e)
15: {
16:     // 開啟檔案
17:     StreamWriter sw = new StreamWriter(path);
18:     sw.WriteLine(txtInput.Text);   // 寫入
19:     sw.Flush(); // 將緩衝區資料寫入檔案
20:     sw.Close(); // 關閉檔案
21:     MessageBox.Show("已經覆寫：" + txtInput.Text, "Ch15_3_2");
22: }
23:
24: private void button3_Click(object sender, EventArgs e)
25: {
26:     FileInfo fileInfo = new FileInfo(path);
27:     // 開啟新增的文字檔案
```

NEXT

```
28:        StreamWriter sw = fileInfo.AppendText();
29:        sw.Write(txtInput.Text + "\r\n");
30:        sw.Flush(); // 將緩衝區資料寫入檔案
31:        sw.Close(); // 關閉檔案
32:        MessageBox.Show("已經新增：" + txtInput.Text, "Ch15_3_2");
33: }
```

### 程式說明

● 第 3~33 列：3 個按鈕的 Click 事件處理程序，分別使用三種方式來新增或開啟文字檔案 Books.txt，然後使用 Write() 或 WriteLine() 方法將文字內容的字串寫入、覆寫和新增到檔尾。

### 執行結果

**Step 4** 在儲存後，請執行「偵錯/開始偵錯」命令，或按 F5 鍵，可以看到執行結果的 Windows 應用程式視窗。

在上方輸入文字字串後，首先按**寫入**鈕建立檔案 Books.txt 且寫入一行文字，可以看到成功寫入的訊息方塊。

按**覆寫**鈕是開啟同一 Books.txt 檔案來覆寫目前的檔案內容，最後按**新增**鈕可以將文字內容的字串新增至檔尾。

## 15-3-3　文字檔案的讀取

　　System.IO 命名空間的文字檔案讀取是使用 StreamReader 串流物件。在本節使用的範例文字檔案是第 15-3-2 節建立的文字檔案 Books.txt，此檔案的內容共有 6 列文字，如下圖所示：

## 讀取檔案的下一個字元

　　文字檔案的讀取可以選擇逐列或逐字讀取。首先是以字為單位來讀取檔案，首先使用 StreamReader 串流物件開啟唯讀文字檔案，如下所示：

```
StreamReader sr = new StreamReader(path);
```

　　上述程式碼的建構子參數 path 是檔案實際路徑，可以開啟唯讀串流，內含檔案指標指向讀取位置。目前檔案指標是指向檔案開頭，接著讀取字元，如下所示：

```
ch = sr.Read();
```

　　上述程式碼呼叫 Read() 方法讀取目前檔案指標位置的下一個字元，即檔案內容的第一個字，傳回 int 整數的內碼值，英文為字母內碼；中文也是一個字，其長度是二個位元組的中文內碼。

當再次呼叫 Read() 方法，就是從目前檔案指標位置開始，讀取下一個字元。所以，我們可以用 for 迴圈配合 Read() 方法來讀取多個字元，如下所示：

```
for (i = 1; i <= count; i++) {
    ch = sr.Read();
    txtOutput.Text += (char)(ch) + " ";
}
```

上述 for 迴圈的變數 count 值是 12，表示呼叫 12 次 Read() 方法讀取 12 個字元或中文字，並且使用型別轉換將內碼值轉換成字元來顯示。檔案指標移動的圖例，如下圖所示：

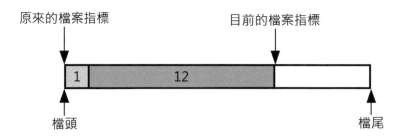

上述圖例在第 1 次呼叫 Read() 方法前，檔案指標是在檔頭，呼叫後讀取 1 個字元，然後使用 for 迴圈呼叫 Read() 方法讀取 12 個字元，最後檔案指標位置到達上述圖例的目前位置。

## 讀取文字檔的一整行

StreamReader 串流物件提供方法能夠以行為單位來讀取文字檔案內容，如下所示：

```
str = sr.ReadLine();
```

上述 ReadLine() 方法能夠讀取整行文字內容，檔案指標一次是移動一行，如下圖所示：

上述圖例在呼叫 ReadLine() 方法前，檔案指標是在檔頭，每呼叫一次 ReadLine() 方法，檔案指標位置隨著移動到下一行。

## 讀取整個文字檔案

StreamReader 串流物件提供方法可以讀取整個文字檔案內容，如下所示：

```
str = sr.ReadToEnd();
```

上述 ReadToEnd() 方法能夠從目前檔案位置讀取到檔尾的全部內容。如果是剛開啟的檔案，就是讀取整個檔案的內容。

ReadToEnd() 方法可以讀取整個文字檔案內容，換一種方式，我們可以使用 ReadLine() 方法配合 do/while 迴圈來讀取整個文字檔案內容，如下所示：

```
do {
    str = sr.ReadLine();
    count += 1;
    txtOutput.Text += count + ": " + str + "\r\n";
} while ( ! (sr.Peek() == -1));
```

上述 do/while 迴圈可以讀取整個文字檔案內容，使用 Peek() 方法檢查檔案指標是否已經讀到檔尾，傳回 -1，表示檔案已經讀完。

## Visual C# 專案：Ch15_3_3

請建立文字檔案讀取器的 Windows 應用程式，可以讀取文字檔案的幾個字元、幾行或整個檔案內容後，在下方多行唯讀文字方塊顯示讀取的檔案內容，其建立步驟如下所示：

**Step 1**　請開啟「程式範例\Ch15\Ch15_3_3」資料夾的 Visual C# 專案，並且開啟表單 Form1（檔案名稱為 Form1.cs），如下圖所示：

上述表單上方是 txtCount 文字方塊和 button1 按鈕控制項，可以輸入幾個字元或幾行，在下方是 txtOutput 唯讀多行文字方塊，中間從左至右依序是 button2~4 三個按鈕控制項。

**Step 2**　C# 專案預設匯入 System.IO，否則請執行「檢視/程式碼」命令或按 F7 鍵，開啟程式碼編輯視窗，在最上方加上 using 程式碼匯入 System.IO 命名空間，如下所示：

```
using System.IO;
```

**Step 3**　在設計工具依序雙擊 button1~4 的按鈕控制項，可以建立 button1~4_Click() 事件處理程序。

## button1~4_Click()

```
01: string path = "Books.txt";
02:
03: private void button1_Click(object sender, EventArgs e)
04: {
05:     int i, count, ch;
06:     count = Convert.ToInt32(txtCount.Text);
07:     // 開啟文字檔案
08:     StreamReader sr = new StreamReader(path);
09:     for (i = 1; i <= count; i++) {
10:         ch = sr.Read();
11:         txtOutput.Text += (char)(ch) + " ";
12:     }
13:     txtOutput.Text += "\r\n";
14:     sr.Close(); // 關閉檔案
15: }
16:
17: private void button2_Click(object sender, EventArgs e)
18: {
19:     int i, count;
20:     string? str;
21:     count = Convert.ToInt32(txtCount.Text);
22:     // 開啟文字檔案
23:     StreamReader sr = new StreamReader(path);
24:     for (i = 1; i <= count; i++)
25:     {
26:         str = sr.ReadLine();
27:         txtOutput.Text += str + "\r\n";
28:     }
29:     sr.Close(); // 關閉檔案
30: }
31:
32: private void button3_Click(object sender, EventArgs e)
33: {
34:     // 開啟文字檔案
35:     StreamReader sr = new StreamReader(path);
36:     // 讀取整個文字檔案
37:     txtOutput.Text = sr.ReadToEnd();
38:     sr.Close(); // 關閉檔案
```

NEXT

```
39: }
40:
41: private void button4_Click(object sender, EventArgs e)
42: {
43:     int count;
44:     string? str;
45:     // 開啟文字檔案
46:     StreamReader sr = new StreamReader(path);
47:     count = 0; // 列號
48:     txtOutput.Text = "";
49:     do   // 讀取整個文字檔案
50:     {
51:         str = sr.ReadLine(); // 讀取整行文字內容
52:         count += 1;
53:         txtOutput.Text += count + ": " + str + "\r\n";
54:     } while ( ! (sr.Peek() == -1));
55:     sr.Close(); // 關閉檔案
56: }
```

**程式說明**

● 第 3~56 列：4 個按鈕的 Click 事件處理程序，可以分別讀取幾個字元、幾行和讀取整個檔案內容，變數 count 是讀取的字元或行數，在第 49~54 列的 do/while 迴圈使用 count 變數計算讀取了幾行文字。

**執行結果**

Step 4　在儲存後，請執行「偵錯/開始偵錯」命令，或按 F5 鍵，可以看到執行結果的 Windows 應用程式視窗。

在上方輸入幾個字元或行數後，按**讀取字元**鈕，可以讀取輸入個數的字元，按**讀取幾行**鈕可以讀取輸入行數的文字內容，最後兩個按鈕可以讀取整個文字檔案的內容且顯示出來。

# 15-4 二進位檔案的處理

System.IO 命名空間的類別是將檔案視為串流來處理，支援文字或二進位檔案的處理。在本節的 C# 程式是使用 FileStream、BinaryReader 和 BinaryWriter 類別來處理二進位檔案的讀寫。

## FileStream 類別

二進位檔案是使用 FileStream 串流類別來開啟檔案，如下所示：

```
FileStream fs = new FileStream(path, FileMode.OpenOrCreate);
```

上述程式碼使用建構子建立 FileStream 串流物件來開啟二進位檔案，第 1 個參數是檔案實際路徑，第 2 個參數是開啟模式，其說明如下表所示：

| FileMode常數 | 說明 |
|---|---|
| FileMode.Open | 開啟存在檔案 |
| FileMode.Append | 如果檔案存在，開啟串流是位在檔尾，如果檔案不存在，就建立新檔案 |
| FileMode.Create | 如果檔案存在，覆寫此檔案，如果檔案不存在，就建立新檔案 |
| FileMode.OpenOrCreate | 如果檔案存在就開啟，否則建立新檔案 |

關閉 FileStream 串流物件是呼叫 Close() 方法。

## BinaryWriter 類別

BinaryWrite 類別可以使用二進位方式將 C# 基本型別的資料寫入串流，而且允許使用特定編碼來寫入字串。在開啟二進位檔案 FileStream 串流物件後，可以使用此類別建立 BinaryWriter 物件，以便將資料寫入二進位檔案，如下所示：

```
BinaryWriter bw = new BinaryWriter(fs);
```

上述程式碼的建構子參數是 FileStream 物件。BinaryWriter 物件的相關方法說明，如下表所示：

| 方法 | 說明 |
|------|------|
| Write(Type) | 將參數資料型別的資料寫入檔案串流，我們可以寫入各種 C# 基本資料型別的資料 |
| Flush() | 清除緩衝區，將資料寫入檔案串流 |
| Close() | 關閉串流 |

## BinaryReader 類別

BinaryReader 可以使用特定編碼，將 C# 基本資料型別的資料當成二進位值進行讀取。在開啟二進位檔案 FileStream 串流物件後，可以使用此類別建立 BinaryReader 物件來讀取二進位檔案，如下所示：

```
BinaryReader br = new BinaryReader(fs);
```

上述程式碼的建構子參數是 FileStream 物件。BinaryReader 物件的相關方法說明，如下表所示：

| 方法 | 說明 |
|------|------|
| ReadBoolean() | 從目前開啟的串流讀取布林 bool 資料型別的值 |
| ReadByte() | 從目前開啟的串流讀取位元組 byte 資料型別的值 |
| ReadChar() | 從目前開啟的串流讀取字元 char 資料型別的值 |
| ReadDouble() | 從目前開啟的串流讀取浮點 double 資料型別的值 |
| ReadInt32() | 從目前開啟的串流讀取整數 int 資料型別的值 |
| ReadString() | 從目前開啟的串流讀取字串 string 資料型別的值 |
| Close() | 關閉串流 |

## Visual C# 專案：Ch15_4

　　請建立視窗桌面 Post-It 記事本的 Windows 應用程式，這是顯示在桌面的最上層，開啟時能夠自動使用二進位檔案方式讀取 NotePad.txt 檔案內容，結束時存入 NotePad.txt 檔案，其建立步驟如下所示：

**Step 1**　請開啟「程式範例\Ch15\Ch15_4」資料夾的 Visual C# 專案，並且開啟表單 Form1（檔案名稱為 Form1.cs），如下圖所示：

　　上述表單 txtOutput 文字方塊的 Dock 屬性是 Fill，可以填滿表單的可用區域，Form1 表單的 TopMost 屬性是 True，顯示在最上層。

**Step 2**　C# 專案預設匯入 System.IO，否則請執行「檢視/程式碼」命令或按 `F7` 鍵，開啟程式碼編輯視窗，在最上方加上 using 程式碼匯入 System.IO 命名空間，如下所示：

```
using System.IO;
```

**Step 3**　在「屬性」視窗的事件清單，依序建立 Form1_Load() 和 Form1_FormClosing() 事件處理程序。

## Form1_Load~Closing()

```
01: string path = "NotePad.txt";
02:
03: private void Form1_Load(object sender, EventArgs e)
04: {
05:     // 開啟二進位檔案
06:     FileStream fs = new FileStream(path, FileMode.OpenOrCreate);
07:     // 從二進位檔案讀取字串
08:     BinaryReader br = new BinaryReader(fs);
09:     txtOutput.Text = br.ReadString();
10:     br.Close(); // 關閉 BinaryReader
11:     fs.Close(); // 關閉 FileStream
12:     txtOutput.SelectionStart = 0;
13:     txtOutput.SelectionLength = 0;
14: }
15:
16: private void Form1_FormClosing(object sender, FormClosingEventArgs e)
17: {
18:     // 開啟二進位檔案
19:     FileStream fs = new FileStream(path,
                           FileMode.OpenOrCreate);
20:     // 將字串資料寫入二進位檔
21:     BinaryWriter bw = new BinaryWriter(fs);
22:     bw.Write(txtOutput.Text);
23:     bw.Flush();
24:     bw.Close(); // 關閉 BinaryWriter
25:     fs.Close(); // 關閉 FileStream
26: }
```

## 程式說明

- 第 3~14 列：Form1_Load() 事件處理程序是在第 6 列使用 FileStream 類別開啟二進位檔案，第 8 列建立 BinaryReader 物件，在第 9 列使用 ReadString() 方法讀取整個檔案的內容。

- 第 16~26 列：Form1_FormClosing() 事件處理程序是在第 22 列寫入整個檔案的內容。

**執行結果**

**Step 4** 在儲存後,請執行「偵錯/開始偵錯」命令,或按 `F5` 鍵,可以看到執行結果的 Windows 應用程式視窗。

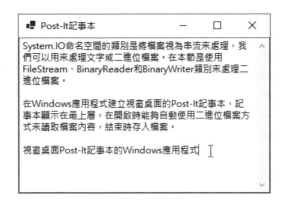

上述程式在執行後是顯示在桌面最上層,且自動載入 Notepad.txt 檔案內容,當結束程式時,就會自動將輸入的內容存入此檔案。

## 15-5　檔案對話方塊

Windows 檔案對話方塊依用途分為兩種控制項,如下所示:

● OpenFileDialog 控制項:選擇開啟的檔案,即 Windows 作業系統預設的「開啟檔案」對話方塊。

● SaveFileDialog 控制項:選擇儲存的檔案,即 Windows 作業系統預設的「儲存檔案」對話方塊。

OpenFileDialog 和 SaveFileDialog 控制項的常用屬性說明,如下表所示:

| 屬性 | 說明 |
|---|---|
| Title | 對話方塊控制項的標題文字 |
| FileName | 第 1 次顯示或選取的檔案名稱 |
| InitialDirectory | 對話方塊的初始路徑 |
| DefaultExt | 預設的副檔名 |

NEXT

| 屬性 | 說明 |
|------|------|
| Filter | 顯示檔案類型的過濾條件，以 " | " 分隔，例如："文字檔案|*.txt|所有檔案|*.*"，每 2 個為一組，前為說明；後為過濾條件 |
| FilterIndex | 使用 Filter 屬性中的第幾個過濾條件的索引編號，從 1 開始 |
| RestoreDirectory | 是否開啟上一次開啟時的路徑，True 為是；False 為預設值不是 |

　　檔案對話方塊的開啟和其他預設對話方塊相似，在選擇檔案後，就會傳回 DialogResult.OK，我們可以使用 FileName 屬性來取得選取檔案的完整路徑。

## Visual C# 專案：Ch15_5

　　此 Windows 應用程式是擴充自第 14-3 節的記事本專案，在功能表列新增開啟和儲存檔案的選項，使用的就是 OpenFileDialog 和 SaveFileDialog 控制項，其建立步驟如下所示：

**Step 1**　請開啟「程式範例\Ch15\Ch15_5」資料夾的 Visual C# 專案，並且開啟表單 Form1（檔案名稱為 Form1.cs），如下圖所示：

　　在上述**檔案**功能表已經新增 mnuItemOpen 和 mnuItemSave 選項。

**Step 2** 在「工具箱」箱視窗的**對話方塊**區段，分別雙擊 **OpenFileDialog** 和 **SaveFileDialog** 控制項來新增這 2 個控制項。

**Step 3** 接下來將 OpenFileDialog 控制項的 **(Name)** 屬性改為 **ofdOpen**；SaveFileDialog 控制項改為 **sfdSave**。

**Step 4** C# 專案預設匯入 System.IO，否則請執行「檢視/程式碼」命令或按 `F7` 鍵，開啟程式碼編輯視窗，在最上方加上 using 程式碼匯入 System.IO 命名空間，如下所示：

```
using System.IO;
```

**Step 5** 分別雙擊 mnuItemOpen 和 mnuItemSave 選項建立 Click 事件處理程序，然後修改 Form1 表單 Load 事件處理程序，新增控制項的初始設定。

### Form1.cs 的事件處理程序

```
01: private void Form1_Load(object sender, EventArgs e)
02: {
03:     txtInput.SelectionStart = 0;
04:     txtInput.SelectionLength = 0;
05:     txtInput.Focus();
06:     ofdOpen.InitialDirectory = "c:\\";
07:     ofdOpen.Filter = "文字檔案(*.txt)|*.txt|所有檔案(*.*)|*.*";
08:     ofdOpen.FilterIndex = 2;
09:     ofdOpen.RestoreDirectory = true;
10:     sfdSave.Filter = "文字檔案(*.txt)|*.txt|所有檔案(*.*)|*.*";
11:     sfdSave.FilterIndex = 2;
12:     sfdSave.RestoreDirectory = true;
13: }
14:
15: private void mnuItemOpen_Click(object sender, EventArgs e)
16: {
17:     if (ofdOpen.ShowDialog() == DialogResult.OK)
18:     {
19:         // 開啟文字檔案
```

NEXT

```
20:        StreamReader sr = new StreamReader(ofdOpen.FileName);
21:        // 讀取整個文字檔案
22:        txtInput.Text = sr.ReadToEnd();
23:        sr.Close(); // 關閉檔案
24:        txtInput.SelectionStart = txtInput.Text.Length;
25:        txtInput.SelectionLength = 0;
26:        this.Text = "Ch15_5 - " + ofdOpen.FileName;
27:    }
28: }
29:
30: private void mnuItemSave_Click(object sender, EventArgs e)
31: {
32:    if ( sfdSave.ShowDialog() == DialogResult.OK )
33:    {
34:        // 建立新檔案
35:        FileInfo fileInfo = new FileInfo(sfdSave.FileName);
36:        StreamWriter sw = fileInfo.CreateText();
37:        sw.WriteLine(txtInput.Text); // 寫入
38:        sw.Flush(); // 將緩衝區資料寫入檔案
39:        sw.Close(); // 關閉檔案
40:        this.Text = "Ch15_5 - " + sfdSave.FileName;
41:    }
42: }
```

**程式說明**

● 第 1~13 列:Form1_Load() 事件處理程序是在第 6~12 列設定 ofdOpen
  和 sfdSave 控制項的初值。

● 第 15~42 列:mnuItemOpen_Click() 和 mnuItemSave_Click() 事件處理
  程序在取得 FileName 屬性的檔案名稱後,分別讀取和寫入文字檔的內容。

**執行結果**

**Step 6**  在儲存後,請執行「偵錯/開始偵錯」命令,或按 [F5] 鍵,可以看到執
         行結果的 Windows 應用程式視窗。

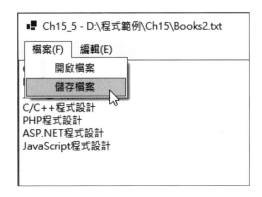

　　請執行「檔案/開啟檔案」命令載入指定文字內容的檔案，在編輯後，執行「檔案/儲存檔案」命令儲存編輯後的檔案內容。

## C# 的可空值參考型別

　　舊版 C# 在宣告參考型別的變數時，例如：string 型別，如果沒有指定變數的初值，初值就是 Null 空值，Null 空值是一個未知或不存在的值。在宣告時我們可以直接使用 null 關鍵字，指定變數初值是 Null 空值（Visual C# 專案：Ch15_5a），如下所示：

```
string s1 = null;
```

　　上述程式碼在 C# 8.0之後版本會出現編譯警告：「正在將 Null 常值或可能的 Null 值轉換為不可為 Null 的型別。」。

　　為了避免參考型別的變數值是 Null 空值時，使用此變數存取屬性或呼叫方法時產生 Null 參考例外，舊版需要自行判斷和處理，在 C# 8.0 之後版本的 C# 參考型別已經改為預設不可為 Null 空值，如果參考型別仍然可為空值，我們需要自行使用可空值參考型別來宣告變數，即在型別後加上一個「?」，如下所示：

```
string? s2 = null;
```

**選擇題**

(　　) 1. 在 C# 應用程式處理檔案和資料夾需要匯入下列哪一個命名空間？

　　　A. System.Math　　　　B. System.IO

　　　C. System .NET.Mail　　D. System.Data.Oledb

(　　) 2. 請指出下列哪一個物件相當於是一個檔案？

　　　A. DirectoryInfo　　　　B. File

　　　C. FileStream　　　　　D. FileInfo

(　　) 3. 請問 StreamReader 物件的哪一個方法可以讀取整個文字檔案內容？

　　　A. Peek()　　　　　　　B. ReadLine()

　　　C. ReadToEnd()　　　　D. Read()

(　　) 4. 請問下列哪一個關於檔案對話方塊的敘述是錯誤的？

　　　A. 檔案對話方塊依用途分為兩種控制項

　　　B. 使用 OpenFileDialog 控制項來選擇開啟檔案

　　　C. 在程式碼是使用 File 屬性取得使用者選取檔案的完整路徑

　　　D. 使用者在選擇檔案後傳回 DialogResult.OK

(　　) 5.　請問下列哪一個關於 System.IO 命名空間的敘述是錯誤的？

　　　　A. 使用串流模型來進行檔案讀寫

　　　　B. 只能處理文字檔案

　　　　C. 每一個資料夾是一個 DirectoryInfo 物件

　　　　D. 能夠寫入、新增和讀取現存的文字檔案內容

## 簡答題

1. 請簡單說明 System.IO 命名空間的類別？

2. 請使用圖例說明什麼是串流模型？

3. 請寫出 StreamReader 和 StreamWriter 串流類別讀寫文字檔案的步驟？

4. 在 FileInfo 物件建立新文字檔是使用＿＿＿＿＿＿方法，新增文字內容至檔尾是呼叫＿＿＿＿＿＿方法來開啟檔案。

5. 檔案對話方塊依用途分為 2 種控制項：＿＿＿＿＿＿＿和＿＿＿＿＿＿＿。

## 實作題

1. 請建立 Visual C# 專案新增檔案和資料夾的功能表列，檔案功能表可以開啟檔案、重新命名和刪除，資料夾功能表可以建立和刪除資料夾，請使用檔案對話方塊控制項取得路徑來執行檔案和資料夾處理。

2. 請建立 C# 應用程式使用 System.IO 命名空間的類別來檢查 listFile.txt 文字檔案是否存在，如果不存在就建立此檔案。

3. 請擴充實作題 2 的 C# 應用程式，在建立的文字檔案 listFile.txt 寫入下列文字內容，如下所示：

「本書是一本適合初學者學習 Visual C# 程式設計的好教材。」

4. 請擴充實作題 3 的 C# 應用程式，清除 listFile.txt 文字檔案內容後，依序新增按鈕控制項來撰寫下列功能，如下所示：

- 新增空白行後，在檔案最後新增一行姓名「陳會安」。

- 在最後依序寫入「小龍女」和「王美麗」二行姓名。

- 讀取文字檔案的前 10 個字。

- 讀取檔案第 3 列的姓名。

5. 在 Visual C# 專案 Ch15_4 是使用二進位檔案讀取文字檔案內容，請修改程式碼，改為文字檔案來讀寫檔案內容。

# 第 5 篇
# ChatGPT 協同開發和 ChatGPT API

# 16

# ChatGPT 協同開發、
# 網路程式設計與
# ChatGPT API

# 16-1　使用 ChatGPT 協同開發 C# 程式

　　ChatGPT 的應用領域十分廣泛，包含：寫報告、寫自傳、產生回覆訊息、整理資料、程式設計、學習知識、學習語文、翻譯、打屁聊天、角色扮演與提昇工作生產力等各種領域的應用，相關應用領域仍然在持續且快速的增加中。

---

**■ 說明**

請注意！ChatGPT 寫出的 C# 程式碼並不保證不會有錯誤，你可以想想看，當你讀完一本 C# 程式設計的圖書後，用你的大腦記憶寫程式時，寫出的程式碼也不可能百分之一百正確。因為 ChatGPT 讀過超過你千萬倍的 C# 程式碼，所以，ChatGPT 程式碼的文字接龍能力，當然不容小看，ChatGPT 絕對是你最佳的 C# 程式設計與學習的助手。

---

　　ChatGPT 可以在多方面幫助我們學習程式設計和寫出 C# 程式碼，讓 ChatGPT 成為你最佳的程式設計與學習的助手，首先請參閱附錄 B-5 節的說明來註冊使用 ChatGPT。

## 幫助我們寫出 C# 程式和函數

　　當你有一個想法，但是不知道 C# 程式碼需如何寫時，或不知道如果下手來寫這一個程式時，都可以讓 ChatGPT 幫我們寫出一個範本程式，並且在與 ChatGPT 的交談過程中，一步一步修改成為你所希望的 C# 程式。詳細的問題描述 (Ch16_1.txt)，如下所示：

---

計算體脂肪 BMI 值的公式是 W/(H*H)，H 是身高(公尺)和 W 是體重(公斤)，請寫出 C# 主控台程式不用函數來計算 BMI 值。

---

```csharp
using System;

class Program
{
    static void Main()
    {
        // 輸入身高和體重
        Console.Write("請輸入身高 (公尺) : ");
        double height = Convert.ToDouble(Console.ReadLine());

        Console.Write("請輸入體重 (公斤) : ");
        double weight = Convert.ToDouble(Console.ReadLine());

        // 計算BMI值
        double bmi = weight / (height * height);

        // 顯示結果
        Console.WriteLine($"您的BMI值為 : {bmi}");

        // 適度的註解和清理
        Console.WriteLine("按任意鍵退出...");
        Console.ReadKey();
    }
}
```

　　上述 ChatGPT 回答的內容不只完整寫出可執行的 C# 主控台應用程式，通常在程式碼之後還會附上一些進一步說明，和如何執行此 C# 程式碼的說明。

　　請點選右上方 **Copy code** 複製 C# 程式碼後，建立 Visual C# 專案：Ch16_1，然後取代 Program.cs 程式檔的 Program 類別宣告，即可測試執行 C# 程式。

目前 ChatGPT 幫我們寫出 C# 程式碼的輸入單位是公尺，我們可以要求 ChatGPT 修改單位成為公分來重寫這個 C# 程式。詳細的問題描述 (Ch16_1a. txt)，如下所示：

> 請重寫上述 C# 程式碼，將輸入的身高單位改成公分。

```csharp
// 輸入身高和體重
Console.Write("請輸入身高（公分）：");
double heightInCm = Convert.ToDouble(Console.ReadLine());

Console.Write("請輸入體重（公斤）：");
double weight = Convert.ToDouble(Console.ReadLine());

// 將身高轉換為公尺
double heightInMeter = heightInCm / 100.0;

// 計算BMI值
double bmi = weight / (heightInMeter * heightInMeter);

// 顯示結果
Console.WriteLine($"您的BMI值為：{bmi}");

// 適度的註解和清理
Console.WriteLine("按任意鍵退出...");
Console.ReadKey();
```

請注意！因為目前我們正在與 ChatGPT 進行對話聊天的過程之中，所以 ChatGPT 知道之前寫的 C# 程式碼，在程式問題並不需重新描述一遍，即可成功改寫成單位是公分的版本，請複製程式碼儲存成為 Visual C# 專案：Ch16_1a。

在實務上，如果 ChatGPT 的回答你不是很滿意，都可以再重複問一次相同的問題，請 ChatGPT 再次回答此問題，因為 ChatGPT 預設擁有一定的隨機性，所以可以回應出不同的答案。

最後，我們準備將計算 BMI 值的程式碼建立成 BMI() 函數，所以讓 ChatGPT 再改寫一次 C# 程式。詳細的問題描述 (Ch16_1b.txt)，如下所示：

請重寫上述 C# 程式碼，直接將 BMI 計算改成 BMI() 函數，並且寫出呼叫函數的 C# 程式碼。

```csharp
// BMI計算函數
static double CalculateBMI(double heightInCm, double weight)
{
    // 將身高轉換為公尺
    double heightInMeter = heightInCm / 100.0;

    // 計算BMI值
    double bmi = weight / (heightInMeter * heightInMeter);

    return bmi;
}
```

上述 ChatGPT 的回答已經重寫成 calculate BMI() 函數，和呼叫 calculate BMI() 函數的 C# 程式碼，請複製程式碼儲存成為 Visual C# 專案：Ch16_1b。

## 幫助我們完成 C# 程式碼的撰寫

如果在寫 C# 程式碼的過程中，你突然忘了接下來該怎麼寫，不用緊張，可以讓 ChatGPT 幫助我們完成你的 C# 程式碼。詳細的問題描述 (Ch16_1c. txt)，如下所示：

```csharp
我忘了 BMI 公式，請幫我寫完下列的 C# 程式碼，如下：
Console.Write("請輸入身高(公分)：");
double heightInCm = Convert.ToDouble(Console.ReadLine());
Console.Write("請輸入體重(公斤)：");
double weight = Convert.ToDouble(Console.ReadLine());
double heightInMeter = heightInCm / 100;
double bmi = ;
Console.WriteLine($"您的BMI值為：{bmi}");
Console.ReadLine();
```

```
            Console.Write("請輸入身高（公分）：");
            double heightInCm = Convert.ToDouble(Console.ReadLine());

            Console.Write("請輸入體重（公斤）：");
            double weight = Convert.ToDouble(Console.ReadLine());

            double heightInMeter = heightInCm / 100;

            // 計算BMI值
            double bmi = weight / (heightInMeter * heightInMeter);

            Console.WriteLine($"您的BMI值為：{bmi}");

            // 等待用戶按Enter鍵退出
            Console.ReadLine();
```

上述 ChatGPT 的回答已經成功完整寫出這個 C# 程式，和正確的加上 BMI 公式，請複製程式碼儲存成為 Visual C# 專案：Ch16_1c。

### 幫助我們進行 C# 程式碼的除錯

當寫出的 C# 程式碼出現了錯誤，我們一樣可以讓 ChatGPT 幫助我們進行程式除錯。詳細的問題描述 (Ch16_1d.txt)，如下所示：

```
我寫了一個 BMI 計算程式，可以執行結果並不正確，請幫我更正程式碼的錯誤，和使用程
式框來顯示程式碼，如下：
Console.Write("請輸入身高(公分)：");
double heightInMeter = Convert.ToDouble(Console.ReadLine()) / 100;
Console.Write("請輸入體重(公斤)：");
double weight = Convert.ToDouble(Console.ReadLine());
double bmi = weight / heightInMeter * heightInMeter;
Console.WriteLine($"您的BMI值為：{bmi}");
```

```
            // 修正計算BMI的錯誤，加上括號確保正確運算順序
            double bmi = weight / (heightInMeter * heightInMeter);

            Console.WriteLine($"您的BMI值為：{bmi}");
```

上述 ChatGPT 的回答找出了 BMI 公式的錯誤，和提供了一個正確的版本，請複製程式碼儲存成為 Visual C# 專案：Ch16_1d。

除了列出錯誤程式碼來進行除錯，我們也可以使用 C# 執行時顯示的錯誤訊息，以錯誤訊息來詢問 ChatGPT 如何進行除錯。詳細的問題描述 (Ch16_1e.txt)，如下所示：

```
我執行下列程式碼出現 'Console' 未包含 'ReadLines' 的定義錯誤，請問如何修正此
錯誤？
Console.Write("請輸入身高(公分)：");
double heightInMeter = Convert.ToDouble(Console.ReadLine()) / 100;
Console.Write("請輸入體重(公斤)：");
double weight = Convert.ToDouble(Console.ReadLine());
double bmi = weight / (heightInMeter * heightInMeter);
Console.WriteLine($"您的BMI值為：{bmi}");
Console.ReadLines();
```

**ChatGPT**

看起來有一個小錯誤，正確的方法應該是使用`Console.ReadLine()`而不是 `Console.ReadLines()`。以下是修正後的程式碼：

```csharp
using System;

class Program
{
    static void Main()
    {
        Console.Write("請輸入身高（公分）：");
        double heightInMeter = Convert.ToDouble(Console.ReadLine()) / 1
```

上述 ChatGPT 的回答指出錯誤地方是 Console 沒有 ReadLines() 方法，請複製程式碼儲存成為 Visual C# 專案：Ch16_1e。

## 幫助我們説明 C# 程式碼片段的功能

如果從網路或前輩手上取得了一段 C# 程式碼，但是你看不太懂程式碼是作什麼用，也沒有相關的説明文件，此時，就可以讓 ChatGPT 幫助我們説明和解釋程式碼的功能。詳細的問題描述 (Ch16_1f.txt)，如下所示：

```
請一行一行説明下列 C# 程式碼的功能？
Console.Write("請輸入身高(公分)：");
double heightInMeter = Convert.ToDouble(Console.ReadLine()) / 100;
Console.Write("請輸入體重(公斤)：");
double weight = Convert.ToDouble(Console.ReadLine());
double bmi = weight / (heightInMeter * heightInMeter);
Console.WriteLine($"您的BMI值為：{bmi}");
Console.ReadLine();
```

 **ChatGPT**

當然，我來一行一行地解釋這個C#程式碼的功能：

1. `Console.Write("請輸入身高（公分）：");` - 顯示提示訊息，要求用戶輸入身高（以公分為單位）。

2. `double heightInMeter = Convert.ToDouble(Console.ReadLine()) / 100;` - 讀取用戶輸入的身高（以字串形式），將其轉換為 `double` 型別，並將其除以100以轉換為公尺，然後將結果存儲在 `heightInMeter` 變數中。

3. `Console.Write("請輸入體重（公斤）：");` - 顯示提示訊息，要求用戶輸入體重（以公斤為單位）。

4. `double weight = Convert.ToDouble(Console.ReadLine());` - 讀取用戶輸入的體重（以字串形式），將其轉換為 `double` 型別，並將結果存儲在 `weight` 變數中。

5. `double bmi = weight / (heightInMeter * heightInMeter);` - 使用BMI公式計算BMI值，即體重除以身高的平方，將結果存儲在 `bmi` 變數中。

6. `Console.WriteLine($"您的BMI值為：{bmi}");` - 顯示計算出的BMI值。

7. `Console.ReadLine();` - 等待用戶按Enter鍵，以確保程式在顯示完BMI值後不會立即退出。

上述 ChatGPT 的回答詳細解釋了這段 C# 程式碼的功能，和使用的 BMI 公式。

## 幫助我們將 C 語言的程式改寫成 C# 程式

如果從網路或電腦圖書找到了一個 C 語言版本的 BMI 計算機程式，我們一樣可以讓 ChatGPT 幫助我們改寫成相同功能的 C# 程式。詳細的問題描述 (Ch16_1g.txt)，如下所示：

```
請將下列 C 程式改寫成 C# 程式，如下：
#include<stdio.h>
int main(){
    float height, weight, BMI;
    printf("請輸入身高(cm): ");
    scanf("%f", &height);
    printf("請輸入體重(kg): ");
    scanf("%f", &weight);
    height = height / 100.0;
    BMI = weight / (height * height);
    printf("BMI = %f", BMI);

    return 0;
}
```

```csharp
using System;

class Program
{
    static void Main()
    {
        float height, weight, BMI;

        Console.Write("請輸入身高(cm): ");
        height = Convert.ToSingle(Console.ReadLine());

        Console.Write("請輸入體重(kg): ");
        weight = Convert.ToSingle(Console.ReadLine());

        height = height / 100.0f;
        BMI = weight / (height * height);

        Console.WriteLine($"BMI = {BMI}");

        // 等待用戶按Enter鍵退出
        Console.ReadLine();
    }
}
```

上述 ChatGPT 的回答已經將 C 程式的 BMI 計算機改寫成 C# 程式的版本，請複製程式碼儲存成為 Visual C# 專案：Ch16_1g。

# 16-2　C# 網路程式設計

.NET 的 System.Net 和 System.Net.Sockets 命名空間提供 C# 網路程式設計 (Network Programming) 所需的相關類別，事實上，C# 網路程式設計就是一種 Socket 程式設計的應用程式開發。

## 16-2-1　認識 Socket 程式設計

Socket 是在網路上執行的兩個應用程式透過 IP 位址進行連線，這是位在雙向通訊連線的 2 個端點 (Endpoint)，分為客戶端 Socket 和伺服器 Socket 兩種，如下圖所示：

Socket = IP位址+埠號

上述 Socket 需要綁定埠號，伺服器會傾聽等待客戶端的連線請求，當伺服器接收請求即可建立連線。簡單的說，兩個網路應用程式就是透過 IP 位址與通訊埠 (Port) 來定址出對方的通訊對象。

雖然只需使用 IP 位址就可以定位網路上的電腦主機，但是因為在同一台電腦主機可以執行多種不同的網路應用程式，所以 Socket 需要綁定通訊埠號 (Port) 來區分出通訊對象是哪一個網路應用程式 (0~1024 是系統保留埠號，1025~65535 是可自由使用的埠號)。

Socket 程式設計就是在開發應用程式，可以在兩個端點之間傳送和接收資料。常用的通訊協定有 TCP 和 UDP，如下所示：

● UDP 通訊協定：UDP 是使用串流方式傳送資料，在發送端不會等待接收端的確認信號，就會持續不斷的發送封包，幾乎沒有錯誤修正功能。我們只需要在兩台主機各自建立一個 Socket，不需先建立連線，就能在電腦之間傳送和接收資料，因為沒有錯誤修正和確認信號，所以傳輸速度比 TCP 通訊協定快，通常是使用在串流媒體、VoIP 語音和網路遊戲等。

● TCP 通訊協定：在使用 TCP 通訊的雙方端點包含 IP 位址和通訊埠號，等到建立連線後，就成為一對手動連結的兩個 Socket 來傳送和接收資料。每一個 TCP 封包會分配唯一識別碼和序號，以便接收端判斷封包的完整性和順序，還有傳送信號回應確認收到封包，所以支援錯誤修正，可以保證發送資料完整送達目的地。

　　基本上，C# 網路程式設計都可以使用低階 Socket 物件來從頭自行打造 UDP、TCP 和 HTTP 等網路應用程式，為了簡化 C# 網路程式的應用程式開發，.NET 提供基於 Socket 類別的 UdpClient、TcpListener、TcpClient 和 HttpClient 等幫助者類別 (Helper Classes)，在本章就是使用這些高階的幫助者類別來建立 C# 網路應用程式。

## 16-2-2　開發 UDP 網路應用程式

　　UDP 網路應用程式開發共建立兩種網路應用程式，如下所示：

● UDP 伺服器 (UDP Server)：在指定埠號接收資料後，回應送出資料至客戶端程式。

● UDP 客戶端程式 (UDP Client)：傳送訊息到伺服器，並且等待接收伺服器的回應資料。

　　C# 程式是使用 UdpClient 物件來分別建立 UDP 伺服器和 UDP 客戶端程式，因為 UDP 是無連線協議，在 UDP 伺服器和客戶端程式並不需要建立連線，就可以交換資料。在 Visual C# 專案需要匯入下列命名空間，如下所示：

```
using System.Net.Sockets;
using System.Net;
using System.Text;
```

上述 System.Net 和 System.Net.Sockets 命名空間提供 Socket 程式設計所需的類別，System.Text 命名空間是處理交換資料所需的物件。

## UDP 伺服器：Ch16_2_2 UDPServer

Visual C# 專案：Ch16_2_2 UDPServer 是一個非常簡單的 UDP 伺服器，當接收到客戶端程式的訊息後，馬上回傳訊息至客戶端程式。在 Main() 主程式首先指定伺服器 IP 位址和埠號 (8888) 的變數值，如下所示：

```
IPAddress ipAddress = IPAddress.Parse("127.0.0.1");
int port = 8888;

UdpClient server = new UdpClient(port);
IPEndPoint clientEndPoint = new IPEndPoint(IPAddress.Any, 0);
Console.WriteLine("伺服器已啟動，等待資料...");
```

上述程式碼建立 UdpClient 物件，參數是埠號，然後建立客戶端的 IPEndPoint 端點物件，參數 IPAddress.Any 是任何 IP 位址，0 是自動指派可用的埠號，即可顯示伺服器已經啟動的訊息文字。在下方的 while 無窮迴圈是等待接收客戶端程式的訊息和傳送訊息至客戶端程式，如下所示：

```
while (true)
{
    byte[] data = server.Receive(ref clientEndPoint);
    string message = Encoding.UTF8.GetString(data);
    Console.WriteLine($"接收到客戶端訊息：{message}");

    byte[] response = Encoding.UTF8.GetBytes("伺服端已經收到資料！");
    server.Send(response, response.Length, clientEndPoint);
}
```

上述程式碼呼叫 Receive() 方法從參數客戶端端點的 IP 位址接收資料，這是位元組陣列的資料，然後呼叫 Encoding.UTF8.GetString() 方法將位元組陣列編碼轉換成 UTF8 編碼字串 (支援中文訊息)，即可顯示客戶端程式傳送的訊息。

伺服端傳送訊息是呼叫 Encoding.UTF8.GetBytes() 方法將欲傳送的訊息從 UTF8 編碼字串轉換成位元組陣列後，呼叫 Send() 方法來傳送訊息，第 1 個參數是位元組陣列，第 2 個參數是陣列長度，第 3 個參數是目的地客戶端端點的 IPEndPoint 物件。

請在 Visual Studio 執行「偵錯/開始偵錯」命令，如果看到「Windows 安全性警訊」對話方塊，請按**允許存取**鈕，我們的目的是建立執行檔，請按 Ctrl - C 鍵馬上結束 UDP 伺服器的執行。

現在，我們才真正執行 UDP 伺服器，請開啟 Windows 檔案總管，切換至「Ch16_2_2UDPServer\Ch16_2_2UDPServer\bin\Debug\net6.0」目錄，雙擊 **Ch16_2_2UDPServer.exe** 執行 UDP 伺服器，可以看到正在等待客戶端程式傳送的訊息 (按 Ctrl - C 鍵結束 UDP 伺服器的執行)，如下圖所示：

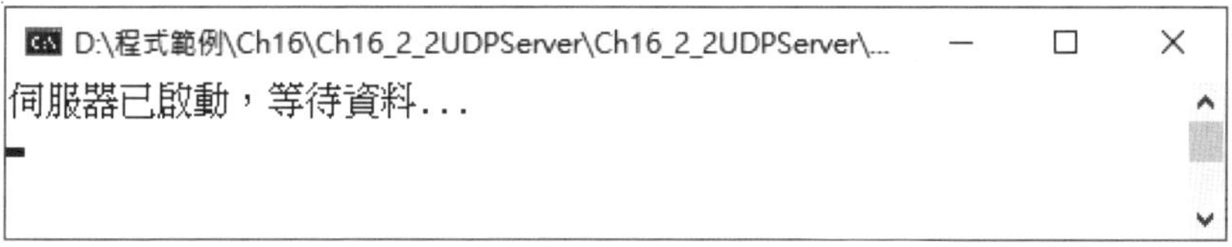

## UDP 客戶端程式：Ch16_2_2 UDPClient

在成功建立和啟動 UDP 伺服器後，我們準備建立 UDP 客戶端程式來傳送訊息至 UDP 伺服器。Visual C# 專案：Ch16_2_2 UDPClient 是一個簡單的 UDP 客戶端程式，可以傳送訊息和接收伺服器的回應訊息。在 Main() 主程式首先指定伺服器 IP 位址和埠號 (8888) 的變數值，如下所示：

```
IPAddress serverIP = IPAddress.Parse("127.0.0.1");
int serverPort = 8888;

UdpClient client = new UdpClient();
IPEndPoint serverEndPoint = new IPEndPoint(serverIP, serverPort);
```

上述程式碼建立 UdpClient 物件，然後建立伺服器的 IPEndPoint 端點物件，參數是 UDP 伺服器的 IP 位址與埠號。在下方是傳送訊息給 UDP 伺服器，在將字串編碼轉換成位元組陣列後，呼叫 Send() 方法送至 UDP 伺服器，並且顯示傳送的訊息，如下所示：

```
string message = "伺服器你好!";
byte[] data = Encoding.UTF8.GetBytes(message);
client.Send(data, data.Length, serverEndPoint);
Console.WriteLine($"已傳送訊息:{message}");

IPEndPoint remoteEndPoint = new IPEndPoint(IPAddress.Any, 0);
byte[] response = client.Receive(ref remoteEndPoint);
string responseMessage = Encoding.UTF8.GetString(response);
Console.WriteLine($"伺服器回傳訊息:{responseMessage}");
```

上述程式碼在傳送訊息後，馬上準備接收伺服器的回傳訊息，在建立遠端伺服器的 IPEndPoint 端點物件後，呼叫 Receive() 方法接收訊息，即可轉換成 UTF8 編碼的字串後，顯示 UDP 伺服器的回傳訊息。在下方呼叫 Close() 方法來關閉客戶端程式，如下所示：

```
client.Close();
Console.ReadLine();
```

請在 Visual Studio 執行專案，可以看到 UDP 客戶端程式已經傳送訊息，和接收到伺服端的回傳訊息，如下圖所示：

上述圖例當成功顯示接收到伺服器的回傳訊息後，在 UDP 伺服器的執行視窗可以顯示接收到客戶端程式傳送的訊息，如下圖所示：

## 16-2-3 開發 TCP 網路應用程式

TCP 網路應用程式開發一樣需要建立兩種網路應用程式，如下所示：

● TCP 伺服器 (TCP Server)：負責傾聽客戶端程式的連線和送出資料至客戶端程式，以便可以建立客戶端連線來交換資料。

● TCP 客戶端程式 (TCP Client)：連線 TCP 伺服器來交換資料，可以在伺服器和客戶端程式之間進行通訊。

因為 C# 程式建立 TCP 網路應用程式需要建立連線，所以是使用 TcpListener 物件建立 TCP 伺服器來等待客戶端程式的連線請求，然後使用 TcpClient 物件建立客戶端程式來連線 TCP 伺服器。在 Visual C# 專案需要匯入下列命名空間，如下所示：

```
using System.Net.Sockets;
using System.Net;
using System.Text;
```

## TCP 伺服器：Ch16_2_3 TCPServer

Visual C# 專案：Ch16_2_3 TCPServer 是一個非常簡單的 TCP 伺服器，這個範例是在伺服器和客戶端程式之間建立 TCP 連線，當客戶端程式連線伺服器時，伺服器會接受連線，和接收到客戶端程式傳送的訊息，最後回傳一個簡單的回應訊息。

在 Main() 主程式首先宣告 TcpListener 物件變數，然後建立 try/catch/finally 例外處理，即可指定伺服器 IP 位址和埠號 (8888) 的變數值，如下所示：

```
TcpListener? server = null;
try
{
    IPAddress ipAddress = IPAddress.Parse("127.0.0.1");
    int port = 8888;

    server = new TcpListener(ipAddress, port);
    server.Start();
    Console.WriteLine("伺服器已啟動，等待客戶端連線...");
```

上述程式碼建立 TcpListener 物件，參數分別是 IP 位址和埠號，然後呼叫 Start() 方法開始監聽客戶端程式的連線請求，即可顯示伺服器已經啟動，等待客戶端程式連線的訊息文字。

在下方的 while 無窮迴圈是呼叫 AcceptTcpClient() 方法接受客戶端程式的連線，成功連線即可呼叫 GetStream() 方法取得網路串流，然後使用網路串流來讀取客戶端程式傳來的訊息，和回傳訊息至客戶端，如下所示：

```
while (true)
{
    TcpClient client = server.AcceptTcpClient();
    Console.WriteLine("客戶端已經連線！");
    NetworkStream stream = client.GetStream();

    byte[] data = new byte[256];
    int bytesRead = stream.Read(data, 0, data.Length);
    string message = Encoding.UTF8.GetString(data, 0, bytesRead);
    Console.WriteLine($"接收到客戶端訊息：{message}")
```

上述程式碼建立 256 位元組長度的緩衝區後，呼叫 Read() 方法從網路串流讀取資料，在編碼成字串後，即可顯示客戶端程式傳來的訊息。在下方是回傳訊息給客戶端程式，在將字串編碼轉換成位元組陣列後，呼叫 Write() 方法寫入網路串流，也就是將訊息回應給客戶端程式，最後呼叫 Close() 方法關閉客戶端連線，如下所示：

```
      byte[] response = Encoding.UTF8.GetBytes("伺服端已經收到資料！");
      stream.Write(response, 0, response.Length);

      client.Close();
   }
}
catch (Exception e)
{
   Console.WriteLine($"錯誤：{e.Message}");
}
finally
{
   server?.Stop();
}
```

上述 finally 程式區塊是呼叫 Stop() 方法來停止伺服器。請在 Visual Studio 執行「偵錯/開始偵錯」命令，如果看到「Windows 安全性警訊」對話方塊，請按**允許存取**鈕，我們的目的是建立執行檔，請按 Ctrl - C 鍵馬上結束 TCP 伺服器的執行。

現在，我們才真正執行 TCP 伺服器，請開啟 Windows 檔案總管，切換至「Ch16_2_3TCPServer\Ch16_2_3TCPServer\bin\Debug\net6.0」目錄，雙擊 **Ch16_2_3TCPServer.exe** 執行 TCP 伺服器，可以看到正在等待客戶端連線的訊息 (按 Ctrl - C 鍵結束 TCP 伺服器的執行)，如下圖所示：

## TCP 客戶端程式：Ch16_2_3 TCPClient

在成功建立 TCP 伺服器後，我們準備在這一節建立 TCP 客戶端程式來連線 TCP 伺服器，可以送出一個訊息至伺服器，當接收到回傳訊息後，就中斷連線。

Visual C# 專案：Ch16_2_3 TCPClient 是一個簡單的 TCP 客戶端程式，可以傳送訊息和取得伺服器的回應訊息。在 Main() 主程式首先指定伺服器 IP 位址和埠號 (8888) 的變數值，如下所示：

```
try
{
    IPAddress ipAddress = IPAddress.Parse("127.0.0.1");
    int port = 8888;

    TcpClient client = new TcpClient();
    client.Connect(ipAddress, port);
    Console.WriteLine("已連線到伺服器...");
```

上述程式碼建立 TCPClient 物件後，呼叫 Connect() 方法連線 TCP 伺服器，參數是 TCP 伺服器的 IP 位址與埠號。在下方呼叫 GetStream() 方法取得網路串流，即可傳送訊息給 TCP 伺服器，在將字串編碼轉換成位元組陣列後，呼叫 Write() 方法寫入網路串流，也就是傳送至 TCP 伺服器，並且顯示傳送的訊息，如下所示：

```
    NetworkStream stream = client.GetStream();
    string message = "伺服器你好!";
    byte[] data = Encoding.UTF8.GetBytes(message);
    stream.Write(data, 0, data.Length);
    Console.WriteLine($"已傳送訊息：{message}");

    data = new byte[256];
    int bytesRead = stream.Read(data, 0, data.Length);
    string response = Encoding.UTF8.GetString(data, 0, bytesRead);
    Console.WriteLine($"伺服器回傳訊息：{response}");
```

上述程式碼在傳送訊息後，馬上準備接收伺服器的回傳訊息，在建立位元組陣列的緩衝區後，呼叫 Read() 方法讀取訊息，即可轉換成 UTF8 編碼的字串後，顯示 TCP 伺服器的回傳訊息。在下方呼叫 Close() 方法來關閉連線，如下所示：

```
    client.Close();
    Console.ReadLine();
}
catch (Exception e)
{
    Console.WriteLine($"錯誤：{e.Message}");
}
```

　　請在 Visual Studio 執行專案，可以看到 TCP 客戶端程式已經連線伺服器和傳送訊息，然後顯示接收到伺服端的回應訊息，如下圖所示：

　　上述圖例當成功顯示接收到伺服器的回傳訊息後，在 TCP 伺服器的執行視窗可以顯示客戶端程式已經連線，和接收到客戶端程式傳送的訊息，如下圖所示：

# 16-3　使用 HttpClient 送出 HTTP 請求

　　在 C# 程式可以使用 System.Net.Http.HttpClient 類別，以 async/await 的非同步程式設計來送出 HTTP 請求與取得回應資料，其操作如同使用瀏覽器來取得和顯示 HTML 網頁內容。

## 認識 HTTP 通訊協定

瀏覽器就是使用「HTTP 通訊協定」(Hypertext Transfer Protocol) 送出 HTTP 的 GET 請求 (目標是 URL 網址的網站)，可以向 Web 伺服器請求 HTML 網頁資源來剖析顯示網頁內容，如下圖所示：

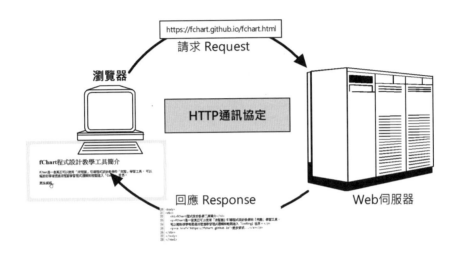

上述過程如同你 (瀏覽器) 向父母要零用錢 500 元，使用 HTTP 通訊協定的國語向父母要零用錢，父母是伺服器，也懂 HTTP 通訊協定的國語，所以聽得懂要 500 元，最後 Web 伺服器回傳資源 500 元，也就是父母將 500 元交到你手上。

## C# 語言的非同步程式設計

一般來說，因為我們送出的 HTTP 請求，需要等待 Web 伺服器的回應，此時就可以使用「非同步程式設計」(Async Programming) 來提高效能並且改善系統的回應時間，其說明如下所示：

● 同步方法：當程式呼叫方法後，需要等待執行完方法後才能執行接著的操作，而同步方法就是程式語言呼叫和執行方法的預設方式。

● 非同步方法：當程式呼叫非同步方法時，並不用等待，因為方法尚非處理完之前就會傳回該方法，可以讓程式繼續執行接著的操作。

　　C# 語言的非同步程式設計核心是建立非同步作業模型 Task 和 Task<T> 物件，使用 async 關鍵字來宣告方法，如此在方法之中，就可以使用 await 關鍵字來呼叫非同步方法，如下所示：

```
static async Task Main(string[] args)
{
    ...
    HttpResponseMessage response = await client.GetAsync(url);
    ...
}
```

　　上述主控台應用程式的 Main() 主程式已經改用 async 關鍵字來修飾，其傳回型別是 Task 物件，如此 Main() 方法就可以支援非同步操作，在 Main() 方法中是使用 await 關鍵字來等待執行 GetAsync() 非同步方法的完成，此時的 Main() 方法並不會被阻擋，仍然可以繼續執行其他的工作。

## 送出 HTTP 的 GET 請求：Ch16_3

　　在瀏覽器 URL 網址輸入網址送出的請求都是 HTTP GET 請求，這是向 Web 伺服器要求資源的 HTTP 請求，在 Visual C# 專案：Ch16_3 建立 HttpClient 物件後，使用非同步方法來送出 GET 請求與取得回應，這是使用 using 程式區塊來建立 HttpClient 物件，如下所示：

```
string url = "https://fchart.github.io/test2.html";

using (HttpClient client = new HttpClient())
{
    try
    {
        HttpResponseMessage resp = await client.GetAsync(url);
```

　　上述 using 程式區塊是在之後括號建立 HttpClient 物件 client，此程式區塊可以自動處理資源善後的工作，然後使用 await 關鍵字呼叫 GetAsync() 非同步方法送出 HTTP GET 請求，參數 url 是 URL 網址。

在下方的 if/else 條件是使用 IsSuccessStatusCode 屬性判斷 HTTP 請求是否成功，如果成功，就取得回應的 HTML 標籤字串，如下所示：

```
if (resp.IsSuccessStatusCode)
{
    string html = await resp.Content.ReadAsStringAsync();
    Console.WriteLine(html);
}
else
{
    Console.WriteLine($"請求失敗：{resp.StatusCode}");
}
```

上述程式碼再次使用 await 關鍵字呼叫 Content.ReadAsStringAsync() 非同步方法來讀取回應字串，即可使用 Console.WriteLine() 方法來顯示回應字串，如果失敗，就顯示 StatusCode 屬性的狀態碼，值 200 是請求成功，值 4xx 表示客戶端錯誤；5xx 是伺服端錯誤，例如：404 是請求資源不存在。

```
}
catch (Exception ex)
{
    Console.WriteLine($"請求發生錯誤：{ex.Message}");
}
Console.ReadLine();
}
```

上述 try/catch 例外處理是用來處理執行 HTTP 請求的例外，其執行結果可以顯示 HTML 標籤字串，如下圖所示：

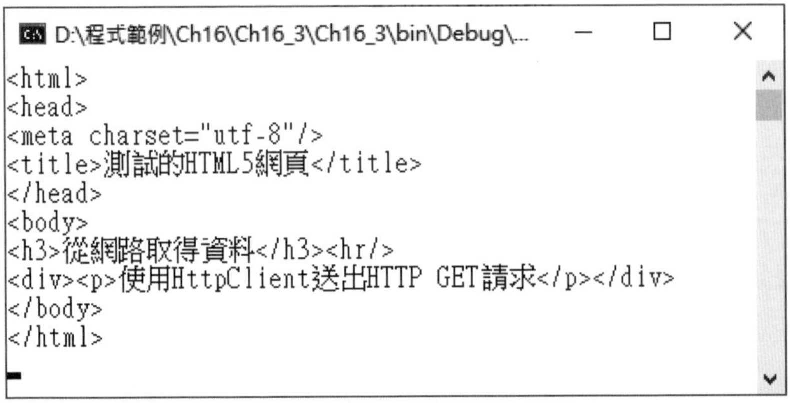

16-22

## 送出 HTTP 的 HEAD 請求：Ch16_3a

　　HTTP 通訊協定是使用 HTTP 標頭 (HTTP Header) 在客戶端和伺服端之間交換瀏覽器、請求資源和 Web 伺服器等相關資訊，這是 HTTP 通訊協定溝通訊息的核心內容。

　　在 Visual C# 專案：Ch16_3a 使用 HttpClient 物件送出 HTTP HEAD 請求來取得 HTTP 標頭資訊，程式改用 SendAsync() 方法來送出 HTTP 請求的訊息，即 HttpRequestMessage 物件，其建構子參數 HttpMethod.Head 就是 HEAD 方法，如下所示：

```
HttpResponseMessage resp = await client.SendAsync(
            new HttpRequestMessage(HttpMethod.Head, url));
if (resp.IsSuccessStatusCode)
{
    Console.WriteLine("HTTP標頭資訊：");
    foreach (var header in resp.Headers)
    {
        Console.WriteLine($"{header.Key}: {string.Join(",", header.
                          Value)}");
    }
}
...
```

　　上述 if/else 條件判斷請求是否成功，如果成功，就使用 foreach 迴圈顯示 Header 屬性的 HTTP 標頭資訊，Key 屬性是標頭名稱，string.Join() 方法將 Value 屬性值的字串陣列元素以 "," 符號連接成單一字串，其執行結果如下圖所示：

```
D:\程式範例\Ch16\Ch16_3a\Ch16_3a\bin\Debug\ne...    —    □    ×
HTTP標頭資訊：
Connection: keep-alive
Server: GitHub.com
permissions-policy: interest-cohort=()
Access-Control-Allow-Origin: *
Strict-Transport-Security: max-age=31556952
ETag: "6529fee9-cc"
Cache-Control: max-age=600
x-proxy-cache: MISS
X-GitHub-Request-Id: D364:11A79E:2B6CF3:31AF03:652B5294
Accept-Ranges: bytes
Date: Sun, 15 Oct 2023 03:06:49 GMT
Via: 1.1 varnish
Age: 20
```

---

■ 説 明

請注意！每台電腦瀏覽結果的標頭資訊可能不同，因此顯示的結果可能不同。

---

# 16-4    C# 的 JSON 資料處理與剖析

在第 16-5 節建立 C# 程式串接 ChatGPT API 時，我們需要送出和剖析 JSON 資料，所以在實作前需要先了解 C# 語言的 JSON 資料處理，和如何剖析 JSON 字串。

## 16-4-1    認識 JSON

「JSON」(JavaScript Object Notation) 是 Douglas Crockford 開發的一種描述結構化資料的常用格式，也是目前網路上 Web API 和 Open Data 最常使用的資料傳輸格式。

JSON 是一種可以自我描述和容易了解的資料交換格式，使用大括號定義成對的鍵和值 (Key-value Pairs)，相當於物件的屬性和值，如下所示：

```
{
    "key1": "value1",
    "key2": "value2",
    "key3": "value3",
    ...
}
```

　　JSON 如果是物件陣列,每一個物件是一筆記錄,我們可以使用方括號「[
]」來定義多筆記錄,如同是一個表格資料,如下圖所示:

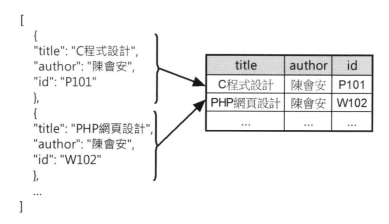

　　我們可以直接詢問 ChatGPT 什麼是 JSON,其詳細的問題描述
(Ch16_4_1.txt),如下所示:

---

你是一位資訊專家,請使用繁體中文說明什麼是JSON?

---

## 16-4-2　JSON 字串與 .NET 物件的資料轉換

　　C# 語言的 JSON 資料轉換是使用 System.Text.Json 命名空間,請在
Visual C# 專案的 Program.cs 程式檔案開頭匯入此命名空間,如下所示:

```
using System.Text.Json;
```

然後，就可以使用 JsonSerializer 物件的方法來轉換 .NET 物件成為 JSON 字串，或將 JSON 字串轉換成為 .NET 物件，其說明如下表所示：

| 方法 | 說明 |
|------|------|
| JsonSerializer.Serialize(object) | 轉換參數的 .NET 物件成為 JSON 字串 |
| JsonSerializer.Dserialize<T>(string) | 轉換參數的 JSON 字串成為 .NET 物件 T |

## 轉換 .NET 物件成為 JSON 字串：Ch16_4_2

在 Visual C# 專案：Ch16_4_2 是將 .NET 物件轉換成 JSON 字串，首先是 Student 類別宣告，如下所示：

```
public class Student
{
    public int StdID { get; set; }
    public string? StdName { get; set; }
    public string? Gender { get; set; }
}
```

上述類別可以建立學號、姓名和性別共三個屬性的 Student 物件，然後在 Main() 主程式將此物件轉換成 JSON 字串，如下所示：

```
var student = new Student
{
    StdID = 1001,
    StdName = "陳會安",
    Gender = "男"
};
```

上述程式碼使用 new 運算子建立 Student 物件 student。在下方呼叫 JsonSerializer.Serialize() 方法轉換成 JSON 字串，第 1 個參數是 Student 物件，第 2 個參數是 JsonSerializerOptions 選項物件，如下所示：

```
string jsonString = JsonSerializer.Serialize(student,
                        new JsonSerializerOptions
{
    Encoder = System.Text.Encodings.Web.
```

NEXT

```
                JavaScriptEncoder.UnsafeRelaxedJsonEscaping,
    WriteIndented = true
});
Console.WriteLine(jsonString);
Console.ReadLine();
```

上述 JsonSerializerOptions 選項物件的 Encoder 屬性是編碼，可以讓中文字不進行編碼來避免顯示亂碼，WriteIndented 屬性值 true 是換行與縮排顯示 JSON 字串，其執行結果可以看到轉換的 JSON 字串，這是一個 JSON 物件，如下圖所示：

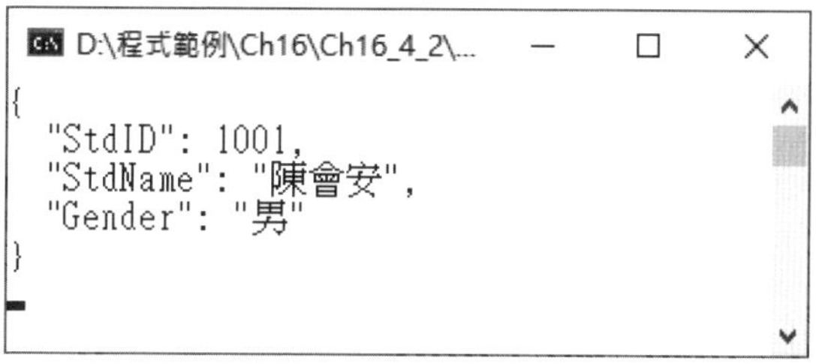

## 轉換 .NET 集合物件成為 JSON 字串：Ch16_4_2a

在 Visual C# 專案：Ch16_4_2a 是將 .NET 集合物件轉換成 JSON 字串，使用的是相同的 Student 類別，可以在 Main() 主程式將 List 集合物件轉換成 JSON 字串，如下所示：

```
List<Student> students = new List<Student> {
    new Student {
        StdID = 1001,
        StdName = "陳會安",
        Gender = "男"
    },
    new Student {
        StdID = 1002,
        StdName = "江小魚",
        Gender = "女"
    }
};
```

上述程式碼使用 new 運算子建立 List 集合物件，共有 2 個 Student 物件的元素，然後呼叫 JsonSerializer.Serialize() 方法轉換成 JSON 字串，其執行結果可以看到這是 JSON 物件陣列，如下圖所示：

## 轉換 JSON 字串成為 .NET 物件：Ch16_4_2b

在 Visual C# 專案：Ch16_4_2b 是將 JSON 字串轉換成 .NET 物件，使用的是 Book 類別，其宣告如下所示：

```
public class Book
{
    public string? id { get; set; }
    public string? title { get; set; }
    public string? author { get; set; }
}
```

接著在 Main() 主程式將 JSON 字串轉換成 .NET 物件，首先使用「@」符號建立 JSON 物件的 JSON 字串，如下所示：

```
string jsonString = @"
    {
    ""title"": ""ASP.NET網頁設計"",
    ""author"": ""陳會安"",
    ""id"": ""W101""
    }";
```

NEXT

```
Book? books = JsonSerializer.Deserialize<Book>(jsonString);
Console.WriteLine($"書號: {books?.id}");
Console.WriteLine($"書名: {books?.title}");
Console.WriteLine($"作者: {books?.author}");
Console.ReadLine();
```

上述程式碼呼叫 JsonSerializer.Dserialize<T>() 方法轉換參數 JSON 字串成為 T 物件，T 就是 Book 類別，因為已經轉換成 .NET 物件，所以可以取出顯示 id、title 和 author 屬性值，其執行結果如下圖所示：

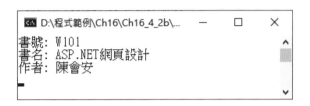

## 16-4-3　JSON 資料剖析

C# 語言的 JSON 資料剖析是使用 System.Text.Json.Nodes 命名空間，首先請在 Visual C# 專案：Ch16_4_3 的 Program.cs 程式檔案開頭匯入此命名空間，如下所示：

```
using System.Text.Json.Nodes;
```

然後，在 Main() 方法剖析 JSON 字串，首先使用「@」符號建立 JSON 物件陣列的 JSON 字串，如下所示：

```
string jsonString = @"
[
  {
  ""title"": ""ASP.NET網頁設計"",
  ""author"": ""陳會安"",
  ""id"": ""W101""
  },
  {
  ""title"": ""PHP網頁設計"",
```

NEXT

```
    ""author"": ""陳會安"",
    ""id"": ""W102""
    }
]";
var result = JsonNode.Parse(jsonString);
```

　　上述程式碼呼叫 JsonNode.Parse() 方法剖析參數的 JSON 字串，可以建立 result 集合物件，將 JSON 物件剖析轉換成 Dictionary<TKey, TValue> 泛型字典物件，即可使用 JSON 鍵來取出值。在下方就是依序取出這 2 本圖書的資料，如下所示：

```
Console.WriteLine("書號: " + result?[0]?["id"]?.ToString());
Console.WriteLine("書名: " + result?[0]?["title"]?.ToString());
Console.WriteLine("作者: " + result?[0]?["author"]?.ToString());
Console.WriteLine("====================");
Console.WriteLine("書號: " + result?[1]?["id"]?.ToString());
Console.WriteLine("書名: " + result?[1]?["title"]?.ToString());
Console.WriteLine("作者: " + result?[1]?["author"]?.ToString());
Console.ReadLine();
```

　　上述程式碼的[0]是陣列索引，["id"] 是 JSON 鍵對應的值，可以取出索引值 0 的第 1 本書，然後依序取出 id、title 和 author 鍵的值 (這就是鍵路徑，在第 16-5-2 節有進一步的說明)，第 2 本書的索引值是 1，其執行結果如下圖所示：

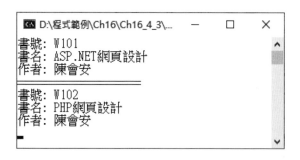

# 16-5 建立 C# 程式串接 ChatGPT API

OpenAI 在 2023 年 3 月初釋出官方 ChatGPT API，這是稱為 gpt-3.5-turbo 的優化 GPT-3.5 語言模型，也是目前 OpenAI 回應速度最快的 GPT 版本。

## 16-5-1 取得 OpenAI 帳戶的 API Key

在建立 C# 程式來串接 ChatGPT API 前，我們需要先將 Open AI 帳戶設定成為付費帳戶和取得 OpenAI 帳戶的 API Key。

請注意！目前新註冊的 OpenAI 帳戶，已經沒有提供 ChatGPT API 的試用期和試用金額，Personal 版的 OpenAI 帳戶需要設定付費帳戶後，才能使用 ChatGPT API，其費用是每 1000 個 Tokens 收費 0.002 美元，1000 個 Tokens 大約等於 750 個單字。

### 設定付費帳戶和查詢 ChatGPT API 使用金額

請啟動瀏覽器使用附錄 B-5 節註冊的 OpenAI 帳戶，登入 OpenAI 平台 https://platform.openai.com/首頁後，點選右上方 **Personal**，執行 **Manage account** 命令。

在帳戶管理可以查詢 ChatGPT API 的使用金額，這是使用圖表方式顯示每日或累積的使用金額，如下圖所示：

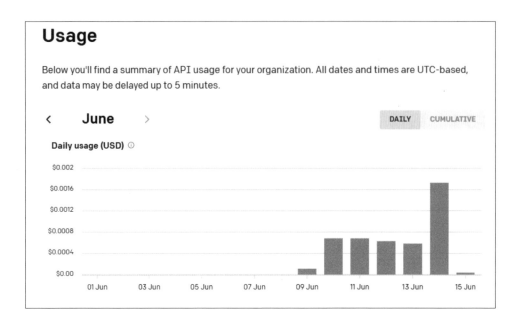

在左邊選 **Billing** 後，再選 **Set up payment method** 方法是個人或公司，就可以輸入付款的信用卡資料成為付費帳戶，如下圖所示：

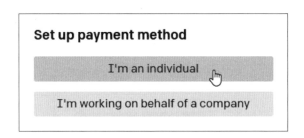

## 產生和取得 OpenAI 帳戶的 API Key

接著，我們需要產生和取得 ChatGPT API 的 API Key，其步驟如下所示：

**Step 1**：請在 OpenAI 平台首頁，點選右上方 **Personal**，執行 **View API keys** 命令後，按 **Create new secret key** 鈕產生 API Key。

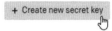

**Step 2**：可以看到產生的 API Key，因為只會產生一次，請記得點選欄位後的
圖示複製和保存好 API Key，如下圖所示：

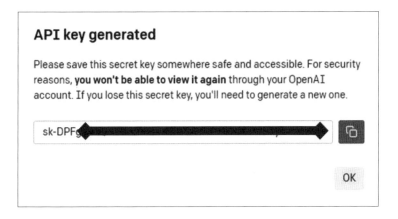

在「API Keys」區段可以看到產生的 SECRET KEY 清單，如下圖所
示：

## API keys

Your secret API keys are listed below. Please note that we do not display your secret API keys again after you generate them.

Do not share your API key with others, or expose it in the browser or other client-side code. In order to protect the security of your account, OpenAI may also automatically rotate any API key that we've found has leaked publicly.

| SECRET KEY | CREATED | LAST USED |
|---|---|---|
| sk-...2fH1 | 2023年2月28日 | 2023年3月9日 |

+ Create new secret key

上述 API Keys 並無法再次複製，如果忘了或沒有複製到 API Key，只能重新產生一次 API Key 後，再點選舊 API Key 之後的垃圾桶圖示來刪除舊的 API Key。

## 16-5-2　認識與使用 ChatGPT API

ChatGPT API 是一種 Web 服務，我們可以使用 HTTP POST 請求來呼叫 ChatGPT API，在 C# 程式可以使用第 16-3 節的 HttpClient 送出 HTTP POST 請求。

### 認識 ChatGPT API

ChatGPT API 的端點是 https://api.openai.com/v1/chat/completions 的 URL 網址，這是使用 POST 請求送出 JSON 物件來詢問問題，其內容如下所示：

```
{
  "model": "gpt-3.5-turbo",
  "messages": [ { "role": "user", "content": "使用者的問題" } ],
  "max_tokens": 500,
  "temperature": 1
}
```

上述 JSON 物件的常用參數說明，如下所示：

- model 參數：指定 ChatGPT API 使用的語言模型。

- messages 參數：此參數是一個 JSON 物件陣列，每一個訊息是一個 JSON 物件，擁有 2 個鍵，role 鍵是角色；content 鍵是訊息內容，每一個訊息可以指定三種角色，在 role 鍵的三種角色值說明，如下所示：

  - "system"：此角色是指定 ChatGPT API 表現出的回應行為。

  - "user"：這個角色就是你的問題，可以是單一 JSON 物件，也可以是多個 JSON 物件的訊息。

- "assistant"：此角色是助理，可以協助 ChatGPT 語言模型來回應答案，在實作上，我們可以將上一次對話的回應內容，再送給語言模型，如此 ChatGPT 就會記得上一次是聊了什麼。

● max_tokens 參數：ChatGPT 回應的最大 Tokens 數的整數值。

● temperature 參數：控制 ChatGPT 回應的隨機程度，其值是 0~2 (預設值是 1)，當值愈高回應的愈隨機，ChatGPT 愈會亂回答。

當送出上述 HTTP POST 請求後，ChatGPT API 的回應內容也是 JSON 資料，我們可以直接詢問 ChatGPT 來幫助我們剖析回應的 JSON 資料，其詳細的問題描述 (Ch16_5_2.txt)，如下所示：

---

當剖析 JSON 資料時，我們可以找出取得指定鍵值的每一層鍵的路徑值，例如：取得 "test" 鍵的值，可以使用鍵路徑：

"JSON鍵" -> "test"

例如：取得"content"鍵的值，因為有 JSON 陣列，鍵值就是索引值，其鍵路徑如下：

"JSON鍵" -> 1 -> "content"

請依據上述說明，從根節點開始找出"content"鍵的鍵路徑，JSON 資料如下：

```json
{
  "id": "chatcmpl-89PJSFI7gntsH4J3MMuUQgcmUhvCO",
  "object": "chat.completion",
  "created": 1697252946,
  "model": "gpt-3.5-turbo-0613",
  "choices": [
    {
      "index": 0,
      "message": {
        "role": "assistant",
```

NEXT

---

```
    "content": "C#是一種由微軟公司開發的程式語言，主要用於創建在
微軟平台上執行的應用程序。C#是一種強類型、靜態類型的語言，它在
設計上很接近於C++語言，但更加簡化和現代化。C#語言是使用.NET框
架的一部分，它具有面向對象編程的特性，並提供了一些高級功能，如
自動垃圾收集、記憶體管理和例外處理。C#語言可用於開發多種應用程
序，包括桌面應用程序、網絡應用程序、遊戲和移動應用程序等。它是一
種廣泛使用的語言，在企業和開發者社區中非常受歡迎。"
    },
    "finish_reason": "stop"
    }
  ],
  "usage": {
   "prompt_tokens": 34,

   "completion_tokens": 271,

   "total_tokens": 305

  }

}
```

**ChatGPT**

從根節點開始找出"content"鍵的鍵路徑，JSON資料如下：

1. "choices" -> 0 -> "message" -> "content"

上述 ChatGPT 回應的內容找出的鍵路徑，這就是在第 16-5-3 節取得 ChatGPT API 回應剖析 JSON 資料所使用的鍵路徑，如下所示：

```
result?["choices"]?[0]?["message"]?["content"]?.ToString();
```

## 使用 HttpClient 送出 HTTP 的 POST 請求：Ch16_5_2

HttpClient 物件可以使用 PostAsync() 非同步方法送出 POST 請求，POST 請求就是 HTML 表單送回，需要同時送出 HTML 表單欄位資料。

Visual C# 專案：Ch16_5_2 使用和第 16-4-2 節相同的 Student 類別，目標 http://httpbin.org/post 測試網站可以將送出資料以 JSON 格式來回應。首先建立 student 物件來轉換成 JSON 格式的送出資料，如下所示：

```
string url = "https://httpbin.org/post";
var student = new Student
{
    StdID = 1001,
    StdName = "陳會安",
    Gender = "男"
};
string jsonString = JsonSerializer.Serialize(student);
var data = new StringContent(jsonString, Encoding.UTF8,
                             "application/json");
```

上述程式碼建立 student 物件後，呼叫 JsonSerializer.Serialize() 方法轉換成 JSON 字串，即可建立 StringContent 物件 data，這就是 POST 方法的送出資料，第 1 個參數是 JSON 字串，第 2 個參數指定 UTF8 編碼，最後 1 個參數指定 MIME 類型是 JSON，即 "application/json"。

在下方建立 HttpClient 物件後，使用 await 關鍵字呼叫 PostAsync() 非同步方法送出 POST 請求，第 1 個參數是 URL 網址；第 2 個參數是送出資料的 StringContent 物件 data，如下所示：

```
using HttpClient client = new HttpClient();
var resp = await client.PostAsync(url, data);
string result = await resp.Content.ReadAsStringAsync();
string decodedString = Regex.Unescape(result);
Console.WriteLine(decodedString);
Console.ReadLine();
```

上述程式碼再使用 await 關鍵字呼叫 Content.ReadAsStringAsync() 方法取得回應資料後，使用 Regex.Unescape() 方法解碼字串不進行中文編碼，即可顯示 HTTP 請求的回應內容，其執行結果可以看到 "json" 鍵的送出資料，如下圖所示：

```
CN 選取 D:\程式範例\Ch16\Ch16_5_2\Ch16_5_2\bin\Debug\net6.0\Ch16_5_2.exe     —    □    ✕
{
  "args": {},
  "data": "{\"StdID\":1001,\"StdName\":\"\u9673\u6703\u5B89\",\"Gender\":\"\u7537\"}",
  "files": {},
  "form": {},
  "headers": {
    "Content-Length": "63",
    "Content-Type": "application/json; charset=utf-8",
    "Host": "httpbin.org",
    "X-Amzn-Trace-Id": "Root=1-652b8d43-74f01363528d9cb403b01261"
  },
  "json": {
    "Gender": "男",
    "StdID": 1001,
    "StdName": "陳會安"
  },
  "origin": "118.168.130.171",
  "url": "https://httpbin.org/post"
}
```

## 16-5-3　使用 HttpClient 串接 ChatGPT API

現在，我們就可以整合 HttpClient 送出 HTTP POST 請求 (改用 SendAsync() 方法)，和第 16-4-3 節的 JSON 資料剖析，建立 Visual C# 專案：Ch16_5_3 串接 ChatGPT API 來取得生成式 AI 的回應。

在 C# 程式首先建立 HttpClient 物件和指定 OpenAI 帳戶的 API Key，如下所示：

```
private static HttpClient http = new HttpClient();
private static string apiKey = "<你的OpenAI帳戶的API Key>";
```

然後建立 async 關鍵字的 GetChatGPTResponse() 非同步方法來取得 ChatGPT API 的回應訊息，參數是 prompt 提示文字字串，如下所示：

```
static async Task<string?> GetChatGPTResponse(string prompt)
{
    string url = "https://api.openai.com/v1/chat/completions";
    string reqBody = JsonSerializer.Serialize(new
    {
        model = "gpt-3.5-turbo",
        messages = new List<dynamic>() {
```
NEXT

```
            new { role = "user", content = prompt }
        }
    });
```

上述程式碼呼叫 JsonSerializer.Serialize() 方法建立 POST 請求送出的 JSON 資料，messages 鍵是使用 List 集合物件來建立 "user" 角色的訊息。在下方建立 HttpRequestMessage 物件的 HTTP 請求訊息，參數的方法是 POST (因為改用 SendAsync() 方法)，如下所示：

```
var reqMsg = new HttpRequestMessage(HttpMethod.Post, url);
var reqAuth = new System.Net.Http.Headers.
            AuthenticationHeaderValue("Bearer", apiKey);
var data = new StringContent(reqBody,
        System.Text.Encoding.UTF8, "application/json");
reqMsg.Headers.Authorization = reqAuth;
reqMsg.Content = data;
```

上述 reqAuth 變數是 API Key 認證資料，data 變數是 StringContent 物件的 POST 送出資料，使用 UTF8 編碼和 JSON 的 MIME 類型，然後指定 HttpRequestMessage 物件屬性的認證和送出資料。

在下方使用 await 關鍵字呼叫 SendAsync() 方法送出 HTTP 請求，然後改用 EnsureSuccessStatusCode() 方法來確保 HTTP 回應的狀態碼是成功，如果回應的狀態碼是錯誤，就丟出 HttpRequestException 例外 (可加上 try/ catch 例外處理)，如下所示：

```
var resp = await http.SendAsync(reqMsg);
resp.EnsureSuccessStatusCode();
var respBody = await resp.Content.ReadAsStringAsync();
var result = JsonNode.Parse(respBody);
return result?["choices"]?[0]?["message"]?["content"]?.ToString();
}
```

上述程式碼再使用 await 關鍵字呼叫 Content.ReadAsStringAsync() 方法來取得回應資料，即可呼叫 JsonNode.Parse() 方法剖析回應的 JSON 資料，最後傳回使用鍵路徑取得回應內容的字串。

在下方修改 Main() 主程式使用 async 關鍵字建立非同步操作，首先取得使用者輸入的提示文字字串，如下所示：

```
static async Task Main(string[] args)
{
    Console.WriteLine("請輸入提示文字(Prompt): ");
    string? prompt = Console.ReadLine() ?? "";
    string? respMsg = await GetChatGPTResponse(prompt);
    Console.WriteLine(respMsg);
    Console.ReadLine();
}
```

上述程式碼使用 await 關鍵字呼叫 GetChatGPTResponse() 方法串接 ChatGPT API 來取得和顯示回應內容，其執行結果如下圖所示：

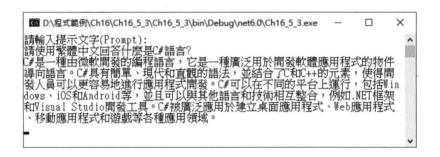

## 16-5-4　使用 NuGet 套件串接 ChatGPT API

C# 程式除了自行使用 HttpClient 串接 ChatGPT API 外，也可以使用現成 .NET 的 NuGet 套件來串接 ChatGPT API，在本節是用 **OpenAI** 的 NuGet 套件 (https://github.com/OkGoDoIt/OpenAI-API-dotnet)，其安裝步驟如下所示：

**Step 1**：請建立 Visual C# 專案：Ch16_5_4 後，執行「專案/管理 NuGet 套件」命令，在**瀏覽**標籤的上方欄位輸入 **OpenAI** 搜尋此套件後，請選取套件和在右方按**安裝**鈕安裝此套件。

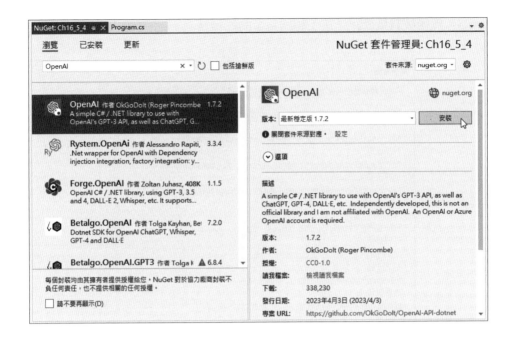

**Step 2**：在安裝過程需要變更解決方案，請按**套用**鈕。

**Step 3**：然後按**我接受**鈕，接受相關封裝的授權條款。

　　當成功在 Visual C# 專案安裝 OpenAI 的 NuGet 套件後，請在 Visual C# 專案的 Program.cs 程式檔案開頭匯入 NuGet 套件 OpenAI 的命名空間，如下所示：

```
using OpenAI_API;
```

　　然後使用 OpenAI 的 NuGet 套件來建立簡單的 ChatGPT API 聊天程式，在 C# 程式首先需要指定 OpenAI 帳戶的 API Key，如下所示：

```
private static string apiKey = "<你的OpenAI帳戶的API Key>";
```

　　接著修改 Main() 主程式，使用 async 關鍵字建立非同步操作後，使用 apiKey 參數建立 OpenAIAPI 物件，和使用 Chat.CreateConversation() 方法建立 ChatGPT API 聊天程式，即可呼叫 AppendSystemMessage() 方法新增 "system" 角色的訊息，如下所示：

```csharp
static async Task Main(string[] args)
{
    OpenAIAPI api = new OpenAIAPI(apiKey);
    var chat = api.Chat.CreateConversation();
    Console.WriteLine("ChatGPT: Hi! 我可以回答你的C#程式問題?");
    chat.AppendSystemMessage("你是C#程式專家, 請使用繁體中文回答.");
    while (true)
    {
        Console.Write("你: ");
        string userInput = Console.ReadLine() ?? "";
        chat.AppendUserInput(userInput);
        string respMsg = await chat.GetResponseFromChatbotAsync();
        Console.WriteLine($"ChatGPT: {respMsg}");
    }
}
```

　　上述 while 無窮迴圈是用來處理聊天對話過程，首先輸入你的提示文字，然後呼叫 AppendUserInput() 方法新增 "user" 角色的提示文字訊息，即可使用 await 關鍵字呼叫 GetResponseFromChatbotAsync() 方法串接 ChatGPT API 來取得回應內容，最後顯示取得的回應內容來完成對話，其執行結果如下圖所示：

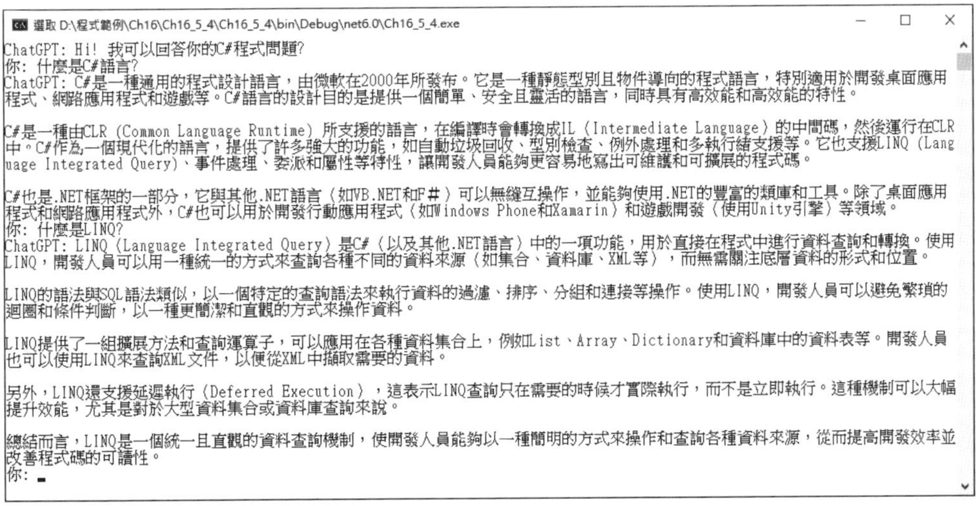

# MEMO

新觀念 Microsoft
Visual
# C#
程式設計範例教本 | 第六版

新觀念 Microsoft

Visual

# C#

程式設計範例教本|第六版

新觀念 Microsoft

Visual

# C#

程式設計範例教本 | 第六版

新觀念 Microsoft
Visual

# C#

程式設計範例教本 | 第六版